生物数据分析与实践

刘宏德　孙啸　谢建明　编著

东南大学出版社
SOUTHEAST UNIVERSITY PRESS
·南京·

内 容 提 要

本教材以最新的高通量生物信息数据为分析对象，系统介绍最常用的和更新的生物信息分析方法、工具，以及数据分析的流程步骤，涵盖R语言编程，基因组测序数据分析，变异识别、RNA测序(RNA-Seq)数据分析(基因表达分析)，基于ChIP-Seq、ATAC-Seq等数据的转录调控分析，系统发生分析，分子网络构建，单细胞测序数据分析，数据融合分析等章节。

本书将在原理方法的基础上，重点介绍典型分析任务的流程和工具的使用，具体到分析环境配置、命令使用，并配以适当的分析案例。

本书适合作为生物信息学专业本科生、研究生的教材，也可作为信息分析从业者的参考书目。

图书在版编目(CIP)数据

生物数据分析与实践/刘宏德，孙啸，谢建明编著.—南京：东南大学出版社，2021.12(2024.4重印)

ISBN 978-7-5641-9811-4

Ⅰ.①生… Ⅱ.①刘… ②孙… ③谢… Ⅲ.①生物信息论—数据处理—研究 Ⅳ.①Q811.4

中国版本图书馆CIP数据核字(2021)第236459号

责任编辑：姜晓乐　责任校对：韩小亮　封面设计：王玥　责任印制：周荣虎

生物数据分析与实践

Shengwu Shuju Fenxi Yu Shijian

编　　著	刘宏德　孙　啸　谢建明
出版发行	东南大学出版社
社　　址	南京市四牌楼2号(邮编:210096)
经　　销	全国各地新华书店
印　　刷	广东虎彩云印刷有限公司
开　　本	787mm×1092mm　1/16
印　　张	16.5
字　　数	412千字
版　　次	2021年12月第1版
印　　次	2024年4月第2次印刷
书　　号	ISBN 978-7-5641-9811-4
定　　价	68.00元

前　　言

党的二十大报告强调,要"推进健康中国建设",生物信息学是"健康大数据"领域的前沿学科,具有很强的理论和实践特点。近年来,在测序技术广泛应用的背景下,可获取的生物信息呈现大数据特点:类型多,数据量大,变化快。解析这些数据的深度、广度和复杂度不断加大。在人才培养中,迫切需要一部生物数据分析的实践教程,使教学从理论过渡到实践,从"学院派"转化为"实干家"。教材需要立足基础,紧跟发展趋势,及时补充新方法、新工具、新分析流程。

《生物数据分析与实践》一书涵盖生物信息学基础和高通量生物数据分析两大部分,系统介绍基础的、常用的和更新的生物信息分析方法、工具,以及数据分析的流程和步骤,并配有分析实例。全书共分 12 章,包括:R 语言基础、基于 R 的统计学基础(第 1～2 章);序列比对与序列搜索、系统发生分析(第 3～4 章);蛋白质结构分析(第 5 章);高通量测序数据、基因组装配和读段回帖(第 6 章);基因组数据注释与变异识别(第 7 章);转录组、转录因子结合、染色质结构数据的分析(第 8～10 章);单细胞测序数据分析(第 11 章);生物分子网络的构建与分析(第 12 章)。1～5 章为生物信息分析基础;6～12 章主要为高通量测序数据分析。

本书介绍常用生物信息分析的工具和用法,也包含重要的算法,满足不同应用需求的读者使用。全书语言力求通俗、易懂,提供实例,图文并茂。

在全书的编撰过程中,博士研究生朱文勇、李海涛、明文龙、袁少勋、古雨、张荣鑫、刘宏佳、李华梅,硕士研究生赵小粼、胡自溪、钟集杏、黄依婷、丁佳宁、林禄做了大量的工作。

本书可作为生物信息学及相关专业本科生教材,也可作为生物医学领域研究生、科研工作者的参考书目。

目　　录

第一章　R 语言基础及 Bioconductor 平台

1.1　引言

生物医学数据具有数据类型多、数据量大、增长速度快的特点，其数据分析需要有方便、快捷、专业的计算机语言。R 语言具有开源、跨平台、函数丰富，且统计分析能力强等特点，是目前生物数据分析的主流编程语言之一。Bioconductor 是 R 语言中生物信息分析的包集合平台，为基因组学数据的分析和结果注释提供了大量的包。

本章将介绍 R 语言的基础语法和 Bioconductor 中五个常用包的应用。R 语言的基础语法包括 R 语言的变量、数据类型、绘图基础等。在 Bioconductor 中，将介绍几个生物信息学常用的包，包括 Biostrings、BSgenome、GenomicRanges、GenomicFeatures、AnnotationHub 等。

R 语言的编程和运行环境可从 CRAN(Comprehensive R Archive Network，http://cran.r-project.org)免费下载，根据所选操作系统(Linux、MacOS、Windows)的安装说明进行安装即可。

除安装 R 语言软件以外，通常还需要安装 RStudio 工具软件。RStudio 提供了 R 语言的集成开发环境(IDE)，可实现程序调试、包管理等功能，很好地解决了 R 语言自带环境操作不便的问题。RStudio 可在官方网址(https://www.rstudio.com/products/rstudio/download/)下载。

1.2　R 语言基础

1.2.1　R 语言基础语法

R 语言是一种区分大小写的解释型语言，R 语言中有多种数据类型，包括向量、矩阵、数据框以及列表等。R 语言中的多数功能是由程序内置函数和用户自编函数提供的，每一次交互会话的对象都被保存在内存中。一些基本函数默认可直接使用，而其他函数则需要载入程序包方可使用。

R 语言是一种交互式编程工具，可以在命令提示符(>)后输入命令或者一次性执行后缀为.R 的脚本文件中的一组命令。

1.2.1.1 工作空间

工作空间(workspace)就是R语言当前的工作环境,储存着用户定义的所有对象。当一个R会话结束后,可将当前工作空间保存到一个镜像中,并在下次启动R语言时自动载入。当前工作目录(working directory)是R语言用来读取文件和保存结果文件的默认目录。可以使用函数getwd()来查看当前的工作目录,使用函数setwd()设定当前工作目录。

1.2.1.2 变量

R语言中有效的变量名称是由字母、数字以及点号(.)或下划线(_)组成。在最新版本的R语言中,赋值可以使用左箭头(<-)、等号(=)、右箭头(->)来实现,但是使用等号(=)赋值不是标准语法,某些情况下使用等号赋值会出现问题,所以不推荐使用。可以使用函数ls()查看已经定义的变量,使用函数rm()删除定义的变量。

1.2.1.3 输入与输出

启动R语言后默认开始一个交互式会话,从键盘接收输入并从屏幕输出结果,也可以在会话中执行脚本文件中的命令集并直接将结果输出到多类目标中。R语言输出到文件的方法很多,函数sink("filename")将输出重定向到文件filename中,默认情况下输出会覆盖同名文件已有内容,使用参数append=TRUE将文本追加到文件中,split=TRUE可将输出同时发送到屏幕和输出文件中。此外,重定向图形输出,可先使用函数pdf("filename.pdf")、png("filename.png")等创建文件,然后进行图形绘制,最后使用函数dev.off()将图形输出到文件,并返回到终端。

1.2.1.4 R的注释

注释一般用于代码的说明,使阅读者更易理解,不影响代码执行。R一般只支持单行注释,注释符号为#。若使用多行注释,也可使用if语句:if(FALSE){注释内容}。

1.2.2 R语言数据类型

数据类型用于声明不同类型的变量和函数返回值,R语言拥有多种用于存储数据的对象类型,包括向量、矩阵、数组、数据框、因子和列表等,它们在存储数据的模式、占用空间、创建方式和结构复杂度上有所不同。

1.2.2.1 向量

向量(vector)是用于存储数值型、字符型或逻辑型数据的一维数组,可使用函数c()创建向量。向量可包括数值型向量、字符型向量和逻辑型向量,单个向量中的数据必须是相同类型,不能混杂多种模式的数据。

数值型向量可使用统计函数sum()、mean()、var()、sd()、min()、max()等获取该向量元素的和、平均值、方差、标准差、最小值和最大值等。

字符型向量有对应的操作函数,例如toupper()函数和tolower()函数可将字符串中字母进行大小写转换;nchar()函数可统计字符串长度;strsplit()函数可利用分隔符拆分字符串;gsub()函数可替换字符串中的特定字符。

逻辑型向量最常使用的处理函数是which()函数,可用于筛选数据下标,类似函数还有all()和any()函数,all()用于检查逻辑向量是否全部为TRUE,any()用于检查逻辑向量是否含有 TRUE。

```
#构建包含 8 个元素的数值型向量
> vector <- c(10, 40, 78, 64, 53, 62, 69, 70)
#选出值在(60,70)内的元素并输出值
> print(vector[which(vector > 60 & vector < 70)])
[1] 64 62 69
> all(c(TRUE, TRUE, FALSE))
[1] FALSE
> any(c(TRUE, FALSE, FALSE))
[1] TRUE
```

1.2.2.2　矩阵

矩阵(matrix)类似于其他语言中的二维数组，每个元素都具有相同的数据类型(数值型、字符型或逻辑型)，可使用 matrix()函数创建矩阵，语法格式如下：

matrix(data = NA, nrow = 1, ncol = 1, byrow = FALSE,dimnames = NULL)

其中，data 为向量，包含了矩阵的数据；nrow 和 ncol 用来指定行和列的维数；byrow 表明矩阵是按行填充或是按列填充，默认值为 FALSE，表示按列填充；dimnames 用于设置行和列的名称。

可以使用下标和方括号选择矩阵中的行、列或元素。X[i,]取矩阵 X 中的第 i 行数据，X[, j]指第 j 列，X[i, j]指第 i 行第 j 列的元素值，其中 i、j 既可以是数值，也可以是数值型向量。使用函数 t()可实现矩阵转置。

行、列数都相同的矩阵之间可以进行加减乘除运算，运算规则是行、列对应位置的每个元素分别做加减乘除运算。当第一个矩阵的列数等于第二个矩阵的行数时，可用%*%运算符令两个矩阵相乘。

```
> matrix 1 <- matrix(c(7, 9, -1, 4, 2, 3), nrow = 2)
> print(matrix1)
     [,1] [,2] [,3]
[1,]    7   -1    2
[2,]    9    4    3
> matrix 2 <- matrix(c(6, 1, 0, 9, 3, 2), nrow = 2)
> print(matrix2)
     [,1] [,2] [,3]
[1,]    6    0    3
[2,]    1    9    2
# 两个矩阵相加
> result <- matrix1 + matrix2
> cat("相加结果：","\\n")
> print(result)
```

```
相加结果:
      [,1] [,2] [,3]
[1,]   13   -1    5
[2,]   10   13    5
# 两个矩阵相乘
> result <- matrix1 %*% t(matrix2)
> cat("相乘结果:","\\n")
> print(result)
相乘结果:
      [,1] [,2]
[1,]   48    2
[2,]   63   51
```

1.2.2.3 数组

数组(array)和矩阵类似,也是同一类型数据的集合,但是维度可以大于2,可使用函数array()创建数组,语法格式如下:

array(data = NA, dim = length(data), dimnames = NULL)

其中,data是包含数组数据的向量;dim设置数组的维度,默认为一维数组;dimnames为各个维度的名称标签的列表。

从数组中选取元素的方式和矩阵相同,也是通过使用元素的行索引和列索引,类似坐标形式。常使用apply()函数对数组或矩阵中的元素进行跨维度计算,语法格式如下:

apply(X, MARGIN, FUN)

其中,X表示数组;MARGIN指定按行计算还是按列计算,1表示按行计算,2表示按列计算,3及以上表示按更高维度计算;FUN表示具体的运算函数名。

```
> vector1 <- c(5,9,3)
> vector2 <- c(10,11,12,13,14,15)
# 创建数组
> new.array <- array(c(vector1,vector2),dim = c(3,3,2))
> print(new.array)
, , 1
      [,1] [,2] [,3]
[1,]    5   10   13
[2,]    9   11   14
[3,]    3   12   15
, , 2
      [,1] [,2] [,3]
[1,]    5   10   13
[2,]    9   11   14
[3,]    3   12   15
# 计算数组中所有矩阵数字之和
```

```
> result <- apply(new.array, 3, sum)
> print(result)
[1] 92 92
```

1.2.2.4 数据框

数据框(Data Frame)是一种特殊的二维列表,可理解为"表格",每列都有唯一列名且长度相等,同一列的数据类型要求一致,不同的列可以包含不同类型的数据,数据框使用 data.frame()函数进行创建,语法格式如下:

```
data.frame(..., row.names = NULL, check.rows = FALSE,
           check.names = TRUE, fix.empty.names = TRUE,
           stringsAsFactors = default.stringsAsFactors())
```

其中,row.names 为行名,默认为 NULL,可以设置为单个数字、字符串或字符串和数字的向量;check.rows 可检测行的名称和长度是否一致;check.names 检测数据框的变量名是否合法;fix.empty.names 可设置未命名的参数是否自动设置名字;stringsAsFactors 的值为布尔值,检测字符是否转换为因子,默认值是 TRUE。

使用函数 summary()可以显示数据框的概要信息。我们可以通过类似坐标的形式选取数据框中指定行的指定列元素,也可以使用 $ 提取指定列。

可以对已有数据框进行扩展。可以直接将数据赋值给该数据框添加的列名,也可以使用函数 cbind()将多个向量横向合成一个数据框,或使用 rbind()将两个数据框进行纵向合并。

```
> table <- data.frame(
    姓名 = c("张三","李四"),
    工号 = c("001","002"),
    月薪 = c(1000, 2000)
)
> print(table)
  姓名 工号 月薪
1 张三  001 1000
2 李四  002 2000
> print(summary(table))
     姓名              工号              月薪
Length: 2          Length: 2          Min.: 1000
Class: character   Class: character   1st Qu.: 1250
Mode: character    Mode: character    Median: 1500
                                      Mean: 1500
                                      3rd Qu.: 1750
                                      Max.: 2000
> print(table$姓名)
[1] "张三" "李四"
```

```
> print(table[ 1,])
  姓名 工号 月薪
1 张三   001 1000
# 添加部门列
> table$ 部门 <- c("运营","技术","编辑")
> print(table)
  姓名   工号   月薪   部门
1 张三   001    1000   运营
2 李四   002    2000   技术
3 王五   003    3000   编辑
```

1.2.2.5 因子

因子(factor)可用于存储不同类别的变量,包括名义型变量和有序型变量。名义型变量是没有顺序之分的类别变量,有序型变量表示一种顺序关系,而非数量关系。因子在R语言中十分重要,它决定了数据的分析方式以及如何进行视觉呈现。使用函数factor()创建因子,将类别向量作为输入参数,语法格式如下:

```
factor(x = character(), levels, labels = levels,
        exclude = NA, ordered = is.ordered(x), nmax = NA)
```

其中,x表示输入的数据向量;levels用于指定各level值,默认按字母顺序创建;labels表示各个level的标签;exclude表示从x中剔除的水平值,默认为NA值,使用该参数时要注意对应调整labels的长度;ordered值为布尔值,确定因子水平是否有顺序,若有取TRUE,默认取FALSE;nmax表示水平个数的限制。

函数gl()可以用来生成因子水平,语法格式如下:

```
gl(n, k, length = n * k, labels = seq_len(n), ordered = FALSE)
```

其中,n表示设置的level的个数;k表示设置每个level重复的次数;length表示设置的长度;labels表示各个level的值;ordered表示确定level是否有顺序。

```
> sex <- factor(c('f', 'm', 'f', 'f', 'm'), levels = c('f', 'm'), labels = c('female', 'male'), ordered =
TRUE)
> print(sex)
[1] female male female female male
Levels: female < male
> v <- gl(3, 4, labels = c("Google", "Runoob","Taobao"))
> print(v)
[1] Google Google Google Google Runoob Runoob Runoob Runoob Taobao Taobao
[11] Taobao Taobao
Levels: Google Runoob Taobao
```

1.2.2.6 列表

列表(list)是R语言的对象有序集合,是R语言的数据类型中最复杂的一种,可以用来保存多种不同类型的数据，可包括向量、矩阵、数据框，甚至另一个列表。使用 list()函数创建列表，可以使用 names()函数给列表中元素命名。

列表中元素可以通过索引进行访问，也可使用 names()命名的名字进行访问。当对列表进行添加、删除、更新等操作时，直接通过索引对该元素进行操作。使用 unlist()函数可将列表转换成向量，方便我们进行算术运算。

```
> list_data <- list(c("Google","Runoob","Taobao"), matrix(c(1,2,3,4,5,6), nrow = 2),
          list("runoob",12.3))
# 给列表元素设置名字
> names(list_data) <- c("Sites", "Numbers", "Lists")
> print(list_data)
$Sites
[1] "Google" "Runoob" "Taobao"
$Numbers
     [,1] [,2] [,3]
[1,]    1    3    5
[2,]    2    4    6
$Lists
$Lists[[1]]
[1] "runoob"
$Lists[[2]]
[1] 12.3
# 添加元素
> list_data[4] <- "new"
# 删除元素
> list_data[4] <- NULL
# 更新元素
> list_data[3] <- "update"
```

1.2.3　R 语言绘图方法

数据可视化是借助于图形化手段来展示数据，实现清晰有效地传达与沟通信息。数据为什么要可视化？一方面是因为数字太抽象，图表更直观，而且图表可以提炼出其他方法不那么容易发现的模式；另一方面，数据面向的受众大都不具备专业的数据科学知识，可视化的形式有助于降低读懂数据的门槛。而 R 语言具有强大的绘图系统，有大量的 R 包可实现绘图功能，在可视化领域表现出众。

1.2.3.1　绘制图形的一般方法

（1）图形的创建和保存

R 语言作为一种强大的图形构建平台，可以通过代码或图形用户界面来保存图形（图 1-1）。

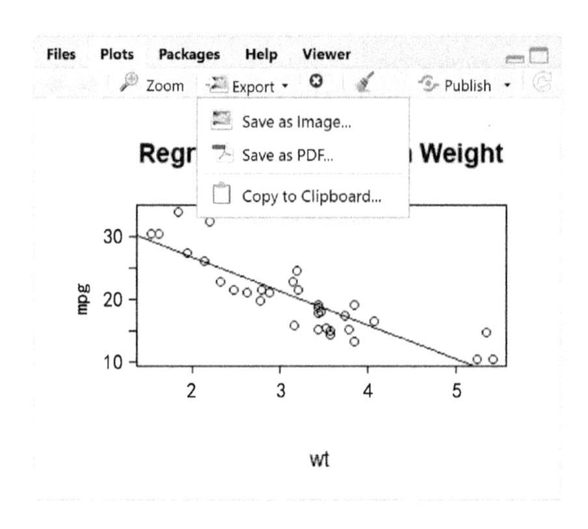

图 1-1　RStudio 中保存图形界面

通过代码保存图形到文件时，将绘图语句放在开启和关闭目标图形设备的语句之间即可。先使用 pdf()、png()、jpeg()、bmp()、tiff()、xfig()和 postscript()等函数启动图形设备，驱动并创建文件，最后使用 dev.off()函数关闭图形设备并输出返回到终端。也可以使用 dev.new()、dev.next()、dev.prev()、dev.set()函数同时打开多个图形窗口，并选择指定图形输出发送到指定窗口。需要注意的是，在一些可视化 R 包中需要用 print()输出绘图语句才能将图形输出到文件中。

通过图形用户界面保存图形的方法因系统而异。对于 Windows 平台，在图形窗口中选择“文件”→“另存为”，然后在弹出界面选择格式和保存位置即可；若使用 RStudio，则可直接在界面右下角区域选择导出保存。在 UNIX/Linux 系统中，图形必须使用代码保存。

```
> pdf("mygraph.pdf")
> attach(mtcars)
> plot(wt,mpg)
> abline(lm(mpg~wt))
> title("Regression of MPG on Weight")
> detach(mtcars)
> dev.off()
```

(2) 图形参数的设置

可以通过修改图形参数的选项自定义一幅图形的多个特征，包括字体、颜色、坐标轴或标题等。表 1-1 列出了图形的参数。

使用函数 par()修改图形参数，这种方式设定的参数值针对所有图形，在整个会话结束前都一直有效。不加参数执行该函数将生成一个含有当前图形参数设置的列表，添加参数 no.readonly=TRUE 可生成一个可以修改的当前图形参数列表。可以使用图形参数来指定绘图时使用的符号、线条、颜色、文本属性及图形尺寸等。

除了图形参数外，大部分高级绘图函数，例如 plot()、hist()、boxplot()等，都可以自行设定坐标轴和文本标注等选项。

另外，还有一些函数可直接设置图形的标题、坐标轴、图例等。使用 title()函数为图形添加标题和坐标轴标签；axis()函数创建自定义坐标轴；abline()函数可为图形添加参考线；当图形中包含不止一组数据时，legend()函数可添加图例以帮助辨别；text()和 mtext()函数可向绘图区域内部或图形四个边界之一直接添加文本等。

表 1-1 图形参数表

参数	描 述
pch	指定绘制点时使用的符号
lty	指定线条类型
lwd	指定线条宽度，以默认值的相对大小表示
col	默认的绘图颜色。某些函数可接收一个含有颜色值的向量并自动循环使用
col.axis	坐标轴刻度文字的颜色
col.lab	坐标轴标签名称的颜色
col.main	标题颜色
col.sub	副标题颜色
fg	图形的前景色
bg	图形的背景色
cex	指定符号、文字等的大小。cex 是一个数值，表示绘图符号相对于默认大小的缩放倍数。默认大小为 1，1.5 表示放大为默认大小的 1.5 倍
cex.axis	坐标轴刻度文字的缩放倍数
cex.lab	坐标轴标签名称的缩放倍数
cex.main	标题的缩放倍数
cex.sub	副标题的缩放倍数
font	用于指定绘图使用的字体样式，整数。1=常规，2=粗体，3=斜体，4=粗斜体，5=符号字体
font.axis	坐标轴刻度文字的字体样式
font.lab	坐标轴标签名称的字体样式
font.main	标题的字体样式
font.sub	副标题的字体样式
ps	字体磅值，文本的最终大小为 ps * cex
family	绘制文本时使用的字体族。标准的取值为 serif(衬线)、sans(无衬线)和 mono(等宽)
pin	以英寸表示的图形尺寸(宽和高)
mai	以数值向量表示的边界大小，顺序为“下、左、上、右”，单位为英寸
mar	以数值向量表示的边界大小，顺序为“下、左、上、右”，单位为英分

(3) 图形组合

有些时候需要一个包含多幅图形的总括图形，可以使用函数 par()或 layout()进行组合。可以在 par()函数中使用图形参数 mfrow=c(nrows, ncols)创建按行填充的、行数为 nrows、列数为 ncols 的图形矩阵，或使用 nfcol=c(nrows, ncols)按列填充矩阵，参数 fig 能更准确地控制图形布局。函数 layout()的调用方式为 layout(mat)，其中 mat 是一个矩阵，可以使用参数 widths 和 heights 更精确地控制每幅图形的大小。

1.2.3.2 条形图

条形图通过垂直或水平的矩形展示类别型变量的频数。绘制条形图的函数是 barplot()，其基础语法格式是：

barplot(height, xlab, ylab, main, names.arg, col, beside)

其中，height 是一个向量或者一个矩阵，包含绘制图表用的数字值，每个数值表示矩形条的高度；xlab 表示 x 轴标签；ylab 表示 y 轴标签；main 表示图表标题；names.arg 指每个矩形条的名称；col 表示每个矩形条的颜色；beside 值为逻辑值，如果为 FALSE，则列被描绘为堆叠的条形图，如果为 TRUE，则列被描绘为并列的条形图。

```
> counts <- table(mtcars$cyl, mtcars$carb)
> barplot(counts, xlab = "cyl", ylab = "carb", legend = T, col = c("red","blue","green"),
      main = "Group of cyl and carb")
```

1.2.3.3 饼图

饼图，或称饼状图，是一个划分为几个扇形的圆形统计图表，用于描述量、频率或百分比之间的相对关系。可使用 pie()函数来实现饼图，语法格式如下：

pie(x, labels = names(x), edges = 200, radius = 0.8, clockwise = FALSE,
    init.angle = if(clockwise) 90 else 0, density = NULL, angle = 45, col = NULL,
    border = NULL, lty = NULL, main = NULL, ...)

其中，x 为一个数值向量，表示各个扇形的面积；labels 值为字符型向量，表示各扇形面积标签；edges 指的是多边形的边数；radius 表示饼图的半径；main 为饼图的标题；clockwise 的值是一个逻辑值，用来指示饼图各个切片是否按顺时针做出分割；angle 可以设置底纹的斜率；density 设置底纹的密度，默认值为 NULL；col 代表每个扇形的颜色。

使用 plotrix 库的 pie3D()函数可以绘制 3D 的饼图，使用前需先安装 plotrix 包。

1.2.3.4 直方图

直方图通过在 x 轴上将值域分割为一定数量的组，在 y 轴上显示相应值的频数，展现了连续性变量的分布。建立直方图所用到的函数是 hist(x)。基本格式如下：

hist(x, breaks="Sturges", xlab=…, col=…, freq=NULL, probability=…, main=…)

其中，x 表示数值向量；breaks 为分段区间，即各区间端点构成的向量、分段数、计算划分区间的算法名称、划分区间个数的函数或方法；xlab 指 x 轴标签；col 设置直方图颜色；freq 默认为TRUE表示绘制频数直方图,若为FALSE则表示绘制频率直方图;probability与freq对立,设置是否以概率密度作图,默认为FALSE;main表示直方图标题名称。

1.2.3.5 箱线图

箱线图又称为盒须图,通过绘制连续型变量的五数总括,即最小值、下四分位数(Q1)、中位数(Q2)、上四分位数(Q3),以及最大值,描述了连续型变量的分布。箱线图能够显示出可能异常值,也称为离群值,所谓的离群值是指范围±1.5倍IQR以外的值,IQR表示四分位距,即上四分位数与下四分位数的差。R语言中建立箱线图的函数是boxplot()。

单独的箱线图调用格式:

boxplot(x, range = 1.5, width = NULL, varwidth = FALSE, notch = FALSE, horizontal=FALSE, …)

其中,x表示一系列数值向量,依次做出箱线图;range可按倍数设置延长线长度,默认为1.5倍;width用于设置盒长;varwidth用来确定盒宽与样本量的平方根是否成比例,默认为FALSE;notch用于判断是否绘制带刻槽的凹形盒,默认为FALSE;horizontal可设置箱线图的方向,默认为FALSE,表示垂直作图,TRUE为水平作图。

分组变量的箱线图调用格式:

boxplot(formula, data = dataframe)

其中,formula表示公式,如$y \sim A$,将类别型变量A的每个值并列地生成数值型变量y的箱线图;data则指定提供数据的数据框或列表。

1.2.3.6 散点图

散点图是将所有的数据以点的形式展现在直角坐标系上,以显示变量之间的相互影响程度,点的位置由变量的数值决定,每个点对应一个X和Y轴点坐标。点图提供了一种在简单水平刻度上绘制大量有标签值的方法。散点图可以使用plot()函数来绘制,语法格式如下:

plot(x, y, type="p", main, xlab, ylab, xlim, ylim, axes)

其中,x表示横坐标x轴的数据集合;y表示纵坐标y轴的数据集合;type指的是绘图的类型,可选参数包括p为点、l为直线,o同时绘制点和线,且线穿过点,h是绘制出点到横坐标轴的垂直线,s表示先横后纵的阶梯图,S表示先纵后横的阶梯图;main表示图表标题;xlab、ylab分别代表x轴和y轴的标签名称;xlim、ylim分别是x轴和y轴的范围;axes值为布尔值,确定是否绘制两个坐标轴。

散点图矩阵是借助两变量散点图的作图方法,它可以看作是一个大的图形方阵,其每一个非主对角元素的位置上是对应行的变量与对应列的变量的散点图。而主对角元素位置上是各变量名,这样,借助散点图矩阵可以清晰地看到所研究的多个变量两两之间的相关关系。散点图矩阵就是把数据集中的每个数值变量两两绘制散点图。R语言使用以下函数创建散点图矩阵:

pairs(formula, data)

其中,formula代表变量系列;data代表变量的数据集。

1.3 R包及Bioconductor平台

R语言作为一种不断更新的开源的分析软件，是通过可选包(package)的方式来拓展基本功能，方便用户使用的。这些拓展包提供了大量的分析方法和功能，用户可根据数据分析的需要选择下载和安装。

包是R语言函数、实例数据、预编译代码以一种定义完善的格式组成的集合，R语言自带了一系列默认包，提供了种类繁多的函数和数据集。R包的存储目录称为库(library)，函数.libPaths()能够显示库所在的位置。

1.3.1 包的安装

第一次安装一个包，使用命令install.packages()即可。安装R包时经常会出现问题，可以添加参数repos来切换镜像，也可把包下载到本地然后安装，例如install.packages(“包的路径”, repos=NULL)。可以使用函数update.packages()更新已经安装的包。

CRAN是R语言默认使用的R包仓库，使用函数install.packages()只能用于安装发布在CRAN上的包。Bioconductor是一个专门用于生物信息分析相关的软件包仓库，需要用专门的命令进行安装，官网的安装方法如下所示：

```
> if (! requireNamespace("BiocManager", quietly = TRUE))
    install.packages("BiocManager")
> BiocManager::install(version = "3.12")
```

使用函数BiocManager::install()安装Bioconductor中的包，直接将包名作为参数提供给这个函数。

1.3.2 包的载入

包在安装完成后，在R语言会话中使用该包前，使用library(“包名”)命令载入到会话环境中。在一次会话中，包只需载入一次，每次重启R语言都需要重新载入R包。也可使用不带参数的library()来查看已安装的R包，使用search()函数查看编译环境下已载入的包。

1.3.3 包的使用

R包载入后就可以使用R包中定义的函数和数据集，包中往往提供演示性的小型数据集和示例代码，使用命令help(package=“package_name”)可以查看该包的简介及包中的函数和数据集的名称列表。使用函数hclp()可了解指定函数的更多内容。

1.3.4 Bioconductor：生信人的万能包

Bioconductor是建立在R语言环境上的，用于生物信息数据的注释、处理、分析及可视化工具包的总集，由一系列 R 扩展包组成。由于 Bioconductor 是一种开源的包，因此每年都会更新两版，2021 年 5 月 20 日，最新版本的 Bioconductor(Bioc 3.13)已经包含了2 042个软件包，965 个注释包，406 个实验数据包以及 29 个重要的工作流。Bioconductor 官网(http://bioconductor.org/)本身就是一个很好的学习资源，不仅提供了各个包的下载源代码，还有活跃的社区论坛(https://support.bioconductor.org/)。

Bioconductor 包的下载略有不同于一般 R 包的下载，由于其更新频率高，便具备与 R 语言版本兼容要求严格的特点。建议 Bioconductor 包的安装命令为：

BiocManager::install("包名")

注意，此命令仅适用于 R 3.6 及以上版本，其他版本请参考官网安装源代码。

下面将重点介绍几个常用的包，包括 Biostrings、BSgenome、GenomicRanges、GenomicFeatures、AnnotationHub 等，在后续的基因组数据分析中会被使用。

1.3.4.1　Biostrings 包

Biostrings 包是专门用来快速操作大量生物序列或者序列集合的软件包，含有内存高效的字符串容器、字符串匹配算法和其他实用程序。Biostrings 工具包中包含单一序列的类 XString，XString 又派生出四大类：BString，普通的字符串类；DNAString，DNA 字符串类；RNAString，RNA 字符串类；AAString，蛋白质序列字符串。DNAString 与 BString 的区别在于前者只含有特定字符，即 'A'，'T'，'C'，'G'，'—'，'N'。BString 类是一个用于存储大字符串(长字符序列)并使其操作简单而有效的通用容器。DNAString、RNAString 和 AAString 类是类似的容器，但更侧重于存储 DNA 序列(DNAString)、RNA 序列(RNAString)或氨基酸序列(AAString)。XString 对象和标准字符串向量之间的两个主要区别是：(1)存储在 XString 对象中的数据不会在对象复制时复制；(2)一个 XString 对象只能存储一个字符串。

XStringViews 类通过继承 Views 类(IRanges 包定义)而来，XStringViews 类对象用于存储同一条序列(目标序列)上的一系列“视野”，即序列区域或子序列。每一个视野由起始点(start)和终止点(end)确定，也隐含了序列的长度信息。

此外，Biostrings 工具包中还包含多个序列集合的类，XStringSet 类是一个容器，用于存储一组 XString 对象，并使其操作简单而高效。因此直接从 XStringSet 虚拟类派生出了 BStringSet、DNAStringSet、RNAStringSet 和 AAStringSet。

Biostrings 包常用的数据处理操作如下所示。

```
# 取反向序列
> d <- DNAString("TTGAAAA-CTC-N")
> reverse(d)
13-letter "DNAString" instance
seq: N-CTC-AAAAGTT
# 对序列进行分割
> subseq(d,1,5)
  5-letter "DNAString" instance
```

```
seq: TTGAA
> subseq(d,start=1)
  13-letter "DNAString" instance
seq: TTGAAAA-CTC-N
> subseq(d,end=5)
  5-letter "DNAString" instance
seq: TTGAA
# 统计字符串长度
>length(d)
[1] 13
# 统计所有字符串频率
> alphabetFrequency(d)
A C G T M R W S Y K V H D B N - + .
4 2 1 3 0 0 0 0 0 0 0 0 0 0 1 2 0 0
# 统计特定字符串频率
>letterFrequency(d,"C")
C
2
> letterFrequency(d,"CG")
C|G
  3
# 搜索特定字符串
> a=DNAString("ACGTACGTACGC")
> matchPattern("CGT", a)
  Views on a 12-letter DNAString subject
subject: ACGTACGTACGC
views:
     start end width
[1]      2   4     3 [CGT]
[2]      6   8     3 [CGT]
> matchPattern("CGT", a, max.mismatch=1)
  Views on a 12-letter DNAString subject
subject: ACGTACGTACGC
views:
     start end width
[1]   2   4   3  [CGT]
[2]   6   8   3  [CGT]
[3]  10  12   3  [CGC]
> m=matchPattern("CGT", a, max.mismatch=1)
> start(m)
[1] 2 6 10
> end(m)
```

```
[1] 4 8 12
> length(m)
[1] 3
> countPattern("CGT", a, max.mismatch=1)
[1] 3
# matchPattern用来统计特定模式出现的位置,也可以用来统计GC含量,或者CpG的含量
# 统计列表中各个模式的匹配情况
> a=DNAString("ACGTACGTACGC")
> dict0=PDict(c("CGT","ACG"))
> mm=matchPDict(dict0, a)
> mm[[1]]
IRanges of length 2
start end width
[1] 2    4    3
[2] 6    8    3
# 匹配PWM
> a=DNAString("ACGTACGTACTC")
>motif=matrix(c(0.97,0.01,0.01,0.01,0.1,0.5,0.39,0.01,0.01,0.05,0.5,0.44),
nrow=4)
> rownames(motif)=c("A","C","G","T")
> motif
  [,1] [,2] [,3]
A 0.97 0.10 0.01
C 0.01 0.50 0.05
G 0.01 0.39 0.50
T 0.01 0.01 0.44
> matchPWM(motif, a)
Views on a 12-letter DNAString subject
subject: ACGTACGTACTC
views:
start end width
[1]  1  3  3  [ACG]
[2]  5  7  3  [ACG]
[3]  9  11  3  [ACT]
> countPWM(motif, a)
[1] 3
# Views的基本操作
> a=DNAString("ACGTACGTACTC")
> a2=Views(a, start=c(1,5,8), end=c(3,8,12))
> a2
Views on a 12-letter DNAString subject
subject: ACGTACGTACTC
```

```
views:
start end width
[1]  1   3   3   [ACG]
[2]  5   8   4   [ACGT]
[3]  8   12  5   [TACTC]
> subject(a2)
12-letter "DNAString" instance
seq: ACGTACGTACTC
> length(a2)
[1] 3
> start(a2)P
[1] 1  5  8
> end(a2)
[1] 3  8  12
> alphabetFrequency(a2, baseOnly = TRUE)
      A  C  G  T  other
[1,]  1  1  1  0  0
[2,]  1  1  1  1  0
[3,]  1  2  0  2  0
> a2 = = DNAString("ACGT")
[1] FALSE TRUE FALSE
# stringset 基本操作
> a = DNAString("ACGTACGTACTC")
> a2 = DNAStringSet(a, start = c(1,5,9), end = c(4,8,12))
> a2
A DNAStringSet instance of length 3
width seq
[1]  4  ACGT
[2]  4  ACGT
[3]  4  ACTC
> a2[[1]]
4-letter "DNAString" instance
seq: ACGT
> alphabetFrequency(a2, baseOnly = TRUE)
      A  C  G  T  other
[1,]  1  1  1  1  0
[2,]  1  1  1  1  0
[3,]  1  2  0  1  0
```

1.3.4.2 BSgenome 包

Bioconductor 提供了某些物种的全基因组序列数据包，这些数据包是基于 Biostrings 构建的，称为 BSgenome 数据包。不同物种的 BSgenome 数据包都有类似的数据结构，可以用统一的方式进行处理。但是 BSgenome 数据包仅包含数据，它们的处理方法由另外一个软件包提供，即 BSgenome 包。

BSgenome 是一款用于高效储存全基因组及其单核苷酸多态(SNP)的包，截至 2021 年 7 月 18 日，BSgenome 包含人类基因组在内的 98 个物种的全基因组数据。数据的命名一般由四部分构成(若数据中包含标记序列，则由五部分构成)规则为：

BSgenome.organism.provider.provider_version

BSgenome 包的基本操作包括：

```
> library(BSgenome)
> library(rtracklayer)
> available.genomes()
[1] "BSgenome.Alyrata.JGI.v1"
[2] "BSgenome.Amellifera.BeeBase.assembly4"
[3] "BSgenome.Amellifera.UCSC.apiMel2"
[4] "BSgenome.Amellifera.UCSC.apiMel2.masked"
[5] "BSgenome.Aofficinalis.NCBI.V1"
….
[91] "BSgenome.Vvinifera.URGI.IGGP8X"
# 统计数据库中的物种频率
> table(available.genomes(splitNameParts = T) $ organism)
# 下载所需要的基因组数据
> BiocManager::install("BSgenome.Hsapiens.UCSC.hg19")
# 查看已下载的基因组数据
> installed.genomes()
[1] "BSgenome.Hsapiens.UCSC.hg19"
# 载入所需要的基因组数据
> library(BSgenome.Hsapiens.UCSC.hg19)
# ls() 函数返回数据名称以及物种名
> ls("package:BSgenome.Hsapiens.UCSC.hg19")
[1] "BSgenome.Hsapiens.UCSC.hg19"
[2] "Hsapiens"
# 使用 seqnames()来查看所用序列名或者通过 $ 符号访问特定染色体
> seqnames(Hsapiens)
[1] "chr1"      "chr2"      "chr3"
[4] "chr4"      "chr5"      "chr6"
[7] "chr7"      "chr8"      "chr9"
[10] "chr10"    "chr11"     "chr12"
[13] "chr13"    "chr14"     "chr15"
[16] "chr16"    "chr17"     "chr18"
[19] "chr19"    "chr20"     "chr21"
[22] "chr22"    "chrX"      "chrY"
```

```
……
> Hsapiens $ chr1
247249719-letter "DNAString" instance
seq：TAACCCTAACCCTAACCCTAACCCTAACCCTAACCC...NNNNNNNNNNNNNNNNNNNNNNNNNNNNNNNN
# 使用 seqlengths() 查看各序列长度
> seqlengths(Hsapiens)
chr1 chr2 chr3 chr4 chr5
247249719 242951149 199501827 191273063 180857866
chr6 chr7 chr8 chr9 chr10
170899992 158821424 146274826 140273252 135374737
...
# 使用 alphabetFrequency()函数查看各碱基在某染色体上出现的频率
> alphabetFrequency(Hsapiens $ chr1, baseOnly = TRUE)
A C G T other
65491918 46964756 46956489 65586556 22250000
> alphabetFrequency(Hsapiens $ chr1,baseOnly = TRUE,as.prob = T)
A C G T other
0.26488167 0.18994867 0.18991524 0.26526443 0.08998999
> letterFrequency(Hsapiens $ chr1, 'C',as.prob = T)
          C
0.1899487
> mm = matchPattern(" CG", Hsapiens $ chr1)
> length(mm)
[1] 2281713
# 使用 maskMotif()函数将第 22 号染色体全序列对有 N 的地方遮盖，方便以后分析
> chr22NoN< - maskMotif(Hsapiens $ chr22," N");
# 统计 22 号染色体所有碱基出现次数
> alphabetFrequency(chr22NoN)
A C G T M R W S Y K V H D B N - + .
9094775 8375984 8369235 9054551 0 0 0 0 0 0 0 0 0 0 0 0 0 0
> GC_content< - letterFrequency(chr22NoN,letters = " CG" )
> GC_content
      C|G
16745219
# 计算 GC 百分比
> GC_pencentage< - letterFrequency(chr22NoN,letter = " CG" ,as.prob = T)
> GC_pencentage
      C|G
0.4798807
```

1.3.4.3 GenomicRanges 包

GenomicRanges 是用来处理基因组区间信息（如 genes，CpG，binding sites）的包，同

时还定义了用于存储和操作基因组区间的通用函数。用于表示和操纵针对参考基因组的短序列比对的更专业的函数分别在GenomicAlignments和SummarizedExperiment包中，但这两个软件包都建立在GenomicRanges基础架构之上。

GenomicRanges包的基本操作示例如下。

```
# 建立GRanges对象
> gr <- GRanges(seqnames = Rle(c("chr1", "chr2"), c(2, 3)),
ranges = IRanges(1:5, end = 6:10),
strand = Rle(strand(c("-", "+", "+","-")), c(1,1,2,1)),
score = 1:5, GC = seq(1, 0, length = 5))
> gr
GRanges with 5 ranges and 2 elementMetadata values
seqnames ranges strand | score GC
<Rle> <IRanges> <Rle> | <integer> <numeric>
[1] chr1 [1, 6] - | 1 1.00
[2] chr1 [2, 7] + | 2 0.75
[3] chr2 [3, 8] + | 3 0.50
[4] chr2 [4, 9] + | 4 0.25
[5] chr2 [5, 10] - | 5 0.00
# 对GRanges对象进行基本操作
> length(gr)
[1] 5
> seqnames(gr)
'factor' Rle of length 5 with 2 runs
Lengths: 2 3
Values : chr1 chr2
Levels(2): chr1 chr2
> start(gr)
[1] 1 2 3 4 5
> end(gr)
[1] 6 7 8 9 10
> ranges(gr)
IRanges of length 5
start end width
[1] 1 6 6
[2] 2 7 6
[3] 3 8 6
[4] 4 9 6
[5] 5 10 6
> gr[1:3]
GRanges object with 3 ranges and 2 metadata columns:
      seqnames     ranges strand |     score         GC
```

```
        <Rle>  <IRanges>  <Rle>  |  <integer>  <numeric>
[1]     chr1      1-6        -   |      1          1
[2]     chr1      2-7        +   |      2          0.75
[3]     chr2      3-8        +   |      3          0.5
-------
  seqinfo: 2 sequences from an unspecified genome; no seqlengths
> c(gr[1],gr[3])
GRanges object with 2 ranges and 2 metadata columns:
        seqnames    ranges strand |    score       GC
        <Rle>  <IRanges>  <Rle>  |  <integer>  <numeric>
[1]     chr1      1-6        -   |      1          1
[2]     chr2      3-8        +   |      3          0.5
-------
  seqinfo: 2 sequences from an unspecified genome; no seqlengths
```

除了对 Granges 对象的基本操作以外,更重要的是对基因组间隔的处理,且对于单对象和多对象也有不同的处理方式。处理单对象的函数有:

reduce():合并各区域片段;

disjoin():将各区域片段切割为重复片段和未重复片段;

flank():取 DNA 正链片段的上游 nbp,取 DNA 负链片段的下游 nbp,这种取法一般是为了找到该表达序列(基因)的启动子;

coverage():统计覆盖次数。

处理多对象的函数有 intersect()、union()、setdiff()、gap()等。

1.3.4.4 GenomicFeatures 包

GenomicFeature 包包含了一系列用于操作转录本注释信息的工具和方法。可以利用这些工具和方法从 UCSC Genome Browser 或 BioMart 数据库下载特定生物的转录本、外显子和蛋白质编码序列的基因组位置。该包未来的数据来源将不仅限于以上两种数据库。转录组数据下载后,以 TxDb 数据库格式存储在本地。TxDb 文件包含 5 端和 3 端的非翻译区(UTR)、外显子(exons)、蛋白质编码序列(cds)等。TxDb 对象允许以单独或者组合的方式检索这些特征。

下面我们将以人类基因 h19 为例,实现其下载和相关操作。

首先是 TxDb 对象的建立或下载,如上所述,我们可以选择从 UCSC 或 Biomart 数据库中下载,也可以选择从 GFF3 或者 GTF 文件导入,所用函数如下:

```
makeTxDbFromUCSC()        # 从 UCSC 数据库下载
makeTxDbFromBiomart()     # 从 Biomart 数据库下载
makeTxDbFromGFF()         # 使用 GFF3 或者 GTF 文件
```

在实例中,创建一个源自 UCSC 数据库 hg19 的 TxDb 对象:

```
> txdb <- makeTxDbFromUCSC(genome="hg19", tablename="knownGene")
```

除了使用 makeTxDbFromUCSC()函数之外,还可以用下列命令直接载入成熟的

TxDb，得到的结果同上：

```
> library(TxDb.Hsapiens.UCSC.hg19.knownGene)
> txdb <- TxDb.Hsapiens.UCSC.hg19.knownGene # shorthand (for convenience) txdb
```

下载完成后，可使用 keytypes()、columns()、select()等函数对 txdb 数据库进行简单的访问。

除此之外，还能使用函数 transcripts()、exons()、cds()等对基因的外显子、转录组、蛋白质编码序列进行读取等操作。transcriptsByOverlaps()是用于提取指定基因组位置的基因组特征信息的通用函数，仅适用于 TxDb 对象。

1.3.4.5　AnnotationHub 包

AnnotationHub 包为 Bioconductor AnnotationHub Web 资源提供客户端，从中可以找到基因组文件(例如，VCF、bed、wig 格式)和来自权威途径(例如，UCSC、Ensembl)的其他资源。该资源包括各个资源的元数据，例如文本描述、标签和修改日期。

当需要了解一个或几个基因的功能时，NCBI、EBI、TAIR 等网页工具足以满足需求，但是对于高通量数据分析的结果，AnnotationHub 非常合适。

直接使用 AnnotationHub()函数对数据进行下载，下载结束后可通过以下函数查看 AnnotationHub 提供的资源：

```
> ah <- AnnotationHub()              # 赋值后一般会自动更新
>unique(ah $ dataprovider)           # 查看资料来源
>unique(ah $ species)                # 物种的信息收纳在内
<grs<txdb←ah[["AH2258"]]
>grs←query(ah,c("Homo sapiens","hg19","TxDb"))
```

此外，可通过 query()函数查找指定物种的指定文件，并且使用[[]]下载该文件。

这里介绍了 Bioconductor 中用于基因组分析的 Biostrings、BSgenome、GenomicRanges、GenomicFeatures、AnnotationHub 等 5 个包及其应用，若想了解更多有关内容可登录 Bioconductor 官网查看。

参考文献

[1] Tomas K, Sebastian M, Kurt H. Changes in R 3.6-4.0[J]. The R Journal, 2020, 12(2): 403-407.
[2] 孙啸，陆祖宏，谢建明. 生物信息学基础[M].北京：清华大学出版社，2005.

（编者：赵小粼）

第二章　基于 R 的统计学基础

2.1　引言

统计学是数据分析的基础，R 语言在统计分析和数据可视化方面有强大且丰富的功能，其基础包 stats 涵盖了统计学的基本函数。本章将概要性介绍使用 R 语言中的包和函数进行基础统计学分析的内容，包括常用的统计分布、假设检验、方差分析和回归分析等。这些基础的统计学方法，在生物数据分析中有广泛的应用。

2.2　R 语言数据管理

在做数据的统计分析之前，一般需要对数据进行预处理，R 语言中提供了相应的函数来完成数据管理。

2.2.1　数据排序

有些情况下，数据集需要排序后才能得到更多信息，在 R 语言中有 sort()、rank()、order()等函数用于数据排序。sort() 函数是对向量进行从小到大的排序；rank() 函数返回向量中每个数值对应的秩；order() 函数返回的值表示位置，依次对应的是向量的最小值、次小值、第三小值……最大值；dplyr 包中的 arrange()函数针对数据框，返回基于某列排序后的数据框，方便多重依据排序。

2.2.2　数据集合并

当数据较为分散时需要将所需数据都合并到一起，合并方式包括横向合并(添加列)以及纵向合并(添加行)。

(1) 添加列

可使用 merge()函数或 cbind()函数横向合并两个数据集。使用 cbind() 函数合并时需注意合并对象必须拥有相同的行数，并且以相同顺序排列。merge()函数的基本语法格式为：

merge(x, y, by = intersect(names(x), names(y)), by.x = by, by.y = by, all = FALSE)

其中，x、y 为需要合并的数据集；by、by.x、by.y 表示数据集联结依据的变量；all 值为逻辑值,默认值为 FALSE,输出结果中只包含 x、y 数据集共有行,若设置为 TRUE,结果表示为 x、y 数据集的并集。

(2) 添加行

使用 rbind()函数纵向合并数据集。要求两个数据框必须拥有相同的变量,顺序不必一定相同。纵向合并通常用于向数据框中添加观测值。

2.2.3　缺失值处理

在处理数据过程中,不可避免地会出现数据缺失的现象。在 R 语言中缺失值以符号 NA(Not Available,不可用)表示;不可能出现的值通过符号 NaN(Not a Number,非数值)表示。可使用函数 is.na()检测缺失值是否存在。该函数将返回一个相同大小的对象,缺失值相应的位置为 TRUE,其他为 FALSE。在数据处理过程中,大多数函数中都存在参数 na.rm=TRUE 选项用于移除缺失值。也可以通过函数 na.omit( )移除所有含有缺失值的行。

2.3　分布与假设检验

2.3.1　概率分布

随机变量的测量值服从特定分布,生活中很多连续型随机变量服从正态分布,例如人体身高、作物产量等。离散型随机变量满足二项分布、泊松分布等,例如表示基于 RNA-seq 数据得到的基因表达丰度计数值可用泊松分布来近似,而在做基因表达差异分析时,多采用负二项分布模型进行分析。根据样本数据计算变量的概率分布是复杂的工作,这里不作详细介绍。

在生物统计中有许多不同类型的分布,如正态分布、t 分布、卡方分布、F 分布等。已知特定的分布可以计算概率密度值、累积分布函数(CDF)、分位数,并可以根据分布产生随机样本,在 R 语言中有相应的函数。R 语言中的统计函数名称由前缀和后缀组成,前缀 d 表示密度,p 表示 CDF,q 表示分位数,r 表示随机,后缀表示概率分布类型。例如,dnorm()函数名称后缀 norm 表示正态分布,该函数计算服从正态分布的某变量值的概率密度;pnorm()计算服从正态分布的变量取某值时的 CDF 值,qnorm()根据给定的概率值计算对应的分位数,rnorm()产生服从特定正态分布的一组样本值。常用的概率分布及其函数见表 2-1。

表 2-1　常用概率分布及其在 R 语言中的函数

分布名称	缩写	参数	函数
正态分布	norm	mean, sd	dnorm, pnorm, qnorm, rnorm
二项分布	binom	size, prob	dbinom, pbinom, qbinom, rbinom
泊松分布	pois	lambda	dpois, ppois, qpois, rpois
超几何分布	hyper	m, n, k	dhyper, phyper, qhyper, rhyper

（续表）

分布名称	缩写	参数	函数
卡方分布	chisq	df, ncp	dchisq, pchisq, qchisq, rchisq
t 分布	t	df, ncp	dt, pt, qt, rt
F 分布	f	df1, df1, ncp	df, pf, qf, rf
负二项分布	nbinom	size, prob	dnbinom, pnbinom, qnbinom, rnbinom
指数分布	exp	rate	dexp, pexp, qexp, rexp

例 2.1 随机变量 X 满足标准正态分布，计算 CDF 为 0.95 时的分位数。

```
> qnorm(0.95)
 [1] 1.644854
```

qnorm()函数的语法格式是 qnorm(p, mean = 0, sd = 1, lower.tail = TRUE, log.p = FALSE)，在例 2.1 中使用缺省参数 mean=0, sd=1, lower.tail = TRUE。参数 mean 表示正态分布的均值；参数 sd 表示标准差；参数 lower.tail 为 TRUE 时表示计算 $P[X \leqslant x]=0.95$ 的分位数 x 值，否则计算 $P[X > x]=0.95$ 的 x 值。

例 2.2 某地区有 100 万人口，在 1 年内每 10 万人中约 40 人会被诊断为肺癌。在某一年内该地区新确诊肺癌的人数是 200 人，假设每年新患肺癌人数服从泊松分布，计算一年内新患肺癌数低于 200 人的概率是多少？

```
> ppois(200, 40)
[1] 0.0003683006
```

ppois()函数的语法格式是 ppois(q, lambda, lower.tail = TRUE, log.p = FALSE)，在例 2.2 中，泊松分布的参数 lambda 等于 40，其含义是 1 年内每 10 万人中被新诊断为肺癌的人数，利用泊松分布公式计算 CDF，可以得到的结论是该地区每年新患肺癌人数低于 200 人的概率为 0.000 368 300 6。

2.3.2 t 检验

t 检验是用 t 分布理论来推论差异发生的概率，从而比较两个平均数的差异是否明显的统计方法。如接受新药治疗的患者的康复情况是否比使用传统药物的患者更好？杂合作物的产量是否比传统作物的产量高？t 检验可根据样本对象的不同分为单样本检验、双样本检验。

(1) 单样本 t 检验

单样本检验是指检验一个样本均值和总体期望的差异是否明显，判断该样本是否来自该总体。

例 2.3 传统作物的平均产量为 2 400 kg/亩，现将传统作物改良以提升产量，改良后的作物称为孟山都作物，抽样调查孟山都作物的产量为 2 531 kg/亩、2 659 kg/亩、2 487 kg/亩、2 398 km/亩、2 771 kg/亩，问孟山都作物的产量是否高于传统作物？

可以用 R 语言中的 t.test( )函数解决以上问题：

```
> t.test (x = c (2531, 2659, 2487, 2398, 2771), mu = 2400, alternative = "greater")

One Sample t-test
data:  c(2531, 2659, 2487, 2398, 2771)
t = 2.5756, df = 4, p-value = 0.03081
alternative hypothesis: true mean is greater than 2400
95 percent confidence interval:
2429.151        Inf
sample estimates:
mean of x
2569.2
```

在例 2.3 中采用了单侧检验，备择假设是“孟山都作物产量高于传统作物”，t 检验返回的结果 p 值为 0.03，结论是拒绝零假设(p-value<0.05)，接受备择假设，表明孟山都作物的产量要高于传统作物。在本例中，如果使用双侧检验，备择假设是“孟山都作物产量不等于传统作物”，t 检验得到的 p 值为 0.06(p-value>0.05)，不能拒绝零假设，没有足够证据表明孟山都作物的产量与传统作物产量有统计学显著差异。在数据分析实践中，要根据具体情况和已有信息选择单侧检验还是双侧检验。

(2) 双样本 t 检验

双样本 t 检验是通过两个样本的均值差异来检验其各自所代表的总体均值的差异是否显著，根据两组样本是否独立可分为独立双样本 t 检验和配对双样本 t 检验。

① 独立双样本 t 检验

例 2.4 科学家对传统农作物进行两个不同方向的突变以提高农作物产量，突变 A 的产量抽样结果为 2 405、2 378、2 254、2 471、2 390；突变 B 的产量抽样结果为 2 531、2 659、2 487、2 398、2 771(单位均为 kg/亩)，请问突变 A 和突变 B 导致作物产量的差异是否显著？

突变 A 和突变 B 产生的两组数据毫无相关性，因此这两组样本称为独立样本。两个独立样本对应的总体平均值差异是否显著这一问题也可以通过 t.test()函数解决。

```
> t. test (x = c (2405, 2378, 2254, 2471, 2390), y = c (2531, 2659, 2487, 2398, 2771),
alternative = "two.sided")

Welch Two Sample t-test
data:  c(2405, 2378, 2254, 2471, 2390) and c(2531, 2659, 2487, 2398, 2771)
t = -2.5428, df = 6.1295, p-value = 0.04311
alternative hypothesis: true difference in means is not equal to 0
95 percent confidence interval:
```

```
 - 371.123009     - 8.076991
sample estimates:
mean of x mean of y
2379.6      2569.2
```

检验结果得到 p 值为 0.043，拒绝“突变 A 的农作物和突变 B 的农作物产量不存在差异”的零假设(p-value < 0.05)。

② 配对双样本 t 检验

当样本与样本之间存在成对的相关性，要探究样本对应的总体均值的差异需要用配对双样本 t 检验。例如，糖尿病患者治疗前和治疗后的血糖含量可视为一对成对样本，配对双样本对应的总体均值的差异也可以通过 t.test()函数实现，调用格式同独立双样本 t 检验，只需添加参数 paired=TRUE 即可。

2.3.3 非参数检验

当观测值的样本量很小或不服从正态分布时，参数检验不适用于他们的显著差异分析。此时，应当选择非参数检验。若两组数据独立，可以使用 Wilcoxon 秩和检验(更广为人知的是 Mann-Whitney U 检验)来评估观测是否是从相同的概率分布中抽得的。需要注意的是非参数检验在假设非常不合理时(如等级有序数据)更适用，调用格式为：

wilcox.test(y～x, data)

其中，y～x 是方程形式，表示对变量 x 与 y 进行检验，数据的输入和返回的结果与 t.test()函数相同。

2.3.4 其他检验

(1) 比例检验

比例检验对象为服从伯努利分布的变量，使用 prop.test()函数。

(2) Fisher 精确检验

Fisher 精确检验用于检查两个二进制变量的相关性。二进制变量是指变量的值域只有两个值，如：性别男或女；设定情景中只有两个选项，如：对饮品的反馈为喜欢或不喜欢，身材为胖或瘦等，使用 fisher.test()函数。

(3) 卡方检验

卡方检验属于假设检验的非参数检验的范畴，主要用于比较两个及两个以上样本率及两个分类变量(构成 2×2 列联表)的相关性分析。还用于拟合优度检验，比较理论频数和实际频数的拟合程度，例如用于检验某作物性状的遗传是否符合孟德尔遗传定律，使用 chisq.test()函数。

2.4 方差分析

对于多组样本平均数差异的显著性检验，这类问题通常是研究影响随机变量值的因素。例如,同一类作物有 5 种甚至更多的品系,不同品系的产量可以相等或者存在差异,可以对不同品系的产量平均数进行差异检验以选择高产品系;又如,吸烟对肺功能是否有影响?吸烟因素可以分为不吸烟、被动吸烟、少量吸烟、中等程度吸烟、重度吸烟等不同水平,通过随机选择在不同水平上的人群,利用能反映肺功能的生理指标——用力呼气量(FEV),检测不同人群 FEV 的平均数差异。这两个例子是单因素多水平的平均数检验问题,用双样本假设检验进行两两水平对的分析不是好方法,存在计算量大、多重检验带来高假阳性率等问题,一般采用单因素方差分析的方法。此外,影响变量值的因素有多个,例如影响肺功能的因素除了吸烟之外,还与年龄、性别、基础疾病、遗传背景等因素相关,这是多个因素、每个因素有多个水平的问题,需要用到多因子方差分析的方法。方差分析可以减少两两样本检验带来的假阳性率过高的情况,根据需要可进一步采用多重检验方法进一步判断样本组之间的差异,也有多种分析方法来替代双样本 t 检验法。

2.4.1 单因素方差分析

双样本平均数比较可使用成组的独立样本 t 检验。对于多组样本的平均数检验,零假设是这些多组样本来自同一总体,各组的平均数相等,备择假设是平均数并不都相等,存在两对或多对样本的平均数不相等,对于这种情况,可以采用单因素多水平的方差分析。

方差分析的原理是检验多组样本的平均数的方差是否足够大,如果多组样本来自同一个总体,不同组平均数的差异是随机产生的,那么组间平方和接近于随机误差产生的平方和;反之,组间平方和过大可以说明存在处理效应,即这几组样本来自不同总体。

单因素方差分析是针对(单个因素 a 个水平(或处理)下得到的样本数据)进行的分析,其线性统计模型是:

$$x_{ij}=\mu+\alpha_i+\varepsilon_{ij}\,,\ i=1,\ 2,\ \cdots,\ a;\ j=1,\ 2,\ \cdots,\ n$$

这里,μ 是总体平均数;α_i 是第 i 个水平的相对平均数或相对处理效应;ε_{ij} 是随机误差,独立且服从正态分布。a 是水平的数目,n 是每个水平下的样本数目,在这里每个水平有相等数目的样本数,也称平衡设计。方差分析的零假设是 $\alpha_i=0$ 或者 α_i 的方差为 0,变量 x 的平方和可以分解为处理平方和(也称组间平方和)和误差平方和,分别除以各自的自由度得到处理均方和误差均方,它们的比值服从 F 分布,可以使用 F 检验进行判断。

方差分析采用函数 aov(),它调用 lm()函数进行线性模型的拟合,与直接调用 lm()的区别在于拟合结果的输出方式不同。因此,也可以使用 lm()和 anova()函数联合进行方差分析。

aov() 函数的基本语法格式为:

aov(formula, data = NULL, projections = FALSE, qr = TRUE, contrasts = NULL, …)

这里的参数 formula 是以公式的形式来表示模型,模型模拟需要的数据在 data 中,projections、qr 都是逻辑值,与返回的结果有关,一般使用缺省值。contrasts 是公式中用于因子水平的对照(比较)方式,传递给 lm() 函数。"…"表示可以将更多的参数传递给 lm() 函数。

例 2.5 不同均值的 4 组随机数的平均数差异分析，使用 rnorm()函数随机产生 4 组服从不同参数正态分布的数据，比较它们均值的差异。

```
> data <- round(c(rnorm(5), rnorm(5, 2), rnorm(5, 3), rnorm(5,1)),2)
> V1<- data.frame(data, FA=factor(c(rep(1,5),rep(2,5),rep(3,5),rep(4,5))))
> V1.aov <- aov(data~FA, data=V1)
> summary(V1.aov)
            Df Sum Sq Mean Sq F value Pr(>F)
FA           3  30.14  10.045   9.251   0.000877***
Residuals   16  17.37   1.086
---
Signif. codes:  0 '***' 0.001 '**' 0.01 '*' 0.05 '.' 0.1  ' ' 1
> TukeyHSD(V1.aov)
  Tukey multiple comparisons of means
    95% family-wise confidence level

Fit: aov(formula = data ~ FA, data = V1)

$FA
          diff         lwr          upr        p adj
2-1      2.276   0.3905033    4.1614967    0.0155304
3-1      3.304   1.4185033    5.1894967    0.0006638
4-1      1.218  -0.6674967    3.1034967    0.2882212
3-2      1.028  -0.8574967    2.9134967    0.4275214
4-2     -1.058  -2.9434967    0.8274967    0.4033971
4-3     -2.086  -3.9714967   -0.2005033    0.0276266
> plot(TukeyHSD(V1.aov))
```

在例 2.5 中变量 V1 的数据是随机产生的，有 4 组，均服从不同均值的正态分布，均值分别为 0、2、3、1，它们的方差均为 1。不同均值对应于因素 FA 的 4 个水平，函数 aov()可以判断这 4 个水平的变量均值是否相等，分析得到 F 值为 9.25，p 值为 0.000 88，拒绝零假设，说明这 4 个水平具有不同的平均数。summary()函数给出了方差分析的结果，除了 F 值和 p 值之外，还分别给出了处理(FA)和误差(Residuals)项的自由度、平方和和均方值。

函数 TukeyHSD()给出了 FA 因素 4 个水平之间的两两平均数差异分析的置信区间和 p 值，可以得到 2-1，3-1，4-3 这三对水平之间存在平均数差异，对照数据来源，可以看到水平 1 来自平均数为 0 的总体分布，而水平 2 的总体平均数为 2，水平 3 的总体平均数为 3，水平 4 的总体平均数为 1。3-1 对之间的平均数差异相比较 2-1，4-3 的更为显著，与直观认识相符合。因素 FA 的水平数为 4，共有 6 对比较，这是个多重检验的问题，需要对 p 值进行校正。图 2-1 给出了两两差异分析的结果，给出了平均数差异的区间，2-1，3-1，4-3 的

95%置信区间不包含 0,说明两者差异具有统计学显著性。

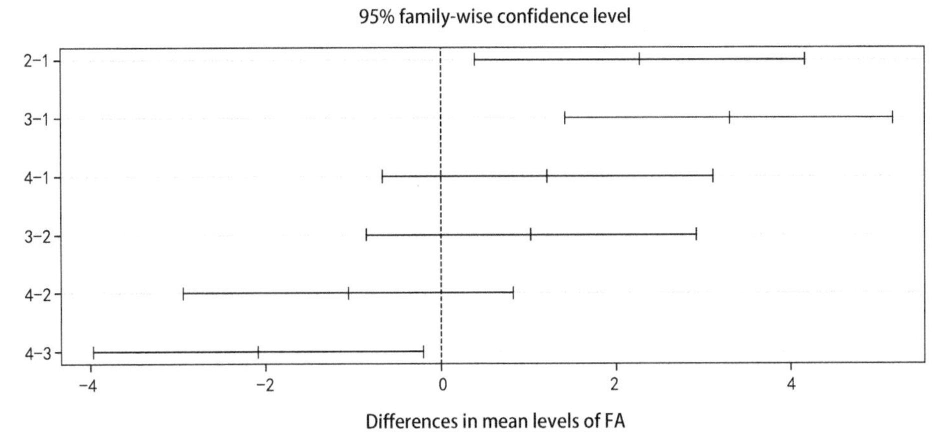

图 2-1　单因素方差分析后使用 TukeyHSD 的分析结果

2.4.2　两因素和多因素方差分析

在考虑单因素的情况下,再增加一个或多个因素,与单独考虑单因素不同的是因素之间可能存在交互作用。在做方差分析时,组间平方和(组间变异)包括了各个单因素主效应,还应包括各因素各水平之间的相互作用效应,对于计算来说就变得很复杂,但原理与单因素分析是一样的,计算各因素的组间变异(处理间均方)和组内变异(误差均方),然后开展各因素和交互作用的处理间均方相对于误差均方的 F 检验,进而判断各因素的效应或交互作用效应的统计学显著性。

例 2.6　判断新生儿体重与母亲的年龄、种族、吸烟状态、高血压史等因素是否有关。本例选用 MASS 包中的 birthwt 数据集来示例多因素方差分析,该数据集包括 189 个样本,每个样本包括 10 个参数。

```
> library(MASS)
> data(birthwt)
> birthwt.aov <- aov(bwt~race * smoke + ht + ptl * ui, data = birthwt)
> summary(birthwt.aov)
```

	Df	Sum Sq	Mean Sq	F value	Pr(>F)
race	1	3790184	3790184	8.983	0.003107 **
smoke	1	7429202	7429202	17.608	4.25e-05 ***
ht	1	1857663	1857663	4.403	0.037266 *
ptl	1	1057238	1057238	2.506	0.115175
ui	1	6362550	6362550	15.080	0.000144 ***
race：smoke	1	1369773	1369773	3.247	0.073239
ptl：ui	1	1735726	1735726	4.114	0.043998 *

```
Residuals          181     76367320      421919
---
Signif. codes:  0 '***' 0.001 '**' 0.01 '*' 0.05 '.' 0.1 ' ' 1
```

在该模型中，考虑种族和吸烟的主效应和交互作用(race * smoke)，早产数目与子宫行为的主效应和交互作用(ptl * ui)，以及考虑高血压史的主效应，从分析结果看与新生儿体重相关的因素有种族、吸烟状态和子宫行为，种族和吸烟这两个因素之间并无交互作用($p=0.07$)，而早产数目与子宫行为之间有一定的交互作用($p=0.044<0.05$)。

需要指出，aov()函数对数据有要求，一般适用于平衡设计，即每组的数目一致，在本例中较多因子下的样本数目并不一致。多因素方差分析可以使用 lm()和 anova()函数进行联合计算，在介绍多元回归分析时还会用该数据进行示例。

2.5 相关与回归分析

随机变量之间存在不确定性的关系，可以进行相关或回归分析。如果变量之间存在相关性，可以进一步研究变量之间的定量关系，使用回归分析方法可以建立变量之间的函数关系，对因变量进行预测或对数据进行描述，回归分析要确定自变量和因变量。

2.5.1 Pearson 与 Spearman 之间的较量

相关关系是用来描述数量变量之间的关系，相关系数的符号(±)表明关系为正相关或负相关，其绝对值的大小表示相关关系的强弱程度，当绝对值为 0 时表明完全不相关，当绝对值为 1 时表明完全相关。R 语言可以计算多种相关系数，包括 Pearson 相关系数、Spearman 相关系数、Kendall 相关系数等，下面我们介绍 Pearson 相关系数和 Spearman 相关系数。

(1) Pearson 相关系数

Pearson 相关系数衡量了两个变量之间的线性相关程度，适用于数值范围相同且无离散点的两个变量，计算公式如下：

$$\rho_{\mathrm{Pr}}(x)=\frac{M((M(x)-x)\cdot(M(y)-y))}{SD(x)\cdot SD(y)} \tag{2-1}$$

其中，分子为两变量的协方差，分母为两变量的标准差的乘积。

(2) Spearman 相关系数

Spearman 等级相关系数衡量了分级定序变量之间的相关程度，适用于不同数值范围或存在离散点的两个变量，计算公式如下：

$$\rho_{\mathrm{Sp}}(x)=1-\frac{6\sum_{i=1}^{n}d_i^2}{n(n^2-1)} \tag{2-2}$$

其中，d 表示等级差异，n 表示变量样本数。

R 语言中计算相关系数的函数是 cor()，其基本调用格式如下：

cor(x， y = NULL， use = " everything "， method = c (" pearson "， " kendall "， "spearman"))

其中，x 表示矩阵或数据框；use 指定缺失数据的处理方式，可选方式为 all.obs(不存在缺失数据正常运行，存在则报错)、everything(遇到缺失数据时，相关系数的计算结果将被设为 missing)、complet. obs（行删除）、pairwise. complete. obs（成对删除），默认参数为 everything。若已过滤的数据可忽略此参数；method 指定相关系数的类型，默认为 pearson 相关系数。

函数 cor.test()对于两个测量变量之间的相关系数给出更多信息，给出不相关的零假设并给出相关系数的置信区间。

例 2.7　计算随机变量之间的相关系数并检验，随机产生符合正态分布的两个变量，它们之间有相关性，分析它们之间的相关关系。

```
> set.seed(123)
> x <- rnorm(20, 4, 1);
> y <- 2 * x + rnorm(20);
> cor(x,y);
[1] 0.7224923
> cor.test(x,y);
Pearson's product-moment correlation
data:   x and y
t = 4.4336, df = 18, p-value = 0.0003208
alternative hypothesis: true correlation is not equal to 0
95 percent confidence interval:
0.4115521 0.8827744
sample estimates:
      cor
0.7224923
```

在例 2.7 中，变量 x 服从正态分布 $N(4,1)$，随机产生 20 个数字，变量 y 等于 x 值乘以 2 再加上服从标准正态分布 $N(0,1)$的随机数而生成。函数 $cor(x, y)$ 得到默认的 pearson 相关系数为 0.722 492 3。函数 cor.test()可得到更多信息，包括对零假设为“变量 x，y 的相关系数为 0”的检验，得到检验结果“t = 4.433 6，df = 18，p-value = 0.000 320 8”，说明变量 x，y 代表的总体具有统计学上极显著的相关性，总体相关系数的 95%置信区间是(0.411 552 1 0.882 774 4)，样本相关系数为 0.722 492 3。

2.5.2　一元线性回归

在研究两个随机变量 X，Y 时，X 与 Y 之间存在相关性，设 Y 是因变量，X 是自变量，

X 的一个数值对应于 Y 的一个分布，用平均数 $\mu_{Y.X}$ 表示。一元线性回归模型可表示为(公式 2-3)：

$$\mu_{Y.X}=\alpha+\beta X+\varepsilon \tag{2-3}$$

这里，ε 是随机误差，服从正态分布。回归系数 α、β 分别称为回归直线方程的截距和斜率，可以根据样本数据进行估计，根据样本数据拟合的曲线方程可表示为 $\hat{y}=a+bx$。应用最小二乘法来估计系数 a，b，使测量值 y 与回归预测值 $\hat{y}$ 之间的差值的平方和最小。做回归分析时要求误差项满足独立性、方差齐性和正态性。

在 R 语言中使用 lm()函数进行回归分析，lm(linear model)代表了线性模型，该函数可以用于实现简单回归分析，多元回归分析和方差分析。lm()函数的基本语法格式为：

lm(formula, data, subset, weights, na.action, method = "qr", model = TRUE, x = FALSE, y = FALSE, qr = TRUE, singular.ok = TRUE, contrasts = NULL, offset, …)

例 2.8 一元回归分析示例，使用例 2.7 产生的数据集，对变量 x，y 进行回归分析。

```
> set.seed(123)
> x <- rnorm(20, 4, 1);
> y <- 2 * x + rnorm(20);
> lm.xy <- lm(y~x);
Call:
lm(formula = y ~ x)
Coefficients:
(Intercept)          x
     1.611       1.547
> summary(lm.xy)
Call:
lm(formula = y ~ x)
Residuals:
    Min       1Q     Median       3Q       Max
-1.7067  -0.5254   -0.2294   0.7202    1.7253

Coefficients:
            Estimate Std. Error t value Pr(>|t|)
(Intercept)  1.6107     1.2925   1.246   0.228666
x            1.5470     0.3489   4.434   0.000321***
---
Signif. codes:  0 '***' 0.001 '**' 0.01 '*' 0.05 '.' 0.1  ' ' 1

Residual standard error: 1.066 on 18 degrees of freedom
Multiple R-squared:   0.522, Adjusted R-squared:   0.4954
```

```
F-statistic: 19.66 on 1 and 18 DF,   p-value: 0.0003208
```

在例 2.8 中，x 服从 $N(4,1)$ 正态分布，y 值是 x 值乘以 2 再加上服从 $N(0,1)$ 的随机数而生成。使用函数 lm()进行线性回归分析得到回归方程 $y=1.547x+1.611$。lm()函数返回类 lm 的对象，使用 summary(lm.xy)可以得到回归系数斜率和截距的估计值、标准误、总体参数的假设检验 t 值和 p 值，以及反映拟合程度的 R^2 和校正 R^2 值，该例中分别为 0.522，0.495 4，R^2 反映了因变量 y 的方差中可以用自变量 x 解释的比例，最后给出了对回归方程进行方差分析的结果，方差分析的统计量 $F=19.66$，p 值为 0.000 320 8，在统计学上具有极显著性，该 p 值与对这两个变量进行 cor.test()分析的结果相同。

回归分析的结果与样本的选择有关，有些样本点对结果的影响很大，也可能存在异常点，这些具体问题在使用时应该给予关注。

2.5.3　多元线性回归

在实际分析中，往往有多个自变量决定一个因变量。多元线性回归方程如下(公式 2-4)：

$$\boldsymbol{Y}=\boldsymbol{X\beta}+\boldsymbol{\varepsilon} \tag{2-4}$$

该方程用矩阵形式表示，$\boldsymbol{Y}$ 是应变量的观察值，是 n 维列向量；$\boldsymbol{X}$ 是 p 维自变量的数值，考虑加上常数项，$\boldsymbol{X}$ 是 $n\times(p+1)$ 的矩阵；$\boldsymbol{\beta}$ 是$(p+1)$维的系数列向量。可以通过矩阵运算得到系数 $\boldsymbol{\beta}$ 的计算公式，但手工计算是很困难的。

在 R 语言中仍然使用 lm()函数进行分析。

例 2.9　使用例 2.6 的数据集，研究新生儿体重的影响因素，并根据这些因素的数值进行体重预测。

```
> library(MASS)
> data(birthwt)
> birthwt.lm<- lm(bwt~age+lwt+as.factor(race)+smoke+ptl+ht+ui+ftv, data=birthwt)
> summary(birthwt.lm)

Call:
lm(formula = bwt ~ age + lwt + factor(race) + smoke + ptl + ht + ui + ftv, data = birthwt)

Residuals:
    Min       1Q    Median   3Q     Max
-1 825.26  -435.21  55.91  473.46  1 701.20

Coefficients:
             Estimate  Std. Error  t value  Pr(>|t|)
(Intercept)  2646.794  297.551     8.895    6.28e-16***
age            -3.570    9.620    -0.371    0.711012
```

```
lwt                 4.354     1.736    2.509     0.013007 *
factor(race)1    -244.214    74.992   -3.257     0.001349 **
factor(race)2     -36.954    38.964   -0.948     0.344186
smoke            -352.045   106.476   -3.306     0.001142 **
ptl               -48.402   101.972   -0.475     0.635607
ht               -592.827   202.321   -2.930     0.003830 **
ui               -516.081   138.885   -3.716     0.000271 ***
ftv               -14.058    46.468   -0.303     0.762598
---
Signif. codes:  0 '***' 0.001 '**' 0.01 '*' 0.05 '.' 0.1 ' ' 1

Residual standard error: 650.3 on 179 degrees of freedom
Multiple R-squared:  0.2427, Adjusted R-squared:  0.2047
F-statistic: 6.376 on 9 and 179 DF,  p-value: 7.891e-08

> anova(birthwt.lm)
Analysis of Variance Table

Response: bwt
                  Df   Sum Sq  Mean Sq  F value    Pr(>F)
age                1   815483   815483   1.9282  0.1666777
lwt                1  2967339  2967339   7.0163  0.0087989 **
as.factor(race)    2  4750632  2375316   5.6165  0.0043079 **
smoke              1  6291918  6291918  14.8774  0.0001599 ***
ptl                1   732501   732501   1.7320  0.1898365
ht                 1  2852764  2852764   6.7454  0.0101806 *
ui                 1  5817995  5817995  13.7568  0.0002774 ***
ftv                1    38708    38708   0.0915  0.7625980
Residuals        179 75702317   422918
---
Signif. codes:  0 '***' 0.001 '**' 0.01 '*' 0.05 '.' 0.1 ' ' 1

> par(mfrow = c(2,2))
> plot(birthwt.lm)
```

回归模型为 bwt～age＋lwt＋as.factor(race)＋smoke＋ptl＋ht＋ui＋ftv，研究新生儿体重 bwt 与母亲年龄(age)、种族(race)等因素的影响，在设计该模型时不一定包括全部变量，有些因素的效应要大些，而有些因素对体重没有影响，因此因素变量的选择是个有挑战性的问题，也是对模型进行评价的问题。在本例中，与新生儿体重相关的因素有种族(race)、吸烟状态(smoke)、高血压史(ht)、子宫行为(ui)、母亲怀孕前体重(lwt)等，它们的采样数据分析结果有统计学显著性，该结果与 anova(birthwt.lm)的结果是一致的。在该线性模型中还可以考虑将因素的交互作用加入，类似用多因素方差分析构建线性模型。模型评价用 R-squared：0.2427，Adjusted R-squared：0.2047 的指标，此外还可以使用 AIC (Akaike's Information Criterion)、BIC (Bayesian Information Criterion)，该例使用的 summary()函数没有提供这两个指标。

对模型拟合结果进行作图得到图 2-2，考察了误差(residuals)的分布情况，从这些图可以判断该模型的合理性，以及是否存在异常值或杠杆率点，在本例中第 226，188，16 等样本点对结果的影响较大，可以考虑去除这些点后再进行回归分析，得到更合理的模型。

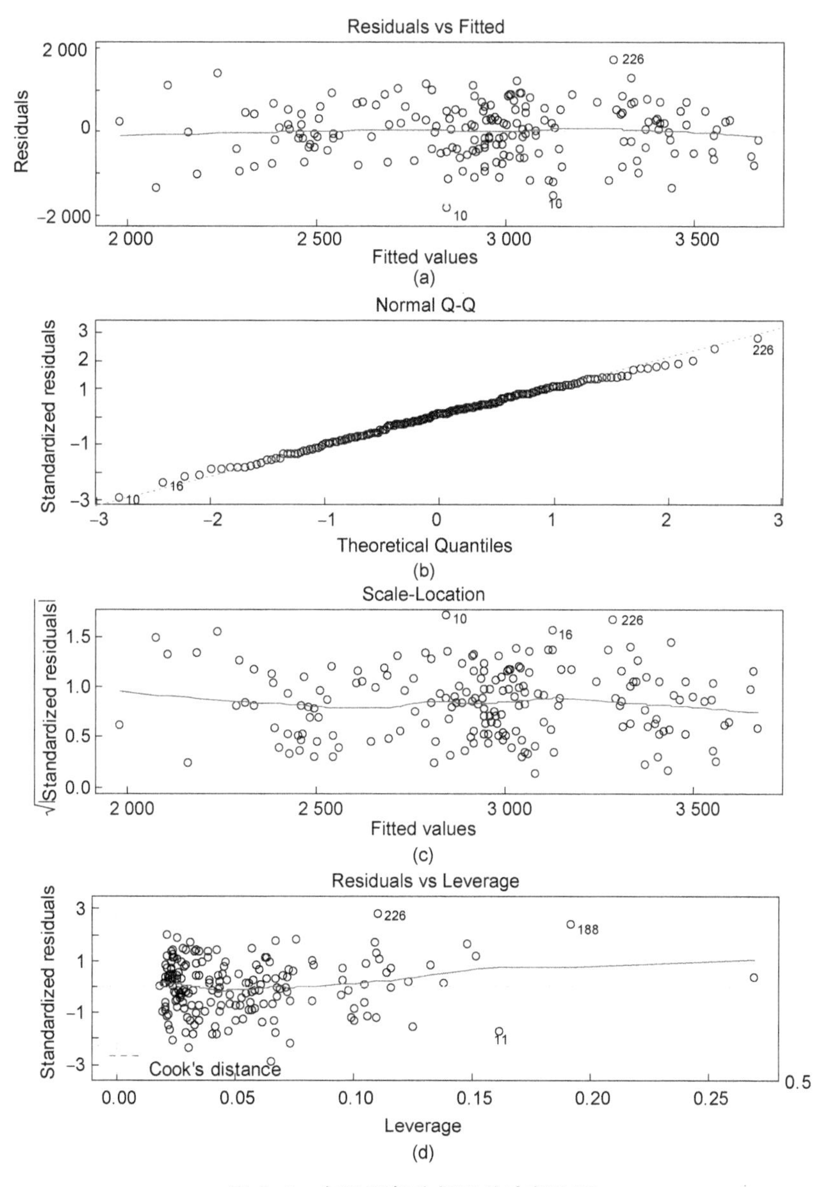

图 2-2　多元回归分析误差诊断作图

在做多元回归分析时，自变量可以是分类变量，在本例中种族(race)是分类变量，有

3 类，使用 factor()函数为分类变量创建哑变量，例如，将变量 race 编码为 1，2，3，分别表示 3 类，在分析结果中出现 factor(race)1、factor(race)2 两个新变量。在回归模型中有两个哑变量表示 3 个分类，可以使用 relevel()命令选择参考类型。

2.5.4 逻辑回归

因变量的结果为"是/否"二值变量时，可使用逻辑回归(Logistic regression)，或称 logit 回归，通过计算输出为"是"或"否"的概率与自变量之间的线性关系，进行回归分析，其模型如下(公式 2-5)：

$$\text{logit}(p)=\ln\left(\frac{p}{1-p}\right)=\alpha+\sum_i \beta_i x_i = y' \tag{2-5}$$

该模型中，p 是输出为"是"的概率值，$1-p$ 是输出为"否"的概率值，根据线性方程和自变量的数值可以得到 logit(p)值，进而得到 p 值，$p=\frac{1}{1+e^{-y'}}$，这是 sigmoid 函数。

使用广义线性模型 glm()函数实现逻辑回归分析，该函数可以拟合多种回归模型。

例 2.10 著名的电影 *Titanic* 展示了人类在灾难来临前的选择，让妇女和儿童优先得到救助。本例中的数字来自 1912 年真实的 Titanic 灾难事件，收集了 1 309 名乘客的年龄、性别、舱位等级，以及是否生存的数据。数据来自 carData 包中的 TitanicSurvival 数据集。

```
> library(carData)
> logit.TS <- glm(survived~ sex+ age+ factor(passengerClass),
        family= binomial, data= TitanicSurvival)
> summary(logit.TS )

Call:
glm(formula = survived ~ sex + age + factor(passengerClass),
    family = binomial, data = TitanicSurvival)

Deviance Residuals:
    Min       1Q     Median     3Q      Max
-2.6399  -0.6979  -0.4336  0.6688  2.3964

Coefficients:
                          Estimate  Std. Error  z value   Pr(>|z|)
(Intercept)               1.083075  0.212407     5.099   3.41e-07 ***
sex1                     -1.248922  0.083018   -15.044   <2e-16 ***
age                      -0.034393  0.006331    -5.433   5.56e-08 ***
factor(passengerClass)1  -0.640285  0.112769    -5.678   1.36e-08 ***
factor(passengerClass)2  -0.549792  0.060046    -9.156   <2e-16 ***
---
Signif. codes:  0 '***' 0.001 '**' 0.01 '*' 0.05 '.' 0.1 ' ' 1
```

```
(Dispersion parameter for binomial family taken to be 1)

    Null deviance: 1414.62   on 1045   degrees of freedom
Residual deviance:   982.45   on 1041   degrees of freedom
  (263 observations deleted due to missingness)
AIC: 992.45

Number of Fisher Scoring iterations: 4
```

在例 2.10 中，广义线性模型是 formula = survived ~ sex + age + factor(passengerClass)，研究生存状态(survived)与性别(sex)、年龄(age)和舱位等级(passengerClass)之间的关系，survived 为二值变量“yes/no”，sex 也为二值变量“female/male”，年龄从 0.1667 岁到 80 岁，等级分 3 等。等级作为分类变量创建哑变量。在广义线性模型中 family 参数选择“binomial”，二值的输出结果就意味着遵循二项分布，选择 logit 回归的方法。

该数据中有 263 个样本存在缺失数据，在分析时自动去除，结果表明生存与否与性别、年龄和舱位等级都存在极显著的相关性，该数据分析结果也体现了人性伟大的一面。

参考文献

[1] Timothy C H, Jacqueline N M. Basic Statistical Analysis Using the R Statistical Package Introduction[EB/OL]. (2016-08-03)[2021-01-01]. https://sphweb.bumc.bu.edu/otlt/MPH-Modules/BS/R/R-Manual/.

[2] 杜荣骞.生物统计学[M].4 版.北京：高等教育出版社，2016.

[3] 薛毅，陈立萍.统计建模与 R 软件[M].北京：清华大学出版社，2007.

（编者：谢建明、刘宏德）

第三章　序列比对及序列搜索

3.1 引言

序列比对是生物信息学最基本的计算操作，通过序列比对，可以分析序列之间的关系，发现序列的共性，找出序列之间的差异。从生物分子的序列、结构、功能之间的关系来看，序列包含最基本的信息，相似序列具有相似结构和相似功能，序列比对是结构预测、功能分析的基础。同时，序列比对也是进化分析、基因组信息分析的基础，通过序列比对可以提取物种进化的信息，分析基因组编码信息和非编码调控信息。

3.2 序列比对与搜索的算法

3.2.1　序列两两比对算法

3.2.1.1　序列两两比对

从计算的角度来看，序列两两比对是通过对序列进行编辑操作，使得两条序列达到一样的长度，形成两条序列上字符的对比排列，即字符逐对比较。

从生物学的角度来看，通过序列比对发现两条序列之间的进化关系，揭示两条序列的共性和差异；同时也能找到同源序列（比对得分值高的为相似序列）。

3.2.1.2　打分函数和替换矩阵

对序列比对的评价是通过累计编辑操作的打分而实现的。打分函数设计的基本原则是：在进化过程中出现频率越高的操作，得分越高。

使用替换矩阵的目的是为了区分不同字符替换发生的频率。

3.2.1.3　序列比对的点矩阵方法

该方法的核心思想是：在点矩阵中找到较长的连续点斜线，这样的点斜线对应于两条序列中相同的字符串，是全配的局部比对，以这样的局部比对为指导，建立全局比对。

点矩阵方法不仅可用于比对两条序列，还可以实现一条序列的自我比对，发现序列固有的特征，如重复序列。可以通过滑动窗口技术，消除点矩阵中的随机噪声，去除离散的点标记或短斜线。

3.2.1.4　动态规划算法

将全局优化过程转化为一系列阶段性局部优化问题，从最简单的阶段性局部解，逐步推演至全局最优解，每次计算时只考虑前一个阶段的局部解，从而可以避免组合爆炸。

3.2.1.5 动态规划求解序列的两两比对

利用动态规划算法求解序列两两比对的基本策略是：逐步求解两条序列前缀的最优比对，从两个空前缀出发，逐步延伸到两条完整的序列。计算时，从比对的得分矩阵左上角出发，反复计算，直到矩阵的右下角结束。在计算当前点时，仅考虑三个直接前驱点（左上，上，左），计算前驱点得分与当前字符编辑操作得分之和，选取其中的最大得分值。求解过程包括两个阶段：正向计算最优比对的得分，反向推导最优比对。

3.2.1.6 Needleman-Wunsch 与 Smith-Waterman 算法

Needleman-Wunsch 算法是基于动态规划原理来求解 DNA 序列或蛋白质序列比对的算法，该算法能够求解出得分更高的全局最优比对。该算法与标准动态规划算法的差异在于：计算当前点时，不仅考虑左上方的直接前驱点，还要考虑上方的所有前驱点和左方的所有前驱点。

Smith-Waterman 算法是一种进行局部序列比对的算法，该算法的目的是找出两个序列中具有高相似度的片段。该算法与标准动态规划算法的差异在于：计算当前点时，如果三个前驱方向的计算结果都是负值，则当前得分值清零，并重新开启一个新的局部比对。

3.2.1.7 使序列比对更具有生物学意义

准全局比对：在评价序列比对时不计“终端空位”（terminal gap）的得分（负分）。位于两端 gap 中间的序列很可能对应于子序列。

连续空位处理：将 k 阶空位与 k 个孤立空位在比对打分方面区别开来。连续 k 个空位在进化上对应于一次突变事件，比离散的 k 个空位发生的概率高，所以比对的得分高。改进空位打分函数，基本原则是：遇到第一个空位给予较高的罚分，后续空位的罚分很低。

3.2.1.8 压缩序列比对的计算空间

在一些特殊的情况下，可以压缩动态规划的计算空间，提高计算效率。例如，在已知两条序列很相似的情况下，只要计算得分矩阵的主对角线。

3.2.2 序列搜索算法 BLAST

BLAST 是一种序列比对的字串算法。核心思想是通过快速的字串匹配迅速找到得分高的局部比对。

BLAST 算法的基本过程：寻找比对的种子，扩展种子，形成高得分片段对 HSP。

MegaBLAST 核心数据结构：HASH 表。利用 HASH 表在数据库序列上快速找到与查询序列中全配的字串。

BLAST 软件包含有各种序列数据库的搜索程序，包括 BLASTN、BLASTP、BLASTX、TBLASTN、TBLASTX 等。在 NCBI 的 BLAST 服务器上输入感兴趣的序列（核酸或蛋白质），可以查看并分析序列搜索结果。

3.3 应用实例

3.3.1 标准动态规划算法

标准动态规划算法是用 Python 的 Biopython(v1.76)中的 Bio.pairwise2 模块来实现的，我们使用 pywebio(v1.2.3)为其搭建了一套在线平台(http://bioinfo.seu.edu.cn：7237)，如图 3-1 所示。表 3-1 给出了标准动态规划平台的比对序列的输入和比对参数的设置。

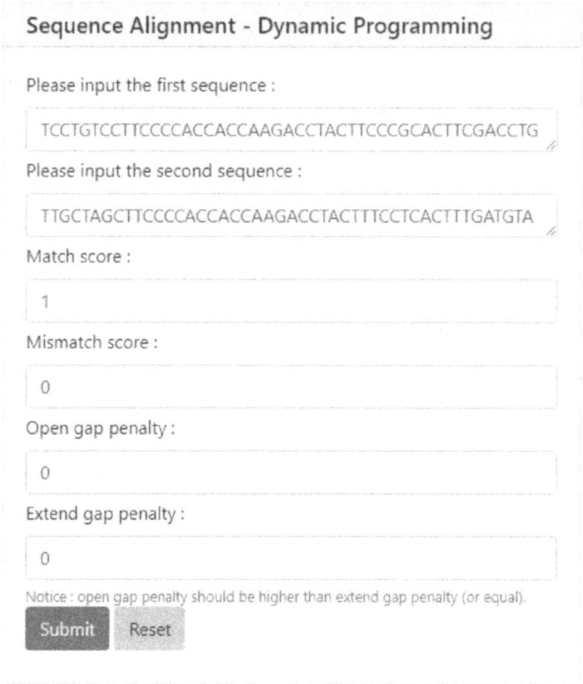

Sequence Alignment - Dynamic Programming

Please input the first sequence :

TCCTGTCCTTCCCCACCACCAAGACCTACTTCCCGCACTTCGACCTG

Please input the second sequence :

TTGCTAGCTTCCCCACCACCAAGACCTACTTTCCTCACTTTGATGTA

Match score :

1

Mismatch score :

0

Open gap penalty :

0

Extend gap penalty :

0

Notice : open gap penalty should be higher than extend gap penalty (or equal).

Submit Reset

图 3-1 基于标准动态规划算法的序列比对在线界面

表 3-1 标准动态规划算法在线平台的参数表

参数名	参数描述	默认参数值
The first sequence	仅支持字符为"A", "a", "T", "t", "C", "c", "G", "g", "U", "u", "N", "n"的输入	—
The second sequence	仅支持字符为"A", "a", "T", "t", "C", "c", "G", "g", "U", "u", "N", "n"的输入	—
Match score	序列匹配得分	1
Mismatch score	序列错配得分	−1
Open gap penalty	起始空位罚分，大于等于 0	0
Extend gap penalty	空位延展罚分，远远小于起始空位罚分	0

假设分别输入两条序列 TCTGCCTTCCCCCAAAGACCGCACTTCGCTG 和 TCGTCCTTCCGCCTACTTCCCGCCTCGACTG，当用户选择以标准动态规划页面的默认值提交进行序列比对操作时，可以获得如图 3-2(a)所示的比对结果，其中使用标准动态规划的参数设置，即匹配得分为 1，错配得分为 0。

在上述的应用实例中，空位相关的罚分没有纳入考虑范围中，所以当错配罚分和空位相关的罚分一致时，程序会更倾向于在两条序列比对中设置空位。但是，在实际应用中，起始空位罚分和空位延展罚分都是有意义且有必要的。所以，一般参数 Open gap penalty 和 Extend gap penalty 的值均会设置为 1。另外，因为 Mismatch score = 0 会导致程序更倾向于在比对结果中设置错配而不是空位，从而无法突出展现本节想要展现给读者的结果对比，所以接下来将参数 Mismatch score 设置为−1，比对结果如图 3-2(b)所示。

在基因组中连续空位可能对应于一次突变，而非连续空位对应于多次突变。对于一个生物体而言，连续发生多次突变的概率极低，所以在比对中 Open gap penalty 和 Extend gap penalty 的数值应该是不一致的。其中，Extend gap penalty 的数值会远远小于 Open gap penalty 的。另外，需要说明的是在基于标准动态规划算法的序列比对的参数设置中是可以接受小数输入的。假设将 Extend GAP penalty 的参数值设置为 0.1，最终输出的比对结果如图 3-2(c)所示。

对比图 3-2(b)和(c)中对连续空位的处理，可以看出在标准动态规划算法中，不同参数值的设置会影响程序对连续空位的处理方式，从而得到不同的比对结果。具体来讲，当 Mismatch score 的参数值的绝对值比 Extend gap penalty 的参数值的绝对值大时，比对结果会倾向于将空位连接在一起；反之，比对结果会更倾向于将空位进行拆分。同理，当 Mismatch score 的参数值的绝对值比 Open gap penalty 的参数值的绝对值大时，比对结果会倾向于在序列中设置空位；反之，比对结果会更倾向于在序列中设置错配。

```
(a)
TCTG-CCTTCCC-CCAAAG-AC--C--GCACTTCG-CTG   Match score           1
|| | |||| || ||     || |  || | ||| |||   Mismatch score        0
TC-GTCCTT-CCGCC----TACTTCCCGC-C-TCGACTG   Open gap penalty      0
Score=29                                  Extend gap penalty    0

(b)
TCTG-CCTTCCCCCAAAGACC-GCACTTCG-CTG        Match score           1
|| | ||||||.||.|...|| || | ||| |||        Mismatch score       -1
TC-GTCCTTCCGCCTACTTCCCGC-C-TCGACTG        Open gap penalty      1
Score=12                                  Extend gap penalty    1

(c)
TCTG-CCTTCC-CC-----CAAAGACCGCACTTCG-CTG   Match score           1
|| | |||||| ||     |     |||| | ||| |||   Mismatch score       -1
TC-GTCCTTCCGCCTACTTC-----CCGC-C-TCGACTG   Open gap penalty      1
Score=14.2                                Extend gap penalty  0.1
```

图 3-2 基于标准动态规划算法的序列比对结果

(a)基于标准动态规划缺省参数设置的比对结果；(b)将参数 Open gap penalty 和 Extend gap penalty 的值均设置为 1 以及将参数 Mismatch score 设置为−1 时的基于标准动态规划的比对结果；(c)将参数 Mismatch score，Open gap penalty 和 Extend gap penalty 分别设置为−1，1，0.1 时的基于标准动态规划的比对结果

3.3.2 Needleman-Wunsch 算法

在使用 Needleman-Wunsch 算法来寻找两个序列的全局最优比对中，本节选取了 EMBOSS Needle(https://www.ebi.ac.uk/Tools/common/tools/help/index.html? tool=emboss_needle)进行实例讲解。EMBOSS Needle 是一个基于在线网页表单提交的序列比对工具，其操作流程简单且丰富，只要根据工具页面中各个标签的次序依次操作后，即可提交给后台进行序列比对，从而得到最终结果。

EMBOSS Needle 工具包含了多个可操作的步骤，这得以让用户能够对该工具进行一定程度的自定义操作。通过工具页面中的 Submit job 标签，用户可以提交序列比对的任务，其中包含的参数如表 3-2 所示。值得注意的是，在 Needleman-Wunsch 中 EDNAFULL 是针对核酸序列默认的替换打分矩阵，其主对角线的数值均为 5，其他位置的数值均为−4。

表 3-2　EMBOSS Needle 中 Submit job 标签的参数

参数	描　述	默认值
email	如果需要电子邮件通知，则必须提供有效的互联网电子邮件地址。当以交互方式运行该工具时，结果将在比对完成后显示在浏览器窗口	—
title	为区分不同的比对结果需要对比对结果进行命名。此名称将与结果相关联，并可能出现在结果的某些图形表示中	—
matrix	默认的替换打分矩阵	EDNAFULL
gapopen	第一个空位的罚分	10
gapext	第一个空位之后的其他空位的罚分	0.5
endweight	在比对过程中应用末端空位罚分	false
endopen	产生末端空位时的罚分	10
endextend	末端空位中其他空位的罚分	0.5
format	序列比对的输出格式	pair
stype	DNA 或蛋白质的序列类型	—

在提交完序列比对的任务后，通过工具页面中的 Status 标签，用户可以查看到提交任务的完成情况。当 Status 标签中显示为 FINISHED 时，用户可以在 Result 标签中查看到最终的比对结果。

假设在 Submit job 标签中输入两段序列 TCATATCAGACCTACTTGCGCACCGACCTG 和 TCATATCCTTCCCACAGACCGCACCGCCTG，其中将空位延展罚分(gapext)分别设置为 0.5 与 10，其他的参数值默认不变，比对结果如图 3-3 所示。从上述的不同比对结果中，可以看出，参数 gapext 越小，空位越倾向于连在一起。

```
---------------------------------------------------------------
asequence: TCATATCAGACCTACTTGCGCACCGACCTG
bsequence: TCATATCCTTCCCACAGACCGCACCGCCTG
Matrix: EDNAFULL
Gap_penalty: 10.0
Extend_penalty: 0.5

Length: 38
Identity:      22/38 (57.9%)
Similarity:    22/38 (57.9%)
Gaps:          16/38 (42.1%)
Score: 73.5
---------------------------------------------------------------

asequence      1 TCATAT--------CAGACCTACTTGCGCACCGACCTG      30
                 ||||||        |||||       ||||||| ||||
bsequence      1 TCATATCCTTCCCACAGAC-------CGCACCG-CCTG      30

---------------------------------------------------------------
```

(a)

```
---------------------------------------------------------------
asequence: TCATATCAGACCTACTTGCGCACCGACCTG
bsequence: TCATATCCTTCCCACAGACCGCACCGCCTG
Matrix: EDNAFULL
Gap_penalty: 10.0
Extend_penalty: 10.0

Length: 31
Identity:      22/31 (71.0%)
Similarity:    22/31 (71.0%)
Gaps:           2/31 ( 6.5%)
Score: 62.0
---------------------------------------------------------------

asequence      1 TCATATCAGACCTAC-TTGCGCACCGACCTG      30
                 |||||||...||.|| ...||||||| ||||
bsequence      1 TCATATCCTTCCCACAGACCGCACCG-CCTG      30

---------------------------------------------------------------
```

(b)

图 3-3　EMBOSS Needle 的序列比对结果

3.3.3　Smith-Waterman 算法

为了计算一个序列与一个或多个其他序列的局部最优比对，本节选取了 EMBOSS Water（https://www.ebi.ac.uk/Tools/common/tools/help/index.html? tool=emboss_water）。与 EMBOSS Needle 工具相同，EMBOSS Water 也是一个基于在线网页表单提交的序列比对工具，其操作流程简单且丰富，只要根据页面中的步骤依次进行操作后，即可提交给后台进行序列比对从而得到序列比对的结果。表 3-3 是 EMBOSS Water 工具的可选参数。

表 3-3　EMBOSS Water 参数

参数	描　述	默认值
email	如果需要电子邮件通知，则必须提供有效互联网电子邮件地址。当以交互方式运行该工具时，结果将在比对完成后显示在浏览器窗口	—
title	为区分不同的比对结果需要对比对结果进行命名。此名称将与结果相关联，并可能出现在结果的某些图形表示中	—
matrix	默认的替换打分矩阵	EDNAFULL
gapopen	第一个空位的罚分	10
gapext	第一个空位之后的其他空位的罚分	0.5
format	序列比对的输出格式	pair
stype	DNA 或蛋白质的序列类型	—

在提交完序列比对的任务后，通过工具页面中的 Status 标签，用户可以查看到提交任务的完成情况。当 Status 标签中显示为 FINISHED 时，用户可以在 Result 标签中查看到最终的比对结果。

假设在 Submit job 标签中输入两段序列 TCATATCAGACCTACTTGCGCACCGACTG 和 CGTGCAGAGACTCCTTGTATAGCTTGGAT，其中参数值默认不变，局部比对结果会输出两个序列中的相似子序列，如图 3-4 所示。

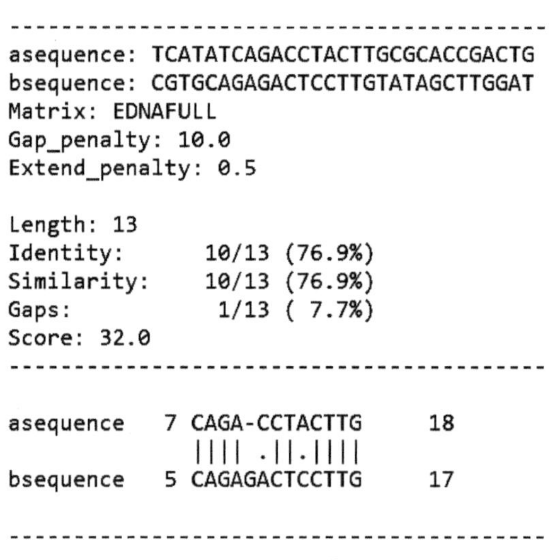

图 3-4　EMBOSS Water 的序列比对结果

3.3.4　BLAST(DNA，protein，DNA-protein)

基本局部比对搜索工具(Basic Local Alignment Search Tool，BLAST)是一套查找序列之间具有局部相似性的区域。BLAST 是将核苷酸或蛋白质序列与序列数据库进行比较,并计算匹配的统计显著性,可用于推断序列之间的功能和进化关系,以及帮助识别基因家族的成员。BLAST 的在线比对平台(https://blast.ncbi.nlm.nih.gov/Blast.cgi)主要分为 5 种,如表 3-4 所示。

表 3-4 NCBI 上 BLAST 的分类表

程序名	查询序列	数据库	查询方法
BLASTN suite	核酸	核酸	所查核酸序列逐一与核酸数据库中的序列进行比对,包括 MEGABLAST, discontiguous MEGABLAST 和 BLASTN
BLASTP suite	蛋白质	蛋白质	所查蛋白质序列逐一与蛋白质数据库中的序列进行比对,包括 BLASTP, Quick BLASTP, PSI-BLAST, PHI-BLAST 和 DELTA-BLAST
BLASTX	核酸	蛋白质	先将所查核酸序列翻译成蛋白质序列(1 条核酸序列会被翻译成 6 条蛋白质序列),再对每一条翻译得到的蛋白质序列逐一与蛋白质数据库中的序列进行比对
TBLASTN	蛋白质	核酸	将数据库中的核酸序列翻译成蛋白质序列,再同所查蛋白质序列做逐一的序列比对
TBLASTX	核酸	核酸	将所查的核酸序列和数据库中的核酸序列翻译成蛋白质,再进行蛋白质的序列比对,找到数据库中跟查询序列相似的编码序列(每条核酸序列会产生 6 条可能的蛋白质序列,每次比对会产生 36 种比对阵列)

本节以 BLASTN 为例,主要说明 BLAST 的使用方法以及参数选择。NCBI 的 BLAST 界面中的 Nucleotide BLAST 标签可以进入 BLASTN 的操作界面。BLASTN 的操作界面主要分成 4 个部分,分别是 Enter Query Sequence、Choose Search Set、Program Selection 和 Algorithm Parameters。

Enter Query Sequence 输入框中可以选择直接键入查询序列或者上传序列文件。另外,如果钩选 Align two or more sequences 的复选框,就可以选择同时比对两条以上的序列。

Choose Search Set 输入框中可以根据需要比对序列的性质,选择比对所需要的数据库类型。另外,用户还可以选择输入待比对序列所属的物种名称,同时也可以对序列所属类型(例如:Models (XM/XP)、Uncultured/environmental sample sequences、Sequences from type material 等)的范围设置限制。

Program Selection 选择框中主要涉及 3 个比对算法,分别是 megablast、discontiguous megablast 和 blastn,这三者都属于 BLASTN,也就是核酸序列比对核酸序列的算法:

(1) megablast 算法主要是用来在非常相似的序列之间(来自同一物种)进行同源性的比对,其优化了非常相似序列之间的比对,可用于寻找查询序列的最佳匹配的序列,如果比对到的序列在数据库中注释完整的话,那该序列丰富的注释可以当作新序列的参考,比对速度快。

(2) discontiguous megablast 算法主要用于跨物种之间的同源比对,使用非重叠群字段匹配算法来进行核酸比对，比 BLASTX 等翻译后比对要快得多，并在比较编码区时也具有很高的敏感度。但是需要指出的是，因为密码子的简并性，所以核酸与核酸之间的比对并不是发现同源蛋白编码区域的最佳方法，直接在蛋白水平用 BLASTP 进行比对更优。

(3) blastn 算法是出现较早的算法，比对的速度慢，但允许更短序列的比对。

在网页的最下端有 Algorithm Parameters 选择输入框，其中可以修改 BLASTN 的预设参数。大多数情况下选择使用默认参数即可，它主要有 3 个部分 General Parameters、Scoring Parameters 和 Filters and Masking。

(1) General Parameters：可以限制比对中相似目标序列的数量和 *E* 值(Expect threshold)，*E* 值量化了相似性的统计显著性，其中较低的值对应于更显著的相似性，这是接下来结果显示的一项重要的筛选标准。除此以外，由于 BLAST 是使用基于过滤器的技术来加速对相似序列的搜索，它不是直接对齐序列，而是在查询和数据库序列之间找到单词匹配，然后将每个单词匹配扩展到有间隙的对齐，使用较小的字长会使搜索更加敏感。核酸的默认字长设置为 28。maximal matches in a query range 参数限制匹配的数量，默认值为 0，这意味着没有限制。

(2) Scoring Parameters：包括了 Match/Mismatch Scores 和 Gap Costs。Match/Mismatch Scores 是确定比对过程中匹配和错配的分数，另外，Gap Costs 中包括了在比对过程中产生新的空位和空位延展的罚分，其中，Linear 方法仅适用于 Megablast 算法且其数值最终会根据 Match/Mismatch Scores 来确定。

(3) Filters and Masking：如果勾选 low complexity regions，将屏蔽核酸序列中的低复杂度区域，这意味着在比对中将不使用低复杂度区域。另外，还可以去除特定物种的基因重复区域。如果勾选 Mask for lookup table only，那么低复杂度区域将被屏蔽，仅用于构建在过滤步骤中使用的查找表或单词列表，而在没有屏蔽的情况下执行比对步骤。Mask lower case letters 选项用于屏蔽查询 fasta 序列中的小写字母，这允许用户选择不应对齐的序列部分。

在对上述的内容进行数据输入和参数选择后，就可以提交给 BLAST 进行后台的比对，在一段时间后(时间的长短与提交的序列有关)，即可得到比对结果的展示页面，位于顶部的一般信息包括查询标识符、目标数据库名称以及关键搜索参数。

Description 标签提供了每个对齐序列的附加详细信息。这些详细信息包括其登录号、比对分数、*E* 值、查询覆盖率以及以百分比表示的查询核酸所属的类别。查询覆盖率是包含在对齐段中的查询长度的一部分，对齐的序列按其 *E* 值升序排列。其中 *E* 值以及 Score 值最为重要。*E* 值越小且 Score 值越大，则比对结果越可靠。

Graphic summary 界面提供了查询序列与得分最高的相似序列比对的简化图形，其中的每一条线段代表一个比对结果，通过点击操作可以获取信息的摘要。摘要包括每个比对序列的比对分数和 *E* 值，更高的比对分数意味着查询序列和给定的命中序列之间的相似度更高，而 *E* 值量化了预期的偶然发生的命中次数。

Alignments 标签展示了查询序列和最高命中之间的并排比对。点击 Download 链接可以下载比对结果，也可以点击 GenBank 链接了解比对结果的详细信息。

最后，Taxonomy 界面主要告诉我们所比对的序列在分类学上所属的物种类别。

至此，我们简明地讲述了 BLASTN 的使用流程。在 BLAST 的页面中，用户还可以选择 BLASTP、BLASTX、TBLASTN 和 TBLASTX 工具，其界面都是大同小异。所以接下来对各个工具界面和 BLASTN 不同的部分着重介绍一下。

与 BLASTN 相比，BLASTP 将 Database 和 Program Selection 部分替换成蛋白相关的内容，并在 Algorithm Parameters 中增加了 Matrix 替换打分矩阵选项。

Program Selection 部分包括了 5 种算法：

(1) BLASTP：一种通用蛋白质序列比对程序，可将需要查询的蛋白质序列与特定蛋白质数据库中的序列进行比较。

(2) Quick BLASTP：是 BLASTP 的加速版本，使用 kmer 匹配来加快非常相似蛋白质的搜索速度，专门与 nr 数据库结合使用，如果目标百分比同一性为 50%或更高，则效果最佳。

(3) PSI-BLAST：通过迭代执行 BLAST 搜索能够识别到蛋白质家族的远亲，并且能够构建位置特异的打分矩阵(Position Specific Scoring Matrix，PSSM)。

(4) PHI-BLAST：执行的查询任务仅限于匹配查询序列中指定模式的比对。

(5) DELTA-BLAST：使用从保守域数据库派生的预计算 PSSM 来提供更强大的长距离的同源检测，在蛋白质相似性搜索中比 BLASTP 具有更高的灵敏度。

BLAST 对任何对齐残基的程序都会使用替换打分矩阵，因为查询序列和数据库中的序列都是蛋白质序列(BLASTP)，或者程序可能会将查询的核酸序列翻译成蛋白质序列(BLASTX)。评估序列比对质量的一个关键因素就是替换打分矩阵，它会为比对中任何可能的残基替换分配一个分数。氨基酸置换矩阵的理论在一些研究中有所描述，并应用于 DNA 序列比较。一般而言，不同的替换打分矩阵专门用于检测不同程度的发散序列之间的相似性。然而，单个矩阵在相对广泛的进化变化范围内是相当有效的。实验表明，BLOSUM-62 矩阵是检测最弱蛋白质相似性的最佳矩阵之一。而对于特别长且相似性较弱的比对，BLOSUM-45 矩阵是优越的选择。短比对需要相对较强(即具有更高比例的匹配残基)才能超过背景噪声，使用具有比 BLOSUM-62 更高相对熵的矩阵更容易检测到这种短而相似性强的对齐。特别需要指出的是，短查询序列只能产生短比对，因此使用短查询的数据库搜索应该使用适当定制的矩阵。由于 BLOSUM 系列不包括适用于最短查询的相对熵的矩阵，因此可以使用 PAM 矩阵代替。对于蛋白质，根据各种查询长度所推荐的替换打分矩阵和空位罚分如表 3-5 所示。

表 3-5 蛋白质查询长度的推荐替换打分矩阵和空位罚分表

Query Length	Substitution Matrix	Gap Costs (Existence, Extension)
<35	PAM-30	(9, 1)
35～<50	PAM-70	(10, 1)
50～<85	BLOSUM-80	(10, 1)
≥85	BLOSUM-62	(11, 1)

针对其他的 BLAST 算法(BLASTX、TBLASTN、TBLASTX),与上述算法的实例操作一致(https://ftp.ncbi.nlm.nih.gov/pub/factsheets/HowTo_BLASTGuide.pdf),用户可以根据实际的使用情况进行自定义的操作。

参考文献

[1] Altschul S F, Madden T L, Schäffer A A, et al. Gapped BLAST and PSI-BLAST: A new generation of protein database search programs[J]. Nucleic Acids Research, 1997, 25(17): 3389-3402.

[2] Derynck R, Zhang Y, Feng X H. Transcriptional activators of TGF-β responses: Smads[J]. Cell, 1998, 95(6): 737-740.

[3] Madej T, Addess K J, Fong J H, et al. MMDB: 3D structures and macromolecular interactions[J]. Nucleic Acids Research, 2012, 40(datebase issue): D461-D464.

[4] Altschul S F. Amino acid substitution matrices from an information theoretic perspective[J]. Journal of Molecular Biology, 1991, 219(3): 555-565.

[5] States D J, Gish W, Altschul S F. Improved sensitivity of nucleic acid database searches using application-specific scoring matrices[J]. Methods, 1991, 3(1): 66-70.

(编者:孙啸、朱文勇)

第四章　系统发生分析

4.1 引言

系统发生(phylogeny)是指生物形成或进化的历史。系统发生学(phylogenetics)研究物种之间的进化关系，其基本思想是比较物种的特征，并认为特征相似的物种在遗传学上接近。系统发生研究的结果常以系统发生树(phylogenetic tree)表示，以描述物种之间的进化关系。

系统发生分析可以基于生物特征或者生物分子。在可以系统测定生物分子的时代，大多数系统发生分析是基于生物的蛋白质分子或者DNA分子的。一般的，首先测定生物与进化有关的大分子序列，然后通过多序列比对，计算物种间距离，最后通过特定的算法，构建系统发生树。

本章主要介绍了系统发生分析的基本概念和步骤，以及系统发生树构建和分析的工具及其使用方法；还介绍了基于R语言的系统发生分析工具和集成的系统发生分析工具Mega。

4.2 系统发生分析的概念和系统发生树

4.2.1 系统发生分析的基本概念

系统发生分析包括经典系统发生分析和分子系统发生分析。经典系统发生分析所涉及的特征主要是形态、生理结构、化石特征。随着对生物的认识从宏观发展到微观层面，物种分类的依据也从宏观上的形态发展到微观上的分子，系统发生分析进入分子层次。分子系统发生分析是基于假设：核苷酸和氨基酸序列中含有生物进化历史的全部信息。核酸和蛋白质分子都是由共同的祖先经过不断的进化而形成的，作为生物遗传物质和生命机器，存在着有关生物进化的信息，可用于系统发生关系的研究。其理论基础是分子钟理论：在各种不同的发育谱系及足够大的进化时间尺度中，许多序列的进化速率几乎是恒定不变的。虽然很多时候仍然存在争议，但是分子进化确实能阐述一些生物系统发生的内在规律。

分子系统发生分析主要分成三个步骤：(1)多序列比对；(2)构建系统发生树；(3)对所建立的树进行评价。分子系统发生分析利用从核酸序列或蛋白质分子中提取的信息，作为物种特征，通过比较生物分子序列之间的关系从而推测物种进化过程，简单来说，如果从一条序列转变为另一条序列所需要的变换越多，则这两条序列的相关性就越小，从共同祖先分歧的时间就越早，进化距离就越大；相反，两个序列越相似，那么它们之间的进化距离就可能越小。系统发生通常由系统发生树来表示，系统发生树是一张能够展示源自同一祖先的不同物种间进化关系的树形图，是描述有机体进化或发生顺序的一种拓扑结构。通过构建系统发生树，以阐明各个物种的进化关系。

4.2.2 系统发生树及其性质

系统发生树是由一系列节点(nodes)和分支(branches)组成的无向非循环图，其中每个节点代表一个分类单元(Operational Taxonomic Unit)，而节点之间的连线代表物种之间的进化关系。树的节点又分为外部节点(Terminal Node)和内部节点(Internal Node)。在一般情况下，外部节点代表实际观察到的分类单元，而内部节点又称为分支点，它代表了进化事件发生的位置，或代表分类单元进化历程中的祖先。

系统发生树通常具有以下性质(图 4-1)：(1)如果是一棵有根树，则树根代表其在进化历史上是最早的，并且与其他所有分类单元都是有联系的；(2)如果找不到可以作为树根的单元，则此系统发生树是无根树；(3)从根节点出发到任何一个节点的路径指明了进化时间或者进化距离。

在有根树中，有唯一的根节点，代表所有其他节点的共同祖先，能够反映进化层次，从根节点历经进化到任何其他节点只有唯一的路径。无根树没有层次结构，无根树只说明了节点之间的关系，没有关于进化发生方向的信息。但是，通过使用外部参考物种，可以在无根树中指派根节点。

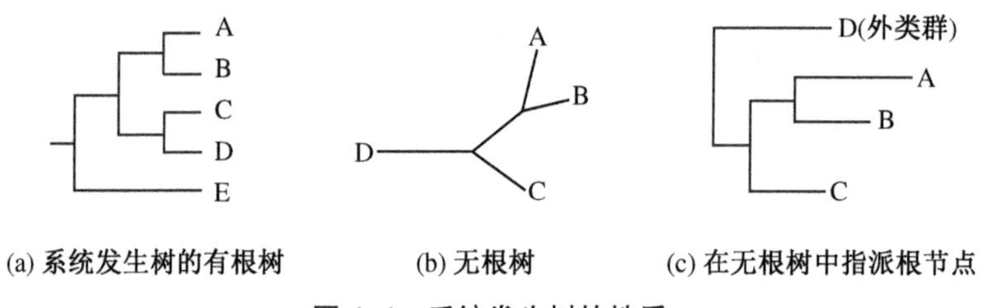

(a) 系统发生树的有根树　　(b) 无根树　　(c) 在无根树中指派根节点

图 4-1　系统发生树的性质

4.3 多序列比对和系统发生树的构建

一般的，系统发生树构建的步骤包括多序列比对、建树方法选择、建立系统发生树、系统发生树评估和统计分析等步骤。

4.3.1 多序列比对

分子系统发生分析中，多序列比对是前提和基础。序列比对是生物信息学中最基本、最重要的操作，通过比较生物分子序列，发现之间的相似性，可以找出序列之间共同的区域，同时辨别序列之间的差异，还可推测序列之间的进化关系。多序列比对(Multiple

Sequence Alignment，MSA)将多条有系统进化关系的蛋白质或核酸序列进行比对，尽可能地把相同的碱基或氨基酸残基排在同一列上，主要功能包括：(1)确认一个未知序列是否属于某个家族；(2)建立系统发生树，查看物种间或者序列间的关系；(3)模式识别，寻找重要的功能区域的保守序列片段；(4)推测未知功能，通过把已知有特殊功能的序列片段通过多序列比对做成模型，然后根据该模型推测未知的序列片段是否也具有该功能。

4.3.2　多序列比对的常用工具

多序列比对一般采用基于两两比对渐进的多重序列比对方法。目前常用的多序列比对工具包括：ClustalW、ClustalOmega、MUSCLE、T-coffee。

ClustalW(http://www.genome.jp/tools-bin/clustalw)是最早使用的多序列比对工具，由 Feng 和 Doolittle 于 1987 年提出，该程序有许多版本，可以基于多种平台。它采用一种渐进的比对方法(Progressive Methods)，先将多个序列两两比对构建距离矩阵，反映序列之间两两关系；然后根据距离矩阵计算产生系统进化指导树，对关系密切的序列进行加权，然后从最紧密的两条序列开始，逐步引入临近的序列并不断重新构建比对，直到所有序列都被加入为止。因此，它是一种试探算法，所以渐进比对不能保证能够得到最优的比对。ClustalW 是目前使用最广泛的多序列比对程序。

ClustalOmega(https://www.ebi.ac.uk/Tools/msa/clustalo/)是 clustal 系列的升级版，能够快速地做大量比对，与 clustalw 的交互式相比，可以直接使用命令行进行操作，便于批量比对。

MUSCLE(https://www.ebi.ac.uk/Tools/msa/muscle/)是一款速度最快的比对软件之一，在速度上都优于 ClustalW，原因之一为没有进行两两序列比对。Muscle 采用的是迭代方法进行比对运算，每一次最优化过程就是迭代过程，通过不断使用动态规划法重排来纠正这种错误，同时对这些亚类群进行比对以获得所有序列的全局比对。但是，速度快的后果就是准确度降低。

T-coffee(http://tcoffee.crg.cat/)的准确度较高，且功能强大。它能够整合多种信息，如结构信息，实验数据等用于序列比对，它的基本原理是首先构建一个库包含有 ClustalW 得到的序列两两比对和 fasta 得到的局部两两比对，并且给每个比对一个权重，然后把全局比对和局部比对的结果进行整合，每个两两比对中每个位点的比对都是综合了库中该两两比对的序列和其他序列比对的结果，这样就给该位点比对一个权重用以表明该位点的该比对在整个库中的合理性程度，最后再通过渐进比对过程。该方法的最大优势在于能够整合各种信息，所以它的可拓展性较强，缺点是速度慢。

4.3.3　系统发生树的构建方法

根据所利用的数据类型的不同，系统发生树的构建方法可分为两大类：距离法和特征法。基于距离法建树利用的是序列间的距离，将序列信息转化为距离矩阵，基本思路是列出所有可能的序列对，计算序列之间的遗传距离，选出相似程度比较高或非常相关的序列对，利用遗传距离预测进化关系。基于距离矩阵建树的方法有非加权组平均法

(Unweighted Pair Group Method with Arithmetic Means)、邻近归并法(Neighbor Joining Method)、Fitch-Margoliash 法、最小进化方法(Minimum Evolution)等。

基于离散特征的构建方法,利用的是具有离散特征状态的数据,如 DNA 序列中的特定位点的核苷酸。建树时着重分析运筹分类单位或序列间每个特征(如核苷酸位点)的进化关系等,一般计算量都比较大。此类建树方法有最大简约法(Maximum Parsimony Method)、最大似然法(Maximum Likelihood (ML) Method)、进化简约法(Evolutionary Parsimony Method)、相容性方法(Compatibility)等。对相似性和距离数据,在重建系统发生树时只能利用距离法。离散特征数据通过适当的方法可转换成距离数据。

4.3.4 系统发生树的构建及分析工具

可用于绘制系统发生树的工具见表 4-1。

表 4-1 绘制系统发生树的软件一览表

工具	描述	网　站
PHYLIP	免费、集成分析工具	https://evolution.genetics.washington.edu/phylip.html
MEGA	图形化、集成分析工具	https://www.megasoftware.net/
PAUP	商业软件,集成分析工具	http://paup.phylosolutions.com/
PHYML	最快的 ML 建树工具	http://www.atgc-montpellier.fr/phyml/
MrBayes	基于贝叶斯方法的建树工具	http://nbisweden.github.io/MrBayes/

4.3.5 系统发生树的统计分析

通过某种算法构造好一棵系统发生树之后,需要对树的合理性和可靠性进行分析。常采用一定的统计检验来分析获得的系统发生树的可靠性。一种是利用某一参量来对所获得树及其相近树进行结构差异检验。另一种是分析每个分支的可靠性,其中常用的方法有:标准误差估计、自展检验。其中,自展检验(Bootstrap)是一种重抽样技术,可用来估计在取样分布不知道或难以分析得到的情况下分支与统计有关的变异性。通过自展检验,可得到一个自展置信水平(Bootstrap Confidence Level, BCL)。模拟表明,BCL>0.9 时,CP 值(置信概率)与 BCL 值相近。另一种重抽样方法是弃半复制检验。在核苷酸数量较少的情况下,即使高的 BCL 值,仍然不能保证结果的可靠性。因此建议,构建系统发生树时,尽可能使用更长的核苷酸序列。

4.4 应用实例

4.4.1 基于 EBI ClusterΩ 工具的多序列比对实例

本实例选择新冠病毒刺突蛋白(S 蛋白)601-650aa 的氨基酸序列,在网页工具 EBI

ClusterΩ 上进行多序列比对。刺突蛋白(S 蛋白)是新冠病毒与人体结合而发生感染的关键蛋白,也是绝大多数新冠疫苗发挥保护效力的靶标蛋白。

4.4.1.1　获得新冠病毒标准株 S 蛋白的 601—650aa 的氨基酸序列

(1) 在 NCBI(https://www.ncbi.nlm.nih.gov/)中选择 Nucleotide 选项,输入 Severe acute respiratory syndrome coronavirus 2 进行搜索,见图 4-2。

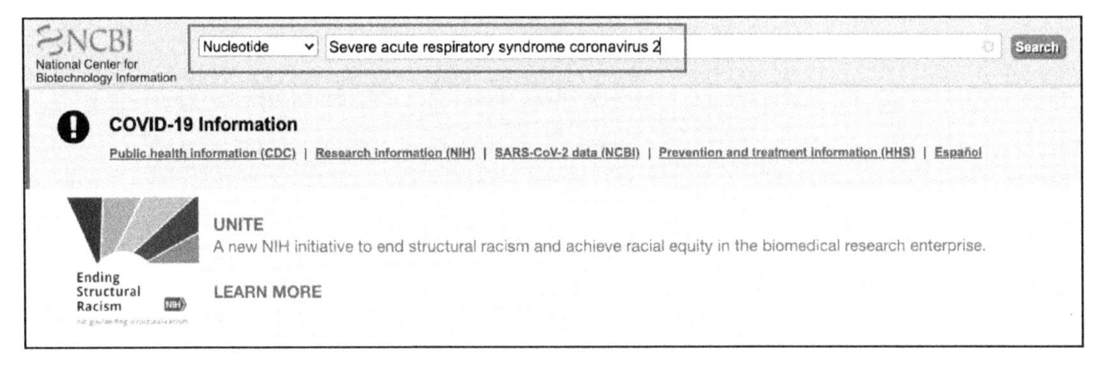

图 4-2　搜索 Severe acute respiratory syndrome coronavirus 2

(2) 点击 Severe acute respiratory syndrome coronavirus 2 (SARS-CoV-2) reference genome 进入参考基因组信息页面,见图 4-3。

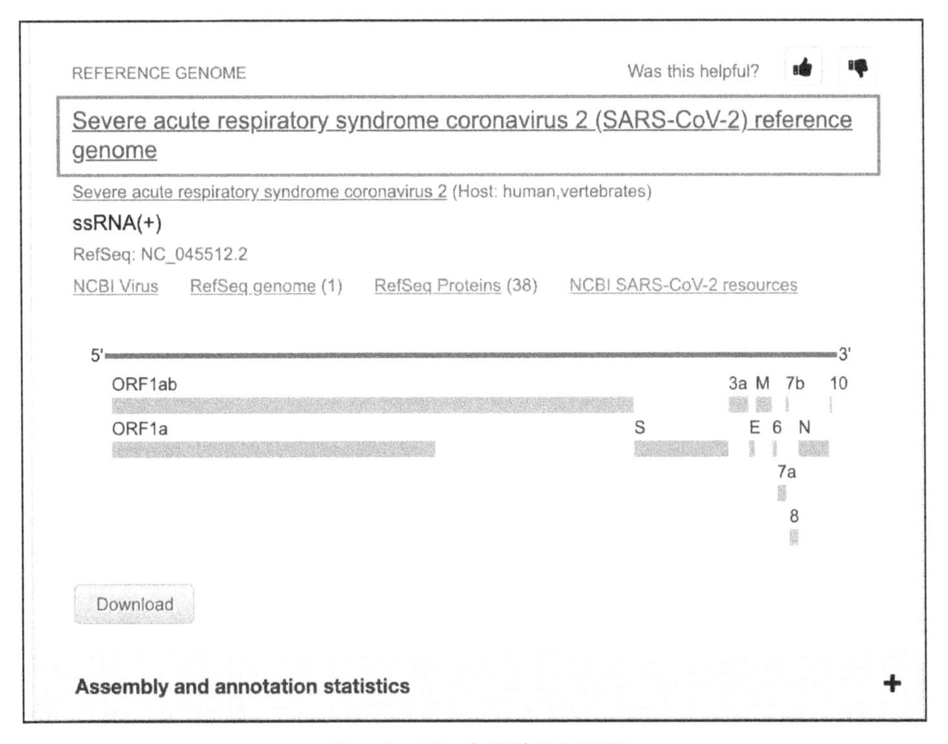

图 4-3　进入参考基因组页面

(3) 找到 S 蛋白的注释信息,点击/protein_id="YP_009724390.1",见图 4-4。

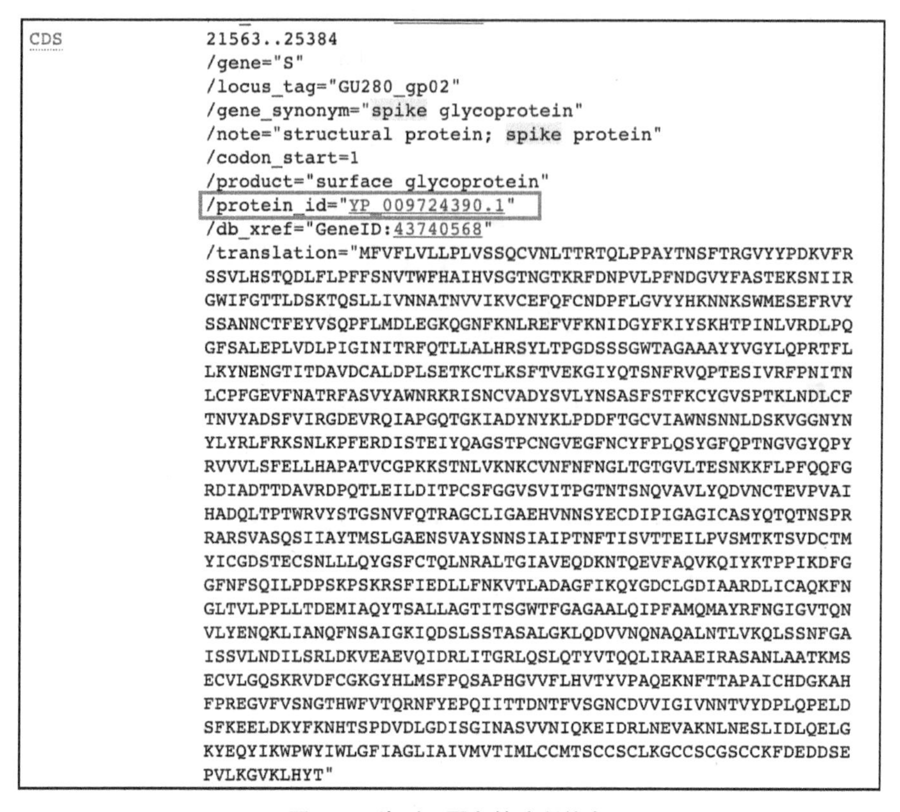

```
CDS             21563..25384
                /gene="S"
                /locus_tag="GU280_gp02"
                /gene_synonym="spike glycoprotein"
                /note="structural protein; spike protein"
                /codon_start=1
                /product="surface glycoprotein"
                /protein_id="YP_009724390.1"
                /db_xref="GeneID:43740568"
                /translation="MFVFLVLLPLVSSQCVNLTTRTQLPPAYTNSFTRGVYYPDKVFR
                SSVLHSTQDLFLPFFSNVTWFHAIHVSGTNGTKRFDNPVLPFNDGVYFASTEKSNIIR
                GWIFGTTLDSKTQSLLIVNNATNVVIKVCEFQFCNDPFLGVYYHKNNKSWMESEFRVY
                SSANNCTFEYVSQPFLMDLEGKQGNFKNLREFVFKNIDGYFKIYSKHTPINLVRDLPQ
                GFSALEPLVDLPIGINITRFQTLLALHRSYLTPGDSSSGWTAGAAAYYVGYLQPRTFL
                LKYNENGTITDAVDCALDPLSETKCTLKSFTVEKGIYQTSNFRVQPTESIVRFPNITN
                LCPFGEVFNATRFASVYAWNRKRISNCVADYSVLYNSASFSTFKCYGVSPTKLNDLCF
                TNVYADSFVIRGDEVRQIAPGQTGKIADYNYKLPDDFTGCVIAWNSNNLDSKVGGNYN
                YLYRLFRKSNLKPFERDISTEIYQAGSTPCNGVEGFNCYFPLQSYGFQPTNGVGYQPY
                RVVVLSFELLHAPATVCGPKKSTNLVKNKCVNFNFNGLTGTGVLTESNKKFLPFQQFG
                RDIADTTDAVRDPQTLEILDITPCSFGGVSVITPGTNTSNQVAVLYQDVNCTEVPVAI
                HADQLTPTWRVYSTGSNVFQTRAGCLIGAEHVNNSYECDIPIGAGICASYQTQTNSPR
                RARSVASQSIIAYTMSLGAENSVAYSNNSIAIPTNFTISVTTEILPVSMTKTSVDCTM
                YICGDSTECSNLLLQYGSFCTQLNRALTGIAVEQDKNTQEVFAQVKQIYKTPPIKDFG
                GFNFSQILPDPSKPSKRSFIEDLLFNKVTLADAGFIKQYGDCLGDIAARDLICAQKFN
                GLTVLPPLLTDEMIAQYTSALLAGTITSGWTFGAGAALQIPFAMQMAYRFNGIGVTQN
                VLYENQKLIANQFNSAIGKIQDSLSSTASALGKLQDVVNQNAQALNTLVKQLSSNFGA
                ISSVLNDILSRLDKVEAEVQIDRLITGRLQSLQTYVTQQLIRAAEIRASANLAATKMS
                ECVLGQSKRVDFCGKGYHLMSFPQSAPHGVVFLHVTYVPAQEKNFTTAPAICHDGKAH
                FPREGVFVSNGTHWFVTQRNFYEPQIITTDNTFVSGNCDVVIGIVNNTVYDPLQPELD
                SFKEELDKYFKNHTSPDVDLGDISGINASVVNIQKEIDRLNEVAKNLNESLIDLQELG
                KYEQYIKWPWYIWLGFIAGLIAIVMVTIMLCCMTSCCSCLKGCCSCGSCCKFDEDDSE
                PVLKGVKLHYT"
```

图 4-4　找到 S 蛋白的注释信息

(4) 在右侧 Change region shown 选项中,选择 Selected region,输入起始和终止位点,点击 Update View,见图 4-5。

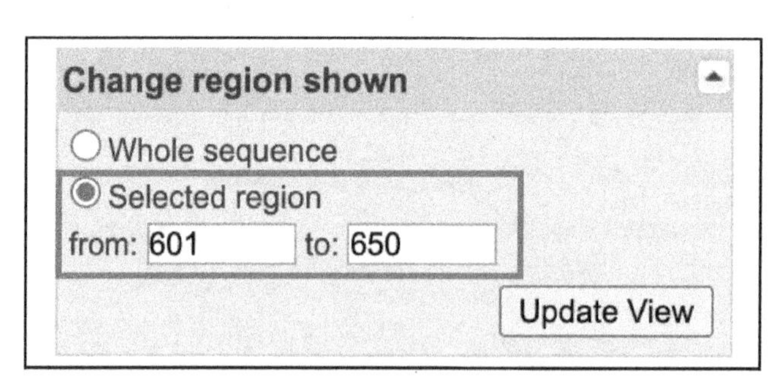

图 4-5　选取需要区域的序列

(5) 点击 FASTA,见图 4-6。

(6) 获得 S 蛋白的 601—650aa 的 fasta 文件,保存为 fasta 文件,见图 4-7。

4.4.1.2　获得其他新冠病毒基因组测序数据中的 S 蛋白的 601—650aa 氨基酸序列

在 gisaid 平台(https://www.gisaid.org/)注册账号后,可在 EpiCov 条目中下载全球新冠基因组测序数据,同理制作测序数据 S 蛋白的 601—650aa 的氨基酸序列,见图 4-8。

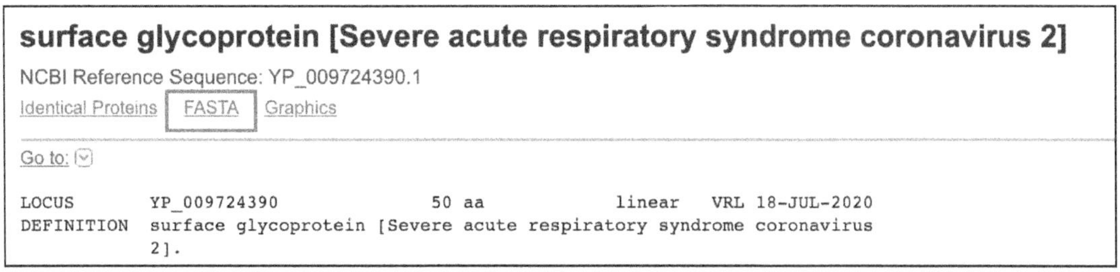

surface glycoprotein [Severe acute respiratory syndrome coronavirus 2]

NCBI Reference Sequence: YP_009724390.1

Identical Proteins　FASTA　Graphics

Go to:

```
LOCUS       YP_009724390            50 aa            linear   VRL 18-JUL-2020
DEFINITION  surface glycoprotein [Severe acute respiratory syndrome coronavirus
            2].
```

图 4-6　选取 fasta 格式进行展示

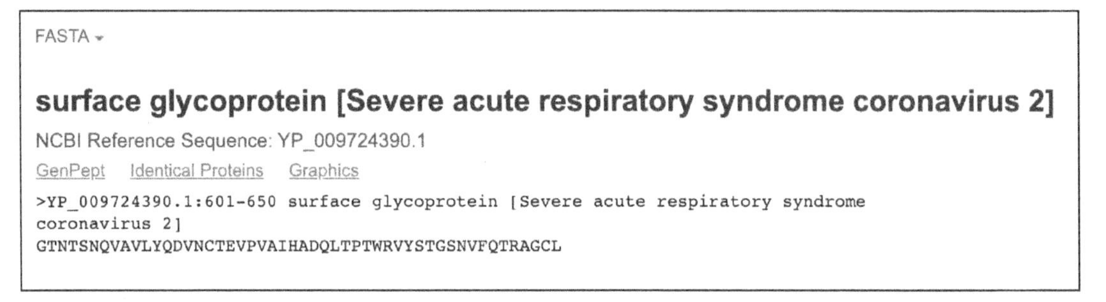

图 4-7　保存 fasta 格式文件

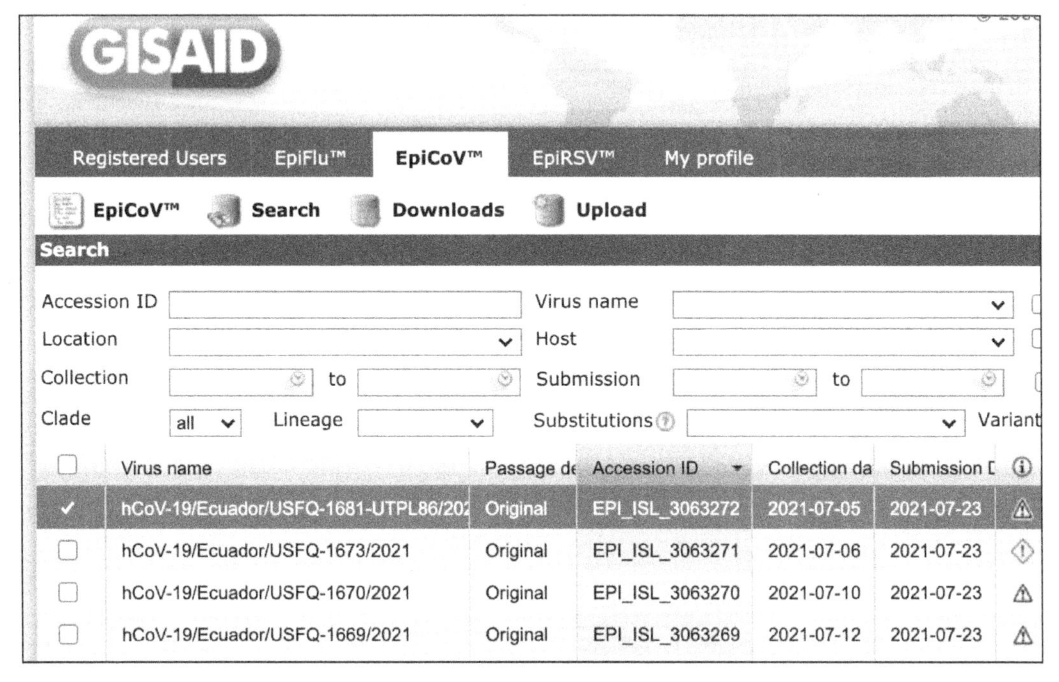

图 4-8　下载新冠基因组测序数据

4.4.1.3 合并标准株与测序数据的 fasta 文件

将标准株与测序数据的 fasta 文件合并，如图 4-9 所示。

```
>hCoV-19|Spike(S)_protein|601-651aa
GTNTSNQVAVLYQDVNCTEVPVAIHADQLTPTWRVYSTGSNVFQTRAGCL

>hCoV-19/Spain/CM-ISCIII-214187/2021|EPI_ISL_2861845|2021-04-15
GTNTSNQVAVLYQGVNCTEVPVAIHADQLTPTWRVYSTGSNVFQTRAGCL

>hCoV-19/Spain/CM-ISCIII-214231/2021|EPI_ISL_2861851|2021-04-08
GTNTSNQVAVLYQGVNCTEVPVAIHADQLTPTWRVYSTGSNVFQTRAGCL

>hCoV-19/Botswana/R21B49_BHP_AAB78991/2021|EPI_ISL_2868404|2021-07-04
GTNTSNQVAVLYQGVNCTEVPVAIHADQLTPTWRVYSTGSNVFQTRAGCL

>hCoV-19/Botswana/R21B56_BHP_AAB79009/2021|EPI_ISL_2868405|2021-07-04
GTNTSNQVAVLYQGVNCTEVPVAIHADQLTPTWRVYSTGSNVFQTRAGCL

>hCoV-19/USA/CA-CHLA-PLM93963490/2020|EPI_ISL_753302|2020-11-10
GTNTSNQVAVLYQGVNCTEVPVAIHADQLTPTWRVYSTGSNVFQTRAGCL

>hCoV-19/USA/MT-MTPHL-3834567/2021|EPI_ISL_2988444|2021-07-14
GTNTSNQVAVLYQGVNCTEVPVAIHADQLTPTWRVYSTGSNVFQTRAGCL

>hCoV-19/Japan/20210503-23629/2021|EPI_ISL_2964610|2021-05-03
GTNTSNQVAVLYQGVNCTEVPVAIHADQLTPTWRVYSTGSNVFQTRAGCL
```

图 4-9　合并标准株与测序数据的 fasta 文件

4.4.1.4 在 EBI ClusterΩ 中进行多序列比对

EMBL 的多序列比对工具很多，包括 CLUSTAL 系列、TCOFFEE、MUSCLE。Clustal Omega（https://www.ebi.ac.uk/Tools/msa/clustalo/）是 CLUSTAL 系列的最新版本。

复制准备好的 fasta 文件中的氨基酸序列，或者点击 upload 将合并的 fasta 文件上传，点击 Submit 开始多序列比对，见图 4-10。

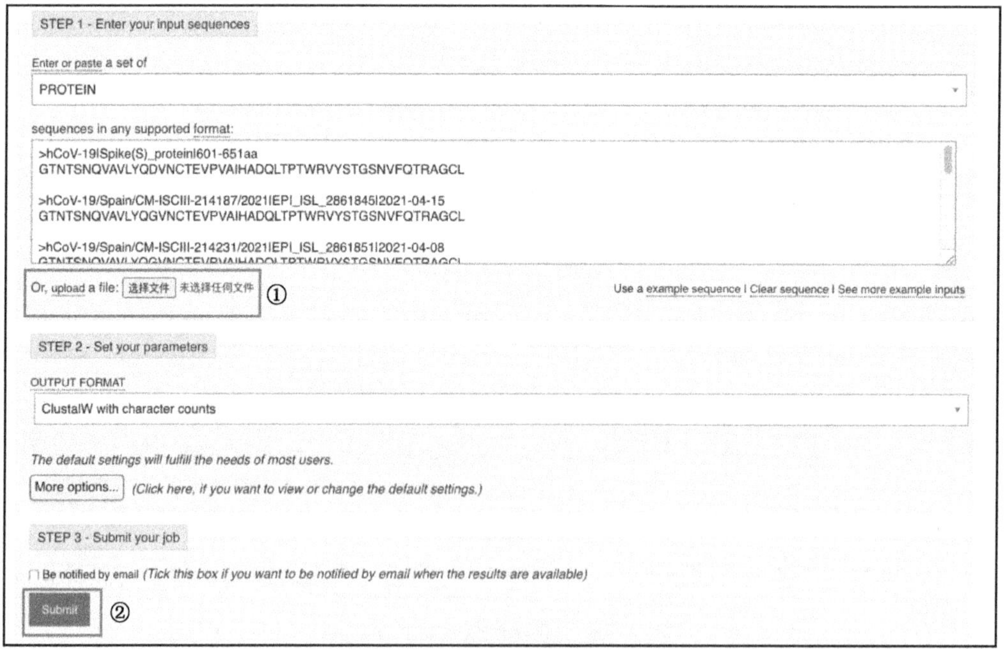

STEP 1 - Enter your input sequences

Enter or paste a set of

PROTEIN

sequences in any supported format:

```
>hCoV-19|Spike(S)_protein|601-651aa
GTNTSNQVAVLYQDVNCTEVPVAIHADQLTPTWRVYSTGSNVFQTRAGCL

>hCoV-19/Spain/CM-ISCIII-214187/2021|EPI_ISL_2861845|2021-04-15
GTNTSNQVAVLYQGVNCTEVPVAIHADQLTPTWRVYSTGSNVFQTRAGCL

>hCoV-19/Spain/CM-ISCIII-214231/2021|EPI_ISL_2861851|2021-04-08
```

Or, upload a file: 选择文件 未选择任何文件 ①

Use a example sequence | Clear sequence | See more example inputs

STEP 2 - Set your parameters

OUTPUT FORMAT

ClustalW with character counts

The default settings will fulfill the needs of most users.

More options... (Click here, if you want to view or change the default settings.)

STEP 3 - Submit your job

Be notified by email (Tick this box if you want to be notified by email when the results are available)

Submit ②

图 4-10　ClustalΩ 中进行多序列比对

在结果页中,点击 Alignments,即可展示多序列比对结果,见图 4-11。

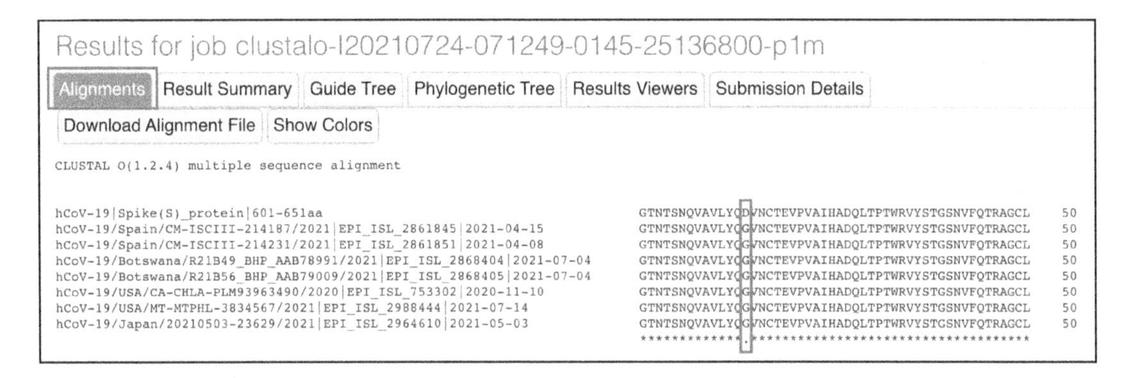

图 4-11　展示多序列比对结果

序列比对中,对应符号的特殊含义见表 4-2。通过多序列比对发现,S 蛋白的 614 位氨基酸发生了 D614G 突变,即第 614 位氨基酸由天冬氨酸(D)变成了甘氨酸(G),且研究发现,该突变可能增强了病毒的感染性。

表 4-2　序列比对中对应符号的特殊含义表

符号	含　义
*	完全保守的一列,即这一列的残基完全相同
:	这一列的残基有大致相似的分子大小及相同亲疏水性,即这一列残基或相同或相似
.	在进化过程中,残基的分子大小及亲疏水性被一定程度上保留了,但是有替换发生在不相似的残基间
	完全不保守的一列

4.4.2　基于 R 语言的多序列比对和系统发生树构建实例

R 包 msa 是用于多序列比对的 R 包之一,综合了多种多序列比对算法工具,包括 ClustalW(4.4.1EBI ClusterΩ 的 MSA 实例,序列长度一行以内,以便于查看比对 MSA 结果,选择新冠病毒存在氨基酸变异的一段 50aa)、ClustalOmega 和 MUSCLE(T-Coffee 算法正在整合中),适用于 DNA、RNA 和氨基酸序列,生成美观的多序列比对结果,并可将多序列比对对象转换为其他包下的对象,可运行在所有平台(Linux / Unix, Windows 和 Mac OS X)上。

msa 包提供了一个函数 msaConvert(),可以将多序列比对对象转换为其他包下的对象。目前可以转换成的类型分别对应:alignment(seqinr package)、align(bios2mds package), AAbin/DNAbin(ape package)、phyDat(phangorn package)。

本实例以转换成 seqinr 包对象计算距离矩阵,并使用 ape 包构建 NJ 树。

4.4.2.1 msa R 包的安装

```
if (! requireNamespace("BiocManager", quietly = TRUE))
  install.packages("BiocManager")
   BiocManager::install("msa")
```

4.4.2.2 加载 msa 包以及 msa 包提供的一个样本氨基酸序列文件

```
mySequenceFile <- system.file("examples", "exampleAA.fasta", package="msa")
mySequences <- readAAStringSet(mySequenceFile)
mySequences
```

结果见图 4-12。

```
AAStringSet object of length 9:
    width seq                                                    names
[1]   452 MSTAVLENPGLGRKLSDFGQETSYIE...TQQLKILADSINSEIGILCSALQKIK PH4H_Homo_sapiens
[2]   453 MAAVVLENGVLSRKLSDFGQETSYIE...QQLKILADSINSEVGILCNALQKIKS PH4H_Rattus_norve...
[3]   453 MAAVVLENGVLSRKLSDFGQETSYIE...QQLKILADSINSEVGILCHALQKIKS PH4H_Mus_musculus
[4]   297 MNDRADFVVPDITTRKNVGLSHDAND...GAGDVAPDDLVLNAGDRQGWADTEDV PH4H_Chromobacter...
[5]   262 MKTTQYVARQPDDNGFIHYPETEHQV...EDIMALVHEAMRLGLHAPLFPPKQAA PH4H_Pseudomonas_...
[6]   451 MSALVLESRALGRKLSDFGQETSYIE...TQQLKILADSISSEVEILCSALQKLK PH4H_Bos_taurus
[7]   313 MAIATPTSAAPTPAPAGFTGTLTDKL...GAGDVVDGDAVLNAGTREGWADTADI PH4H_Ralstonia_so...
[8]   294 MSGDGLSNGPPPGARPDWTIDQGWET...PGDAVLTRGTQAYATAGGRLAGAAAG PH4H_Caulobacter_...
[9]   275 MSVAEYARDCAAQGLRGDYSVCRADF...DAFQTADFEAIVARRKDQKALDPATV PH4H_Rhizobium_loti
```

图 4-12 氨基酸序列示例

4.4.2.3 进行多序列比对

```
myClustalWAlignment <- msa(mySequences, "ClustalW")
#"ClustalW"可替换为"ClustalOmega"、"Muscle"等。
myClustalWAlignment
```

多序列比对结果见图 4-13。

```
> myClustalWAlignment
CLUSTAL 2.1

Call:
   msa(mySequences, "ClustalW")

MsaAAMultipleAlignment with 9 rows and 456 columns
    aln                                                   names
[1] MAAVVLENGVLSRKLSDFGQETSYIEDNS...NTQQLKILADSINSEVGILCNALQKIKS PH4H_Rattus_norve...
[2] MAAVVLENGVLSRKLSDFGQETSYIEDNS...NTQQLKILADSINSEVGILCHALQKIKS PH4H_Mus_musculus
[3] MSTAVLENPGLGRKLSDFGQETSYIEDNC...NTQQLKILADSINSEIGILCSALQKIK- PH4H_Homo_sapiens
[4] MSALVLESRALGRKLSDFGQETSYIEGNS...NTQQLKILADSISSEVEILCSALQKLK- PH4H_Bos_taurus
[5] -----------------------------...DLVLNAGDRQGWADTEDV---------- PH4H_Chromobacter...
[6] -----------------------------...DAVLNAGTREGWADTADI---------- PH4H_Ralstonia_so...
[7] -----------------------------...DAVLTRGT-QAYATAGGRLAGAAAG--- PH4H_Caulobacter_...
[8] -----------------------------...QAA------------------------- PH4H_Pseudomonas_...
[9] -----------------------------...---------------------------- PH4H_Rhizobium_loti
Con -----------------------------...?????????????????IL??A???--- Consensus
```

图 4-13 氨基酸序列比对结果示例

4.4.2.4 打印多序列比对结果

```
print(myClustalWAlignment, show = "complete")
```

全长的比对结果，见图 4-14。

```
> print(myClustalWAlignment,show="complete")

MsaAAMultipleAlignment with 9 rows and 456 columns
    aln (1..60)                                                  names
[1] MAAVVLENGVLSRKLSDFGQETSYIEDNSNQNGAISLIFSLKEEVGALAKVLRLFEENDI PH4H_Rattus_norve...
[2] MAAVVLENGVLSRKLSDFGQETSYIEDNSNQNGAVSLIFSLKEEVGALAKVLRLFEENEI PH4H_Mus_musculus
[3] MSTAVLENPGLGRKLSDFGQETSYIEDNCNQNGAISLIFSLKEEVGALAKVLRLFEENDV PH4H_Homo_sapiens
[4] MSALVLESRALGRKLSDFGQETSYIEGNSDQN-AVSLIFSLKEEVGALARVLRLFEENDI PH4H_Bos_taurus
[5] ------------------------------------------------------------ PH4H_Chromobacter...
[6] ------------------------------------------------------------ PH4H_Ralstonia_so...
[7] ------------------------------------------------------------ PH4H_Caulobacter_...
[8] ------------------------------------------------------------ PH4H_Pseudomonas_...
[9] ------------------------------------------------------------ PH4H_Rhizobium_loti
Con ------------------------------------------------------------ Consensus
```

图 4-14 打印多序列比对结果

4.4.2.5 msa 包将比对结果转化为建树工具的格式

```
myClustalWAlignment2 = msaConvert(myClustalWAlignment, type = "seqinr::alignment")
```

4.4.2.6 使用 seqinr 包的 dist.alignment 函数计算距离矩阵

```
library(seqinr)
d <- dist.alignment(myClustalWAlignment2, "identity")
as.matrix(d)[2:7, "PH4H_Homo_sapiens", drop = FALSE]
```

结果见图 4-15。

```
> as.matrix(d)[2:7, "PH4H_Homo_sapiens", drop=FALSE]
                                  PH4H_Homo_sapiens
PH4H_Mus_musculus                         0.2742649
PH4H_Homo_sapiens                         0.0000000
PH4H_Bos_taurus                           0.2705009
PH4H_Chromobacterium_violaceum            0.8655360
PH4H_Ralstonia_solanacearum               0.8802952
PH4H_Caulobacter_crescentus               0.8680004
```

图 4-15 距离矩阵计算结果

4.4.2.7 构建 NJ 树

```
library(ape)
hemoTree <- nj(d)
plot(hemoTree, main = "Phylogenetic Tree")
```

结果见图 4-16。

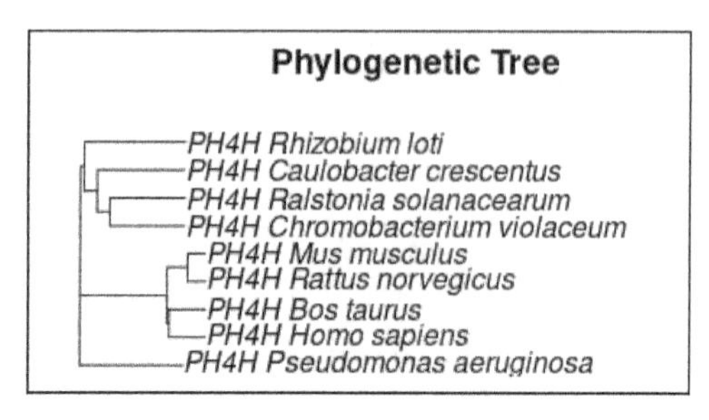

图 4-16 构建的 NJ 树

4.4.3 基于 MEGA 的系统发生树构建实例

MEGA(https://www.megasoftware.net/)是一个支持多操作系统且免费的系统发生树构建软件，被业界普遍认可。MEGA 软件可以对序列进行对比分析，同时进行统计分析。在 MEGA 中，默认提供 ClustalW 和 Muscle 两种比对方法进行多序列比对，建树方法提供距离建树法和最大简约法。绘制系统发生树时对进化率进行估算，同时对结果进行验证，另外其还可以连接网络，进行数据库检索。

本实例基于线粒体 D-loop 区 DNA 序列，构建人科的系统发生树。

线粒体 DNA 是研究属内、种间遗传结构和系统发生的有效的分子标记，具有严格的母系遗传特征，很少发生重组现象，进化速度快。线粒体 DNA 上的控制区 D-loop 环(Displacement Loop Region)是整个线粒体基因组序列和长度变异最大的非编码区，受环境的选择小，进化速度快，一般用于种内和种群间的系统进化分析。通过对这些 DNA 序列进行多重序列比对，并根据序列比对结果计算序列之间的距离，生成距离矩阵。然后利用距离建树法中的邻接法建立系统发生树。

基于 MEGA 构建系统发生树的具体流程如下：

4.4.3.1 序列数据准备

在 NCBI 数据库的子数据库 Taxonomy(分类)中搜索关键字 hominidae(人科)。

点击 Hominidae 后，出现人科所有物种分类，见图 4-17。

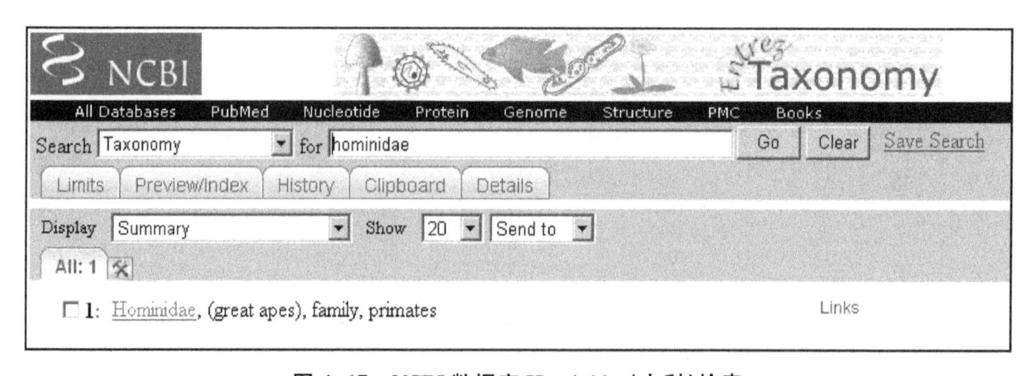

图 4-17 NCBI 数据库 Hominidae(人科)检索

这里以 Pongo abelii 为例，获取该物种的 D-loop 序列。点击 Pongo abelii，见图 4-18。

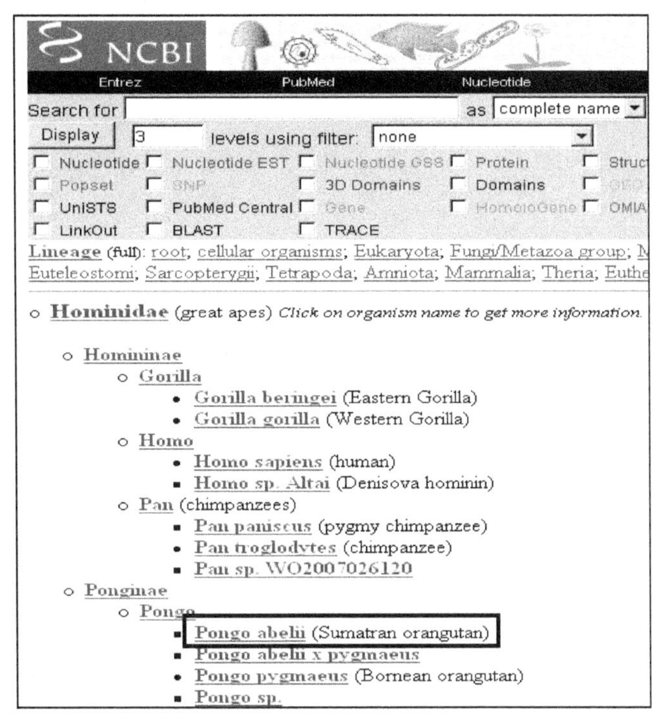

图 4-18　NCBI 数据库 D-loop 序列的检索

Pongo abelii 的详细信息页如下，在页面最右侧选择 Nucleotide，见图 4-19。

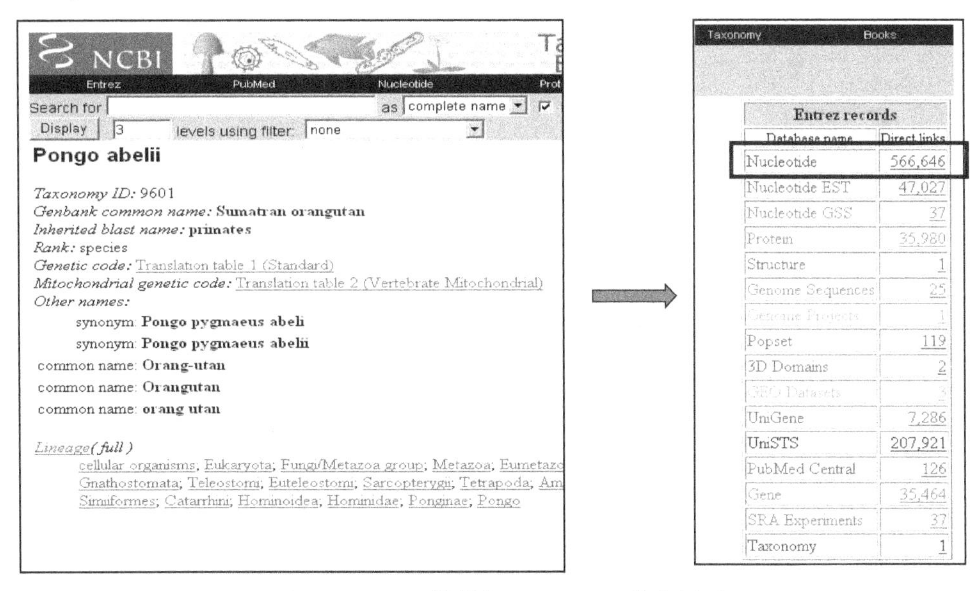

图 4-19　NCBI 数据库 Pongo abelii 信息界面

在弹出的页面中，先选择左侧边栏的 Mitochondrion（线粒体）初步筛选后，再在搜索框输入 D-loop，筛选出 D-loop 区序列，见图 4-20。

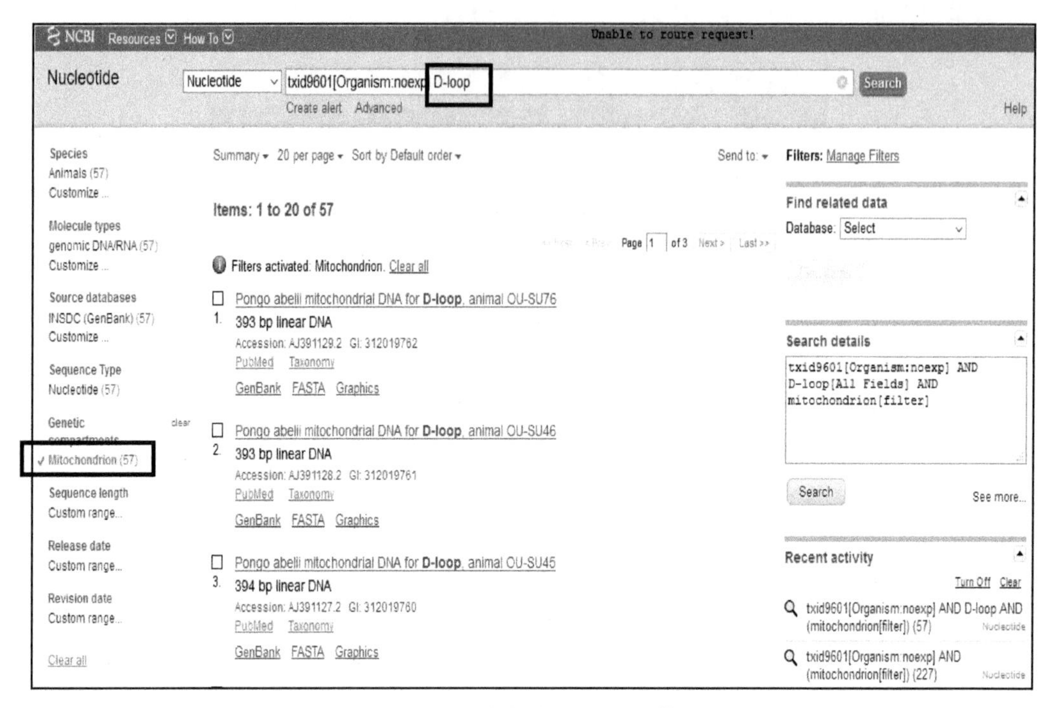

图 4-20　NCBI 数据库 D-loop 下载页面

点击 Summary 选择 FASTA 格式展示查询结果，见图 4-21。

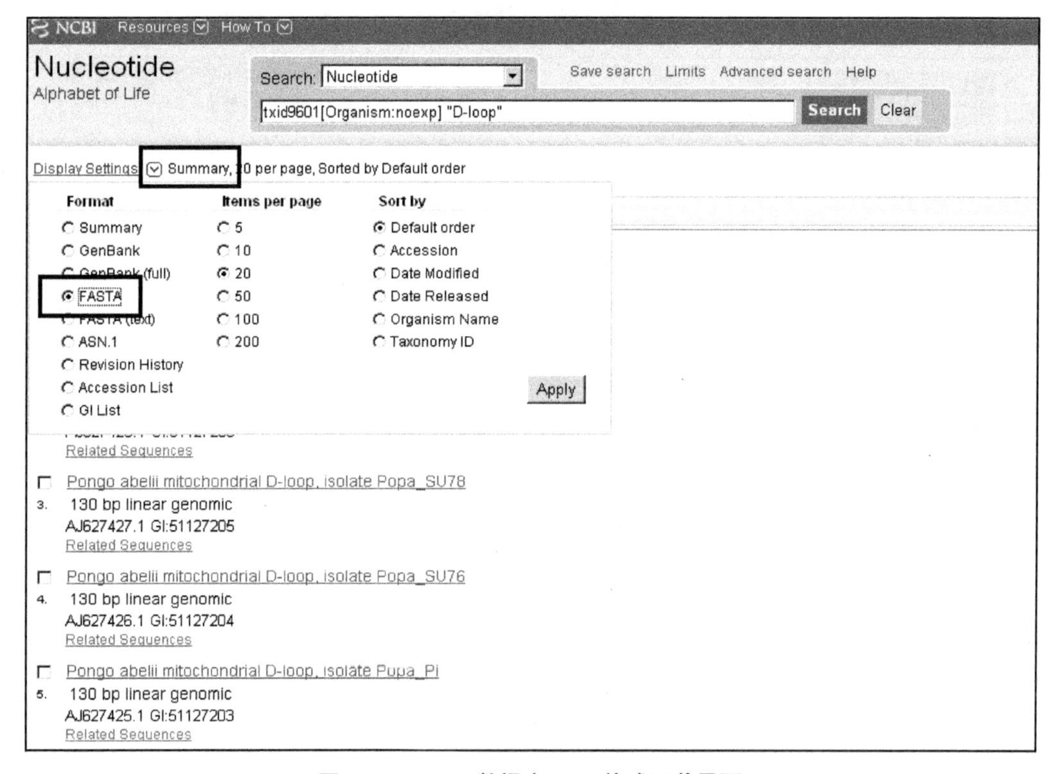

图 4-21　NCBI 数据库 fasta 格式下载界面

复制其中一个结果至文本文件中，完成 Pongo abelii 的 D-loop 序列获取，见图 4-22。

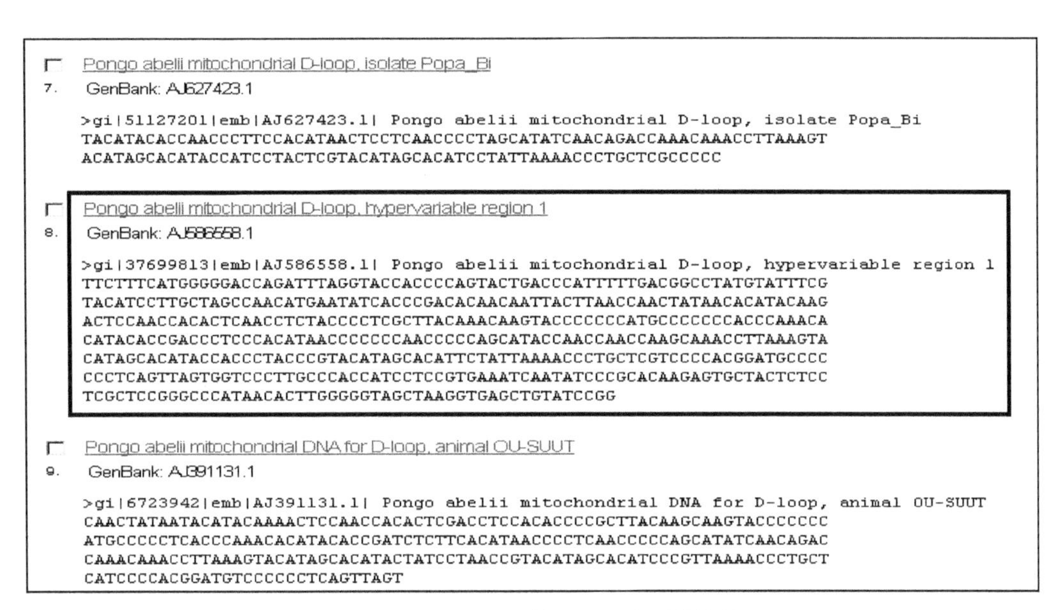

图 4-22　Pongo abelii 的 D-loop 序列获取界面

对 Hominidae 其他成员重复上述步骤，将所有序列合并，构建一个包含人科所有成员线粒体 D-loop 区序列的 fasta 文件，见图 4-23。

图 4-23　线粒体 D-loop 区序列 fasta 文件

由于需要建立有根树，需先指定一个外类群(outgroup)。选择 Buteo jamaicensis 作为外类群，外类群可以辅助定位树根。外类群序列必须与其他序列关系较近，但外类群序列与其他序列间的差异必须比其他序列之间的差异更显著。

4.4.3.2 多序列比对

将构建好的 D-loop 区序列的 fasta 文件导入 MEGA，进行多序列比对，具体操作为：打开 MEGA 软件，选择“Alignment” — “Alignment Explorer/CLUSTAL”，在对话框中选择 Retrieve sequences from a file，然后点击 OK，找到准备好的序列文件并打开，见图 4-24、图 4-25。

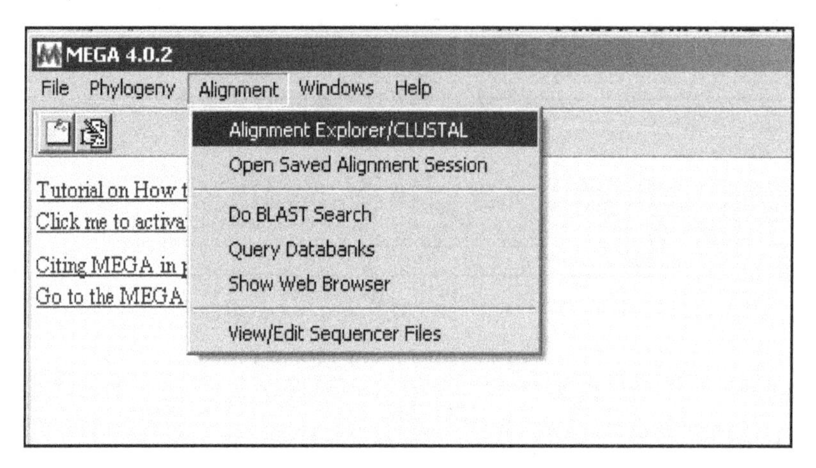

图 4-24 MEGA 软件导入序列界面

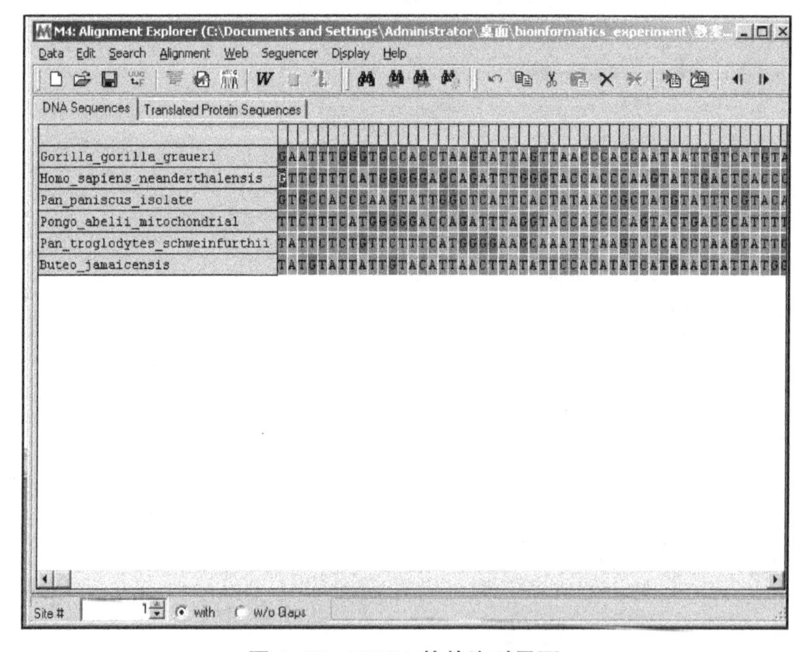

图 4-25 MEGA 软件比对界面

全选所有序列，进行多序列比对，MEGA 默认提供 ClustalW 和 Muscle 两种比对方法，这里选择 ClustalW 进行多序列比对，见图 4-26、图 4-27。多序列比对中，可以设置替换积分矩阵和罚分等参数。MEGA 多序列比对参数含义见表格 4-3。

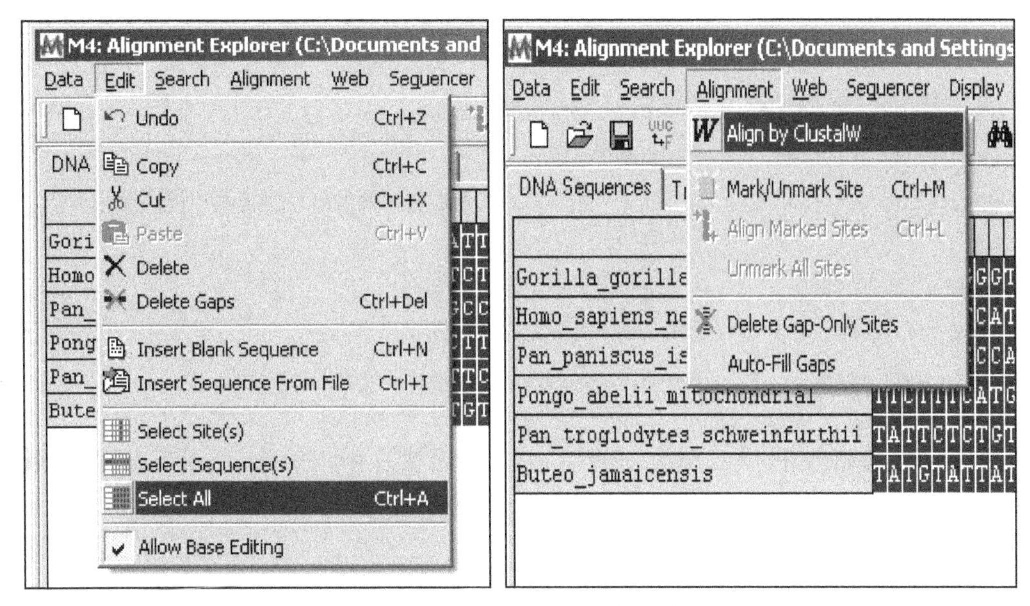

图 4-26　MEGA 软件多序列比对界面

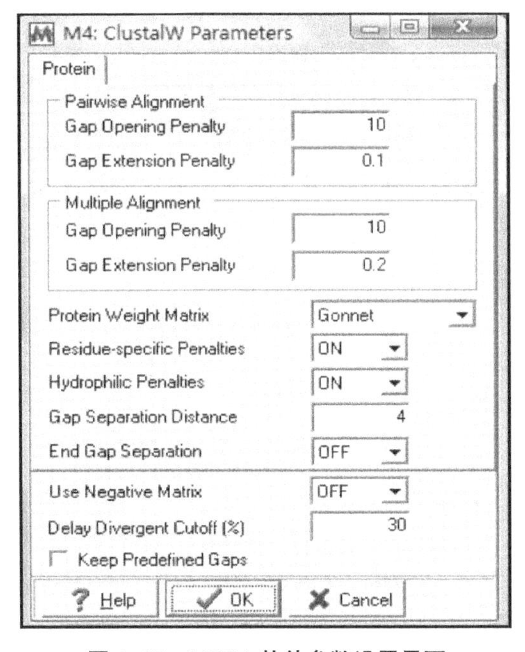

图 4-27　MEGA 软件参数设置界面

表 4-3 MEGA 多序列比对参数含义表

参 数	含 义
Gap opening penalty	空格罚分设置，增加一个空格就罚相应的分值，增加这一分值会降低空格出现的频率
Gap extension penalty	空格扩展罚分，就是根据空格的长度来罚分，增加这一分值会使空格变短，末端空格不计入罚分
DNA/protein weight matrix	选择不同的加权矩阵
Residue-specific penalties	特殊氨基酸罚分
Hydrophilic penalties	连续的 5 个或更多的亲水性氨基酸的区段很可能出现环状或卷曲，单独设置罚分
Gap separation distance	小于指定数值的空格罚分更多
Use negative matrix	使用负性矩阵
Delay divergent cutoff	若一条序列相似性低于设定的百分值将推迟比对

点击 OK 开始进行比对。比对结束后，可以将比对结果作为中间结果保存下来，格式为 MEGA Format，后缀为.MEG，以供构建系统发育树使用，见图 4-28。

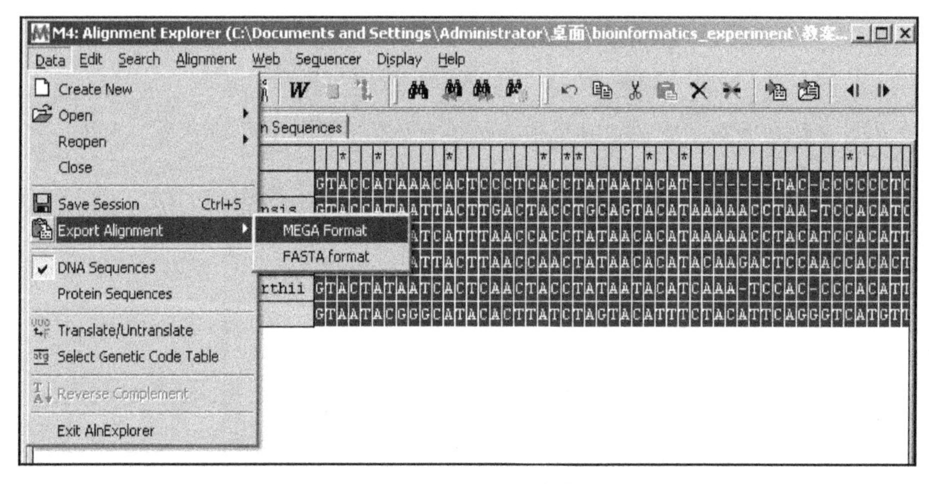

图 4-28 MEGA 比对结果

4.4.3.3 计算物种间的距离

通过主界面上的 data/open data 路径打开刚才保存的后缀是.MEG 的文件。在弹出的比对结果中，可高亮度显示保守位点、变异位点、简约信息位点、单独位点、非简并位点、2 倍简并位点、4 倍简并位点，其中后三个选项，只有在输入编码序列时才被激活，见图 4-29。

关闭序列数据界面后，点击 Distance 菜单下的 Compute Pairwise 计算进化距离，点击 Compute 计算，见图 4-30。

计算核酸序列间的进化距离，主要有两种方法：No.of differences 和 p-distance。此外还包括以下模型：Jukes-Cantor Model、Tajima-Nei Model、Kimura 2-Parameter Model、

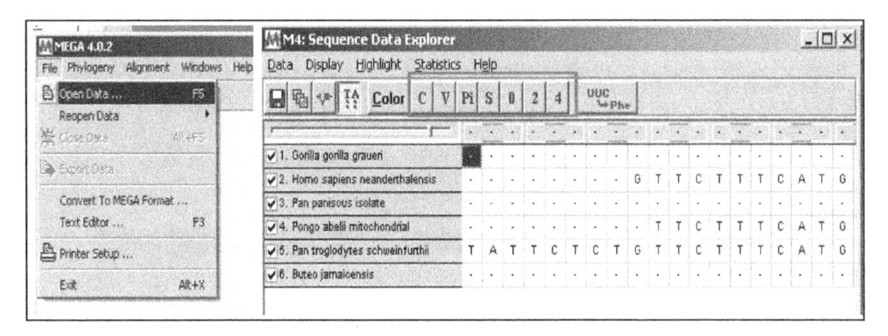

图 4-29　用 MEGA 软件计算物种间距离

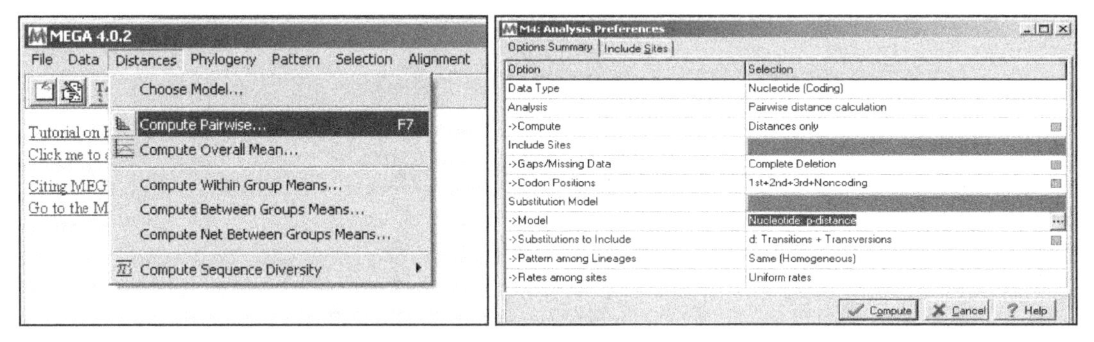

图 4-30　MEGA 软件基于 Compute Pairwise 计算进化距离

Tamura 3-Parameter Model、Tamura-Nei Model、Maximum Composite Likelihood Model 等，可以根据需要进行不同的选择，见图 4-31。

M4: Pairwise Distances (C:\Program Files\MEGA 4\Examples\mitochondrial_D_L...

File　Display　Average　Caption　Help

	1	2	3	4	5	6
1. Gorilla gorilla graueri						
2. Homo sapiens neanderthalensis	0.218					
3. Pan paniscus isolate	0.214	0.175				
4. Pongo abelii mitochondrial	0.327	0.272	0.233			
5. Pan troglodytes schweinfurthii	0.222	0.179	0.113	0.241		
6. Buteo jamaicensis	0.588	0.611	0.580	0.634	0.599	

(Gorilla gorilla graueri-Gorilla gorilla graueri) / Nucleotide: p-distance

图 4-31　进化距离计算结果

图 4-31 是计算出的各个样本之间的遗传距离的矩阵。在最下端的状态栏，显示的是所利用的遗传距离模型，如图 4-31 中所示 Nucleotide：p-distance。

此外，还可以对先前指定的外类群 Buteo jamaicensis 进行检验，点击 Phylogeny 按钮的下拉菜单 Relative Rate Tests(相对速率检验)的子菜单 Tajima's Test，在 Out 处选择外类群，进行进化速率的恒定性检验，见图 4-32 和图 4-33。

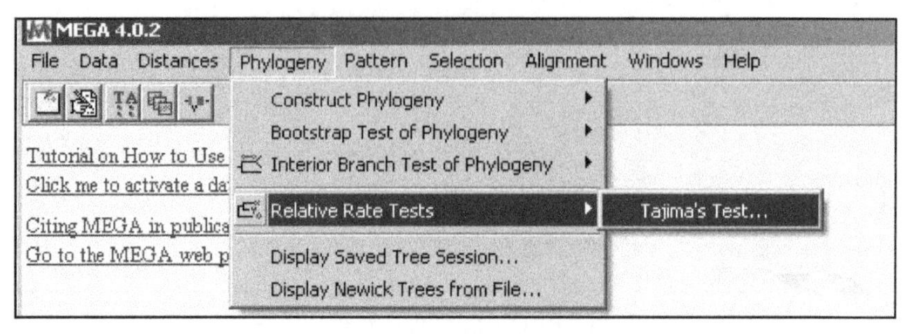

图 4-32　进化速率恒定性检验

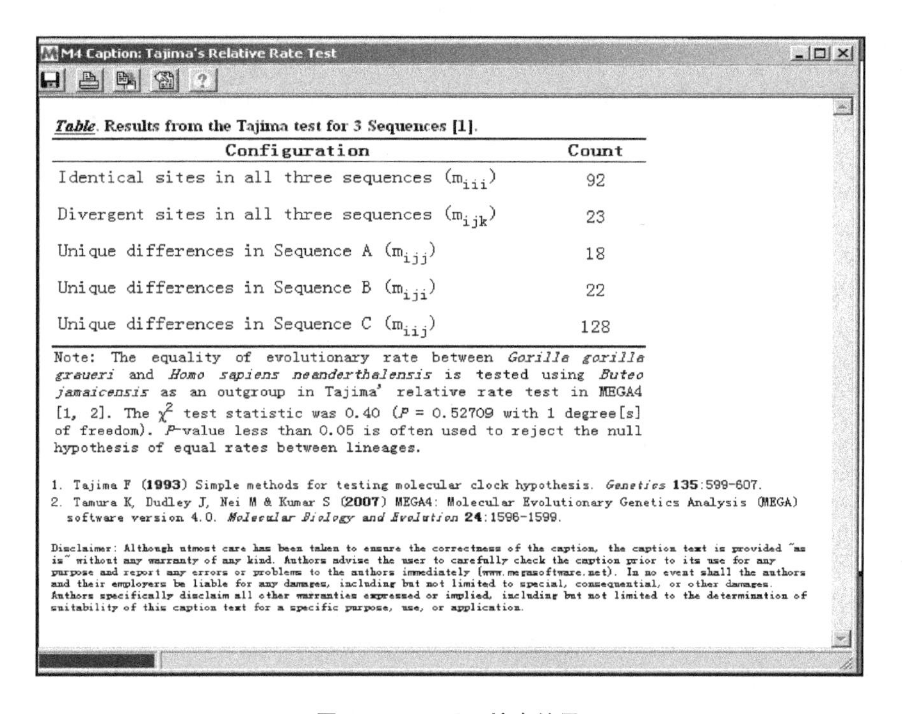
M4 Caption: Tajima's Relative Rate Test

Table. Results from the Tajima test for 3 Sequences [1].

Configuration	Count
Identical sites in all three sequences (m_{iii})	92
Divergent sites in all three sequences (m_{ijk})	23
Unique differences in Sequence A (m_{ijj})	18
Unique differences in Sequence B (m_{iji})	22
Unique differences in Sequence C (m_{iij})	128

Note: The equality of evolutionary rate between *Gorille gorilla grauei* and *Homo sapiens neanderthalensis* is tested using *Buteo jamaicensis* as an outgroup in Tajima' relative rate test in MEGA4 [1, 2]. The χ^2 test statistic was 0.40 (P = 0.52709 with 1 degree[s] of freedom). P-value less than 0.05 is often used to reject the null hypothesis of equal rates between lineages.

1. Tajima F (**1993**) Simple methods for testing molecular clock hypothesis. *Genetics* **135**:599-607.
2. Tamura K, Dudley J, Nei M & Kumar S (**2007**) MEGA4: Molecular Evolutionary Genetics Analysis (MEGA) software version 4.0. *Molecular Biology and Evolution* **24**:1596-1599.

Disclaimer: Although utmost care has been taken to ensure the correctness of the caption, the caption text is provided "as is" without any warranty of any kind. Authors advise the user to carefully check the caption prior to its use for any purpose and report any errors or problems to the authors immediately (www.megasoftware.net). In no event shall the authors and their employers be liable for any damages, including but not limited to special, consequential, or other damages. Authors specifically disclaim all other warranties expressed or implied, including but not limited to the determination of suitability of this caption text for a specific purpose, use, or application.

图 4-33　MEGA 输出结果

4.4.3.4　构建系统发生树

程序提供了 4 种构建系统发生树的方法：Neighbor-Joining（NJ，邻接法）、Minimum Evolution（ME，最小进化法）、Maximum Parsimony（MP，最大简约法）、Unweighted Pair Group Method with Arithmetic Mean（UPGMA，算术平均的不加权对群法），并可进行自展法检验。

点击 MEGA 操作主界面 Phylogeny 中 Constrcuct Phylogeny 选项中的 Neighbor-Joining（NJ），可进入参数设置界面，见图 4-34。

参数设置界面中，可设置距离计算方法和检验类型。这里选择 p-distance 方法，并使用自展法检验，设置为 100 次，点击 Compute 后绘制系统发生树，见图 4-35。

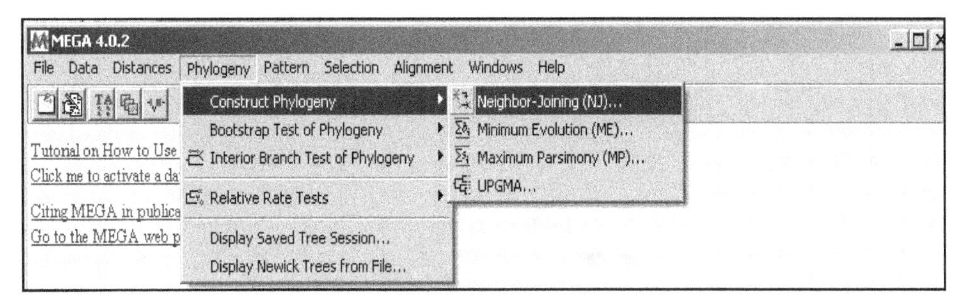

图 4-34　NJ 法构建系统发生树

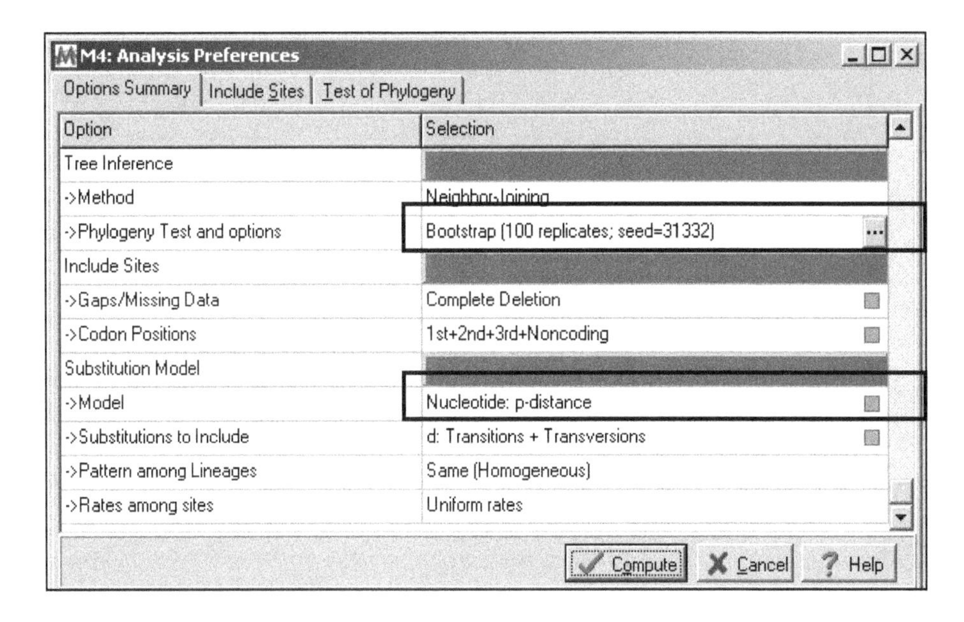

图 4-35　NJ 法构建系统发生树参数设置

在距离计算方面邻接法有 6 种计算方法，分别为：No. of Differences、p-distance、Poisson Correction、Equal Input、PAM Matrix (Dayhoff)、JTT Matrix (Jones-Taylor-Thornton)。

检验类型包括 None(不进行检验)、Bootstrap(自展法检验)、Interior Branch Test(内部分支检验)。选择后两种检验方法，可以设置自展的次数等。

选择 Bootstrap consensus tree，得到经过自展法检验后的系统发生树，分支上的数值即为 Boostrap 值，见图 4-36。

其中，Bootstrap 值为自展值，可用来检验所计算的系统发生树分支可信度。Bootstrap 几乎是构建系统发生树一个必须的选项。一般 Bootstrap 的值>0.7(或者 70%)，则认为构建的系统发生树较为可靠。如果 Bootstrap 的值太低，则有可能系统发生树的拓扑结构有错误，系统发生树是不可靠的。

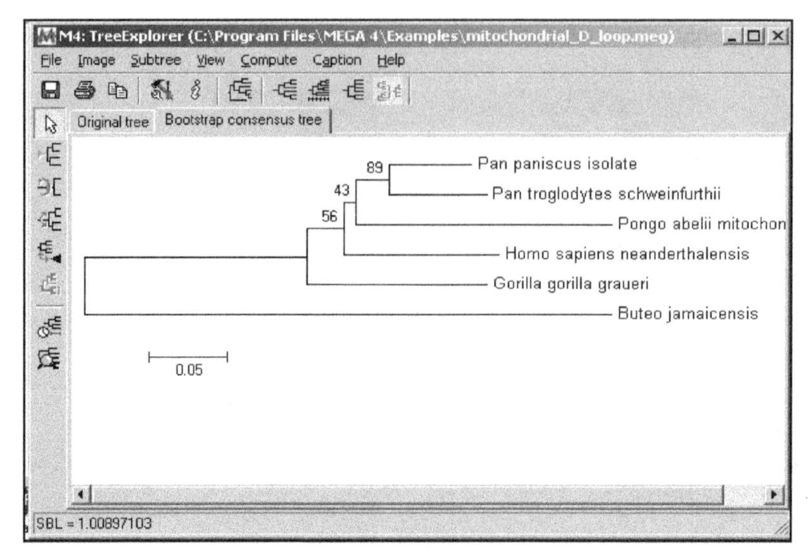

图 4-36　NJ 系统发生树结果

此外，还可通过形状按钮将系统发生树更改为矩形、直线形、曲线形等多种样式的系统树，更多形状可在 Tree Explorer 操作界面中的 View 选项中呈现，见图 4-37。

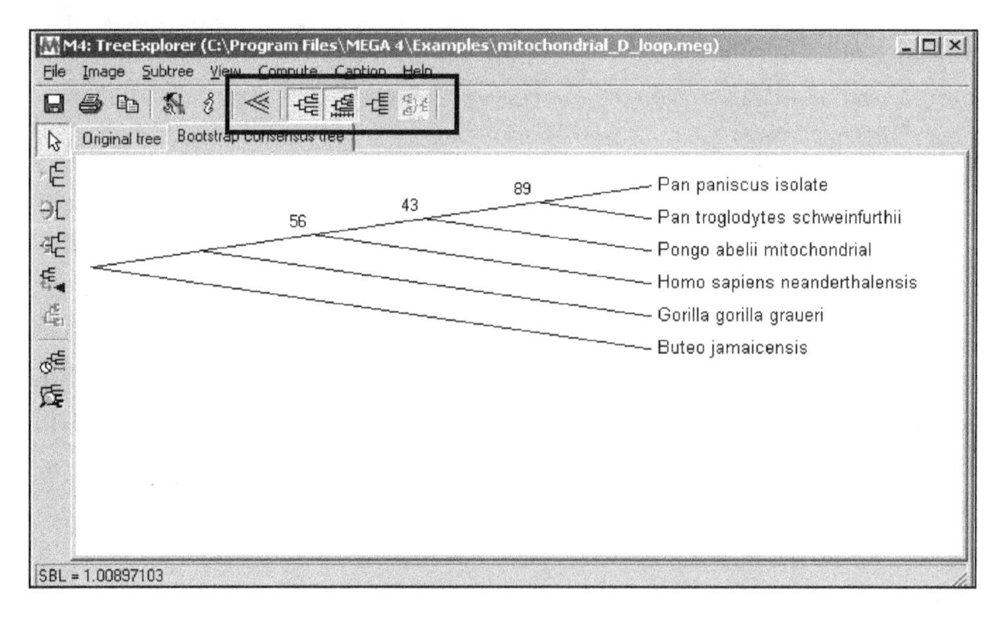

图 4-37　不同形状的系统发生树

4.4.3.5　树的进一步编辑

点击 TreeExplorer 操作界面中的 Subtree 按钮，可以对已构建的系统发生树进行修改。见图 4-38、图 4-39，Subtree 中各选项的含义见表 4-4。

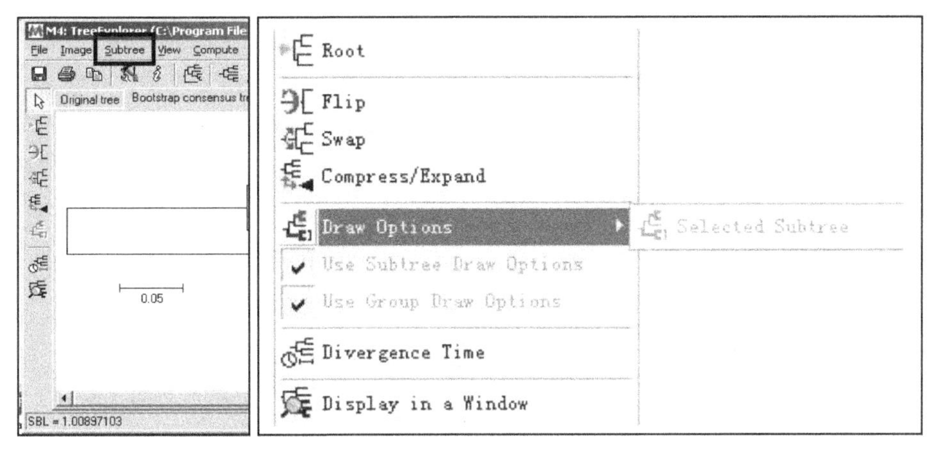

图 4-38　对系统发生树进行修改

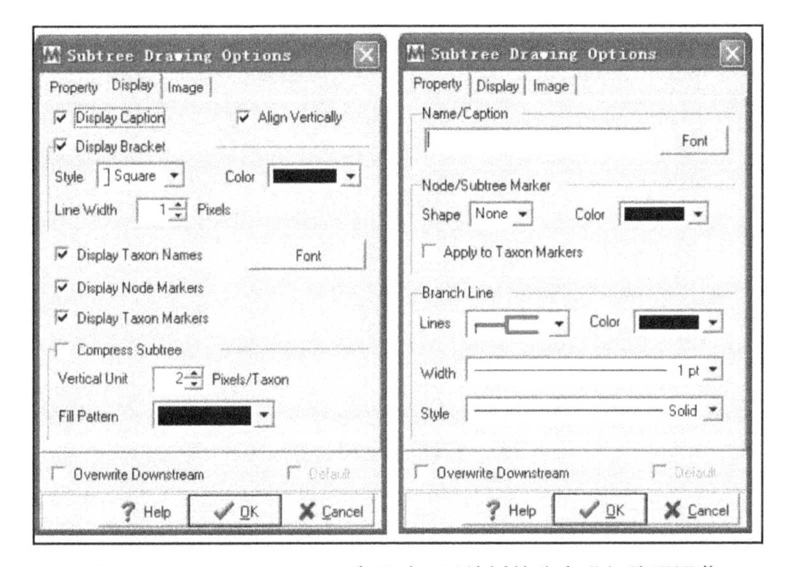

图 4-39　Drawing Options 选项对亚系统树的分支进行外观调节

表 4-4　Subtree 子菜单中各选项的含义

参　数	含　　义
Root	选定一个分支作为系统树的根部。如果是有根树，其树根一般是一个外类群；如果是无根树，则其树根一般是遗传距离最长的两个分支的中部
Flip	选定一个内部分支，对本分支两旁的世系分支进行翻转
Swap	选定一个内部分支，对本分支两旁的亚系统树进行翻转，如果系统树仅有一个群体，那么此选项与 Flip 选项相同
Compress/Expand	选定一个内部分支，把分支后边包括的节点或亚系统树压缩为一个线条粗度比较大的分支
Draw Options	对亚系统树的显示方式进行调节。可以更改压缩分支的名字，线条的粗度、颜色等

（续表）

参　数	含　　义
Use Subtree Draw Options	勾选后显示 Subtree Draw Options 选项中所设定的内容，否则不显示
Use Group Draw Options	勾选后显示 Group Draw Options 选项中所设定的内容，否则不显示
Divergence Time	对一个选定的节点设置分歧时间，在系统发生树会增加时间轴
Display in a Window	选定系统树的一部分，在新窗口中放大显示

4.4.3.6　保存树的图形并输出

点击 Image 选项下的 Save as TIFF file，将生成的系统发生树图片保存，见图 4-40。

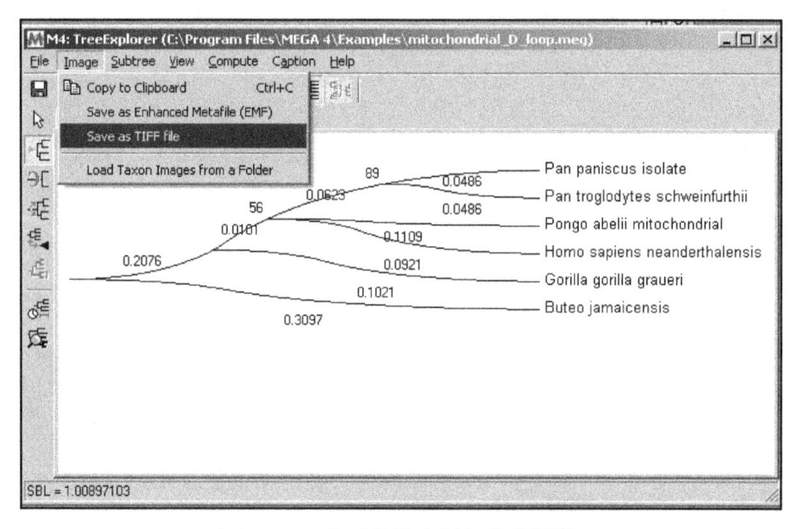

图 4-40　将系统发生树保存为图片

参考文献

[1] 孙啸，陆祖宏，谢建明.生物信息学基础[M].北京：清华大学出版社，2005.

[2] 李司宇，刘雪，王文婧，等. 微生物进化树构建方法[J].现代农业科技，2019(19)：249-250.

[3] Smith T F, Waterman M S. Identification of common molecular subsequences[J]. Journal of Molecular Biology, 1981, 147(1): 195-197.

[4] Kumar S, Stecher G, Li M, et al. MEGA X: Molecular evolutionary genetics analysis across computing platforms[J]. Molecular Biology and Evolution, 2018, 35(6): 1547-1549.

（编者：古雨）

第五章　蛋白质结构分析

5.1 引言

蛋白质作为生命活动的主要承担者、执行者，其序列、结构的多样性使得其蕴含着丰富的生物信息。蛋白质结构可分为四级水平：一级结构是指氨基酸序列；二级结构指多肽链借助氢键排列而成的特有的片段，主要包括 α-螺旋、β-折叠、β-转角和无规卷曲；三级结构指多肽链折叠成的特定的三维结构；四级结构是多肽链作为亚基，多个蛋白质分子（也可能包含 RNA 分子）相互结合形成大的具有功能的复合物，如转录起始复合物、剪切子等。

生物学的一个基本观点是：结构决定功能。蛋白质结构分析在一级结构层面包括：氨基酸的特征参数的统计、预测。蛋白质二级结构的分析主要为 α-螺旋、β-折叠等结构的预测。尽管有质谱、X 射线衍射、冷冻电镜等技术，但是能获得的蛋白质三维结构依然有限。结构生物信息学的一个主要任务就是预测蛋白质的三维结构，主要的预测方法为同源建模。新近，基于深度学习的模型已能大规模较准确地预测蛋白质结构。

蛋白质结构预测的一个基本依据是：蛋白质序列含有结构信息。实验结果表明，蛋白质折叠除受外界溶液条件影响外，特定序列往往会形成特定的结构。特定氨基酸残基在氢键等作用力影响下，往往有形成特定二级结构的倾向，后者在疏水性等作用力影响下会存在特定的折叠方式。分析具备了综合能量最低化的原则和序列结构数据库的先验知识，就可以根据序列预测结构。

本章介绍蛋白质各级结构的特点和相应的分析工具，同时还将介绍一款以深度学习为基础的蛋白质结构预测工具 Alphafold。最后，简单列举生物信息学资源网站 Expasy 中蛋白质和蛋白组学的相关资源。

5.2 蛋白质各级结构特点及分析工具

5.2.1 蛋白质一级结构

蛋白质一级结构为以肽键为基本连接方式，包括二硫键位置在内的氨基酸的线性排列顺序，这是蛋白质生物信息学分析中最为基础的信息。每一种蛋白质具有唯一而确定的氨基酸序列，而蛋白质的生物学功能往往依赖于特定位置氨基酸的特定化学结构。根据序列信息统计推断出的蛋白质的理化性质将成为后续蛋白质更高级结构分析以及功能预测的重要依据。

5.2.1.1 氨基酸残基特性

根据序列信息,很容易得到许多有用的统计信息,比如氨基酸数量、原子数量、蛋白质分子的相对分子质量、各种氨基酸的占比等。众多性质中,氨基酸疏水性极为重要,因为这往往是蛋白质结构预测和功能定位的关键参考信息。根据侧链化学性质的不同,20 种常见氨基酸可分为以下三组,其属性表见表 5-1。

(1) 非极性 R 基氨基酸: 丙氨酸、缬氨酸、亮氨酸、异亮氨酸、苯丙氨酸、色氨酸、甲硫氨酸、脯氨酸。这组氨基酸在水中的溶解度比极性 R 基氨基酸小,其中丙氨酸的 R 基疏水性最小。

(2) 不带电荷极性(中性)的 R 基氨基酸: 丝氨酸、苏氨酸、酪氨酸、天冬酰胺、谷氨酰胺、半胱氨酸、甘氨酸。这组氨基酸比非极性 R 基氨基酸易溶于水,因其侧链中含有难解离的极性基团,能与水形成氢键。这一组氨基酸中半胱氨酸和酪氨酸的 R 基极性最强。

(3) 带电荷的 R 基氨基酸: 分为在 pH=7 时携带正净电荷的碱性氨基酸,包括赖氨酸、精氨酸和组氨酸,以及两种酸性氨基酸,天冬氨酸和谷氨酸。这一组氨基酸往往在蛋白质的功能位点发挥重要作用。

表 5-1 氨基酸属性表

氨基酸名字	3 字母形式	单字母形式	分子式	分子量	等电点	结构式
丙氨酸 Alanine	ALA	A	$C_3H_7NO_2$	89.09	6.00	O OH NH2
异亮氨酸 Isoleucine	ILE	I	$C_6H_{13}NO_2$	131.17	5.94	O OH NH2
亮氨酸 Leucine	LEU	L	$C_6H_{13}NO_2$	131.17	5.98	O OH NH2
缬氨酸 Valine	VAL	V	$C_5H_{11}NO_2$	117.15	5.96	O OH NH2
苯丙氨酸 Phenylalanine	PHE	F	$C_9H_{11}NO_2$	165.19	5.48	O OH NH2

（续表）

氨基酸名字	3字母形式	单字母形式	分子式	分子量	等电点	结构式
色氨酸 Tryptophan	TRP	W	$C_{11}H_{12}N_2O_2$	204.23	5.89	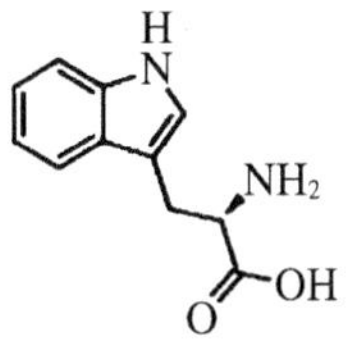
酪氨酸 Tyrosine	TYR	Y	$C_9H_{11}NO_3$	181.19	5.66	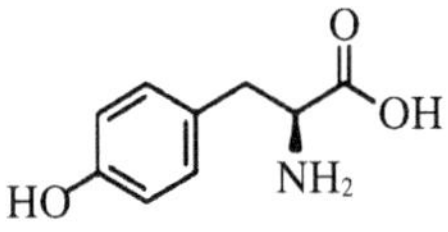
天冬酰胺 Asparagine	ASN	N	$C_4H_8N_2O_3$	132.12	5.41	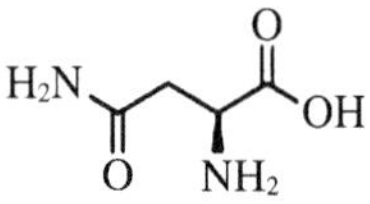
半胱氨酸 Cysteine	CYS	C	$C_3H_7NO_2S$	121.16	5.02	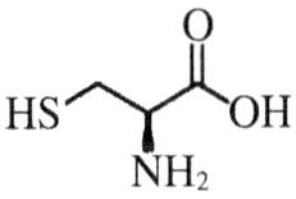
谷氨酰胺 Glutamine	GLN	Q	$C_5H_{10}N_2O_3$	146.15	5.65	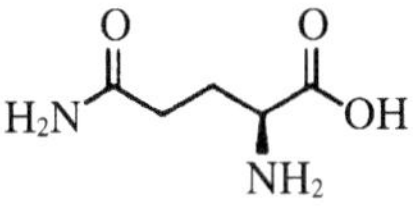
甲硫氨酸 Methionine	MET	M	$C_5H_{11}NO_2S$	149.21	5.74	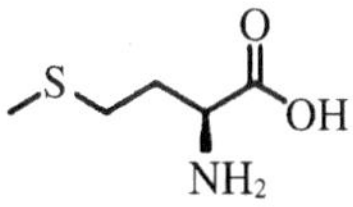
丝氨酸 Serine	SER	S	$C_3H_7NO_3$	105.09	5.68	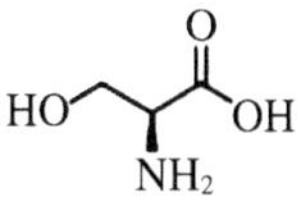
苏氨酸 Threonine	THR	T	$C_4H_9NO_3$	119.12	5.64	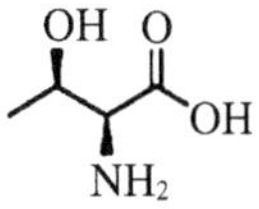
精氨酸 Arginine	ARG	R	$C_6H_{14}N_4O_2$	174.2	11.15	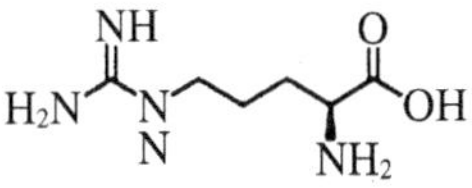

（续表）

氨基酸名字	3字母形式	单字母形式	分子式	分子量	等电点	结构式
组氨酸 Histidine	HIS	H	$C_6H_9N_3O_2$	155.16	7.47	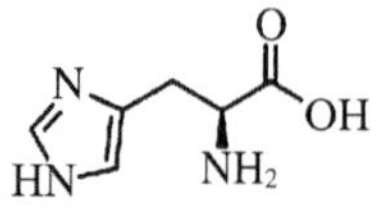
赖氨酸 Lysine	LYS	K	$C_6H_{14}N_2O_2$	146.19	9.59	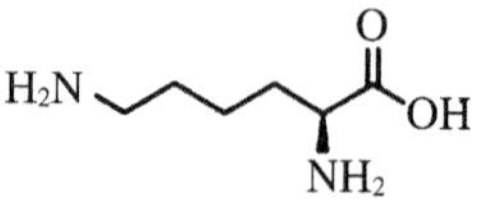
天冬氨酸 Aspartic acid	ASP	D	$C_4H_7NO_4$	133.1	2.77	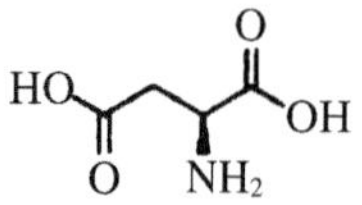
谷氨酸 Glutamic acid	GLU	E	$C_5H_9NO_4$	147.13	3.22	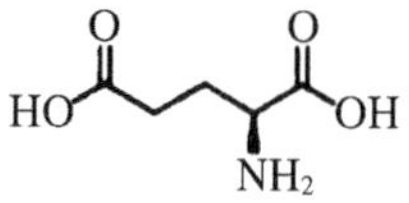
甘氨酸 Glycine	GLY	G	$C_2H_5NO_2$	75.07	5.97	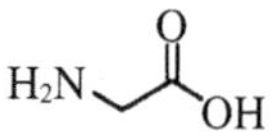
脯氨酸 Proline	PRO	P	$C_5H_9NO_2$	115.13	6.30	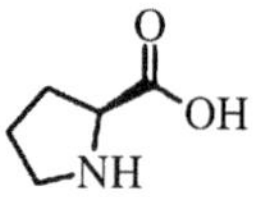

除了极性外，还有两组氨基酸在结构上尤为特殊，对于蛋白质的结构预测有较大影响：一组是杂环族氨基酸，包括组氨酸和脯氨酸；一组是R基含有苯环的芳香族氨基酸，包括苯丙氨酸、酪氨酸和色氨酸。

5.2.1.2 跨膜结构预测

跨膜蛋白是一类非常重要的蛋白质，其往往是一些离子通道和受体蛋白，除了具有稳定细胞结构的功能外，还是细胞内外环境信息、物质交换的重要媒介，也是药物作用的重要靶点。跨膜区即蛋白质序列中跨越细胞膜的区域，通常为α-螺旋结构，约20～25个氨基酸残基。对序列进行跨膜结构预测有利于蛋白质分析，确定其定位和功能。

跨膜结构预测的方法有很多，最简单的方法是观察以20个氨基酸为单位的疏水性氨基酸残基的分布区域，同时还有多种更加复杂的、精确的算法能够预测跨膜螺旋的具体位置和它们的膜向性，如依托前导肽等蛋白质定位信息。跨膜结构预测工具有很多，例如：TMHMM 、TMpred、DAS、TopPred 2、PSIpred — MEMSAT2 等。

TMHMM 2.0(http://www.cbs.dtu.dk/services/TMHMM)：是依托隐马尔可夫模型(HMM)的蛋白质跨膜螺旋的在线分析工具，由丹麦理工大学生物序列分析中心 CBS 负责维护。

输入 fasta 格式序列文件，可选择提交本地文件或直接将 fasta 格式序列复制粘贴到序列框中，点击 Submit 提交即可。如图 5-1 所示序列。

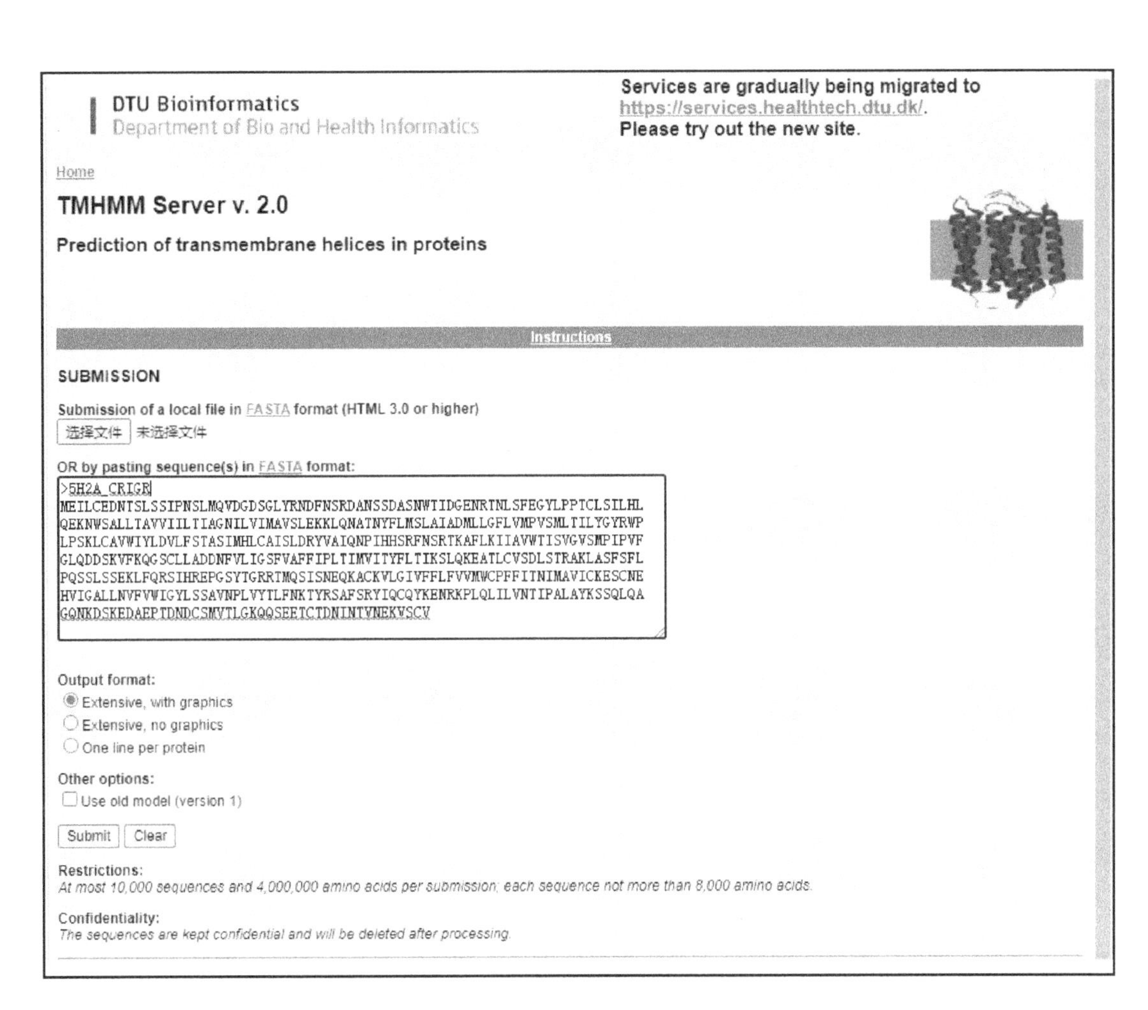

图 5-1　TMHMM 2.0 界面

输出结果如图 5-2 所示，结果包括：蛋白质序列的长度、预测的跨膜螺旋数、跨膜螺旋中氨基酸的预期数量、蛋白质前 60 个氨基酸中跨膜螺旋中的预期氨基酸数，螺旋起始位点及内外膜序列情况，氨基酸位于膜内部、膜外部、螺旋内的概率等。

5.2.2　蛋白质二级结构

蛋白质二级结构是指主链骨架原子沿一定的轴盘旋或折叠而形成的特定的构象，即肽链主链骨架原子的空间位置排布，主要预测任务为识别 α-螺旋和 β-折叠结构。维持二级结

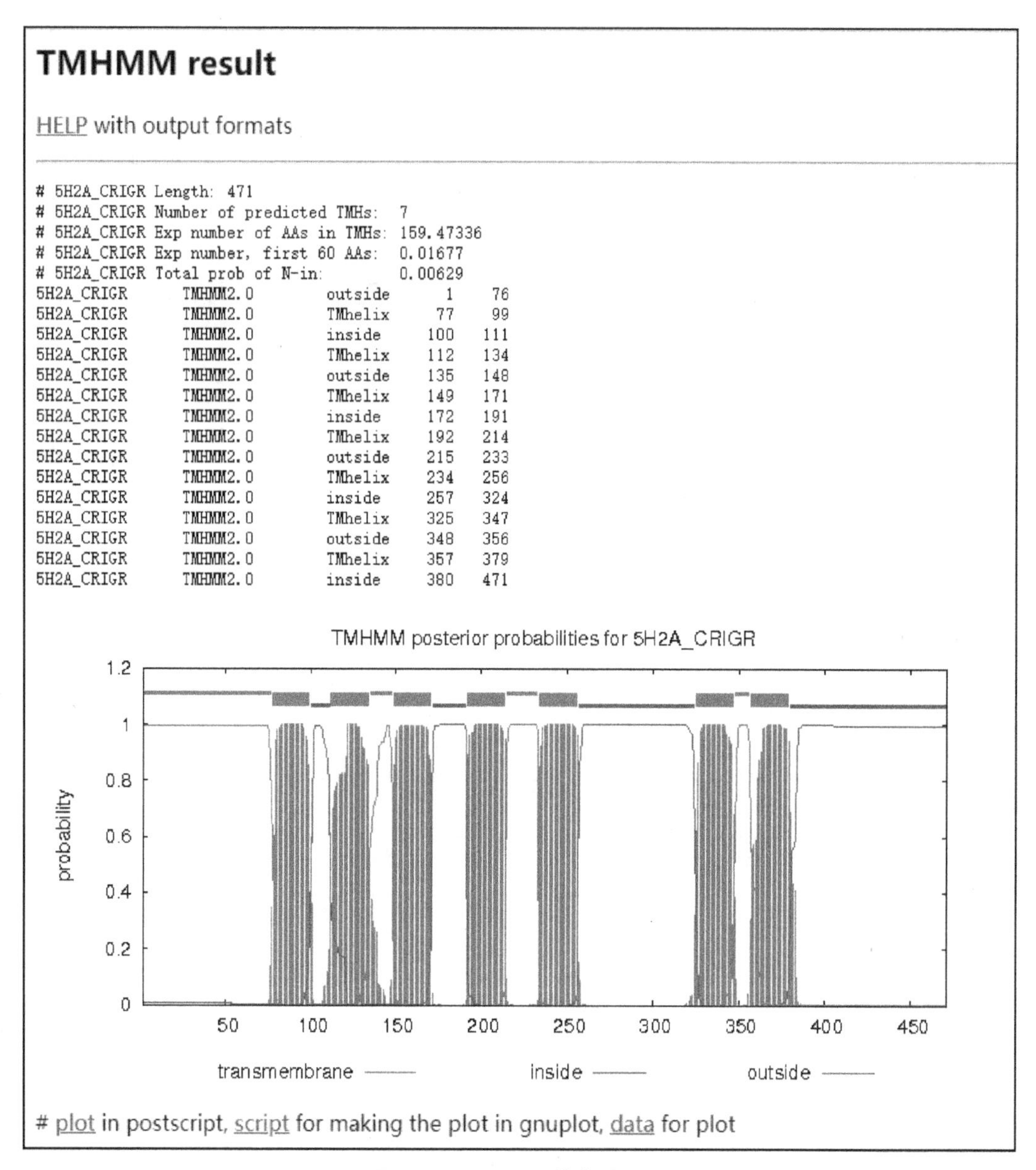

图 5-2　TMHMM 输出结果图

构的主要作用力是氢键，形成往往依托于氨基酸种类或特定氨基酸的排列。对于蛋白质二级结构的预测通常被认为是蛋白质结构预测的第一步。根据统计结果，在 α-螺旋中，每间隔大约 3.6 个亲水氨基酸残基，就有一个疏水残基出现；而在 β 折叠中，疏水和亲水的残基间隔 1 个单位交替出现。预测蛋白质二级结构的算法大多以已知三维结构和二级结构的蛋白质信息作为依据。根据利用信息的复杂性等，二级结构预测可分为三代。

第一代是基于单个氨基酸残基的统计分析，从有限的数据集中提取各种残基形成特定二级结构的倾向，以此作为二级结构预测的所用信息。第二代预测方法是基于氨基酸片段的统计分析，作为统计基础的数据量更大，对象片段长度通常为 11～21 个氨基酸残基。在预测中心残基的二级结构时,以残基在特定环境形成特定二级结构的倾向作为预测依据。与第一代相比,基于片段预测更准确,因为片段体现了中心残基所处的环境。这些算法可以归为几类:(1)基于统计信息,如 GOR 方法。(2)基于物理化学性质的立体化学方法,如基于氨基酸残基疏水性。(3)基于序列模式(motif)的同源分析法,可结合人工神经网络、最邻近方法等。第一代和第二代预测方法的准确率都小于 70%,而对 β-折叠预测的准确率仅为 28%~48%。其主要原因是只利用局部信息,最多只用局部的 20 个残基的信息进行预测。二级结构预测的实验结果和晶体结构统计分析都表明,蛋白质二级结构,尤其是 β-折叠受远程残基影响,局部信息仅包含二级结构信息的 65%左右。第三代方法运用蛋白质序列的长程信息和蛋白质序列的进化信息,使二级结构预测的准确程度有了较大的提高,特别是对 β-折叠的预测准确率有较大的提高,预测结果与实验观察结果趋于一致。

5.2.2.1 蛋白质二级结构的主要形式及特点

一般认为,驱动蛋白质折叠的主要动力是熵效应。折叠的结果是疏水基团埋藏在蛋白质分子内部、亲水基团暴露在分子表面。在形成分子疏水核心的同时,必然有一部分主链也被埋藏在里面。由于主链本身是高度亲水的,只有处于分子内部的主链极性集团也被氢键中和,才会形成一种能量平衡。

(1) α-螺旋:蛋白质中最常见、最典型、含量最丰富的二级结构元件。多肽链主链围绕中心轴呈有规律的螺旋式上升,每 3.6 个氨基酸残基螺旋上升一圈,向上平移 0.54 nm,故螺距为 0.54 nm,两个氨基酸残基之间的距离为 0.15 nm。螺旋的方向为右手螺旋。氨基酸侧链 R 基团伸向螺旋外侧,每个肽键的羰基氧和第四个 N-H 形成氢键,氢键的方向与螺旋长轴基本平行。由于肽链中的全部肽键都可形成氢键,故 α-螺旋十分稳定。

α-螺旋的形成和稳定性与氨基酸组成和序列有极大的关系,例如不带电荷的多聚丙氨酸在 pH=7 的水溶液中能自发卷曲成 α-螺旋,但是多聚赖氨酸由于 R 基的正电荷在同等条件下彼此间由于静电排斥形成无规卷曲。除 R 基的电荷性质外,R 基的大小对螺旋的形成也有影响,如多聚异亮氨酸由于其 α-碳原子附近有较大的 R 基,造成空间阻碍,因而不能形成 α-螺旋。脯氨酸由于其亚氨基少一个氢原子,无法形成氢键,而且 C_α—N 键不能旋转,所以是 α 螺旋的破坏者,肽链中一旦出现脯氨酸就会中断 α 螺旋,形成一个“结节”。甘氨酸的 R 基太小,难以形成 α 螺旋所需的两面角,所以和脯氨酸一样也是螺旋的最大破坏者。

(2) β-折叠:肽键平面折叠成锯齿状,相邻肽链主链的 N—H 键和 C=O 键之间形成有规则的氢键,在 β-折叠中,所有的肽键都参与链间氢键的形成,氢键与 β-折叠的长轴呈垂直关系。

β-折叠同样靠氢键维持稳定,如果侧链过大,或带同种电荷侧链基团相邻时会影响 β-折叠片的稳定性,脯氨酸同样也会由于其特性而导致破坏 β-折叠结构。

(3) β-转角:一种常见的蛋白质二级结构,它通常出现在球状蛋白表面,因此含有极性和带电荷的氨基酸残基。已经发现的蛋白质的抗体识别、磷酸化、糖基化和羟基化位点经常出现在转角和紧靠转角处。在 β-转角中第一个残基的 C=O 键与第四个残基的 N—H

键键合形成一个紧密的环,使β-转角成为比较稳定的结构,多处于蛋白质分子的表面,在这里改变多肽链方向的阻力比较小。

β-转角的特定构象在一定程度上取决于组成它的氨基酸,某些氨基酸如脯氨酸和甘氨酸经常存在其中。由于甘氨酸侧链只有一个 H,在β-转角中能很好地调整其他残基的空间阻碍,因此是立体化学上最合适的氨基酸;而脯氨酸具有环状结构和固定的角,因此在一定程度上迫使β-转角形成,促使多肽自身回折且这些回折有助于反平行β-折叠片的形成。

5.2.2.2 COILS——预测蛋白质的卷曲螺旋域

卷曲螺旋是两条α-螺旋平行缠绕形成的超二级结构,具有重要的生物学功能。COILS (https://embnet.vital-it.ch/software/COILS_form.html)是一个在线程序,可以预测卷曲螺旋,即两条α-螺旋缠绕交叠的位置。该程序可将序列与已知平行双股环绕螺旋的数据库进行比较,并得出相似性分数,计算出该序列将采用卷曲螺旋构象的概率。输入为特定格式的蛋白序列,包括 txt 文本格式、Swiss-Prot ID 和 TrEMBL ID 等格式。

图 5-3 展示了人类细胞程序性死亡受体(Programmed Cell Death Protein 1, PD-1)卷曲螺旋区域预测。PD-1 的 SwissProt ID 为 Q15116,其中窗口数为 14 的得分最高,该蛋白最有可能在第 142 个残基周围形成卷曲螺旋结构。

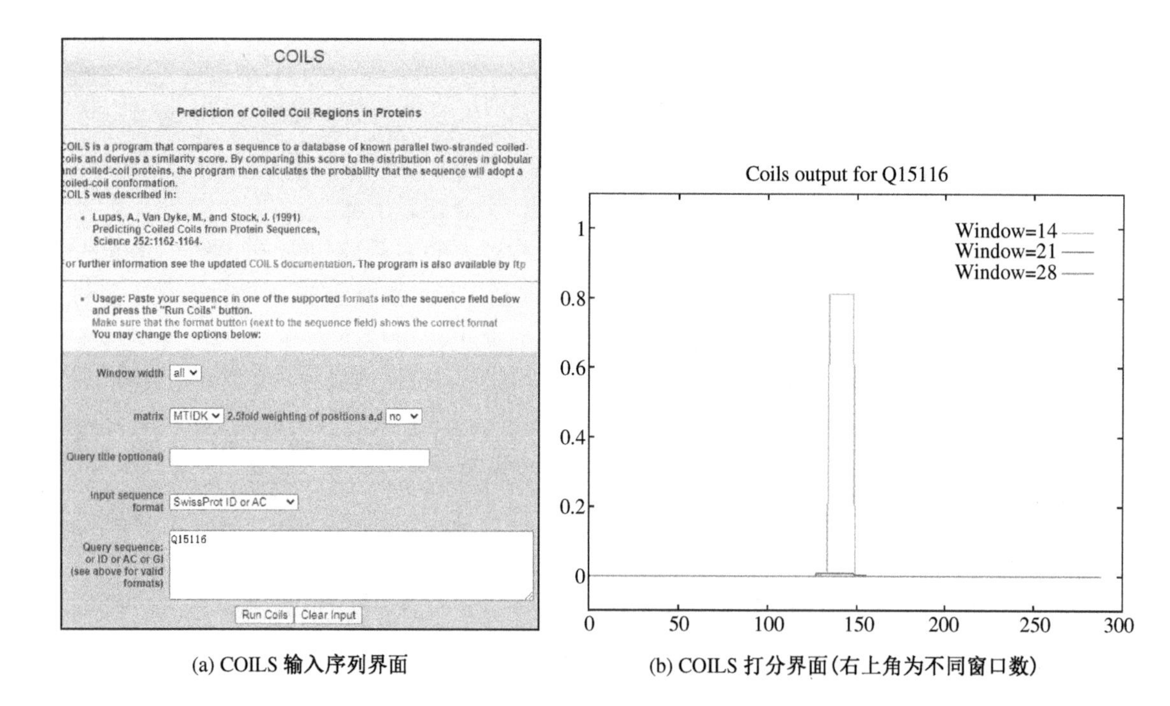

(a) COILS 输入序列界面

(b) COILS 打分界面(右上角为不同窗口数)

图 5-3 COILS 使用界面及输出打分

5.2.2.3 PredictProtein——蛋白质二级结构预测

该服务器地址为: https://predictprotein.org/,输入仅为蛋白质序列信息(文本形式),输出为α-螺旋、β-折叠、溶解性、蛋白质、DNA、RNA 结合能力等预测,并可以由用户自定义展示方式。

示例序列　蛋白随机序列生成器（http://www.detaibio.com/sms2/random_protein.html）生成的长度为100的氨基酸序列：

QDVKSHSIQHSETGEPCGQKTSGMNEAHQAGCWMHKHIAEQSRSKPNFKEDHAG
VEIMQPIDWTFYFYMMNVIYCFKTIHKPKISIPALSQGSHCCQCLH

图5-4为示例序列预测结果的可视化，其中第一行的蓝色部分为α螺旋，粉色部分为β折叠，黄色部分为其他二级结构。第二行中蓝色部分为暴露在外部的氨基酸残基，黄色部分为内部的氨基酸残基。

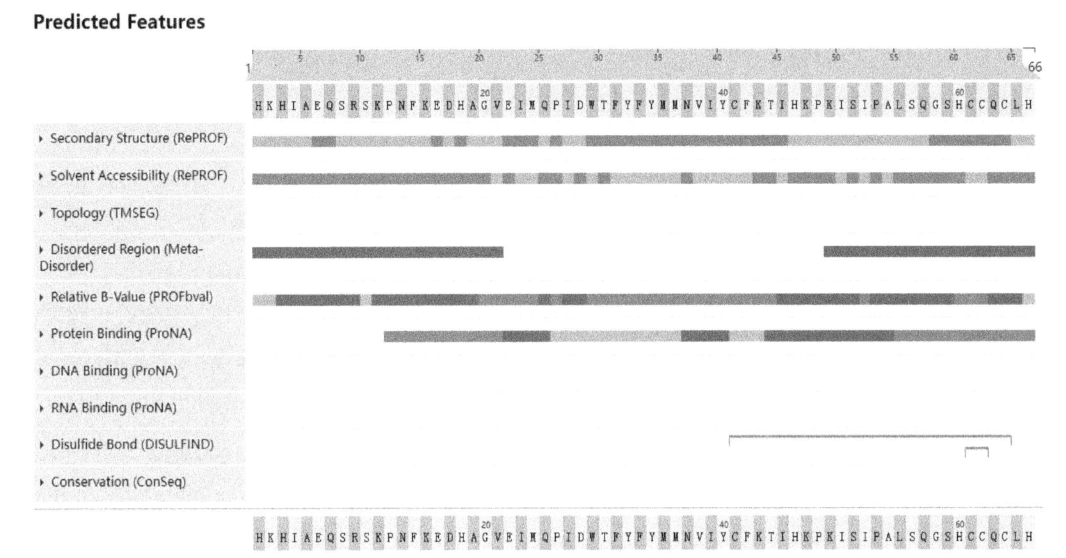

图5-4　PredictProtein结果可视化，第一行为二级结构预测结果，粉色部分为β折叠

5.2.3　蛋白质三级结构

蛋白质三级结构是指多肽链借助各种相互作用力扭曲盘绕成的特定三维结构，作用力包括氢键、疏水相互作用、范德华力以及共价二硫键。依据蛋白质三级结构可在其空间上划分出两个或多个相互独立的区域，我们称之为结构域。结构域是功能单位，通常多结构域的蛋白质中的不同结构域是与不同的功能相关联的。常见的结构域含100～200个氨基酸残基，具有三维构象，可独立行使生物学功能。蛋白质三维结构预测大体分为同源模型化方法、线索化方法（折叠识别方法）以及从头预测方法。

5.2.3.1　蛋白质三级结构预测方法

同源模型化（同源模建）方法是蛋白质三维结构预测的主要方法，其主要思想是对于一个未知结构的蛋白质，首先通过序列同源分析找到一个已知结构的同源蛋白质；然后以该蛋白质的结构为模板为未知结构的蛋白质建立结构模型。通过对蛋白质数据库（Protein Data Bank，PDB）分析可得出任何一对蛋白质，如果两者的序列等同部分超过30%（序列比对长度大于 80)，则它们具有相似的三维结构，即两个蛋白质的基本折叠相同，只是在非螺旋和非折叠区域的一些细节部分有所不同。如果两个蛋白质的氨基酸序列有 50%相同，那么约有 90%的 α 碳原子的位置偏差不超过 3Å。这是同源模型化方法在结构预测方面成功的保证。

线索化方法的主要思想是利用氨基酸的结构倾向(如形成二级结构的倾向、疏水性、极性等)，评价一条序列所对应的结构是否能够适配到一个给定的结构环境中。此方法针对的是在 PDB 中远程同源的蛋白质，即具有相似的空间结构，但序列相同部分小于 25%的蛋白质。基本思路是：对于一个未知结构的蛋白质(U)，如果找到一个已知结构的远程同源蛋白质(T)，那么可以根据 T 的结构模板通过远程同源模型化方法建立 U 的三维结构模型。其中主要存在三个问题：(1)如何检测远程同源蛋白质(T)；(2)U 和 T 的序列如何被正确的比对；(3)如何修改一般的同源模型化过程，以应用于相似度非常低的情况，即处理更多的环区，建立合理的三维结构模型。解决第一个和第二个问题的基本思想是建立一个从 U 到已知结构 T 的线索，并通过一些基于环境或基于知识的能量分析，评价序列与结构的适应性。至于最后建立三维结构模型则是非常困难的，这是因为建立模型的过程中不能校正在序列比对阶段出现的错误，所以建立最优的从蛋白质序列到蛋白质结构的线索化方法很关键。

从头预测方法针对既没有已知结构的同源蛋白质，又没有已知结构的远程同源蛋白质的情况，仅根据序列本身来预测其结构。从头预测方法的基本思路是根据氨基酸序列进行能量计算，寻找一个能量最低的构象进行三维结构预测。其一般由下列 3 个部分组成：(1)一种蛋白质构象的表示方法：由于表示和处理所有原子和溶剂环境的计算开销非常大，所以需要对蛋白质和溶剂的表示形式作近似处理，如使用一个或少数原子代表一个氨基酸残基。(2)一种势函数及其参数，或者一个合理的构象得分函数，以便计算各种构象的能量。(3)一种构象空间搜索技术：必须选择一个优化算法，以便对构象空间进行快速搜索，迅速找到与某一全局最小能量相对应的构象。其中，构象空间搜索和能量函数的建立是从头预测方法的关键。

5.2.3.2 SWISS-model——利用同源建模方法预测蛋白质的三级结构

SWISS-model 由瑞士生物信息学研究所开发的基于同源建模方法预测蛋白质三级结构的在线服务器，其网址为：https://swissmodel.expasy.org/interactive，输入的序列格式为 fasta、Clustal、文本格式或 UniProtKB AC。输入序列后可以进行模板的搜索与模型构建。除此之外还可以针对预测出的模型进行评估与模型之间的比较。其模板数据库整合了来自 PDB 的实验结构信息和衍生信息，能够基于 PDB 的结构更新而实时更新模板数据库，截至 2021 年 7 月，SWISS-model 模板数据库共有 765 175 条链，123 343 个独特的 SEQRES 序列和 306 271 个生物单位。

示例序列 蛋白随机序列生成器(http://www.detaibio.com/sms2/random_protein.html)生成的含有 200 个氨基酸的序列：

SHVECKGMGDDCNNLEAQRYTLSKMAVANQGQFSMSKVYWMEDCELGLQT
MCNQIQNITFRWFSHCMAVFFFMFEDSVMWKQIYYAGPDIILVYHGDCFLRKDWR
STGLYCFGQWVSQCDQNKYHPQNMGMTGAIDLPALNLVHKSMDVKHCQYMRLC
PGAYIEHDTSGFVFQVYNPFFAFDNKIFTWVTIEALEYCRFP

Template Results

Templates　Quaternary Structure　Sequence Similarity　Alignment　More

Template	GMQE	QSQE	Identity	Method	Oligo State	Ligands
4b0m.1.A F1 CAPSULE-ANCHORING PROTEIN *Complex of the Caf1AN usher domain, Caf1M chaperone and Caf1 subunit from Yersinia pestis*	0.03	-	8.89	X-ray, 1.8Å	hetero-trimer	None
4b0e.1.A F1 CAPSULE-ANCHORING PROTEIN *Crystal structure of the Caf1A usher protein N-terminal domain from Yersinia pestis*	0.01	-	8.89	X-ray, 2.0Å	monomer	None
4b0e.3.A F1 CAPSULE-ANCHORING PROTEIN *Crystal structure of the Caf1A usher protein N-terminal domain from Yersinia pestis*	0.00	-	8.89	X-ray, 2.0Å	monomer	None
4b0e.4.A F1 CAPSULE-ANCHORING PROTEIN *Crystal structure of the Caf1A usher protein N-terminal domain from Yersinia pestis*	0.00	-	8.89	X-ray, 2.0Å	monomer	None
5lw4.1.A Putative chitin binding protein *NMR solution structure of the apo-form of the chitin-active lytic polysaccharide monooxygenase BILPMO10A*	0.00	-	18.75	NMR	monomer	None
6twe.1.A Putative chitin binding protein *Cu(I) NMR solution structure of the chitin-active lytic polysaccharide monooxygenase BILPMO10A*	0.00	-	18.75	NMR	monomer	1 x CU1
4p98.1.A Extracellular solute-binding protein *ABC transporter system solute-binding protein from Conexibacter woesei DSM 14684*	0.00	-	9.09	X-ray, 1.9Å	monomer	22 x BR
3uv0.1.A Mutator 2, isoform B *Crystal structure of the drosophila MU2 FHA domain*	0.00	0.00	20.00	X-ray, 1.9Å	homo-dimer	None
2q68.1.A Potassium channel protein *Crystal Structure of Nak channel D66A, S70E double mutants*	0.00	0.00	13.33	X-ray, 2.5Å	homo-tetramer	4 x CA
1pjw.1.A envelope protein *Solution Structure of the Domain III of the Japan Encephalitis Virus Envelope Protein*	0.00	-	28.00	NMR	monomer	None

图 5-5　SWISS-model 针对示例序列查询到的模板信息

图 5-5、图 5-6 分别为针对示例蛋白查询到的模板信息以及预测出的三维结构信息，图 5-5 显示示例蛋白与锚定蛋白末尾的氨基酸序列和几丁质结合蛋白有较高的相似度，可以基于已知蛋白的结构对示例蛋白结构进行更准确的预测。图 5-6 表明该预测结构是基于 4b0m.1.A 为模板建立的，其序列相似性为 8.89%，并在下方标明了相似序列在示例蛋白和模板中的位置，同时也给出了 Q 均值、C-β、扭转角等的 z-score 预测。

5.2.3.3　PEP-FOLD——从头预测短肽结构

网站：https://bioserv.rpbs.univ-paris-diderot.fr/services/PEP-FOLD3/，利用短肽的氨基酸序列，基于结构字母来描述四个连续残基的构象，将预测的结构字母序列与贪婪算法和粗粒度力场相结合，同时允许用户指定某些约束条件，例如二硫键和残基间距离，并且可以对蛋白质和短肽之间的相互作用进行初步研究。输入的氨基酸序列长度为 9～36 个残基，且必须为 fasta 格式。输入的序列为随机生成的长度为 20 的氨基酸。对于每个短肽序列，都会给出 10 个预测的三维结构，针对每一个结构用户可以查看其 PDB 格式的信息和进行后续的分析。

示例序列　蛋白随机序列生成器（http://www.detaibio.com/sms2/random_protein.

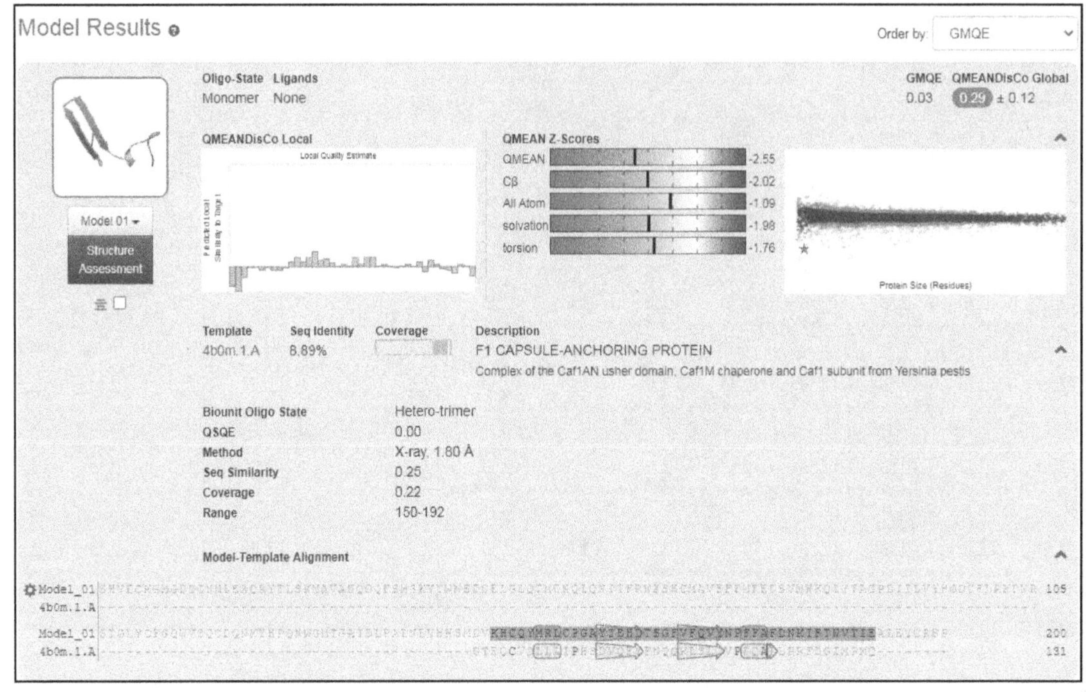

图 5-6 SWISS-model 预测的示例序列的三维结构及其各项评价指标

html)生成的长度为 20 的氨基酸序列：

FRSHMGGFPFEYGELYWKGN

图 5-7 为针对示例序列预测出的三维结构，可以依照用户的需求，利用卡通格式、球棍模型格式、线性格式及轨迹等不同形式查看结构，并可以根据温度变化或连续性等方式对颜色进行改变。

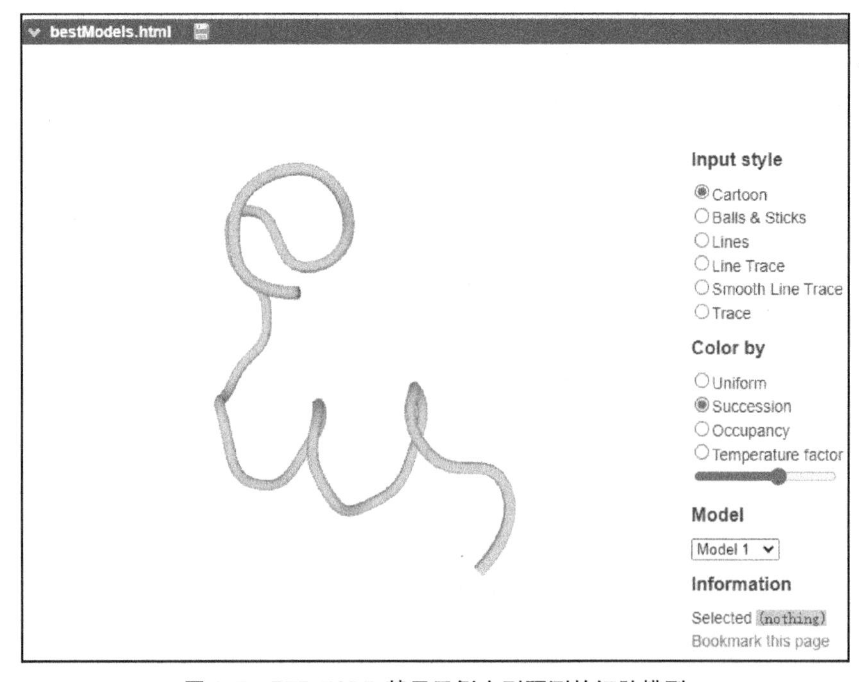

图 5-7 PEP-FOLD 基于示例序列预测的短肽模型

5.2.3.4　ROSIE——Rosetta 分子建模软件包集成

ROSIE(https://rosie.rosettacommons.org/)为 Rosetta 的 Web 前端，提供了许多分子建模与蛋白对接相关的在线软件，包括 RNA 预测、肽段设计、蛋白-配体对接等多种软件，可供用户自行选择使用。

5.3　基于深度学习方法预测蛋白质结构

5.3.1　背景

现有的许多蛋白质结构预测方法耗时较长，因此如何准确并快速预测蛋白质的三维结构成了蛋白质研究领域中的重要研究内容之一。在 2018 年第 13 届国际蛋白质结构预测竞赛 CASP(Critical Assessment of Techniques for Protein Structure Prediction)中，由谷歌的 Deepmind 团队开发的基于深度学习的 Alphafold 凭借其出色的计算能力和较高的结构准确性成为蛋白质预测领域的新秀。在 2020 年第 14 届 CASP 中，Deepmind 团队又对 Alphafold 进行了改进，准确性又有了进一步的提高。在 2018 年的 CASP 中，评委将进行预测的 84 个蛋白质分成 104 个域进行最后的打分评价，所有蛋白质被分为三类：(1)基于模板的建模(Template-Based Modelling, TBM)：与其序列相似的蛋白质结构已知，根据序列差异对同源结构进行修饰；(2)自由建模(Free Modelling, FM)：无已知的同源结构；(3)FM/TBM：介于上述两者之间的结构。利用得分(TM)来衡量预测结构与天然结构的匹配程度，分数在 0 到 1 之间，越接近 1 则证明预测效果越好。

5.3.2　Alphafold：基于神经网络的蛋白质结构预测

Alphafold 利用遗传信息分析同源序列中的协变，推断氨基酸残基之间的接触和成对残基之间的距离，进而预测蛋白质结构(图 5-8)。

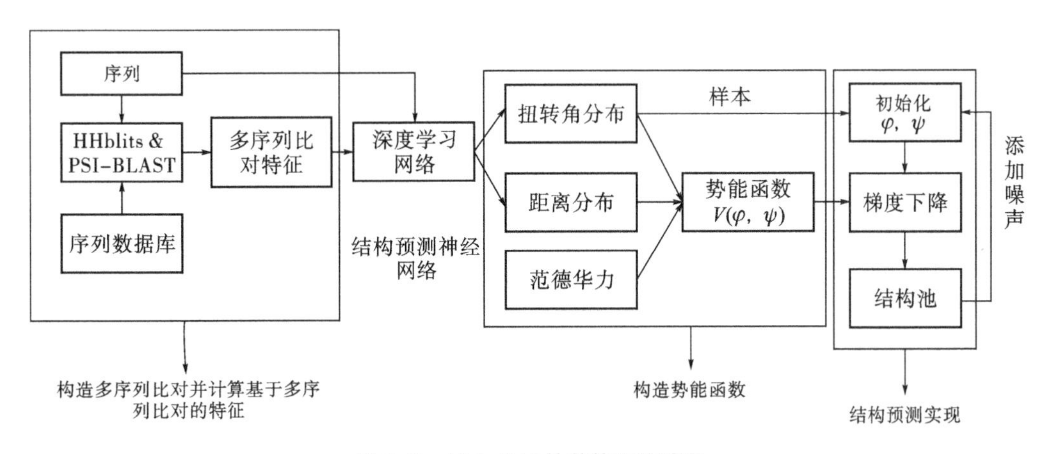

图 5-8　Alphafold 的整体工作流程

Alphafold 整体流程主要分为多序列比对构造、神经网络构建、势能函数构造和结构预测实现四个部分。在特征提取阶段，使用序列数据库搜索构建多序列比对并计算基于多序列比对的特征，之后利用扭转角的分布、距离分布和范德华力三个分量构造势能函数，最后通过初始化角度、梯度下降、构造结构池并添加噪声来寻找最佳的预测结构。

所构建的神经网络预测主链扭转角和残基之间的成对距离(图 5-8)。网络通过预测残基之间的距离，进而获得邻近残基和局部结构信息，与接触预测相比，距离预测所得的结构信息更加具体，并为神经网络提供了更丰富的训练信号。

神经网络是基于多序列比对特征来预测整个 $L\times L$(L 为域的长度)区域的势能，将一维的序列和轮廓特征转换为二维的协变特征，对每个 64×64 残基区域做单独预测，获得累计概率值，再将预测的概率分布进行组合，以计算势能，通过梯度下降使得势能达到最小，获得最终的结构。这种方法仅使用有限的采样就可以找到一组最小化蛋白质特有势能的扭转角度，并且可同时对整个链优化，避免了将长蛋白质分割为更小区域而进行的独立建模。

为了计算蛋白质结构的势能，通过对预测得到概率的负对数进行样条拟合，并在所有残基对上求和，构建一个平滑的势能 V_{distance}。之后利用所有残基的主链扭转角(φ, ψ) 对蛋白质结构进行参数化，并建立一个可微的蛋白质几何模型 $x=G(\varphi, \psi)$ 以计算所有残基 i 的 C_β 坐标和 x_i，由此得到每个结构的残基间距离 $d_{ij}=|x_i-x_j|$ 并将 V_{distance} 表示为 φ 和 ψ 的函数。对于具有 L 个残基的蛋白质，此势能函数会从边缘分布预测中累积 L^2 个项。为了纠正先验的过载，还需从对数域中的潜在距离中减去参考分布。参考分布模拟了与蛋白质序列无关的距离分布 $P(d_{ij} \mid length)$，是通过在相同的结构上训练小版本的距离预测神经网络获得的，无须序列或多序列比对特征。通过该参考分布训练了接触预测网络的一个单独输出，以预测主干扭转角 $P(\varphi_i, \psi_i \mid S, MSA(S))$ 的离散概率分布。拟合冯·米塞斯分布后，可将其用于为势能添加平滑的扭转建模项 V_{torsion}。 最后为了防止空间位阻，将 Rosetta 的 $V_{\text{score2\_smooth}}$ 分数添加到势能函数中(公式 5-1)，并为势能函数中的三个项分别使用了乘性权重。

$$V_{\text{total}}=V_{\text{distance}}+V_{\text{torsion}}+V_{\text{score2\_smooth}} \tag{5-1}$$

在利用势能函数得到每个蛋白质特异性的势能后，通过梯度下降法对该势能进行迭代，一般在 500～600 步迭代后能够收敛到局部的最小势能值，800 步迭代后能够得到与真实结构近似相同的二级结构。在进行梯度下降之后又针对采样的初始化对结构做了更多的优化。利用采样的重复初始化创建了一个低势能结构池，从中采样了进一步的结构初始化，并增加了主链扭转噪声，导致向池中添加了更多结构。在仅几百个周期后，优化收敛，选择拥有最低势能的结构作为最佳候选结构。添加噪声使得利用该种方法得到的结构比从预测的扭转分布中持续采样的结构 TM 得分更高。

5.3.3 Alphafold2：集中注意力的 Alphafold

在 2020 年的 CASP 竞赛中，Deepmind 团队针对 Alphafold 做了进一步的优化，提出了 Alphafold2(图 5-9)，该算法提高了预测结构的准确性。输入信息除了蛋白质本身序列和多序列比对的信息之外又添加了一项序列模板的信息，还添加了基于注意力的机制，并且是通过端到端方式来直接产生结构。弱化了残基在序列中的位置，更加强调临近残基之间的相互作用,同时通过网络对临近残基的图进行迭代学习,并且构建隐式图来做预测。主要流程为先基于模板信息进行多序列比对和残基间的距离信息预测,然后再一次次对残基构成的边进行配对和序列的更新,得到残基配对的距离预测图,最后进行打分。与Alphafold相比,Alphafold2在对蛋白质预测的准确度上有了很大的提高,综合得分从之前的59.1/100上升到了92.4/100,与真实预测结构只相差一个原子的宽度,真正意义上解决了蛋白质折叠问题。

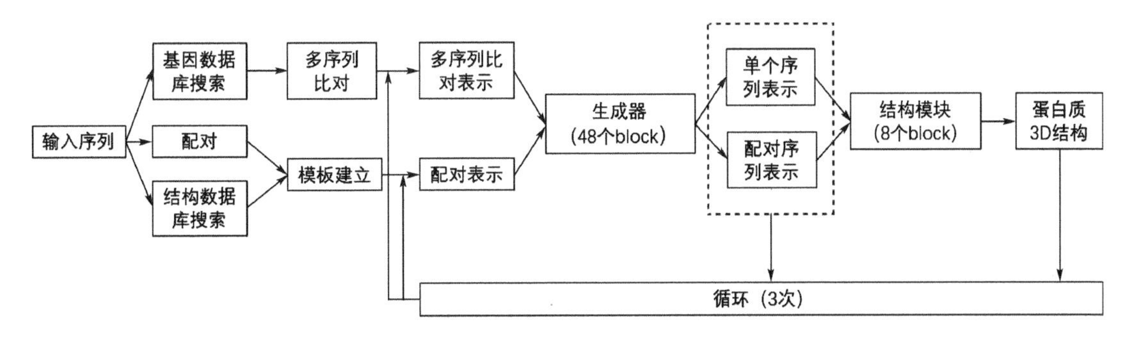

图 5-9 Alphafold2 的整体工作流程

5.4 集成门户 Expasy

Expasy(https://www.expasy.org/)是瑞士生物信息学研究所(Swiss Institute of Bioinformatics, SIB)建立的生物信息学资源网站,是一个可扩展的综合门户,能够实现对160多个数据库和软件工具的访问,包含基因组学、蛋白质组学和结构生物学、进化和系统发育、系统生物学和医学化学等领域中所使用的工具。Expasy搜索引擎允许用户通过一次搜索并行查询数据库的子集以及从网站上的160多个资源的完整集合中找到相关的信息,并随着相应资源的更新而进行更新。

网站将资源分为六类:基因和基因组学;蛋白质和蛋白质组学;进化和系统发育;结构生物学;系统生物学;文本挖掘和机器学习。在每类中又分为由SIB支持的关键资源和其他资源,以下将详细介绍蛋白质和蛋白质组学中的一些关键资源。

蛋白质和蛋白质组学一类包括蛋白质数据库、蛋白质结构同源建模、多序列比对的一些资源,其中的关键资源有:

(1) UniProtKB/Swiss-Prot(https://www.uniprot.org/)(图 5-10):是 UniProtKB(由UniProt联盟制作)的专业组件,它包含数十万个蛋白质的功能、域结构、亚细胞定位、翻译后修饰和功能特征突变等信息,是使用最广泛的蛋白质信息资源之一。

(2) STRING(https://string-db.org/)(图 5-11):是探究已知和预测蛋白质—蛋白质之间相互作用的知识库和软件工具,包括各种来源的直接(物理)和间接(功能)关联,例如基因组背景、高通量实验、(保守的)共表达和文献。STRING网络覆盖了5 000多种不同的生物体,蛋白质之间有超过2 500万个高置信度链接。

图 5-10 UniProtKB/Swiss-Prot 网站主页

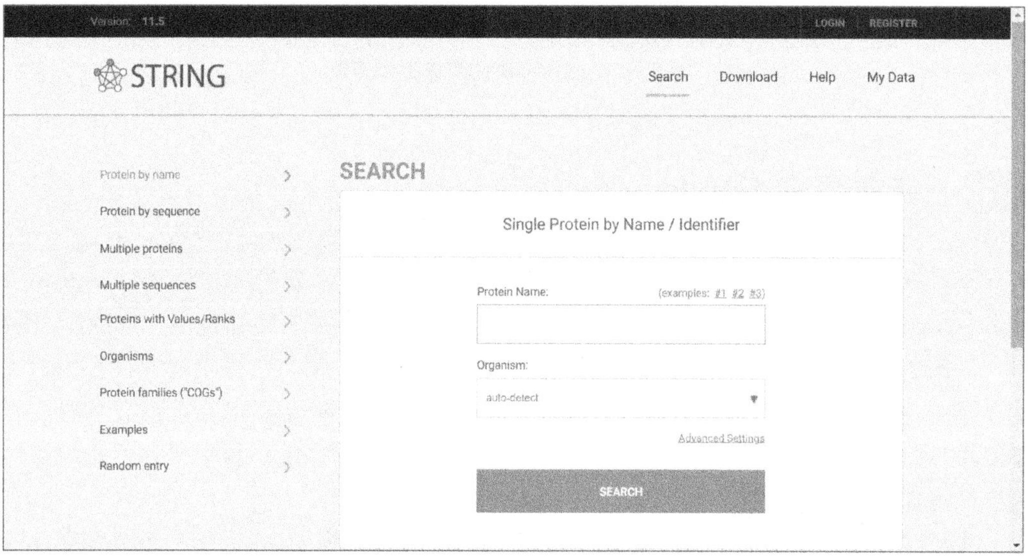

图 5-11 STRING 的搜索界面

(3) neXtProt(https://www.nextprot.org/)(图 5-12):是一个由专家修正和相关工具的知识库,提供有关人类蛋白质的信息,例如功能、与疾病的关系、mRNA/蛋白质表达、蛋白质/蛋白质相互作用、蛋白质变异及其表型效应等。neXtProt 通过整合多个来源提供高数据覆盖率、语义搜索功能及专门为蛋白质组学设计的工具。

(4) Sulfinator(https://web.expasy.org/sulfinator/)(图 5-13):是能够预测蛋白质序列中酪氨酸硫酸化位点的软件。它采用四种不同的隐马尔可夫模型,用于识别位于 N 端和 C 端之间超过 25 个氨基酸的序列窗口内的硫酸化酪氨酸残基,以及聚集在 25 个氨基酸窗口内的硫酸化酪氨酸残基。所有四个隐马尔可夫模型都包含从一个多序列比对中提取的信息。

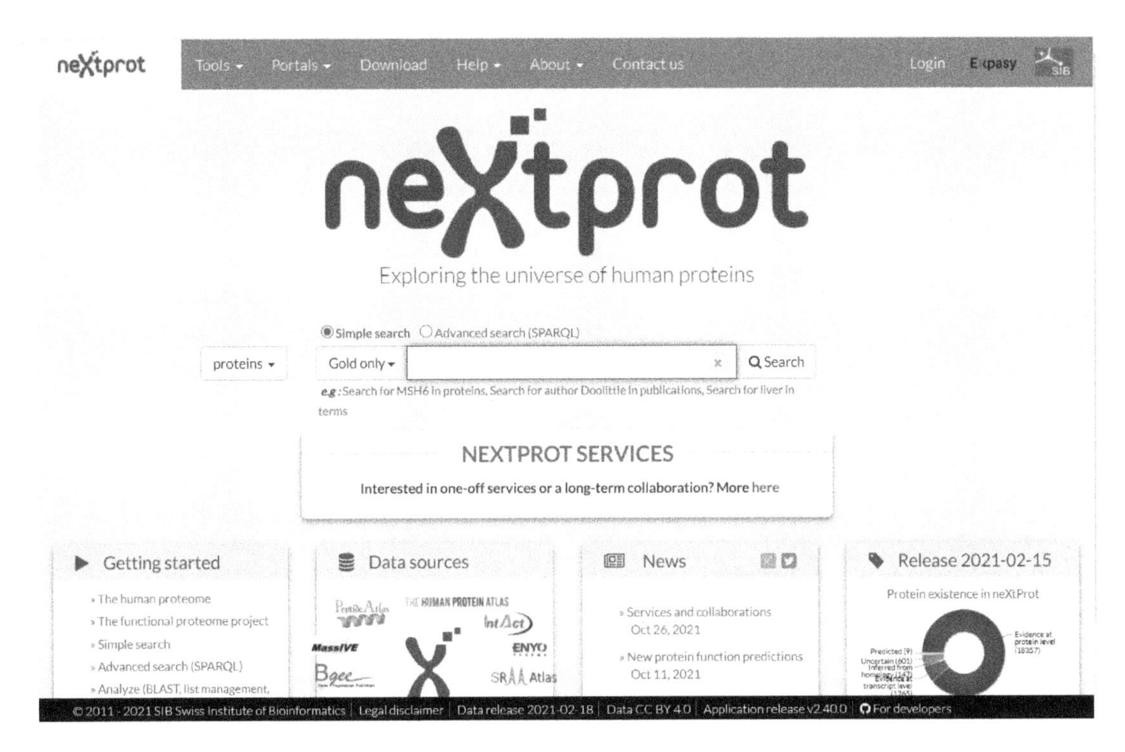

图 5-12　neXtProt 主页界面

Expasy　Sulfinator　Home | Contact

The Sulfinator

Tyrosine sulfation is an important post-translational modification of proteins that go through the secretory pathway.

Please enter one or more UniProtKB/Swiss-Prot entry names (ID) (e.g. *FA5_HUMAN*) or UniProtKB/Swiss-Prot or UniProtKB/TrEMBL accession numbers (AC) (e.g. *P12259*), separated by newlines. You can also insert sequences in FASTA format.

Submit　Reset

图 5-13　Sulfinator 输入界面

(5) FindPept(https://web.expasy.org/findpept/)(图 5-14)：识别由蛋白质从大量实验中非特异性裂解产生的肽，将人工化学修饰、翻译后修饰和蛋白酶自溶裂解等条件考虑在内。

(6) OpenStructure(https://openstructure.org/)(图 5-15)：提供了一个开源、模块化、灵活的分子建模和可视化环境，主要帮助结构生物信息学领域的用户进行快速简便的分子建模和可视化操作。

(7) TMpred(https://embnet.vital-it.ch/software/TMPRED_form.html)(图 5-16)：可预测跨膜区域及其方向。该算法基于 TMbase(一个天然存在的跨膜蛋白数据库)的统计分析。

Expasy　　FindPept　　Home | Contact

FindPept tool

FindPept can identify peptides that result from **unspecific cleavage** of proteins from their experimental masses, taking into account artefactual chemical modifications, post-translational modifications (PTM) and protease autolytic cleavage. If you wish to take into account only specific cleavage, please use FindMod instead.

The experimentally measured peptide masses are compared with the theoretical peptides calculated from a specified UniProtKB (Swiss-Prot or TrEMBL) entry or from a user-entered sequence. If autolysis is to be taken into account, an enzyme entry must be specified from the drop-down list of enzymes for which the sequence is known. [Documentation / Mass values and considered PTMs / References].

UniProtKB ID or AC or user-entered sequence (you may specify post-translational modifications, as specified in this document):

Enter a list of peptide masses and intensities (optional) that correspond to the specified protein. Enter one mass, space and its intensity per line:

Or upload a file from your computer, from which the peptide masses will be extracted (supported formats):
选择文件 未选择文件

If you wish to define other post-translational modifications than those already in the FindMod/FindPept Database, you can specify them here:

	modification name	abbreviation	atom composition	positions
0	example	OXYD	H: -2 , O: 1 , C: , N: , S: , P:	86 M
1			H: , O: , C: , N: , S: , P:	
2			H: , O: , C: , N: , S: , P:	

All peptide masses are
with cysteines treated with: nothing (in reduced form)
☐ with methionines oxidized
☐ with tryptophans oxidized
☐ with acidic and C-terminal residues esterified
☐ with possible N-Acetylation or N-Formylation
◉ $[M+H]^+$ or ○ [M] or ○ $[M-H]^-$.
○ average or ◉ monoisotopic.

Mass tolerance: ± 0.5 daltons

Display peptides sorted by ◉ peptide masses or in ○ chronological order in the protein.

If you select a protease below, the peptide masses will be checked for specific cleavage as well as autolytic cleavage of the enzyme.
Select an enzyme **(Optional)**: (None)　(Enzyme source if known)
Exclude masses that match: ☐ specific cleavage by the enzyme
☐ autolytic cleavage of the enzyme
☐ specific cleavage of human keratins

☐ **Send the result by e-mail**
Your e-mail address:
name of the unknown protein: unknown

To run the search: Start FindPept
To clear all fields: Reset

图 5-14　FindPept 使用界面，输入序列可为不同形式

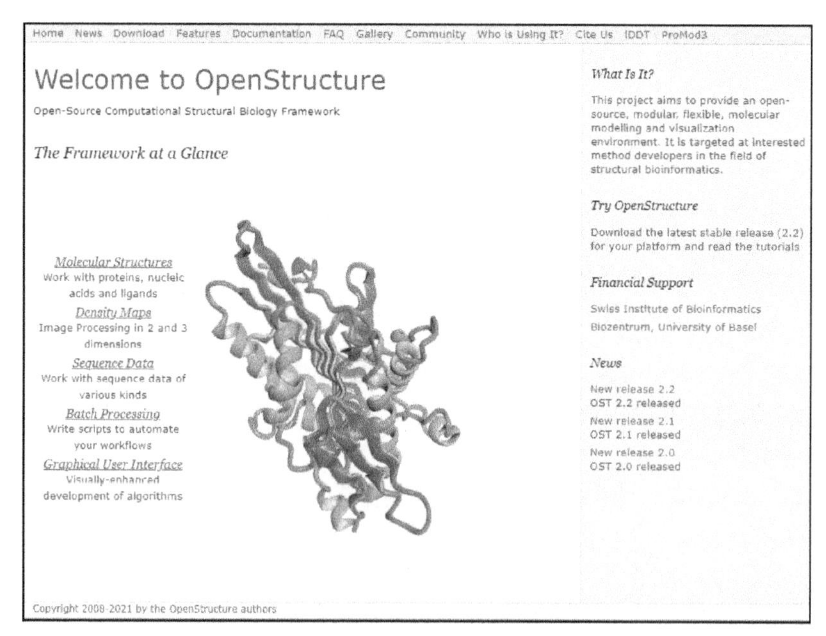
Home News Download Features Documentation FAQ Gallery Community Who is Using It? Cite Us lDDT ProMod3
Welcome to OpenStructure
Open-Source Computational Structural Biology Framework
The Framework at a Glance
Molecular Structures
Work with proteins, nucleic acids and ligands
Density Maps
Image Processing in 2 and 3 dimensions
Sequence Data
Work with sequence data of various kinds
Batch Processing
Write scripts to automate your workflows
Graphical User Interface
Visually-enhanced development of algorithms
What Is It?
This project aims to provide an open-source, modular, flexible, molecular modelling and visualization environment. It is targeted at interested method developers in the field of structural bioinformatics.
Try OpenStructure
Download the latest stable release (2.2) for your platform and read the tutorials
Financial Support
Swiss Institute of Bioinformatics
Biozentrum, University of Basel
News
New release 2.2
OST 2.2 released
New release 2.1
OST 2.1 released
New release 2.0
OST 2.0 released
Copyright 2008-2021 by the OpenStructure authors

图 5-15　OpenStructure 主页界面

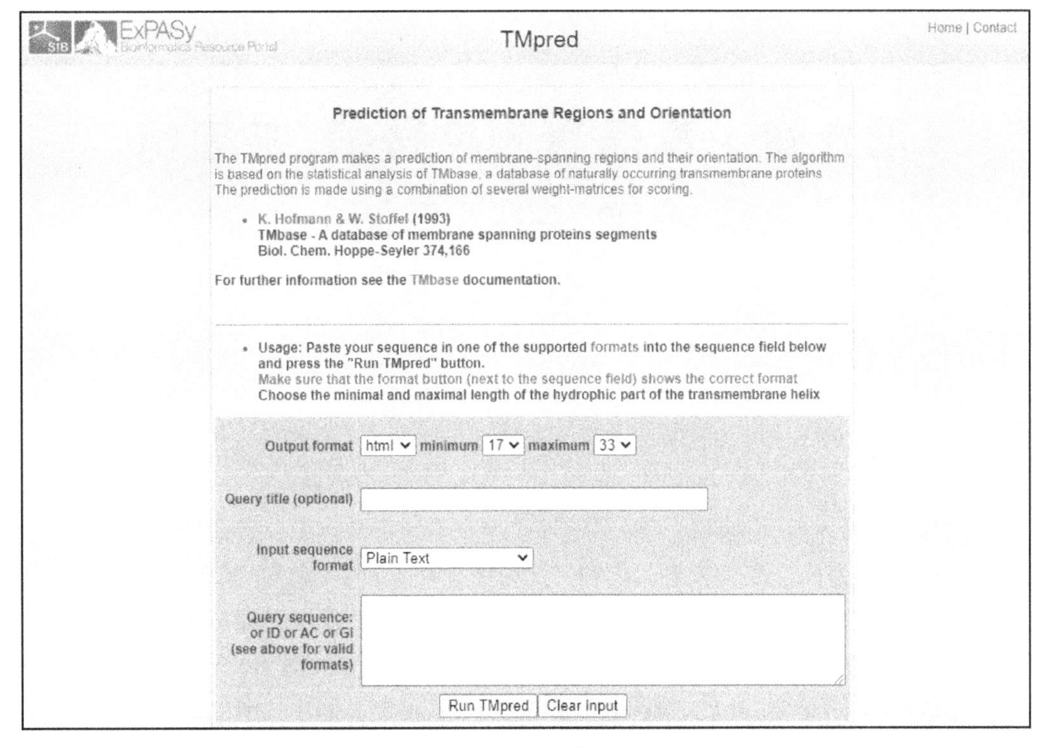

图 5-16　TMpred 使用界面

参考文献

[1] 王镜岩,朱圣庚,徐长法. 生物化学[M].3 版.北京：高等教育出版社,2002.

[2] 孙啸,陆祖宏,谢建明. 生物信息学基础[M].北京：清华大学出版社,2005.

[3] Duvaud S, Gabella C, Lisacek F, et al. Expasy, the Swiss bioinformatics resource portal, as designed by its users[J]. Nucleic Acids Research, 2021, 49(W1): W216-W227.

（编者：林禄、丁佳宁）

第六章 高通量测序数据、基因组装配、读段回帖

6.1 引言

高通量测序技术极大地推进了对细胞与核酸分子的系统认识。目前，大量的生物信息数据来自高通量测序，主要为来自二代和三代测序技术的DNA和RNA的测序数据。高通量DNA、RNA测序数据有固定的数据格式。对于基因组DNA的测序数据，其分析的主要任务是基因组装配(新物种，无参考序列)和基因组变异识别。而对RNA测序数据，其分析的主要任务是RNA定量、比较、新转录本的识别等，其前提是测序数据的回帖(mapping)。

本章主要介绍二代测序技术的原理流程、高通量测序数据格式、测序读段的回帖算法和工具、基因组装配算法和工具以及回帖文件(一般为bam或sam文件)的格式和文件操作工具samtools。

6.2 测序技术的发展简史

自1975年由Sanger和Coulson开创的链终止法测序问世以来，测序技术已经经历了40余年的发展。从低通量的一代测序到高通量的短读长二代测序再到单分子三代测序，从人类基因组计划的完成到多组学数据的融合，再到疾病的分子诊断和治疗，每代技术的兴起都为科学界带来了变革和惊喜，同时也伴随着生物信息学策略和方法的发展和更迭。不同的测序技术有着其各自的优缺点，下面将对测序技术的发展做简单的介绍。

第一代DNA测序技术是最原始的测序方法，主要包括化学裂解法和链终止法两种。其中Maxam-Gilbert化学裂解法的原理为，通过化学裂解产生一系列长度不一且5′端被标记的DNA片段，这些以特定碱基结尾的片段通过凝胶电泳分离，再经放射线自显影，确定各片段末端碱基，从而得出目的DNA的碱基序列。但是目前若提到一代测序，人们更多指的是1975年由Sanger和Coulson提出的链终止法。与前一种方法不同的是，链终止法中系列DNA片段的获取应用了DNA复制的原理。链终止法在复制反应体系中引入了连接有放射性同位素或荧光标记基团的ddNTP，由于其缺少3′—OH基团，不具有与另一个dNTP连接形成磷酸二酯键的能力，可使得DNA链延伸终止，从而得到长度不一且结尾带荧光标记的DNA片段。人类基因组计划正是在Sanger链终止法的支持下完成的，花费了

30 亿美元巨资，耗费了 30 年的时间。该方法成本高、速度慢，在很多情况下并不是最理想的测序方法，目前常用于关键 DNA 片段的序列验证，如 PCR 引物的合成序列验证等。

由于一代测序技术的局限性，以边合成边测序(Sequencing by Synthesis，SBS)为核心思想的二代测序技术应运而生。二代测序(Next Generation Sequencing，NGS)技术又称为下一代测序技术，测序通量有了非常大的提升。不仅如此，除最基本的基因组测序之外，其衍生而来的 RNA-Seq、ChIP-Seq、ATAC-Seq 和 Hi-C 等也成了各领域中的常用研究手段。目前应用最为广泛的 NGS 技术是 Illumina 测序技术，其几乎覆盖了各研究领域 90%的测序应用需求。其主要通过桥式 PCR 来进行簇生成，并利用带有荧光标记，且 3′端是被叠氮基堵住的 dNTP 来实现单碱基合成、显影、切除的循环测序过程。这种技术能够保证在几十个小时内产生几百吉(GB)甚至上太(TB)的测序数据，完全能够满足高通量测序的通量要求和数据高效产出的时间要求。高通量测序技术的诞生是基因组学研究领域中的一个具有里程碑意义的事件。该技术使得核酸测序的单碱基成本与第一代测序技术相比急剧下降，可以实施更多物种的基因组计划，从而解密更多生物物种的基因组遗传密码。同时在已完成基因组序列测定的物种中，对该物种的其他品种进行大规模的全基因组重测序也成了可能。

相较于二代测序技术，三代测序技术有了创新性的突破，主要以 Pacific Biosciences 公司的 SMRT 技术和 Oxford Nanopore Technologies 公司的纳米孔技术为代表。与前两代技术相比，其最大的特点是单分子测序，且可以实现超长的读长。第三代测序技术通过增加荧光的信号强度、提高仪器的灵敏度或循环测序等方法，解决了错误率的问题，使测序不再需要 PCR 扩增这个环节，在继承高通量测序优点的基础上实现了单分子测序。

目前，高通量短读长测序仍然是测序技术中应用最为广泛的一种，以下将以 Illumina 技术为例，详细说明其测序过程和相应的生物信息学数据处理方法。

6.3　Illumina 测序技术：高通量测序界的宠儿

Illumina 的边合成边测序技术是世界范围内广泛使用的 NGS 技术，因此需要了解 SBS 技术的原理及返回的数据格式。

6.3.1　SBS 测序流程

6.3.1.1　测序文库构建

根据研究需求的不同，可选择单端测序(single-read)或者双端测序(paired-end)，这里以 DNA 样品双端测序为例进行测序文库构建说明，如图 6-1 所示。由于 SBS 测序读长的局限性，第一步需要将待测基因组随机打断成合适的长度，人类基因组样品一般在 300～500 bp 之间，打断后

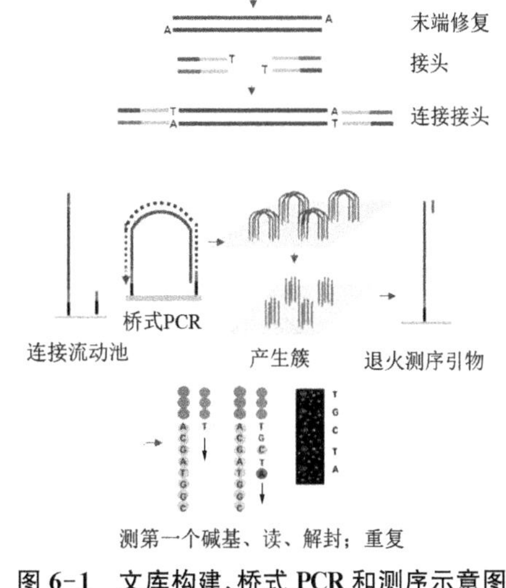

图 6-1　文库构建、桥式 PCR 和测序示意图

会出现末端不平整的情况，需要用酶补齐得到平末端，补平后在 3′端加上一个特异的碱基A，使平末端又变回黏性末端，以使得后续反应更易发生。由于一个流动池(flowcell)提供的通量极大，因此通常可在不同样本来源的 DNA 片段末尾接上不同的索引(index)，以方便后期辨别读段所属样本来源，从而实现不同样本来源 DNA 的并行测序。另外，测序建库的一个重要步骤是依据序列互补配对的原则为待测 DNA 片段加上接头(adapter)，这种接头由两部分组成，一是桥式 PCR 扩增时用到的引物序列，二是测序时用到的引物序列。到此为止，建库过程完成。

6.3.1.2 序列扩增

SBS 测序过程主要依靠对荧光信号进行采集，并根据返回的荧光信号颜色判断碱基类型，而一条 DNA 模板片段合成所提供的荧光信号极弱，不易区分，因此，需要通过序列扩增使得荧光信号得以增强，降低碱基识别的错误率。序列扩增可通过在流动池(flowcell)上进行桥式 PCR 来实现。桥式 PCR 的过程，如图 6-1 所示，每进行一次循环，DNA 模板的量都会增加一倍，如此循环下去，每一条 DNA 模板片段都会得到一个与之具有完全相同序列的 DNA 片段簇，我们称之为一个簇(cluster)。当 DNA 样品浓度满足测序的上机要求时，序列扩增的步骤则视为完成。

6.3.1.3 上机测序

正如上一小节中提到的，SBS 测序利用带有荧光标记，且 3′端是被叠氮基堵住的 dNTP 来实现单碱基连接、显影、切除的循环测序过程，每一次循环都只有一个碱基加入当前生成的测序链。其原理是：由于测序过程中使用了经特殊改造的 dNTP，原有的羟基被叠氮基团取代，从而可阻断反应的继续；而其碱基上则连接了荧光基团，可以在激发光照射下发出不同颜色的荧光信号供计算机拍照记录，这样则可推断出这一循环中连接的是哪一种碱基。后续在特殊试剂作用下荧光基团消失，叠氮基团被羟基取代，继续下一轮测序循环，而测序的循环数则对应了最终产出测序读段(reads)的长度。

6.3.1.4 测序结果输出

Illumina 的测序结果最终输出的文件为后缀名为.gz 的压缩包，压缩包内含有以.fastq 或者.fq 为后缀的文件，里面记录的是测序得到的读段的信息。值得一提的是，双端测序结果是以文件名一一对应的成对的 fastq 文件表示的，分别对应 DNA 片段两个末端的读段信息。

6.3.2 测序：从读懂 fastq/a 文件开始

fastq 和 fasta 是存储测序读段和多种序列信息的常见格式，也是生物信息学数据分析主要处理的两种数据格式。fastq 为测序文件的格式，fasta 主要为数据库中生物序列文件的存储格式。无论是序列两两比对、多序列比对还是基因组序列比对回帖，其原始输入都是这两种格式，因此本节将对这两种格式进行详细说明。

fasta 文件主要用于碱基序列或者氨基酸序列的存储。图 6-2 是截取自 NCBI 提供的 fasta 实例。fasta 由两部分组成，第一部分以“＞”开头，主要储存的是序列的描述信息，如序列在数据库中的编号，序列的简称及全称，序列所属的物种信息等；第二部分的内容则是具体的序列信息，若为核酸序列则是由“A”“T”“C”“G”组成的字符串，若为氨基酸序列则是由 20 种氨基酸字符组成的字符串。

```
>NC_003074. 8:c3003454-3000714 Arabidopsis thaliana chromesome 3 sequence
CAAATTTCATTAGATTTTCCCTTTTTGGAAATAATTTTCTTTTCGATTTATCAACTATAGTATATACCTT
TTTTTACCCCCAAAAACCCAGGGATTATATATACGTAAATTATTTACATGCATGAATATGAATAGATACA
GTAAATTAGTTGTTCAATAAAATATTTAAACTTTTTGCTCTCATCTCCAATGAGGAC&CCACCCACGTTC
```

图 6-2　fasta 文件示意图

相较于 fasta 文件而言，fastq 文件包含了大量的测序质量信息，所以其组成会复杂得多。图 6-3 为 Illumina 官网提供的 fastq 实例，展示了 fastq 文件的内容构成。fastq 文件由四部分组成。第一部分由“@”开头，储存序列测序时的坐标、测序仪设备名称、lane 的编号、tile 的坐标等信息。第二部分是测序所得读段的序列信息，由“A”“T”“C”“G”和“N”构成，其中“N”表示测序过程中由于荧光信号干扰无法判断碱基类别。第三部分以“+”开头，主要存储一些附加信息，但一般为空白。第四部分则存储测序的质量信息，与第二部分的序列信息一一对应，是后续进行测序数据预处理的主要依据。在测序过程中，根据荧光信号的强弱会返回一个错误概率值(Error Probability, P)，错误概率值越低则说明测序结果越可靠。而为了实现质量信息的高效储存，对 P 做了如下处理：

$$Q = -10 * \log_{10} P \quad (6-1)$$

```
@SIM:1:FCX:1:15:6329:1045 1:N:0:2
TCGCACTCAACGCCCTGCATATGACAAGACAGAATC
+
<>;##=><9=AAAAAAAAAA9#:<#<;<<<????#=
```

图 6-3　fastq 文件示意图

得到 Q 值之后，再把 Q 值加上 33 或者 64 转化成一个新的数值，称为 phred，再将 phred 转换成 ASCII 码上对应的字符。这样就实现了以一个字符表示的碱基序列信息与同样是以一个字符表示的碱基质量信息的一一对应，并且可由质量信息字符反推原始的碱基测序错误概率。比如在图 6-3 所示的实例中，质量信息的第一个字符为“<”，通过查询 ASCII 字符代码表可知“<”字符对应的十进制数值是 60，即 phred 为 60，现在多采用 phred33 编码，因此可倒推得到 Q 为 27，最终可计算得到错误概率值 P 为 $10^{(-2.7)} \approx 0.002$。

6.4　数据分析前的准备

原始数据在分析之前还需做一些准备工作，主要包括以下步骤：测序数据的质控和过滤、将读段比对到参考基因组、局部重比对、标记重复和碱基质量的重新评估。下面将介绍上述各步骤。

6.4.1　FastQC：测序读段的专属“医生”

测序所得的原始数据是否能直接用于研究分析呢？答案是否定的。有一些常见的问题会影响后续的分析，如原始数据的测序质量偏低、基因组文库污染、原始数据重复片段过多等。因此需要对原始数据进行质量上的把控，就这一点而言，FastQC无疑是最强大的工具，它能为 fastq、bam、sam 格式文件提供精确有效的质量报告。下面将对 FastQC 的安装与使用以及结果界面进行说明。

6.4.1.1 安装与使用

(1) 在 Linux 系统下输入以下代码安装 FastQC

```
$ wget http://www.bioinformatics.babraham.ac.uk/projects/fastqc/fastqc_v0.11.3.zip
$ unzip fastqc_v0.11.3.zip
$ cd FastQC/
$ chmod 755 fastqc
$ echo "export PATH=`pwd`: $PATH" >> ~/.bashrc $ source ~/.bashrc
```

(2) 输入以下代码查看 FastQC 帮助手册

```
$ fastqc--help
```

(3) FastQC 的基本命令格式如下

```
fastqc [-o output dir] [--(no)extract] [-f fastq|bam|sam] [-c contaminant file] <seqfile1> <seqfile2> … <seqfileN>
```

(4) FastQC 主要有几个可设置的选项，简要说明如下

[-o output dir]：该选项后接 FastQC 生成报告文件的储存路径，生成报告的文件名是根据输入来定的。

[--(no)extract]：生成的报告默认会打包成 1 个压缩文件，不需要打包时则选择“--noextract”。

[-c contaminant file]：污染物选项，输入的是一个文件，文件格式是 Name [Tab] Sequence，里面是可能的污染序列，如果有这个选项，FastQC 会在计算时评估污染的情况，并在统计的时候进行分析。

[-a/-adapters]：测序接头选项，输入的是一个文件，文件格式是 Name [Tab] Sequence，储存的是测序的接头序列信息，如果不输入，目前版本的 FastQC 则会使用通用引物来评估序列中是否残留有接头序列。

seqfile1 ... seqfileN：FastQC 可以批量处理 fastq 文件，且会将报告分别输出到设定的输出路径下，为大量数据文件的处理提供了便利。

6.4.1.2 运行结果说明

FastQC 对 fastq 文件进行质量控制后会返回一个以.html 为后缀的页面报告和一个后缀为.zip 的压缩包，质控的结果都会呈现在页面报告中，其中 html 页面报告内容可以通过浏览器打开查看，如图 6-4 所示。从图中可见，左侧总结中有 11 项评估项目，且每个项目前均带有提示符号，“√”表示合格，“!”表示警告，“×”表示不合格。下面选取几个重点评估项目进行说明。

(1) Per base sequence quality

此项为样本的读段序列的测序质量统计，如果这项不合格，其余评估项目都会受到影

FastQC Report

Summary

- Basic Statistics
- Per base sequence quality
- Per tile sequence quality
- Per sequence quality scores
- Per base sequence content
- Per sequence GC content
- Per base N content
- Sequence Length Distribution
- Sequence Duplication Levels
- Overrepresented sequences
- Adapter Content

Basic Statistics

Measure	Value
Filename	T029301_S14_L003_R1_001.fastq.gz
File type	Conventional base calls
Encoding	Sanger / Illumina 1.9
Total Sequences	67531224
Sequences flagged as poor quality	0
Sequence length	150
%GC	55

Per base sequence quality

40

图 6-4　FastQC 运行结果界面示例

响。横坐标为该碱基在序列上的位置，纵坐标表示前一小节中提到的碱基质量得分 Q 值，当 Q 值为 20 时，测序错误率为 1%(即 Q20 标准)，当 Q 值为 30 时，测序错误率为 0.1%(即 Q30 标准)。图 6-5 中的每个箱线图都是该位置所有读段序列的测序质量的统计，中位数用红线表示，平均数用蓝线表示，箱线图的上下边缘分别表示为 10%分位数和 90%分位数。碱基质量高低主要指每个位置碱基质量统计的 10%分位点，当任何碱基质量低于 10，或者中位数低于 25 时该项目评估结果为警报，当任何碱基质量低于 5，或者中位数低于 20 时该项目评估结果报错。如图 6-5(a)所示，该样本的读段中存在大量碱基质量低于 5 的情况，质量不合格；如图 6-5(b)所示，样本的读段所有碱基质量均高于 10，质量合格。这里需要注意的是一般用 Q20 作为测序质量好坏的判断标准。

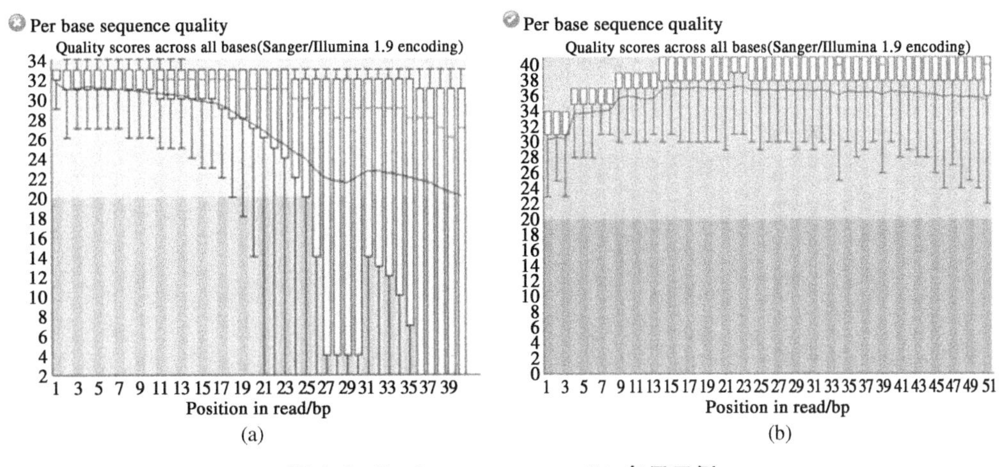

图 6-5　Per base sequence quality 条目示例

(2) Per base sequence content

此项为碱基含量的统计。如图 6-6 所示，横坐标表示碱基位置，纵坐标表示碱基含量的百分比。由于测序仪的系统误差，前 5～6 bp 通常都是不准确的，可以在后续环节中去除。合格的碱基含量统计报告应该表现出 G 和 C 含量相等，A 和 T 含量相等，即四条曲线相对平行且稳定的特点。

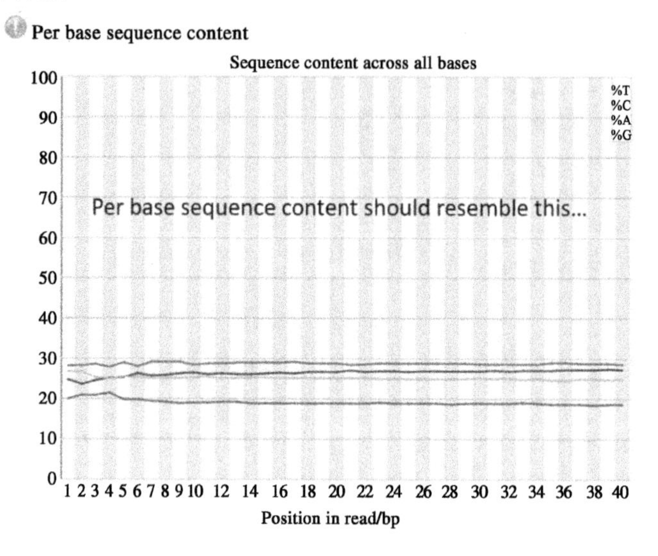

图 6-6 Per base sequence content 条目示例

(3) Per sequence GC content

此项为 GC 含量的统计，不同物种的整体序列中的 GC 含量不同，因此此项评估也是关注的重点。该项计算样本文件中每个序列的总体 GC 含量，并将其与 GC 含量的建模正态分布进行比较。如图 6-7 所示，其横坐标为 GC 含量，纵坐标为对应 GC 含量的读段数目。正常的样本 GC 含量应接近正态分布，而多峰等曲线形态则表明可能存在样本污染或测序系统误差。

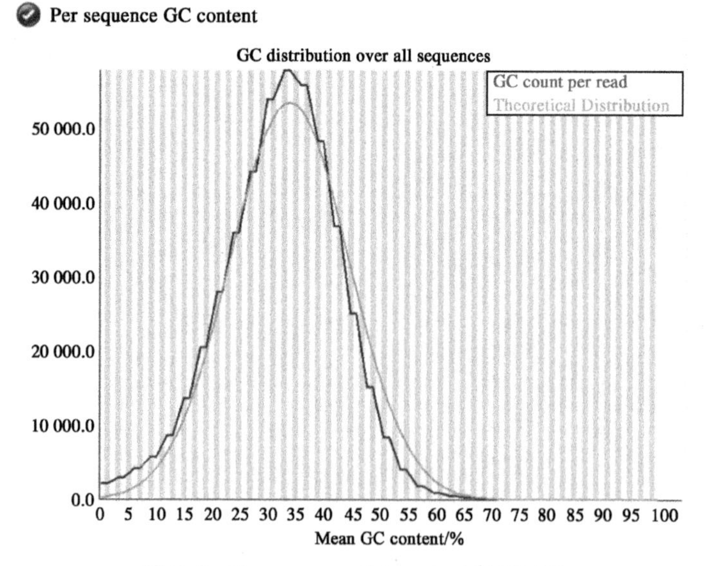

图 6-7 Per sequence GC content 条目示例

(4) Sequence Duplication Levels

该项为序列重复水平,计算每个序列的重复程度,并创建如图 6-8 所示的图表,横坐标为序列重复次数,纵坐标为重复读段的数目,显示具有不同重复程度的读段的相对数量。低水平的重复可能表明相关靶序列在基因组上的覆盖率较高,但高水平的重复则可能表明某种系统富集偏差或者表明存在测序文库污染,当重复序列比例高达 20%时将会发出警报,超过 50%时则会报错。

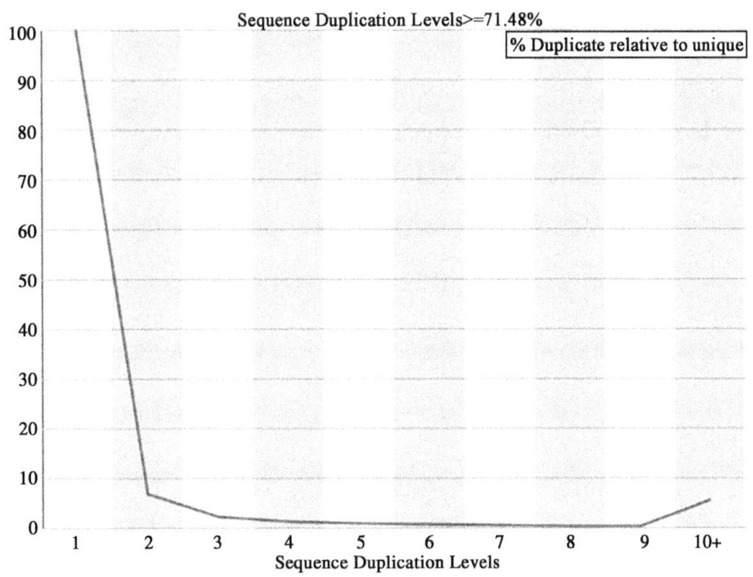

图 6-8　Sequence Duplication Levels 条目示例

(5) Overrepresented sequences

此项为过表达序列,指大量出现的序列。FastQC 中评判过表达序列的标准是某个序列出现次数占所有读段数的 1%以上。当存在任何序列出现次数超过 0.1%时该项目发出警报,当出现次数超过 1%时该项目评价为不合格。如图 6-9 所示,存在一个序列,其出现的次数占所有读段数的 58%以上,因此此项质量控制发出不合格信号。

Overrepresented sequences

Sequence	Count	Percentage	Possible Source
GATCGGAAGAGCACACGTCTGAACTCCAGTCACGATCAGATCTCGTATGCC	9383614	58.6475875	TruSeq Adapter, Index 9 (100% over 51bp)
AATCGGAAGAGCACACGTCTGAACTCCAGTCACGATCAGATCTCGTATGCC	46974	0.2935875	TruSeq Adapter, Index 9 (98% over 51bp)
GATTGGAAGAGCACACGTCTGAACTCCAGTCACGATCAGATCTCGTATGCC	36553	0.22845625000000003	TruSeq Adapter, Index 9 (98% over 51bp)
CATCGGAAGAGCACACGTCTGAACTCCAGTCACGATCAGATCTCGTATGCC	28276	0.176725	TruSeq Adapter, Index 9 (98% over 51bp)
GAACGGAAGAGCACACGTCTGAACTCCAGTCACGATCAGATCTCGTATGCC	20567	0.12854374999999998	TruSeq Adapter, Index 9 (98% over 51bp)
GTTCGGAAGAGCACACGTCTGAACTCCAGTCACGATCAGATCTCGTATGCC	18231	0.11394375000000001	TruSeq Adapter, Index 9 (98% over 51bp)

图 6-9　Overrepresented sequences 条目示例

其他质量控制项目的具体说明请查看:

http://www.bioinformatics.babraham.ac.uk/projects/fastqc/Help/

6.4.2 读段的处理工具

在上一小节得到测序的质控报告之后，需要根据质控报告对原始的测序数据进行一定的预处理，以便在后续序列比对中得到更为可信的结果。这个过程中有很多短序列处理工具可供使用，包括 FASTX-Toolkit（http://hannonlab.cshl.edu/fastx_toolkit/）、Trimmomatic、SOAPnuke、fastp 等，另外也有一些综合性更强的应用工具和平台，包括 Biopython 和 Galaxy，本节将选择其中的部分应用进行介绍。

6.4.2.1 FASTX-Toolkit

FASTX-Toolkit 是用于短序列 fasta/fastq 文件预处理的命令行工具的集合，既可以在网页上操作，也可以通过命令行运行，十分方便快捷。FASTX-Toolkit 工具可执行一些预处理任务，主要包括以下几种：FASTQ-to-FASTA、FASTQ /A Collapser、FASTQ/A Trimmer、FASTQ/A Clipper、FASTQ/A Reverse-Complement 等。其中最常用的是 FASTQ/A Trimmer 和 FASTQ/A Clipper 这两个功能，其基础格式及功能说明如下：

（1）FASTX Trimmer 能够剪切质量不达标的序列，使序列更短小精悍：

基本格式：

$ fastx_trimmer [-h] [-f N] [-l N] [-z] [-v] [-i INFILE] [-o OUTFILE]

参数说明：

[-h]：获取帮助信息。

[-f N]：序列中从第几个碱基开始保留，默认是 1。

[-l N]：序列最后保留多少个碱基，默认是整条序列全部保留。

[-z]：调用 Gzip 软件，输出的文件自动压缩。

[-i]：输入文件。

[-o]：输出路径。

（2）fastx_clipper 主要用于 reads 的过滤和 adapter 的去除：

基本格式：

$ fastx_clipper [-h] [-a ADAPTER] [-d] [-l N] [-n] [-c] [-C] [-o] [-v] [-z] [-i INFILE] [-o OUTFILE]

参数说明：

[-h]：获取帮助信息。

[-a ADAPTER]：接头序列信息。

[-n]：如果 reads 中有 N，保留 reads，默认不保留。

[-z]：调用 Gzip 软件，输出的文件自动压缩。

[-l N]：丢弃短于 N 的核苷酸序列，默认是 5。

[-o]：输出路径。

[-v]：输出序列的数目。

[-d]：输出 DEBUG 文件。

[-c]：只保留含有接头序列的 reads。

[-C]：只保留不含接头序列的 reads。

[-i INFILE]：输入文件。

[-o OUTFILE]：输出路径。

6.4.2.2　Trimmomatic

Trimmomatic 也是一个功能强大的测序原始数据过滤软件，由于与 Illumina 公司各平台产出的高通量测序数据具有较高的适配度，故被广泛使用。和上述的 FASTX-Toolkit 类似，Trimmomatic 也可以实现接头序列去除，低质量 reads 滤除，reads 低质量末端裁切等操作，且同时支持对单端测序数据和双端测序数据的处理。

（1）基本格式（以双端测序数据为例）

$ java [-jar path to trimmomatic.jar] [PE] [-threads threads] [-phred33/-phred64] [-trimlog logFile] <input 1> <input 2> <paired output 1> <unpaired output 1> <paired output 2> <unpaired output 2> [step1] [step2] ... [stepN]

（2）参数说明

[-jar path to trimmomatic.jar]：trimmomatic.jar 主程序路径。

[PE]：PE 为双端测序，若单端测序则为 SE。

[-threads threads]：程序运行使用的线程数。

[-phred33/-phred64]：fastq 文件的质量分数编码方式，若不设置这个参数，则软件会自行判断。

<input 1> <input 2>：双端测序的两个 fastq 输入文件。

<paired output 1> <unpaired output 1> <paired output 2> <unpaired output 2>：四个输出文件，包括含有双端匹配 reads 的两个输出文件和含有未能双端匹配 reads 的两个输出文件。

[step1] [step2] … [stepN]：一些过滤操作，常用参数如下：

[ILLUMINACLIP：fastaWithAdaptersEtc：seed mismatches：palindrome clip threshold：simple clip threshold：minAdapterLength：keepBothReads]：去除 reads 中的接头序列或者其他在 Illumina 测序中引入的特异性序列。其中 fastaWithAdaptersEtc 为包含接头序列的文件路径。

[SLIDINGWINDOW：WindowSize：requiredQuality]：应用滑窗策略对 reads 的质量值进行计算，并在质量值低于阈值时对 reads 进行裁切。其中 WindowSize 为窗口大小，requiredQuality 为窗口碱基平均质量阈值。

[LEADING：quality]：reads 起始端低质量碱基裁切数目。quality 为碱基质量值阈值。

[TRAILING：quality]：reads 末尾端低质量碱基裁切数目。quality 为碱基质量值阈值。

[CROP：length]：不考虑碱基质量，从 reads 的起始开始保留设定长度的碱基，其余全部切除。length 为 reads 从末尾端裁切之后保留下来的长度。

[HEADCROP：length]：不考虑碱基质量，从 reads 的末尾开始保留设定长度的碱基，

其余全部切除。length 为 reads 从起始端裁切之后保留下来的长度。

[MINLEN: length]: 最短 reads 长度,若 reads 经过前面的过滤步骤保留下来的长度低于这个阈值,则 reads 被整条丢弃。length 为最短 reads 长度。

6.4.2.3 Biopython

Biopython 是一组基于 Python 实现且免费开源的生物计算工具,其设计初衷是为了满足当前生物信息学的研究需求,源代码在 Biopython 许可下可自由下载。这里主要用到的是 Biopython 中的 Bio.SeqIO 模块,其旨在提供一个简单的接口,以实现对不同格式序列文件的相关操作,包括序列文件的读取和解析、压缩文档序列的读取和解析、来自 GenBank 和 SwissProt 等数据库的序列解析和序列文件写入输出等。另外,其可将序列文件以三种方式转换为字典变量形式,实现不同程度上的操作灵活性和内存占用的平衡。具体案例可于 Biopython 官网(https://biopython.org/)中自行搜索。

6.4.2.4 Galaxy

Galaxy 是一个基于 Web 的开源数据密集型生物医学研究平台。无须任何软件工具的下载安装,仅通过 Galaxy 网络交互,用户就可以实现数据上传、数据文本处理、数据格式转换、原始数据过滤、统计分析、序列比对、变异和进化分析、SNP 分析等数据处理操作和后续分析流程。但目前随着用户的不断增多,Galaxy 在线服务器的运行速度可能受限,因此使用者也可以选择在本地搭建 Galaxy 服务器,这样也可以实现一些工具的修改和自定义,使用更为灵活方便。具体使用方法见 Galaxy 官方网站(https://galaxyproject.org/),本地安装方法见官方教程(https://galaxyproject.org/admin/get-galaxy/)。

6.5 基因组序列组装

序列组装(Sequence Assembly)是指将短 DNA 序列片段(DNA Sequence Fragments)通过比对和拼接,重构出原始的全长 DNA 序列的操作。

6.5.1 短序列组装中的两种构图

序列组装是通过寻找前后缀的重叠来将同一段区域的测序序列组装到一起。获取了序列对的重叠关系后,将这种重叠关系以图论的方式表现出来,并且寻找到一条最短路径,该路径就是最终想要的序列。

寻找前后缀重叠区域可以通过对测序序列 x 建立后缀树,然后另一个测序序列 y 从 x 的后缀树的根部开始进行遍历,最后确定匹配的序列以及长度。建立后缀树的时间复杂度是 $O(N)$,遍历后缀树的时间复杂度也是 $O(N)$,而后缀树可能有 a 种匹配序列,找到最长序列的时间复杂度为 $O(a)$,因此全部的时间复杂度是 $O(N+a)$。

由于测序错误的存在,实际工作中并不是所有的序列都能够进行完全的前后缀匹配。虽然动态规划算法是将全局优化过程转化为一系列阶段性局部优化问题,从而可以解决这个问题,但是其时间复杂度 $O(N^2)$ 偏高。在实际算法中,倾向结合这两种策略,先使用后缀树筛选出不重叠的序列对,再使用动态规划算法来做进一步的比对。

将重叠方法表现出来的常用图有两种：String Graph 和 De Bruijn Graph。在组装过程中，一般使用的是有向多边图(Directed Multigraph)，由 $G(V, E)$ 表示。与有向图相比较，有向多边图允许存在重复的边。组装是为了能找到一条最短路径能够表示全部测序序列的原始来源序列。

String Graph，如图 6-10 所示，节点数等于测序 reads 数目；如果两个节点之间存在重叠，则用一条边来表示；遍历这个图，就能够获取原始基因组序列。

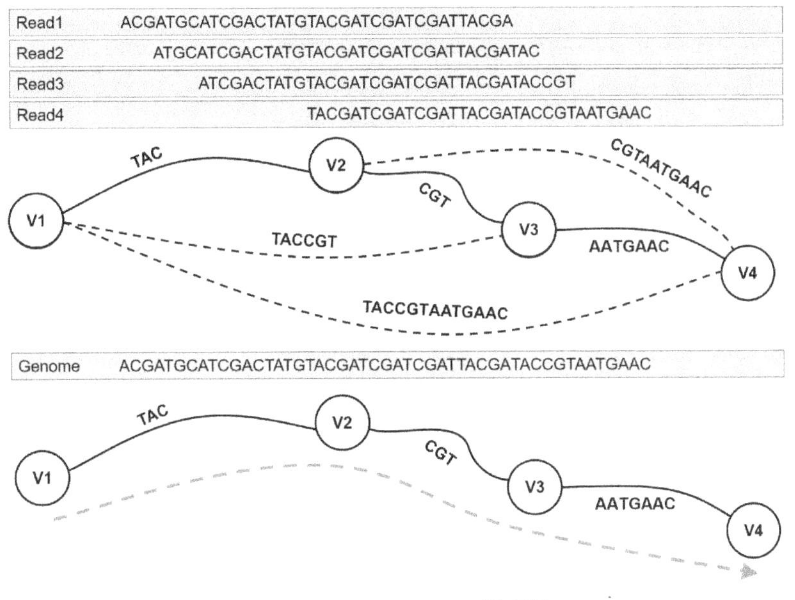

图 6-10 String Graph 示意图

这种重叠图通常庞大且复杂，首先需要合并一些可以与别的边信息冗余的边，例如 $E(V_1,V_3)$ 和 $E(V_1,V_2)+E(V_2,V_3)$ 可以合并。但是，合并后的图无法解决短重复序列区域的组装问题，只能把那段区域舍弃成为分隔的 Contig。

另一种计算方式是使用 De Bruijn Graph 进行组装。节点是所有测序序列的长度为 k 的子串，称为 k-mer；如果 x 和 y 两段序列的前后缀(k-1)-mer 匹配，那么 x 与 y 之间存在一条边。如图 6-11 中选取的 k-mer 为 4，则重叠长度为 3 的 k-mer 都被连接起来。其中，构建 De Bruijn Graph 的时间复杂度是 $O(N)$。

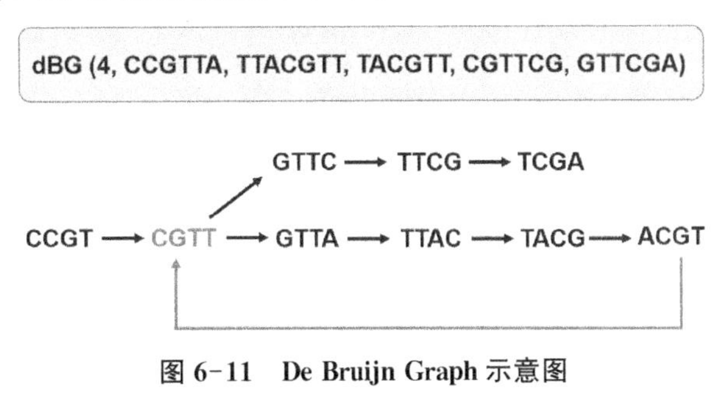

图 6-11 De Bruijn Graph 示意图

De Bruijn Graph 由于 reads 被切割成了 k-mer，实际上无法识别和组装出重复序列区域；而且因为只有在足够短的情况下才会进行精确匹配，因此无法很好地避免测序错误的发生。

6.5.2 组装流程

用 String Graph 和 De Bruijn Graph 进行实际的组装工作需要进行更多的处理，组装的流程如图 6-12 所示。首先，序列扩增加入的接头需要进行过滤；其次，需要过滤低质量的 reads 或者两端的一些片段。用于此类过滤修剪的工具有：Kraken、Trimmomatic 和 Scythe。

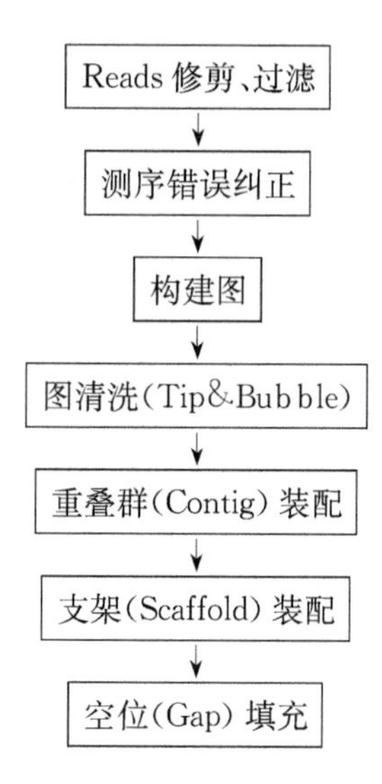

图 6-12 基于 De Bruijn Graph 的基因组组装流程图

测序错误是另一个需要解决的问题。随着测序深度的增加，构建图的时间成本会逼近于一个吉(GB)，但是当测序错误达到 1%或者 5%以后，构建图的成本明显上升。因此进行错误纠正(Error Correction)是非常有必要的，不仅可以缩减序列装配中图的大小，还可以减少序列装配时时间与内存的消耗。除此以外，对出现频率低的 k-mer 的位点进行纠正可以在很大程度上纠正测序的错误。常见的基于 k-mer 的错误纠正工具有 Quake，SGA，SOAPdenovo，BFC，BLESS，Lighter 和 Musket。

在完成上述的序列过滤修建以及错误校正的步骤后，就是构建 String Graph 和 De Bruijn Graph。由于测序错误或者变异位点的存在，图中会出现分支(Tips)或者冒泡(Bubbles)，如图 6-13 所示。因此，需要对 Tips 进行剪枝，并对 Bubbles 进行合并操作，如图 6-14 所示。需要说明的是(图 6-13)，如果测序错误或者单核苷酸的变异(SNV)发生在读段的末尾，将会在图中出现 Tips；如果测序错误或者 SNV 出现在读段的中间，则会出现 Bubbles。

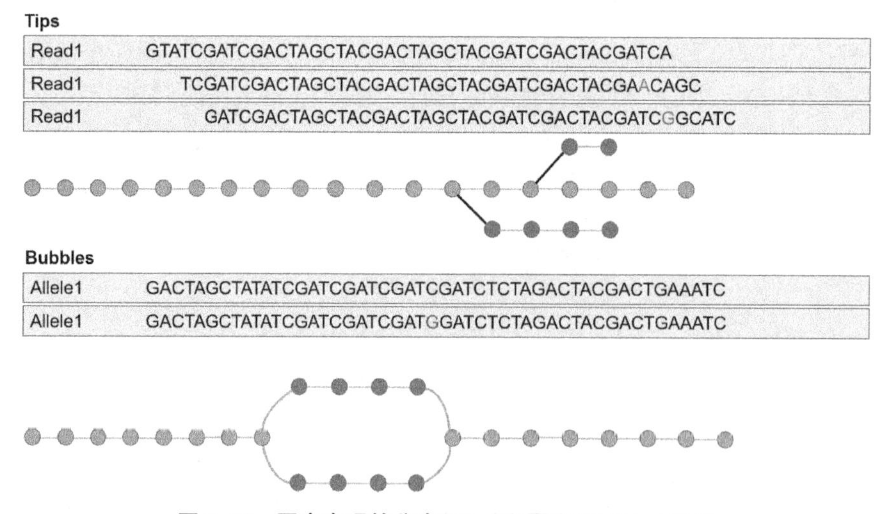

图 6-13 图中出现的分支(Tips)和冒泡(Bubbles)结构

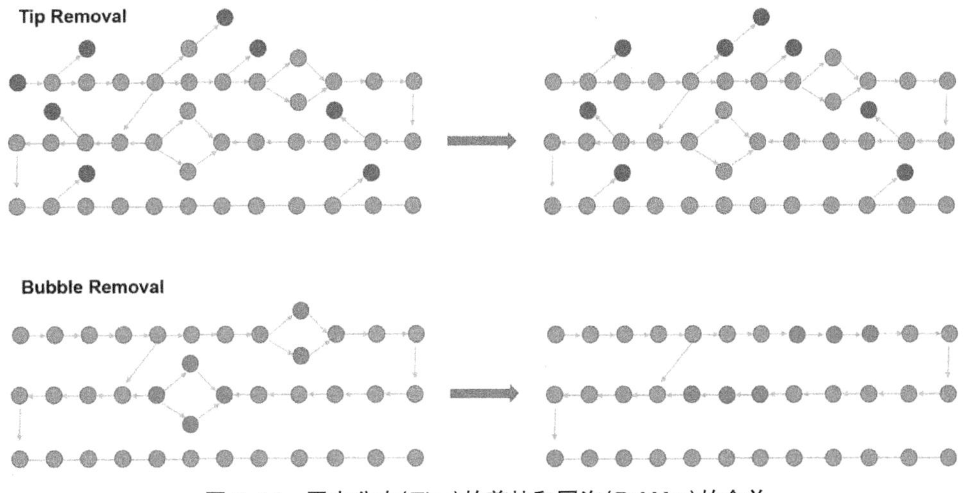

图 6-14　图中分支(Tips)的剪枝和冒泡(Bubbles)的合并

完成上述操作后,图中呈现出了一条无分支且无节点相交的单边路径,这就是组装出来的 Contigs,如图 6-15 所示。其中,在细菌的基因组中,Contigs 的长度大约为 100 kb;在大型真核生物基因组中,Contigs 的长度大约在 10 k～20 kb。

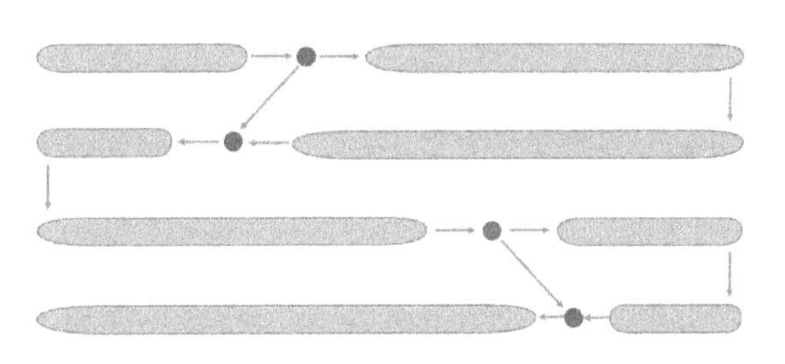
图 6-15　Contigs 的示意图

由于测序读段的长度是固定的,通过测序对的位置,可以将长度较短的 Contig 连接起来,成为更长的 Scaffold,这一步被称为 Scaffolding。其中 Scaffold 是由 Contigs 和 Gaps 组成的,可以通过配对末端或插入片段的长度(insert size)来估计 Gap 的长度。在 Scaffolding 中,首先会将序列对比对到 Contigs 上去,接着再构建一个 Scaffold Graph,如图 6-16 所示。在 Scaffold Graph 中,可以通过片段大小的分布来估计 Contigs 之间的距离。

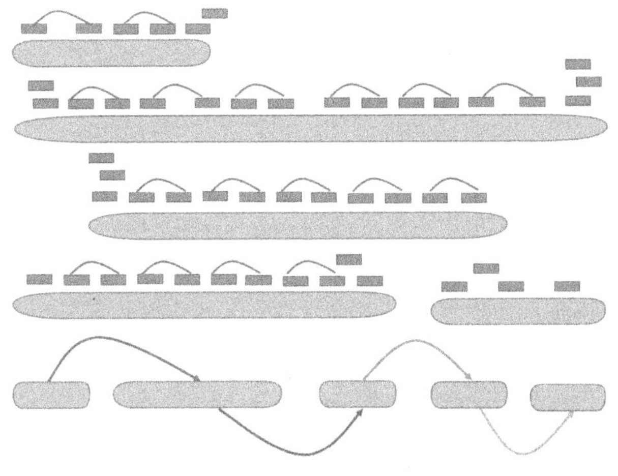
图 6-16　Scaffolding 的流程

最后(图 6-16),由于测序扩增或者计算方法的问题,很多基因组区域无法被测序组装出来,可以通过局部组装来填补这些区域,常见工具有 SGA gapfill 和 SOAPdenovo 中的 GapCloser。如果仍无法完成,则用 N 代替碱基填补空缺的 Gap 区域。当然,现在由于三代测序的技术已经相当成熟,可以直接用三代测序组装出长度远超于二代测序的 Scaffold,将二代测序与三代测序的序列结合在一起能够组装出较长且正确率高的基因组序列。

6.5.3 组装评估

完成组装后,需要对组装后基因组的质量进行评估。评估的指标主要包含了 N50 和 NG50。N50 是针对无参考基因组的组装(从头组装)的评价指标,N50 是一个 Contig 的长度,长度大于等于这个 Contig 长度的 Contigs 覆盖 50%的 Scaffold 长度。NG50 是针对有参考基因组的装配,NG50 也是一个 Contig 的长度,长度大于等于这个 Contig 长度的 Contigs 覆盖 50%的参考基因组长度。N50 和 NG50 越大,说明组装的质量越好。

6.5.4 组装工具

主流的 NGS 基因组组装工具都是先将序列划分成 *k*-mer, 然后基于 De Bruijn Graph,得到组装好的序列。程序运行时,*k*-mer 字符串存储在内存中,所以要求计算机的内存要足够大。ABySS (Assembly By Short Sequences)基于布隆过滤器,不直接储存字符串,减少了内存的消耗。ABySS 程序最初是被开发用于基因组的从头拼接,特别是对大型基因组进行拼接。由于 ABySS 拼接软件的优点在于它可以进行平行运算,同时运行多拼接任务,因此可能处理的基因组比 Velvet 大得多。ABySS 的源代码和文件可在网址 http://www.bcgsc.ca/platform/bioinfo/software/abyss 获取,下面介绍 ABySS 的使用实例。

(1) 在 Debian 或 Ubuntu 上安装 ABySS

$ sudo apt-get install abyss

(2) 组装一个小的合成数据集

$ wget http://www.bcgsc.ca/platform/bioinfo/software/abyss/releases/1.3.4/test-data.tar.gz

$ tar xzvf test-data.tar.gz abyss-pe k=25 name=test \\ in='test-data/reads1.fastq test-data/reads2.fastq'

(3) 计算组装的邻接统计

$ abyss-fac test-unitigs.fa

(4) 组装双端文库

将 reads1. fa 和 reads2. fa 文件中的配对 reads 组装到文件 ecoli-contigs. fa 的 contigs 中。

$ abyss-pe name=ecoli k=64 in='reads1.fa reads2.fa'

(5) 组装多个文库

文库 pea 包含 pea_1.fa 和 pea_2.fa 文件。

文库 peb 包含 peb_1.fa 和 peb_2.fa 文件。

单端 reads 存储在 se1.fa 和 se2.fa 两个文件中。

$ abyss-pe k=64 name=ecoli lib='pea peb' \\ pea='pea_1.fa pea_2.fa' peb='peb_1.fa peb_2.fa' \\ se='se1.fa se2.fa'

(6) Scaffolding

使用参数 mp 指定配对库的名称。scaffolds 将存储在 ${name}-scaffolds.fa 文件中，文库 pea、peb、mpa、mpb 是任意的。

$ abyss-pe k=64 name=ecoli lib='pea peb' mp='mpc mpd' \\ pea='pea_1.fa pea_2.fa' peb='peb_1.fa peb_2.fa' \\ mpc='mpc_1.fa mpc_2.fa' mpd='mpd_1.fa mpd_2.fa'

另外，SOAPdenovo2 是一种新的组装短 reads 的方法，它以 *k*-mer 为节点单位，利用 De Bruijn Graph 的方法实现全基因组的组装，和其他短序列组装软件相比，它可以进行大型基因组，比如人类基因组的组装，可以通过组装的结果鉴别出基因组上序列的结构性变异。SOAPdenovo2 需要用户手动构建配置文件，在网址 https://github.com/aquaskyline/SOAPdenovo2 中可以获取 SOAPdenovo2 软件、配置文件的设置方法、软件使用手册以及常见问题。

除了上述提及的 ABySS 和 SOAPdenovo2 外，Velvet 也是极为常见的新一代测序技术组装拼接软件。Velvet 对短序列的拼接效果比较好，所以多用于对 Illumina 等产生的短序列片段进行组装拼接。相对于 SOAPdenovo2 拼接，Velvet 拼接的完整性更好，并能同时支持 fasta、fastq 格式的数据，同时支持多个文库数据的使用。

6.6 测序读段回帖

基因组重测序是对有参考基因组物种的不同个体进行的基因组测序，并在此基础上对个体或群体进行差异性分析。测序读段回帖(reads mapping)是指将测序得到的 reads 定位至参考基因组的过程。回帖可分为参考基因组选择和序列比对回帖这两个步骤。

6.6.1 参考基因组选择

目前常用的人类参考基因组主要有两种版本，即 hg19(对应 GRCH37)和 hg38(对应 GRCH38)。这两种版本的区别主要在于 hg38 在 hg19 的基础上纠正了之前的一些测序错误和组装错误，并填补了很多遗留下来的 gap 区域，这使得 hg38 版本的参考基因组序列相对于 hg19 有了较大的改变和坐标上的偏移，相应的，其注释文件也有了对应的改动。hg38 中所包含的信息更全面。有工具可以实现 hg19 和 hg38 之间的版本转换，研究者可根据研究需要自行选择。

参考基因组的序列和注释信息可从多个主流国际生物信息学数据库 NCBI(https://www.ncbi.nlm.nih.gov/)、GENCODE(https://www.gencodegenes.org/)、Ensembl(https://asia.ensembl.org/index.html)和 UCSC(https://www.genome.ucsc.edu/)中获取。不同数据库中存储的文件信息大致相同，只是存在版本和格式上的细微差别。除了人

类的参考基因组外，也可以在这些数据库中获取小鼠、斑马鱼、酵母、拟南芥等生物的基因组。

6.6.2 测序读段回帖算法——BWT 算法

6.6.2.1 测序读段回帖与传统序列两两比对的区别

测序读段(reads)的回帖就是找出 reads 在参考基因组上的位置。回帖可认为是全局范围内的序列两两比对。但是，这种回帖与经典的序列比对有较大的不同：首先，回帖的对象是测序 reads 和整个基因组，两者的长度有着数量级上的差异，且在基因组上存在较多的重复序列区域，这使得 reads 定位困难。其次，reads 文件大小从几吉字节(GB)到几百吉字节(GB)不等，这给比对效率提出了挑战。另外，测序错误和可能存在的突变以及 SNP 等，要求算法能对存在错配的 reads 进行合理地处理。此外，转录组测序 reads 的回帖，需要针对 pre-RNA 加工和可变剪接等生物学过程设计合适的模型。因此，经典的序列比对策略是不适用于高通量测序数据的序列比对回帖的。

6.6.2.2 Burrows-Wheeler Transform(BWT)

BWT 算法可以实现高效回帖，该算法是在对参考基因组序列构建索引的基础上实现的。构建索引的过程通过 BWT 实现。如图 6-17 所示，给定参考基因组序列 T，首先，给序列末尾添加 $ 字符。然后，将 T 最左边的 1 个字符移动到最右端，形成一个新的序列，重复此过程，直到“ $ ”符号出现在最左端。接着，将这些新序列按照其第一个字符的 ASCII 码进行排序，排序后，形成 BW 矩阵(Burrows-Wheeler Martrix)，这个矩阵的最后一个字符从上到下形成的字符串为 BWT(T)。

6.6.2.3 BWT 的性质

BWT 有以下两点性质(图 6-17)：(1)BW 矩阵的每条序列，其最后一个字符是第一个字符的前缀。(2)BW 矩阵中(图 6-18)，如果一个字符在最后一列(last 列)中第 i 次出现，则在第一列(first 列)中，也是第 i 次出现，即这两个字符是同一个字符，如字符“a”在最后列和第一列中出现的序(rank)都是 2(图 6-18)。这个性质正是 BWT 的 LF(Last to First)算法的核心，其中 BWT(T)序列被称为 L，而第一列被称为 F。

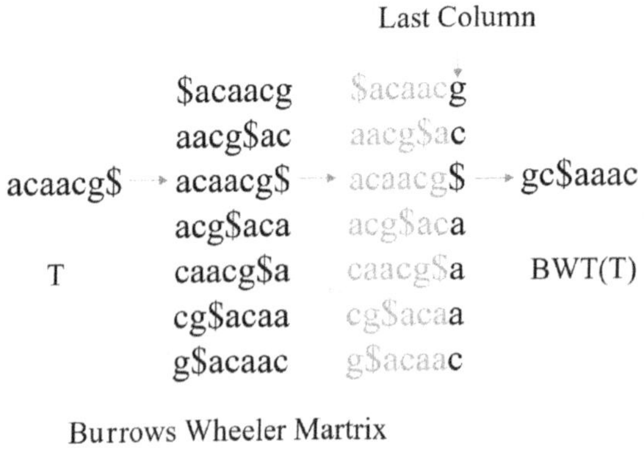

图 6-17 构建 BWT 序列的步骤

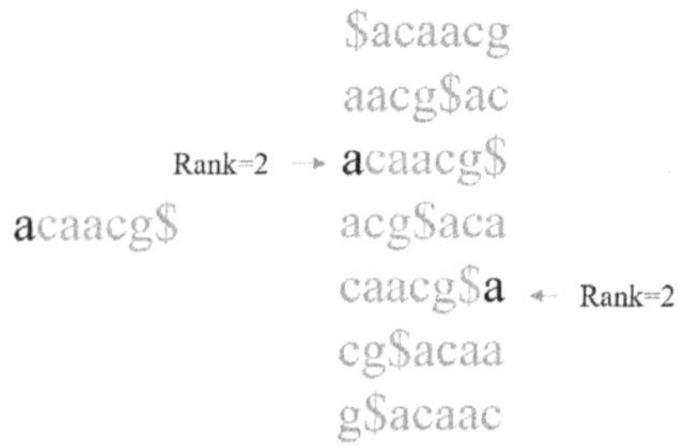

图 6-18 BWT 的 LF 算法

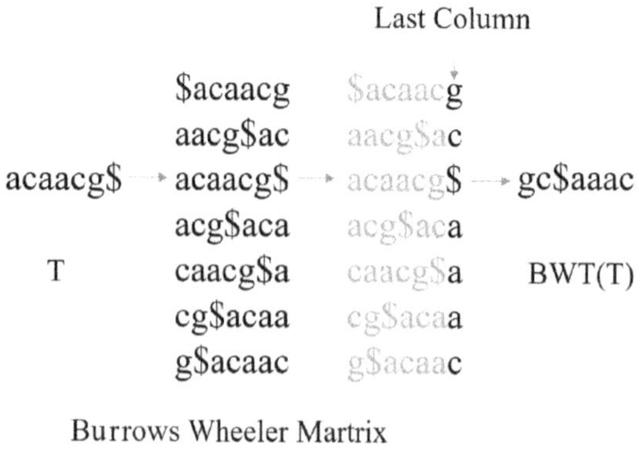

Last Column

T: acaacg$ → acaacg$ → BWT(T): gc$aaac

$acaacg
aacg$ac
acaacg$
acg$aca
caacg$a
cg$acaa
g$acaac

Burrows Wheeler Martrix

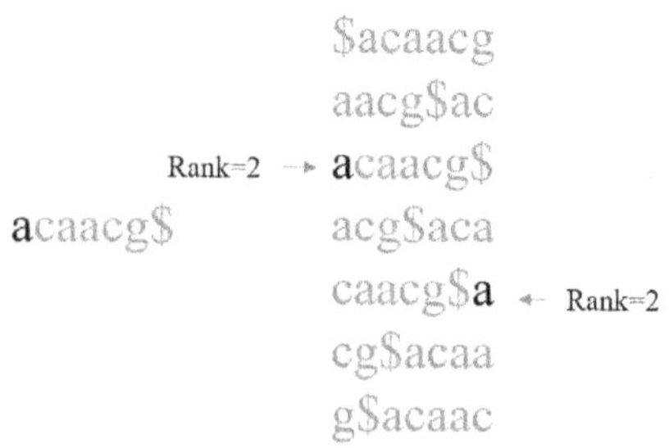

acaacg$

$acaacg
aacg$ac
Rank=2 → acaacg$
acg$aca
caacg$a ← Rank=2
cg$acaa
g$acaac

6.6.2.4　利用 LF 算法从 BWT(T)中重构原序列

可以采用 LF 算法，从 BW 矩阵中重建原始序列(参考基因组)，重建是从右向左的过程。如图 6-19 所示，从最后一列(L 列)的第一个字符开始("g")，这个字符必定是原序列(T)的最后一个字符，在第一列(F 列)中，通过该字符的 rank("g"的 rank＝1)就可以找到以该字符为起始字符的行(BWT 的性质 2)；然后，通过 BWT 的性质 1，就可以在最后一列中找到这个字符的前缀("c")；然后，重复此过程，找出"c"的前缀，直至完全重建原序列。用公式可以表示为式(6-2)。

$$\begin{cases} T = BWT[LF(i)] + T \\ i = LF(i) \end{cases} \tag{6-2}$$

图 6-19　BWT 序列的重建

6.6.2.5　基于 LF 算法的 reads 回帖

对任一测序读段(read)，利用 LF 算法，可以查找 read 在参考基因组中的位置。如图 6-20 所示，这种查找分为两个阶段，第一，需要确定参考基因组中是否存在要查找的 read。如，对于 read"aac"，查找从右向左进行，在最后一列(L)中，查找字符"c"出现的所有 rank，通过 LF 算法，找出在第一列(F)中的对应的"c"(BWT(T)性质 2)，然后比较"c"的前缀是否和 read 中"c"的前缀一致，如果一致，进一步通过 BWT(T)性质 2 缩小范围。重复此过程，直到查找到 read 的最左端。此例中，我们发现该 read 存在于参考基因组中。第二，在 read 存在于参考基因组中的情况下，需要计算其在参考基因组上的位置。

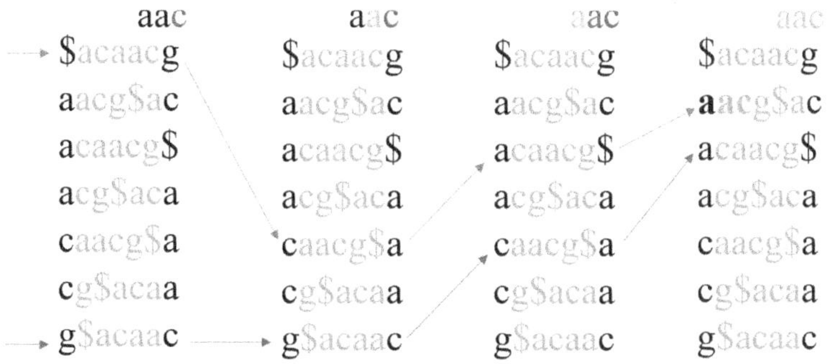

图 6-20　用 LF 算法查找读段 aac

有两种策略可以获取 read 在参考基因组中的位置信息。策略 1，当查找到 read 后，按照 LF 算法往后继续延伸，直到碰到“＄”符号，说明到了参考序列末尾，如图 6-21 所示。这时，往后延伸的步数就是读段在参考基因组中的起始位置(offset)。策略 2，给 BWT(T)中的每个字符建立一个后缀数组，存储每个字符相对于参考基因组起始的位置。这样，当 read 查找终止于该字符时，我们就知道 read 的相对参考基因组的位置，如图 6-22 所示。

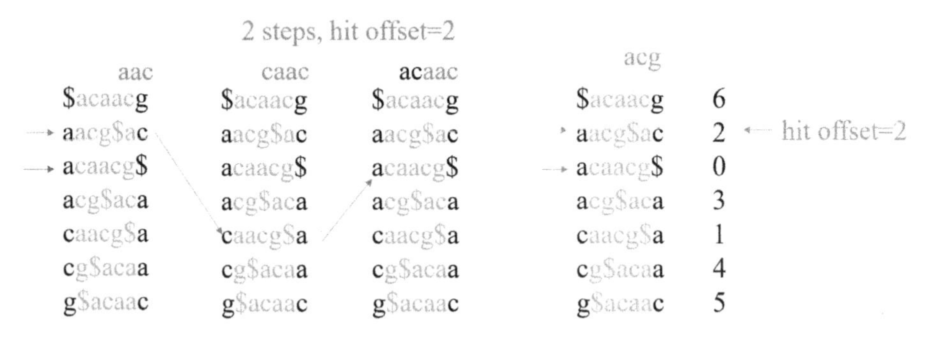

图 6-21　用 walk-left 方法确定 aac 的位置信息(策略 1)

图 6-22　用后缀数组(suffix array)信息方法查找位置(策略 2)

在实际的回帖算法中，采用将两种方式综合的方法，在建立后缀数组时，只为部分字符构建后缀数组(每间隔 32 bp)。然后，在查找到读段后，依然继续利用 LF 算法延伸，当延伸遇到有后缀数组的字符时停止，这样，读段的位置就等于往后延伸的步数与该后缀数组中存储的偏移的和(图 6-23)。

图 6-23　用混合的方法查找位置

6.6.2.6　参考基因组的检查点

在 BWT 算法中，另一个需要解决的问题是，每次做 LF 映射时，都需要去数 BWT(T)中每个字符的排序(rank)，当进行大规模回帖时，这种计算相当耗时。目前的算法会采用间隔性地加入检查点的方式来降低计算复杂度，即每间隔 448 个字符，建立一个检查点，检查点记录该处四种核苷酸出现的排序(如 A＝132；G＝45；C＝25；T＝256)。这里 A＝132 表示此处(行)之前，A 出现了 132 次，那么当 LF 映射到某一行时，查找邻近的检查点(假设为 A＝132 的检查点)，检查该行与该邻近检查点之间出现了几次 A(设为 3 次，该检查点在该行的前面)，这样就可以计算该行的 A 的排序级数(rank＝132＋3)。

6.6.2.7 错配字符的处理

最后一个问题是,如何实现允许错配的回帖程序。当 read 的字符和参考基因组的字符不一致时,将该字符替换为其他字符(容许错配)时,观察剩余的字符是否能够继续匹配延伸,如果能,则继续回帖其他字符,如果不能,则再往前回溯。这个方法不会浪费前面已经被匹配的位置,因而效率更高。为了防止过度的回溯,可设置允许的最大错配个数。

6.6.2.8 可用的回帖工具

Bowtie、Bowtie2 和 BWA 都是基于 BWT 算法设计的比对工具,三者的主要区别在于 Bowtie 处理的对象为 25～50 bp 的 reads,且只允许碱基错配(mismatch)不允许缺失(gap);BWA 和 Bowtie2 能处理 70 bp 以上的 reads,同时还允许 mismatch 和 gap。

目前,针对基因组测序数据,有 Bowtie、Bowtie2、BWA、BLAST 等工具可用;而针对转录组测序数据,有 TopHat、TopHat2、STAR、HISAT2、Salmon 和 Sailfish 等工具可用。其中 STAR 具有更快的比对速度和更高的灵敏度。

6.6.3 站在 BWT 肩上的 BWA

BWA 的全称是 Burrows-Wheeler Aligner,是一个专门将短序列比对到较大规模参考基因组(例如人类基因组)的软件包。BWA 由三种算法组成,其中 BWA-backtrack 的适用对象是 reads 长度为 100 bp 左右的 Illumina 数据;BWA-SW 支持长度为 70 bp～1 Mbp 的 reads,且支持剪接比对;而 BWA-MEM 是最为推荐使用的算法,其和 BWA-SW 一样支持较长 reads 的比对和剪接比对,但其速度更快,准确度也更高,总体性能更优。

不同算法有不同的子命令:BWA-backtrack 对应的子命令有 aln、samse、sampe;BWA-SW 对应的子命令是 bwasw;而 BWA-MEM 对应的子命令是 mem。具体命令行格式举例说明。

在 Linux 系统下输入以下代码安装 BWA:

```
#BWA 下载
$ wget https://sourceforge.net/projects/bio-bwa/files/bwa-0.7.17.tar.bz2
$ tar-jxvf bwa-0.7.17.tar.bz2
$ make
```

由于参考基因组通常是大数量级的文件,若直接比对不仅耗时还消耗内存,因此需要先对其建立索引再进行序列比对。建立索引是序列比对软件普遍自带的工具,BWA 中索引建立的主要命令参数和输出文件阐明如下:

```
$ bwa index [-p prefix] [-a algoType] reference.fasta
```

[-p prefix]:输出数据库的前缀。输出的数据库在其输入文件所在的文件夹,并以该文件名为前缀,默认和输入的文件名一致。

[-a algoType]:构建 index 的算法。主要包括 is 和 bwtsw 两种,其中前者是默认的算法,相对较快,但是也需要较大的内存,当构建的数据库大于 2 GB 的时候可能无法正常工作;而后者只能用于大于等于 10 MB 的参考基因组,即其能用于较大的基因组数据。

reference.fasta:输入参考基因组 fasta 文件。

若以示例命令“bwa index -p reference -a bwtsw reference.fasta”建立索引，则会产生五种不同后缀名的文件：

```
├── reference.fasta
├── reference.fasta.amb
├── reference.fasta.ann
├── reference.fasta.bwt
├── reference.fasta.pac
└── ref.fastq.sa
```

在建立索引之后则可进行序列比对，主要命令如下(以 BWA-MEM 为例)：

$ bwa mem [options] reference.fasta reads.fq [mates.fq]

mem 子命令有众多参数，以下对其中的几个重要参数加以说明：

[-t INT]：运行线程数，默认是 1。

[-M]：将 shorter split hits 标记为次优，以兼容 Picard 包中的 markDuplicates。

[-T INT]：比对得分阈值。当比对得分小于阈值 INT 时，则丢弃该 read 的比对结果。

[-a]：输出所有比对结果，其中的一些比对结果，如未成对的双端测序 reads 的比对结果，会被标记为次优。

双端测序数据示例命令：

$ bwa mem reference.fasta read1.fq read2.fq > pe.sam

单端测序数据示例命令：

$ bwa mem reference.fasta reads.fq > se.sam

若要输出 BAM 文件，则可用 samtools 工具进行转换，在后续小节中会详细说明。

若想要了解更多关于 BWA 的使用可以自行查询官方手册(http://bio-bwa.sourceforge.net/bwa.shtml)。

6.6.4 局部重比对

基于 BWT 算法设计的比对软件在 InDels(Insertion-Deletion)附近容易出现大量的碱基错配，进而可能被误认为是单核苷酸多态性(Single Nucleotide Polymorphisms，SNP)，为后续的分析带来许多不便。因此，为了降低比对的错误率，可在 InDels 附近进行以 SW(Smith-Waterman Algorithm)算法为基础的局部重比对。局部重比对主要分为以下两步：

(1) 确定重比对区域

```
$ java-jar GenomeAnalysisTK.jar
-R reference.fa
-T RealignerTargetCreator
-I alignment.sort_02.bam
-o alignment.sort_02.intervals
-knownSite knownreference.vcf
```

这里对几个参数做简要说明：

-R：参考基因组。

-T：从GATK中选择的工具，主要有用于确定Intel附近区域的RealignerTargetCreator、用于重比对的IndelRealigner、用于校正碱基的BaseRecalibrator等。

-I：输入BAM文件。

-o：输出后缀名为intervals的文件。

-knownSite：这个参数十分重要，直接影响结果的可信度，它用于提供已知的可靠的InDels位点，目的在于区分真实的变异点和不可信的变异点，必须是vcf格式。对于人类基因组数据来说，可以直接指定GATK resource bundle里的InDels文件。

(2) 对所确定的区域重比对

```
$java-jar GenomeAnalysisTK.jar
-R reference.fa
-T IndelRealigner
-targetIntervals alignment.sort_02.intervals
-I alignment.sort_02.bam
-o alignment.realn_03.bam
-knownSite knowreference.vcf
```

6.6.5　标记重复

根据测序原理可知，文库构建是通过PCR实现的，而PCR在扩增的过程中可能会由于存在偏性而产生一些过表示(overrepresented)的序列，这些序列并非基因组上固有的重复序列，会对后续的处理过程产生影响，因此要尽量去除因PCR扩增偏性所形成的重复(duplicates)。Picard Tools中的MarkDuplicates.jar可实现重复读段标记，具体命令如下：

```
$java-jar picard-tools-1.96/MarkDuplicates.jar
REMOVE_DUPLICATES= false
MAX_FILE_HANDLES_FOR_READ_ENDS_MAP=8000
INPUT= alignment.realn_03.bam
OUTPUT=alignment.dedup_04.bam
METRICS_FILE= alignment.realn.dedup.metrics
```

6.6.6　碱基质量重新评估

这一步的目的在于对bam文件中reads的碱基质量进行重新校正，使最后输出bam文件中的reads碱基质量值能够接近真实的参考基因组之间错配的概率。

碱基质量重新评估可分为以下三步：

(1) 利用工具BaseRecalibrator，生成一个校正质量值所需要的数据文件，以.grp为后缀命名

```
$java-Xmx4g-jar GenomeAnalysisTK.jar
```

```
-T BaseRecalibrator
-I alignment.dedeup_04.bam
-R reference.fa
-knownSites knownreference.vcf
-o alignment.recal_05-1.grp
```

(2) 利用第一步生成的.grp 文件与校正之前的数据进行比较,最后生成碱基质量校正前后的比较图。这一步骤主要目的是将碱基质量重新评估的作用可视化,对后续步骤无影响,因此也可忽略

```
$java-jar GenomeAnalysisTK.jar
-T BaseRecalibrator
-R reference.fa
-I alignment.dedup_04.bam
-BQSR alignment.recal_05-1.grp
-o alignment.recal_05-2.grp
-knownSites knownreference.vcf
```

(3) 利用工具 PrintReads 将经过质量值校正的数据输出到新的 bam 文件中

```
$java-Xmx4g-jar GenomeAnalysisTK.jar
-T PrintReads
-R reference.fa
-I alignment.dedup_04.bam
-BQSR alignment.recal_05-2.grp
-o alignment.recal_05.bam
```

若研究样本的测序 reads 数很少或比对结果中的错配都是实际存在的变异,那么碱基质量重新评估可能无法正常工作。

到此,经过测序数据质控、过滤、组装、回帖、局部重比对、标记重复、碱基质量重新评估这几个步骤,将测序下机的原始数据转化为了可供进一步分析的数据形式。

6.6.7 sam、bam 文件及其管家 samtools

6.6.7.1 sam 和 bam 文件

sam 的全称是 Sequence Alignment/Map format,顾名思义就是 reads 比对到参考基因组后返回的结果格式,是一种制表符分隔的文本格式,sam 文件通常较大,不易存储。而 bam 文件则是 sam 文件的二进制形式,其所占内存比 sam 小得多,因此在需要直观信息时使用 sam 文件格式,而在需要读取处理或存储时使用 bam 文件格式。用 samtools 可实现上述两种文件格式的转化。

6.6.7.2 sam 文件格式

sam 文件由头部信息(Header Section)和比对信息(Alignment Section)两部分组成,且头部信息被置于比对信息之前,如图 6-24 中所示。其中前者主要存储对整个文件的说明

信息和关于比对的一些附加信息，是构成 sam 文件的可选信息；而后者存储的则是每一条 read 的具体比对信息，是构成 sam 文件的必要信息。下面我们主要对比对信息部分进行介绍。

```
@HD VN:1.6 SO:coordinate
@SQ SN:ref LN:45
r001   99 ref  7 30 8M2I4M1D3M = 37  39 TTAGATAAAGGATACTG *
r002    0 ref  9 30 3S6M1P1I4M *  0   0 AAAAGATAAGGATA    *
r003    0 ref  9 30 5S6M       *  0   0 GCCTAAGCTAA       * SA:Z:ref,29,-,6H5M,17,0;
r004    0 ref 16 30 6M14N5M    *  0   0 ATAGCTTCAGC       *
r003 2064 ref 29 17 6H5M       *  0   0 TAGGC             * SA:Z:ref,9,+,5S6M,30,1;
r001  147 ref 37 30 9M         =  7 -39 CAGCGGCAT         * NM:i:1
```

图 6-24 sam 文件组成示意图

不同于头部信息的是，比对信息是以制表符分隔的表格形式呈现的，其中每一行都表示一个片段的线性比对情况，且至少包含 11 列必选字段，这些字段总以相同的顺序出现，如果相应的信息缺失，该字段的值则会以“0”或“ * ”代替。表 6-1 中对这 11 个必选字段进行了总结说明。

表 6-1 sam 文件格式比对信息说明

列	字段	值类型	简要描述
1	QNAME	String	比对序列的名称，即 read 的名称
2	FLAG	Int	比对类型对应二进制数的十进制数加和
3	RNAME	String	参考序列的名称，即 reads 比对到的基因组序列名称
4	POS	Int	比对序列在参考序列上的最左侧比对位置，以 1 为起始进行计数
5	MAPQ	Int	比对的质量值，数值在 0～60 之间，数值越高表示比对质量越好
6	CIGAR	String	比对的具体形式
7	MRNM/RNEXT	String	reads 第二次比对到的位置
8	MPOS/PNEXT	Int	该 read 的 mate read 比对到的位置，位置度量与 POS 字段中一致
9	ISIZE/TLEN	Int	reads pair 之间的插入片段长度
10	SEQ	String	比对序列
11	QUAL	String	比对序列对应的测序碱基质量值
12＋	OPT	String	可选字段，格式为 TAG：VTYPE：VALUE

下面将具体介绍几个必选字段：

(1) FLAG

如表 6-1 中所列，与 FLAG 对应的是一个 Int 类型的数据，即它对应的是一个整数，这个整数是由下列二进制转换成十进制对应数的累加。具体信息如表 6-2 所示。

表 6-2　FLAG 字段信息总结

十进制数	二进制数	描述
1	1(0×1)	该 read 是 reads pair 中的一个
2	10(0×2)	reads pair 中两个都被正确的比对至参考基因组
4	100(0×4)	该 read 未被比对到参考基因组上
8	1000(0×8)	与该 read 成对的 mate read 没有比对到参考基因组上
16	10000(0×10)	该 read 的反向互补序列可比对至参考基因组
32	100000(0×20)	与该 read 成对的 mate read 反向互补序列可比对至参考基因组
64	1000000(0×40)	该 read 是 reads pair 中的第一条
128	10000000(0×80)	该 read 是 reads pair 中的第二条
256	100000000(0×100)	该 read 是次优的比对结果
512	1000000000(0×200)	该 read 没有通过质控
1024	10000000000(0×400)	该 read 是由于 PCR 扩增偏性或测序错误产生
2048	100000000000(0×800)	补充匹配的 reads

说明：

① 如果 0×1 位为 0 时，即该 read 不是 reads pair 中的一个，也就是说，该 read 为单端测序产出或未配对的双端测序 read，那么 0×2，0×8，0×20，0×40，0×80 位都没有意义；

② 0×4 位是识别 read 是否是 unmapped 类型的唯一可信指标。如果 0×4 位置 1，则 RNAME，POS，CIGAR，MAPQ，以及 FLAG 的 0×2，0×100，0×800 位都不应该有值；

③ 0×10 位与 0×20 位可用于判断该 read 属于正链还是负链；

④ 0×40 位与 0×80 位反映了不同测序技术中 read 在每个 template 序列中的顺序，即双端测序的顺序问题。

以前面给出的 sam 文件为例，r001 的 FLAG 字段对应值为 99，其含义是什么呢？99＝1＋2＋32＋64，也就是说，比对到参考基因组的第 7 个碱基位置的 r001 号 read 是 template 序列中的第一个片段(64)，且被认为是合理匹配的(1＋2)，比对到参考基因组第 37 个碱基位置的 r001 号 read 的链型为负(32)。另外，目前也有相应的网页工具(https://www.samformat.info/sam-format-flag-single)可被用于 FLAG 对应值含义的快速解读。

(2) MAPQ

比对质量值，以 $-10\log_{10}P$ 计算得到，并舍入到最近的整数。其中 P 为比对的错误率。MAPQ 值为 255 时表示比对质量值未知。

(3) CIGAR

reads 与参考基因组比对的过程中可能会对某些碱基进行处理或忽略，而 CIGAR 字符串是一系列基本相关操作的记录。它们用于表示 reads 中各位置碱基与参考基因组的比对情况，若出现“*”则表示该 read 的 CIGAR 值未知。具体字符对应的操作如表 6-3 所示。

表 6-3　CIGAR 值对应操作说明

字段值	描述	Consumes query	Consumes reference
M	完全匹配，包括正确匹配和错误匹配的情况	yes	yes
I	相对参考序列有插入	yes	no
D	相对参考序列有缺失	no	yes
N	相对参考序列有剪接	no	yes
S	软切割(soft clipping)，即被切割的序列可匹配至参考序列	yes	no
H	硬切割(hard clipping)，即被切割的序列不可匹配至参考序列	no	no
P	补丁，相对于参考序列中的未知序列有缺失，称为沉默缺失	no	no
=	reads 碱基与参考序列相同，即正确匹配	yes	yes
X	reads 碱基与参考序列不同，即错误匹配	yes	yes

说明：

① Consumes query/reference 表明在比对过程中 CIGAR 操作中是否存在沿着比对序列或参考序列的方向向前略过一个或几个碱基事件的发生；

② H 只能出现在 CIGAR 的开始或最后；

③ S 的两边必为 H，否则必须位于 CIGAR 的两端。

以前面给出的示例 sam 文件中 r002 的 CIGAR 为例进行解读，其值为 3S6M1P1I4M，该字符串表明在比对过程中，r002 起始的 3 个碱基被切割，接下来的 6 个碱基为匹配正确或不正确的碱基，再往下出现了一个沉默缺失，一个插入，最后的 4 个碱基为匹配或不匹配的碱基。

以上就是对 sam 格式的简单说明，如果在实践中有更多的需求可以查询官方手册(https://samtools.github.io/hts-specs/SAMv1.pdf)以解决问题。

6.6.7.3　samtools

samtools 是一个用于解析和操作 sam/bam 格式文件的软件包。它能够实现 sam 和 bam 格式转换、排序和合并、PCR 重复去除、pileup 文件生成、call SNPs 和 InDels 以及比对结果可视化等功能。samtools 的命令非常多，若在实践中有更多的需求，可以查询官方手册(http://www.htslib.org/doc/samtools.html)加以学习。

(1) view 命令

view 命令功能强大，其输入通常是指定为参数的 sam 或 bam 文件。其可选功能包括查看文件内容、sam 和 bam 格式转换、提取数据子集到新文件等。

基本格式：

samtools view [options] <in.bam>|<in.sam>|<in.cram> [region ...]

参数说明：

表 6-4 中所示的即为 view 命令的部分参数及其含义。

表 6-4　samtools view 命令参数及其含义说明表

参数	用途	参数	用途
-?	获取帮助信息	-q int	提取比对质量大于 int 的 reads
-b	输出 bam 格式	-r str	仅提取 str 对应的 reads
-@	指定线程数	-R FILE	输出 reads 到 FILE 中
-f int	提取 int 所对应的 FLAG 比对区域	-T	指定参考序列 fasta 文件
-F int	提取非 int 所对应的 FLAG 比对区域	-t	指定含参考序列的制表符分隔文件
-h	输出带有头部分的 sam	-u	输出未压缩的 bam 文件
-H	仅输出头部分	-o FILE	将文件输出到 FILE 中

下面将举例一些参数的用法。

＃将 sam 文件转换成 bam 文件

$ samtools view-bS A.sam > A.bam

$ samtools view-b-S A.sam-o A.bam

＃提取比对到参考序列上的结果

$ samtools view-bF 4 A.bam > A.F.bam

＃提取 reads pair 中两条 reads 都比对到参考序列上的比对结果

＃把两个 4+8 的值 12 作为过滤参数即可

$ samtools view-bF 12 A.bam > A.F12.bam

＃提取没有比对到参考序列上的比对结果

$ samtools view-bf 4 A.bam > A.f.bam

＃提取 bam 文件中比对到 scaffold0 参考序列上的比对结果，并保存为 sam 格式

$ samtools view A.bam scaffold0 > scaffold0.sam

＃提取 scaffold1 上能比对到 30kb 至 100kb 区域的比对结果

$ samtools view abc.bam scaffold1：30000-100000 > scaffold1_30k-100k.sam

＃根据 fasta 文件，将 header 加入 sam 或 bam 文件中

$ samtools view-T genome.fasta-h scaffold1.sam > scaffold1.h.sam

（2） sort 命令

sort 命令主要用于对 bam 文件进行排序（不能对 sam 文件排序）。

基本格式：

samtools sort [-l level] [-m maxMem] [-o out.bam] [-O format] [-n] [-t tag] [-T tmpprefix] [-@ threads] <in.sam|in.bam|in.cram>

参数说明：

[-l]：设置压缩等级，可选数字 1～9 或 0～9。

[-m]：设置运行内存，默认为 500 000 000 即 500M（不支持 K、M 和 G 等缩写），处理大数据时，如果内存够用，则可设置较大的值以节约时间。

[-o]：设置最终排序后的输出文件名。

[-O]：选择输出文件的类型，可为 sam、bam 或者 cram。

[-n]：设定排序方式，默认按序列在 fasta 文件中的顺序和从左往右的位点排序。

[-t]：按用户所提供的 TAG 进行排序。

[-T]：设置临时文件的前缀。

(3) index 命令

index 命令可用于创建一个新的索引文件，如果给出文件名会生成 out.index，否则就会生成 aln .sam.sai 或 aln.bam.bai 文件，索引文件使得 sam 或 bam 中数据的快速查找得以实现，但前提是 sam 或 bam 文件是排序后的有序文件。

基本格式：

samtools index [-bc] [-m INT] [-@] <aln.bam|aln.cram> [out.index]

参数说明：

[-b]：生成一个 BAI 为后缀的索引文件。

[-c]：生成一个 SCI 为后缀的索引文件。

[-m INT]：设定最小间隔数为 2^{INT}。

[-@]：设定运行线程数。

(4) faidx 命令

faidx 被用于对 fasta 文件建立索引，生成的索引文件以.fai 后缀结尾。该命令也能依据索引文件快速提取 fasta 文件中的某一条(子)序列，用法如下：

#对基因组文件建立索引 genome.fasta.fai

$ samtools faidx genome.fasta

#由于有索引文件，可以使用以下命令很快地从基因组中提取到 fasta 中的某一条子序列

$ samtools faidx genome.fasta scffold_10 > scaffold_10.fasta

(5)merge 命令

merge 可用于合并多个已经过排序的文件，生成单个有序文件。

基本格式：

samtools merge [-nur1f] [-h inh.sam] [-R reg] [-b FILE] <out.bam> <in1.bam> [in2.bam in3.bam ... inN.bam]

参数说明：

[-n]：输入文件已按 reads 的 ID 进行排序。

[-u]：输出未压缩的 bam 文件。

[-r]：将头部的 RG 名标记到每个文件的文件名中。

[-1]：以压缩等级 1 对输出文件进行压缩。

[-f]：输出覆盖已有的 bam 文件。

[-h inh.sam]：复制 inh.sam 中的 header 至输出。

[-R reg]：合并来自指定 reads 或区域的文件条目，默认为全部。

[-b FILE]：列有待合并 bam 文件名的文件，每行一个 bam 文件名。

(6)tview 命令

如图 6-25 中所示，tview 命令可将 reads 比对到参考序列的情况进行可视化。但在可视化之前必须用 sort 对 bam 文件排序后再用 index 建立索引。

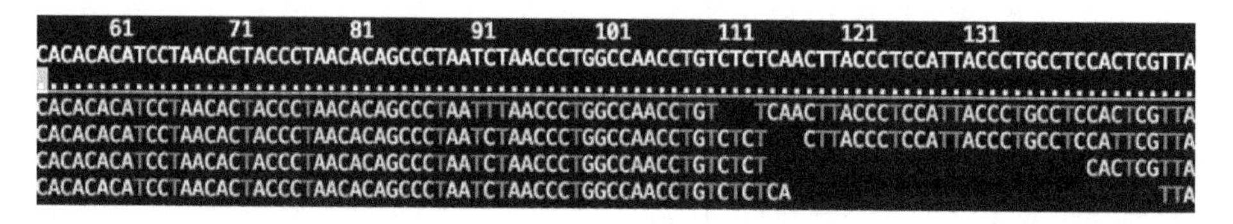

图 6-25 reads 比对情况可视化示例

基本格式：

samtools tview [-p chr：pos] [-s STR] [-d display] <in.sorted.bam> [ref.fasta]

参数说明：

[-p chr：pos]：指定染色体位置。

[-s STR]：仅显示指定样本 reads 的比对情况。

[-d display]：选择显示类型(网页或文本)。

(7) flagstat 命令

flagstat 可对 reads 的比对情况进行具体统计。

基本格式：

samtools flagstat in.sam|in.bam|in.cram

其统计结果为多行文本，每行为一种统计项目，如 reads 总数(通过质控的数量＋未通过质控的数量)，反向互补序列，PCR 重复数，比对到参考序列上的 reads 数等。

(8) depth 命令

depth 用于查看每个碱基位点的测序深度。

基本格式：

samtools depth [options] [in1. sam | in1. bam | in1. cram [in2. sam | in2. bam | in2. cram] [...]]

参数说明：

[-a]：输出所有位置碱基的 reads 覆盖深度(包括深度为 0 的区域)。

[-b bed]：给定 bed 文件，控制输出范围。

[-f list]：给定列有待合并 bam 文件名的文件，每行一个 bam 文件名。

[-l int]：忽略长度小于 int 的 reads。

[-d/-m int]：设置最大深度。

[-q int]：只查看碱基质量值大于 int 的 reads。

[-Q int]：只查看比对质量值大于 int 的 reads。

返回的结果为一个包含三列信息的文本，第一列表示染色体名称，第二列表示碱基位置，第三列表示测序深度。

(9) markdup 命令

markdup 可实现 duplicates 过滤和统计等操作。需要注意的是，在执行 markdup 命令之前要对文件进行排序和 fixmate-m 处理(为文件添加 ms tag)。

基本格式：

samtools markdup [-l length] [-r] [-s] [-T] [-S] <in.algsort.bam> <out.bam>

参数说明：

[-l length]：设置 reads 的最大预期长度。

[-r]：去除 duplicate reads。

[-s]：做一些基础统计。

[-T]：将输出写入临时文件。

[-S]：将 duplicate reads 的互补序列也定义为 duplicate。

用 markdup 标记 duplicates 的命令行如下：

#将原始 bam 文件按 reads 的 ID 进行排序：

$ samtools sort-n namesort.bam-o example.bam

#用 fixmate 添加 ms 和 mc tag：

$ samtools fixmate-m namesort.bam fixmate.bam

#再按染色体位置对 bam 文件进行排序：

$ samtools sort positionsort.bam-o fixmate.bam

#最后才能用 markdup 标记 duplicates：

$ samtools markdup positionsort.bam markdup.bam

(10) mpileup 命令

mpileup 命令的主要作用是对参考基因组每个位点做碱基堆积，用于 call SNPs 和 InDels，输出的文件主要是 vcf 和 bcf 这两种格式或者单个 pileup 或多个 bam 文件。比对记录已在@RG 中的 ID 作为区分标识符。如果样本标识符缺失，那么每一个输入文件则被视作为一个样本。

基本格式：

samtools mpileup [options] in1.bam [in2.bam [...]]

参数说明：

[-A]：在检测变异时，不忽略异常的 reads 对。

[-B]：不使用 BAQ(Base Alignment Quality)计算。

[-C]：用于调节比对质量的系数，不能设置为零，推荐值为 50。

[-d]：输出每个样本的 reads 深度。

[-l]：bed 文件或者包含区域位点的位置列表文件。

[-r]：在指定区域产生 pileup，需要已建立索引的 bam 文件，通常和-l 参数一起使用。

[-o/g/v]：输出文件类型(标准格式文件或者 vcf、bcf 文件)。

[-t]：设置 FORMAT 和 INFO 的列表内容，以逗号分隔。

[-u]：生成未压缩的 vcf 和 bcf 文件。

[-I]：跳过 InDel 检测。

[-f]：输入有索引文件的 fasta 参考序列。

[-q]：设置最小的比对质量值。

[-Q]：设置最小的碱基质量值。

简单的命令行如下：

```
#生成一个简单的 vcf 文件：
$ samtools mpileup-vu test.sort.bam
#若存在参考基因组：
$ samtools mpileup-vuf genome.fasta test.sort.bam
```

6.6.8 vcf、bcf 文件及其管家 bcftools

6.6.8.1 vcf 和 bcf 文件

vcf 的全称是 Variant Call Format，可由 samtools 中的 mpileup 命令产生。vcf 是用于表示突变信息的文本格式，可以用来表示 single nucleotide variants，insertions/deletions，copy number variants and structural variants 等。而 bcf 的全称是 Binary Variant Call Format，是 vcf 转化为二进制的文本格式，一般用 bcftools 进行操作。

6.6.8.2 vcf 文件格式

vcf 文件格式如图 6-26 所示，可分为两大部分，第一部分是注释描述信息，第二部分是具体的突变信息，这里以 VCFv4.3 版本为例进行介绍。

```
##fileformat=VCFv4.3
##fileDate=20090805
##source=myImputationProgramV3.1
##reference=file:///seq/references/1000GenomesPilot-NCBI36.fasta
##contig=<ID=20,length=62435964,assembly=B36,md5=f126cdf8a6e0c7f379d618ff66beb2da,species="Homo sapiens",taxonomy=x>
##phasing=partial
##INFO=<ID=NS,Number=1,Type=Integer,Description="Number of Samples With Data">
##INFO=<ID=DP,Number=1,Type=Integer,Description="Total Depth">
##INFO=<ID=AF,Number=A,Type=Float,Description="Allele Frequency">
##INFO=<ID=AA,Number=1,Type=String,Description="Ancestral Allele">
##INFO=<ID=DB,Number=0,Type=Flag,Description="dbSNP membership, build 129">
##INFO=<ID=H2,Number=0,Type=Flag,Description="HapMap2 membership">
##FILTER=<ID=q10,Description="Quality below 10">
##FILTER=<ID=s50,Description="Less than 50% of samples have data">
##FORMAT=<ID=GT,Number=1,Type=String,Description="Genotype">
##FORMAT=<ID=GQ,Number=1,Type=Integer,Description="Genotype Quality">
##FORMAT=<ID=DP,Number=1,Type=Integer,Description="Read Depth">
##FORMAT=<ID=HQ,Number=2,Type=Integer,Description="Haplotype Quality">
#CHROM POS     ID        REF  ALT     QUAL FILTER INFO                              FORMAT      NA00001        NA00002        NA00003
20     14370   rs6054257 G    A       29   PASS   NS=3;DP=14;AF=0.5;DB;H2           GT:GQ:DP:HQ 0|0:48:1:51,51 1|0:48:8:51,51 1/1:43:5:.,.
20     17330   .         T    A       3    q10    NS=3;DP=11;AF=0.017               GT:GQ:DP:HQ 0|0:49:3:58,50 0|1:3:5:65,3   0/0:41:3
20     1110696 rs6040355 A    G,T     67   PASS   NS=2;DP=10;AF=0.333,0.667;AA=T;DB GT:GQ:DP:HQ 1|2:21:6:23,27 2|1:2:0:18,2   2/2:35:4
20     1230237 .         T    .       47   PASS   NS=3;DP=13;AA=T                   GT:GQ:DP:HQ 0|0:54:7:56,60 0|0:48:4:51,51 0/0:61:2
20     1234567 microsat1 GTC  G,GTCT  50   PASS   NS=3;DP=9;AA=G                    GT:GQ:DP    0/1:35:4       0/2:17:2       1/1:40:3
```

图 6-26 vcf 文件组成示意图

(1) 注释描述信息

这一部分信息以##开头，由文件格式、软件信息、参考序列信息、contig 相关信息等信息组成。

(2) 突变信息

突变信息部分以制表符分隔的表格形式呈现,第一行以"#"开头,记录的是表头信息,其后紧跟描述每一个突变详细信息的内容行。每一行包含八个必选列和两个可选列,这十列的字段及释义见表 6-5。

表 6-5　vcf 文件格式比对信息说明表

字段	释义
CHROM	染色体名称
POS	突变在 CHROM 对应序列上的位置(从 1 开始计数)
ID	突变 ID
REF	参考序列 POS 处的碱基
ALT	参考序列 POS 处发生突变后的碱基
Tag	释义
QUAL	基于 phred 格式的 ALT 质量值
FILTER	过滤后的状态
INFO	额外信息
FORMAT(optional)	基因型文件格式
SAMPLES(optional)	样本的基因型及每个样本的信息

其中 INFO 对应的信息一般包括多个缩写的大写字母构成,它们所对应的含义如表 6-6 所示。

表 6-6　vcf INFO 字段含义说明表

键 Key	数量 Number	类型 Type	描述 Description
AA	1	字符串 String	祖先型等位基因(Ancestral allele)
AC	A	整型 Integer	基因型中的等位基因数,每个 ALT 等位基因的顺序与所列相同(Allele count in genotypes, for each ALT allele, in the same order as listed)
AD	R	整型 Integer	每个等位基因的总读深度(Total read depth for each allele)
ADF	R	整型 Integer	正向链上每个等位基因的读取深度(Read depth for each allele on the forward strand)
ADR	R	整型 Integer	反向链上每个等位基因的读取深度(Read depth for each allele on the reverse strand)
AF	A	浮点数 Float	每个 ALT 等位基因的等位基因频率,与所列顺序相同(根据主要数据估计,不叫基因型)(Allele frequency for each ALT allele in the same order as listed (estimated from primary data, not called genotypes))
AN	1	整型 Integer	基因型的总等位基因数(Total number od alleles in Culled genotypes Culled)
BQ	1	浮点数 Float	碱基质量(RMS base quality RMS)
CIGAR	A	字符串 String	描述如何将另一个等位基因与参考等位基因对齐的 cigar 字符串(Cigar string describing how to align an alternate allele to the reference allele)

（续表）

键 Key	数量 Number	类型 Type	描述 Description
DB	0	Flag	dbSNP 组分(dbSNP membership)
DP	1	整型 Integer	整个样本的组合深度(Combined depth across samples)
END	1	整型 Integer	末端位置(用于符号性等位基因)(End position (for use with symbolic alleles))
H2	0	标记 Flag	HapMap2 组成(HapMap2 membership)
H3	0	标记 Flag	HapMap3 组成(HapMap3 membership)
MQ	1	浮点数 Float	RMS 映射质量(RMS mapping quality)
MQ0	1	整型 Integer	MAPQ=0reads 的数量(Number of MAPQ=0 reads)
NS	1	整型 Integer	有数据的样本数(Number of samples with data)
SB	4	整型 Integer	链式偏倚(Strand bias)
SOMATIC	0	标记 Flag	体细胞突变(用于癌症基因组学)(Somatic mutation (for cancer genomics))
VALIDATED	0	标记 Flag	通过后续实验验证(Validated by follow-up experiment)
1 000 G	0	标记 Flag	1 000 个基因组组成(1000 Genomes membership)

有任何具体问题或版本差异均可查阅官方手册(http://samtools.github.io/hts-specs/VCFv4.3.pdf)。

6.6.8.3 bcftools

bcftools 是一组对 vcf 和 bcf 文件进行处理和分析的实用工具包，其能直接对 vcf、bcf 和 bgzipped vcf 等文件进行操作，且在管道传递的命令行中也能快速识别文件类型并进而自动处理。通常情况下，bcftools 处理的文件要先建立索引并进行压缩，否则会出现问题。bcftools 的命令主要可以分成三部分：

(1) 建立索引

这一部分只有一个命令，即 index，用于索引的构建。index 的功能在于为压缩的 vcf 文件或 bcf 文件建立索引。索引的格式可分为两种，分别是 csi(coordinate-sorted index)和 tbi(tabix index)，csi 支持的染色体长度上限为 2^{31}，而 TBI 支持的染色体长度上限为 2^{29}。当下载索引文件时，bcftools 会优先考虑 csi 格式。

(2) vcf/bcf 操作

这一部分包含不下十个主要命令，主要是对 vcf 和 bcf 文件进行一些基本的文本操作，包括格式转换、文件合并、文件信息提取、文本排序等，我们将这一部分相关的一些命令总结在表 6-7 中。

表 6-7　bcftools 中 vcf/bcf 操作相关命令表

命令	功　　能
annotate	对 vcf 或 bcf 文件条目进行注释
concat	合并来自同一个样本或同一类样本的 vcf 或 bcf 文件
convert	实现 vcf 和 bcf 格式以及其与其他格式之间的转换
isec	该命令用于对多个 vcf 或 bcf 文件进行集合运算
merge	实现多个没有重复内容 vcf 或 bcf 文件的合并
query	对 vcf 或 bcf 文件中的信息进行提取和重新组织，并以用户自定义的格式输出
reheader	改写 vcf 或 bcf 文件的 header 信息，如改变样本名称等
sort	对 vcf 或 bcf 文件进行排序
view	文件查看和文件格式转换

（3）vcf/bcf 分析

这一部分是 bcftools 工具包的核心所在，可实现单核苷酸多态位点检测、单核苷酸变异检测、拷贝数变异检测等分析，为相关领域的研究者提供便利。这一部分的一些相关命令如表 6-8 中所示。

表 6-8　bcftools 中 vcf/bcf 分析相关命令表

命令	功　　能
call	实现 SNPs 和 InDels 的检测
consensus	根据 vcf 或 bcf 文件中记录的变异信息，结合参考序列信息构建 consensus 序列
cnv	实现 CNV 的检测
csq	结合单倍体预测算法对变异条目进行注释
filter	按照固定的阈值对 vcf 或 bcf 文件中记录的变异条目进行过滤
mpileup	对输入的 bam 或 cram 文件进行初步的变异检测，生成 vcf 或 bcf 文件
stats	对 vcf 或 bcf 文件中的变异条目信息进行统计，其输出可用于可视化绘图

bcftools 的多个命令使用都与 samtools 有相似之处，这里不再逐一地详细说明，更具体的使用方式和使用实例可参考其官方手册（http://www.htslib.org/doc/bcftools.html）。

参考文献

[1] Wingett S W, Andrews S. FastQ Screen: A tool for multi-genome mapping and quality control[J]. F1000Research, 2018, 7: 1338.

[2] Bolger A M, Lohse M, Usadel B. Trimmomatic: a flexible trimmer for Illumina sequence data[J]. Bioinformatics, 2014, 30(15): 2114-2120.

[3] Langmead B, Trapnell C, Pop M, et al. Ultrafast and memory-efficient alignment of short DNA sequences to the human genome[J]. Genome Biology, 2009, 10(3): R25.

[4] Langmead B, Salzberg S L. Fast gapped-read alignment with bowtie 2[J]. Nature Methods, 2012, 9(4): 357-359.

[5] Li H, Durbin R. Fast and accurate long-read alignment with Burrows — Wheeler transform[J]. Bioinformatics (Oxford, England), 2010, 26(5): 589-595.

[6] Danecek P, Bonfield J K, Liddle J, et al. Twelve years of SAMtools and BCFtools[J]. GigaScience, 2021, 10(2): 1-4.

（编者：朱文勇、胡自溪、刘宏德、孙啸）

第七章 基因组注释及变异分析

7.1 引言

基因组 DNA 信息是细胞、个体、生物最核心的遗传信息。对一个新物种，通过基因组测序和组装，获得完整基因组序列数据之后的首要任务是注释基因结构，确定各个基因在基因组中的位置，确定基因的编码序列。而对于有参考基因组的个体进行再测序后，则需要确定每个个体基因组与参考基因组的差异，识别个体或者癌细胞中发生的各类序列变异，包括简单变异和结构变异。

本章将介绍基因组注释的相关方法以及基因组变异的识别方法和工具。

7.2 基因组注释

在基因组组装完成后，一个直接的问题是需要对基因组序列进行注释。基因组注释(Genome annotation)是利用生物信息学算法和工具，对基因组中全部基因的结构和功能进行批量注释的过程，是功能基因组学的一个研究热点。本节将对基因组注释的方法与主要工具进行介绍。

7.2.1 基因组注释的方法

对基因组进行高通量注释与功能预测，通常可以借助以下三种方法进行注释。

(1) 从头算方法(Ab initio)：通过已有的概率模型来预测基因结构，搜索特定的基因信号并且发现编码序列的统计特征。

(2) 基于同源比对方法(homology-based prediction)：利用近缘物种已知基因进行序列比对，找到同源序列。然后在同源序列的基础上，根据基因信号，如剪切信号、基因起始和终止密码子对基因结构进行预测。

(3) 基于转录组预测(RNA-Sequencing annotation)：通过物种的 RNA-Seq 数据辅助注释，能够较为准确地定位基因的剪切位点以及外显子区域。

7.2.2 基因组结构预测的工具

对于预测基因组结构信息，已经有许多生物信息学工具被开发出来，并得到了较为广泛的应用,例如:GENSCAN,AUGUSTUS,GeneWise,GenomeThreader,MAKER2 等。

GENSCAN 是一个基于隐马尔可夫链(Hidden Markov Model,HMM)的从头算方法的工具,用于预测各种生物体基因组序列中基因的位置与外显子结构。GENSCAN 分为脊椎动物和无脊椎动物版本。后者的准确性较低,因为最初的工具主要是为检测人类和脊椎动物基因组序列中的基因而设计的。GENSCAN 相关信息请参考网址:http://argonaute.mit.edu/GENSCAN.html。

AUGUSTUS 是一个预测真核基因组序列中基因的工具。AUGUSTUS 基于广义隐马尔可夫模型(Generalized Hidden Markov Model,GHMM)定义了真核生物基因组序列的概率分布。AUGUSTUS 是可以重新训练的,它可以预测改变剪接,以及 5′UTR 和 3′UTR,包括内含子。在一篇对比各种基因组注释工具的文献中,AUGUSTUS 是它所训练的物种中最准确的非初始基因预测程序之一。该软件可以在线上执行,也可以下载到服务器中。该软件的介绍请见网址:http://bioinf.uni-greifswald.de/augustus/。在线版网址为:https://bioinf.uni-greifswald.de/augustus/submission.php。工具源代码下载网址为:https://github.com/Gaius-Augustus/Augustus。

GeneWise 是较为经典的基于同源样本基因信息进行基因组注释的工具,该工具使用相似的蛋白质序列预测对基因组进行注释。GeneWise 被 Ensembl 等注释系统大量使用。GeneWise 的准确度很高,在使用质量较高的测序信息时可以提供较为准确且完整的基因注释信息。目前该工具已经停止更新,最新版本为 2.4.1,是 2007 年更新的版本。GeneWise 的下载地址:https://www.ebi.ac.uk/~birney/wise2/wise2.4.1.tar.gz。

GenomeThreader 使用 cDNA、基因表达序列标签信息以及蛋白质序列,通过拼接比对预测基因结构。GenomeThreader 的主要算法贡献是内含子切除技术,它可以预测延伸到基因组或染色体区域的基因结构。这种基因结构经常出现在脊椎动物的基因组中。内含子切除技术包括一个有效的过滤步骤和一个动态编程步骤,GenomeThreader 将它们结合起来。该工具的介绍请见网址:http://genomethreader.org/。

MAKER2 能够使用转录组数据来提高注释的质量。MAKER2 使用从头算的预测方法来进行基因组注释,如 AUGUSTUS,这些工具能够通过仅分析基因组序列与统计模型来进行基因结构预测,与此同时,该工具可以使用转录组数据来更新传统的注释,大大改善了基因组注释结果的质量。该软件的介绍请见网址:http://www.yandell-lab.org/software/maker.html。

7.2.3 基因组注释实例

在本节中,通过使用"从头算方法","基于同源比对方法"以及"基于转录组预测"的生物信息学工具,介绍基因组注释的过程。

7.2.3.1 基于 AUGUSTUS 进行从头注释基因

目前,从头预测软件大多是基于 HMM 和贝叶斯理论,通过已有物种的注释信息对软件进行训练,从训练结果中去推断一段基因序列中可能的结构。以下示例 AUGUSTUS 的注释。使用 anaconda 可以安装 AUGUSTUS。

```
conda create -n annotation augustus=3.3
```

这里，通过使用已知的拟南芥一段基因序列让 AUGUSTUS 进行预测，下载拟南芥的序列 TAIR10. fa（下载地址：https://www.arabidopsis.org/download/），取拟南芥的前 8 000 bp 的序列，命名为 TAI_8K.fa。

```
seqkit faidx TAIR10.fa Chr1: 1-8000 > TAI_8K.fa
```

使用 AUGUSTUS 预测出其结构，所有被 AUGUSTUS 预测出结果的物种都可以通过 "augustus --species=help"命令进行查看，拟南芥是注释的物种。最终将结果放在 gff 格式的文件中，命名为 TAI_8K.gff。

```
augustus --speices= arabidopsis TAI_8K.fa > TAI_8K.gff
```

通过查看注释的结果文件 TAI_8K.gff 与拟南芥的注释信息，如图 7-1 所示，发现拟南芥的注释信息与基因组的注释内容几乎一致。

```
(a)
    Chr1          Araport11   CDS   3996   4276   .      +   2
    Chr1          Araport11   CDS   4486   4605   .      +   0
    Chr1          Araport11   CDS   4706   5095   .      +   0
    Chr1          Araport11   CDS   5174   5326   .      +   0
    Chr1          Araport11   CDS   5439   5630   .      +   0
(b)
    Chr1:1-8000   AUGUSTUS    CDS   3996   4276   1      +   2
    Chr1:1-8000   AUGUSTUS    CDS   4486   4605   0.98   +   0
    Chr1:1-8000   AUGUSTUS    CDS   4706   5095   0.99   +   0
    Chr1:1-8000   AUGUSTUS    CDS   5174   5326   1      +   0
    Chr1:1-8000   AUGUSTUS    CDS   5439   5630   1      +   0
```

注：(a)拟南芥的注释文件信息；(b)基于 AUGUSTUS 用从头算方法进行基因注释的结果

图 7-1　AUGUSTUS 的注释结果

7.2.3.2　基于 TBLASTN 与 GenomeThreader 进行同源基因注释

同源基因注释是利用近缘物种已知基因进行序列比对，首先找到同源序列，然后在同源序列的基础上，根据基因信号，如剪接位点信号、基因起始和终止密码子对基因结构进行预测。

在本节中，可以使用 TBLASTN 与 GenomeThreader 的工具对同源基因进行预测。TBLASTN 是 NCBI 中的 blast+软件包的一部分。该工具将给定的核酸序列与蛋白质数据库中的序列按不同的阅读框进行比对，对于寻找数据库中序列没有标注的新编码区很有用。

在本次分析中需要注释的基因是一种真菌 pudorinus。因此，可以使用同为真菌的生物同源基因组注释。在本节中，Saccharomyces_cerevisiae、Laccaria_bicolor、Amanita_thiersii、Pleurotus_pulmonarius、Pterula_gracilis 等五种真菌被用来注释 pudorinus。下载以上基因组数据后将其整合为一个 fasta 文件，命名为 all.pep.fa。

```
cat Saccharomyces_cerevisiae.faLaccaria_bicolor.fa Amanita_thiersii \
    Pleurotus_pulmonarius Pterula_gracilis >all.pep.fa
```

随后，使用 TBLASTN 将五种真菌的核酸序列比对到蛋白质数据库中，将 e-value 的阈值设定为 1e－10。代码如下：

```
    makeblastdb -inpudorinus.fa -parse_seqids -dbtype nucl -out index/pu &
    nohup tblastn -queryall.pep.fa -out pu.blast -db index/pu -outfmt 6 -evalue 1e-10 -num_threads 8 -qcov_hsp_perc
50.0 -num_alignments 5 &
    awk '{ print $ 1} 'pu.blast >pu.list
    sortpu.list| unique >pi.ho.list
    seqkit seqall.pep.fa -w 0 > all.fa
    cat list.ru | while read line
    do
      grep " $ line" -A 1all.fa > $ line.1
    done
    cat * .1 >pudorinus.homo.fa
```

最后，使用 GenomeThreader(gth 命令)进行同源基因注释，结果保存在 gff 文件中。

```
gth -genomicpudorinus.fa -protein pudorinus.homo.fa -intermediate -gff3out > homology_annotation.gff
```

在该语句中，参数说明如下：

[-genomic]：需要预测基因结构的基因组文件。

[-protein]：被剪接、比对到基因组的蛋白质。

[-intermediate]：设置为剪接比对。

[-gff3out]：以 gff3 格式展示结果。

通过查看最后的结果 homology_annotation.gff，如图 7-2 所示。

QLPF01000002.1	gth	exon	3133	3381	0.735	+	.	ID=gene1.t1;Parent=gene1
QLPF01000002.1	gth	CDS	3133	3381	0.735	+	.	ID=gene1.c1;Parent=gene1
QLPF01000002.1	gth	exon	3438	3711	0.815	+	.	ID=gene1.t2;Parent=gene1
QLPF01000002.1	gth	CDS	3438	3711	0.815	+	.	ID=gene1.c2;Parent=gene1
QLPF01000002.1	gth	exon	3764	4110	0.854	+	.	ID=gene1.t3;Parent=gene1
QLPF01000002.1	gth	CDS	3764	4110	0.854	+	.	ID=gene1.c3;Parent=gene1

图 7-2　基于 TBLASTN 与 GenomeThreader 进行同源基因注释的结果

7.2.3.3　基于 MAKER2 进行转录组基因组注释

MAKER2 进行基因组注释的输入信息主要由三个 fasta 格式的文本文件构成，分别为需要进行注释物种的基因组序列、相关同源物种的蛋白质序列信息以及 RNA 序列信息，例如基因表达序列标签(Expressed Sequence Tag，EST)，cDNA 序列或者 mRNA 转录本等。

在本研究中，使用果蝇(Drosophila melanogaster，dpp)的测序数据，综合转录组数据以及果蝇的同源蛋白质序列信息，对其基因组进行注释分析。数据即是从 MAKER2 工具自带的 data 文件夹中的 dpp 开头的文件。其中，名称中的 contig 是需要注释的基因组序列，protein 是同源物种的蛋白质序列，est 则是基因表达序列标签，存放的是片段化的 cDNA 序列信息。

随后，通过编辑配置文件来告诉 MAKER2 如何控制流程的运行。首先，需要创建配置文件，MAKER2 提供了-CTL 的参数来生成配置文件，即执行 maker -CTL 命令，其中"maker_exe.ctl"是用来执行程序的路径；"maker_bopt.ctl"是配置 BLAST 和 Exonerate 的过滤参数；"maker_opt.ctl"为其他信息，例如输入基因组文件等。在本例中，要修改的是 maker_opt.ctl 文件，因为主要调整输入文件等信息。打开 maker_opt.ctl 文件，将参数进行修改。

```
genome = dpp_contig.fasta
est = dpp_est.fasta
protein = dpp_protein.fasta
est2genome = 1
```

最后，在当前路径下执行下面语句，即对需要的序列进行基因组注释。

```
maker &> maker.log &
```

最后生成了"dpp_contig_master_datastore_index.log"文件，因为 MAKER2 是并行运算的机制，因此这个 log 文件记录着总体的运行情况，需要注意的是文件中是否有运行错误的信息，例如"FAILED"，"RETRY"，"SKIPPED _ SAMLL"，"DIED _ SIPPED _ PERMANET"等。

最终的结果文件为 dpp_contig.gff。通过该文件查看基因组注释结果，如图 7-3 所示。

```
dpp_contig      maker   gene    21108   31656   .       +       .       ID=maker-dpp_contig
dpp_contig      maker   mRNA    23054   31656   21190   +       .       ID=maker-dpp_contig
dpp_contig      maker   mRNA    21108   31656   20471   +       .       ID=maker-dpp_contig
dpp_contig      maker   mRNA    26786   31656   14993   +       .       ID=maker-dpp_contig
dpp_contig      maker   exon    23054   24461   .       +       .       ID=maker-dpp_contig
```

图 7-3　基于 MAKER2 进行转录组基因组注释的结果

7.3　识别变异

基因组变异分析是基因组分析的重要内容。个体基因组或者疾病组织(细胞)的基因组上带有一定程度的变异。变异可分为简单变异和结构变异(Structural Variation，SV)，简单变异包括：单核苷酸位点变化(Single Nucleotide Variations，SNV)、短的插入(insertion)、缺失(deletion)等变异。结构变异主要为大片段的插入、缺失、倒置、拷贝数变异(Copy Number Variation, CNV)等。当基因组发生变异后,可能会通过编码、基因剂量或位置效应等方式影响基因表达、转录调控;一些变异会导致细胞发生病变。识别个体所产生的变异需要对个体进行测序,再将个体的测序数据比对到参考基因组上面。

由于测序数据中有可能包含测序错误(图7-4),如何用计算的方法识别出真正的变异,是生物信息分析的一个课题。

CGTATGCTGAGTCT**G**TGACTGACTGTGACTGCA**G**TGTCAGTG
CGTATGCTGAGTCTGTGACTGACTGTGACTGCAGTGTCAGTG
CGTATGCTGAGTCTGTGACTGACTGTGACTGCAGTGTCAGTG
CGTATGCTGAGTCTGTGACTGACTGTGACTGCAGTGTCAGTG
CGTATGCTGAGTCTCTGACTGACTGTGACTGCAATGTCAGTG
CGTATGCTGAGTCTGTGACTGACTGTGACTGCAATGTCAGTG
CGTATGCTGAGTCTTTGACTGACTGTGACTGCAATGTCAGTG
CGTATGCTGAGTCTGTGACTGACTGTGACTGCAATGTCAGTG
CGTATGCTGAGTCTATGACTGACTGTGACTGCAATGTCAGTG

Sequencing error　　SNP

图 7-4　单核苷酸变异与测序错误之间的区别

7.3.1　结构变异的识别策略

结构变异指的是基因组上大于 50 bp 的一些变异,包括缺失(deletion)、插入(insertion)、倒置(inversion)、转座(transposition)、复制(duplication)以及易位(translocation),如图 7-5 所示,其中能够改变基因组碱基对数量的结构变异又可称为拷贝数变异。结构变异的检测方法大部分都是通过测序片段与参考基因组的比对进行检测的,主要包括四种检测方法:基于配对读段的方法(Read-pairs method)、基于读段深度的方法(Read-depth method)、基于分裂读段的方法(Split-reads method)以及序列拼接方法(Sequence assembly method)。

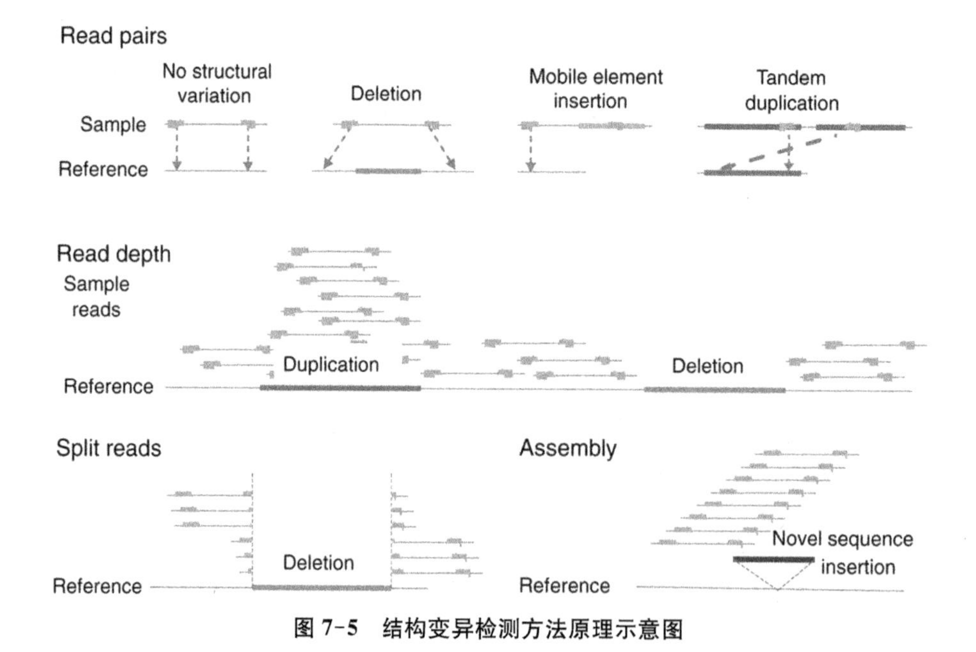

图 7-5　结构变异检测方法原理示意图

7.3.1.1　基于配对读段的方法

基于配对读段的方法,通过将双端测序成对的 reads 比对到参考基因组上后,分析分布和方向与参考基因组不一致的 reads 来判断结构变异。配对 reads(reads pair)之间的距离称为插入距离(insert size),一般对某一个文库而言,插入距离应该是比较稳定的。例如,当插入距离过小时,可能意味着缺失(deletion),而当插入距离过长的时候可能代表着插入(insertion)。通过配对 reads 的插入距离信息,可以推断出重测序数据中的结构变异,相关的工具有 PEM、BreakDancer、HYDRA、VariationHunter、MoDIL、GASV-PRO、DELLY、LUMPY 和 GenomeSTRiP 等。基于配对读段的方法是基于高通量测序数据检测结构变异的方法中使用最广泛的,理论上该方法可以检测各种类型的结构变异,但是在处理基因组重复区域的比对时会受到很大干扰,同时因为 DNA 片段长度的限制,该方法无法检测大片段的结构变异。

7.3.1.2 基于读段深度的方法

基于读段深度的方法,是通过分析 reads 测序深度来推测结构变异的:首先假设测序深度(read depth)在参考基因组上随机分布,然后将 reads 比对到参考基因组上来分析其测序深度,明显增加的测序深度代表重复区域,明显减少的测序深度代表缺失区域。利用测序深度在某些区域的差异变化就可以发现重复变异和缺失变异,相关的工具有 EWT、ReadDepth、RDXplorer、cnvSeq、CNVer、CopySeq、GenomeSTRiP、CNVnator 和 PopSV 等。这种方法可以很容易地识别出扩增和缺失的情况,非常直观,但其无法检测其他类型的结构变异,且受分辨率的影响,无法识别出清晰的边界,也无法揭示变异的结构。

7.3.1.3 基于分裂读段的方法

基于分裂读段的方法,是通过不完整比对到一个位置的 reads(split reads)来推断结构变异,例如在发生了缺失的情况下,reads 的比对情况就会呈现出好像从中间断裂开的比对情况,reads 片段的左右两端碱基对的坐标和方向与参考基因组不一致,这个位置就被称为断点(break point)。基于分裂读段的方法将 reads 比对到参考基因组获取无法比对的 reads,分别在无法比对的 reads 的特定碱基位置设置断点,观察按断点分裂的两小段 reads 比对到参考基因组的情况:若断点左右两端分别比对到参考基因组有间隔不同位置,代表缺失变异;若不同 reads 断点的不同端比对到参考基因组连续位置,代表插入变异。基于对 reads 的分段可用来检测结构变异的断点,相关的工具有 Pindel、AGE、DELLY、LUMPY、PRISM 和 Mobster 等。基于分裂读段的方法受测序读段长短影响,对有明确的断点特征的结构变异具有很好的检测效果,但无法检测不存在断点特征的结构变异,且其在具有大量重复片段的区域检测效果不佳。

7.3.1.4 序列拼接方法

序列拼接方法通过从头组装(de novo assembly)来识别结构变异,重新组装后解码样本基因组的序列,再将其与参考基因组序列进行比对,未发生结构变异的区域比对完全一致,发生结构变异的区域比对则会出现差异。序列拼接方法采用了与前三种方法完全不同的非 reads 比对的思路,相关的工具有 Cortex、SGA、DISCOVAR、ABySS、Velvet、SOAPdenovo 和 Ray 等。从理论上讲,序列拼接方法在足够的精度下能检测出所有结构变异,但对识别精度的要求提高,则意味着消耗的计算资源和要求的覆盖乘数更多。

随着测序技术的发展,仅采用低覆盖度的二代测序产生的数据来检测结构变异已经逐渐无法满足检测的需求,为提高结构变异的检测水平不仅需要提高测序深度、测序长度,还需要综合使用结构变异检测算法。近几年来，也有许多新兴技术发展起来：第三代测序技术可直接获取长片段序列；Link-reads 技术可将二代测序获得的短片段拼接成长片段；光学图谱技术可利用基因组物理图谱辅助序列拼接。这些新技术的产生使测序片段的长度不断增加，检测结构变异的准确度和灵敏度也在不断提高，序列拼接方法主导的检测方法作为能够更直观检测所有类型结构变异的方法也愈加受到人们青睐，更多高效准确的算法也在不断提出，序列拼接方法正散发着蓬勃的生命力。

7.3.2 FreeBayes 方法与实例

贝叶斯方法识别变异的基本原理是通过贝叶斯公式，来估计在当前数据情况 D 下各种基因型 G 的条件概率 $Pr(G \mid D)$，从中选择出概率最大的基因型作为该位点的基因型。FreeBayes 就是一款基于贝叶斯理论的基因组变异识别工具。

如下分解贝叶斯公式 7-1，右边的公式中分母无须计算，因为在所有的基因型条件下，分母都是相同的。分子由两部分相乘，第一部分 $Pr(G)$ 代表的是基因型的先验概率，这个概率往往是通过经验性的研究或者数据对某种基因型进行估计。第二部分 $Pr(D \mid G)$ 指的是在基因型 G 的条件下，观测到数据 D 存在的可能性。这个概率可以被分解为每一个数据（一条 read）产生于某种基因型的可能性（在二倍体当中 $G=H_1H_2$）；以 ε_i 表示测序错误的概率。

$$Pr(G \mid D)=\frac{Pr(G)Pr(D \mid G)}{\sum_i Pr(G_i)Pr(D \mid G_i)} \tag{7-1}$$

$$Pr(D \mid G)=\prod_j\left(\frac{Pr(D_j \mid H_1)}{2}+\frac{Pr(D_j \mid H_2)}{2}\right) \tag{7-2}$$

$$Pr(D_j \mid H)=Pr(D_j \mid b) \tag{7-3}$$

$$Pr(D_j \mid b)=\begin{cases}1-\varepsilon_i & \text{if } D_j=b; \\ \varepsilon_i & \text{otherwise}\end{cases} \tag{7-4}$$

FreeBayes 工具的使用有以下步骤：

（1）FreeBayes 的下载和安装

FreeBayes 工具的下载安装共有两种方法：方法一是直接在 github 上下载源代码；方法二是使用 wget 下载安装包。代码如下所示：

```
# 方法 1
git clone --recursive git://github.com/ekg/
freebayes.git
cd freebayes && make
# 方法 2
wget http://clavius.bc.edu/~erik/freebayes/freebayes-5d5b8ac0.tar.gz
tar xzvf freebayes-5d5b8ac0.tar.gz && cd freebayes && make
```

（2）下载比对文件

以 20 号染色体的 bam 文件和对应的索引文件为例分别下载参考基因组数据和真实的编译数据。

```
# 参考基因组
wget http://bioinformatics.bc.edu/marthlab/download/gkno-cshl-2013/chr20.fa
# 真实的变异数据
wget ftp://ftp-trace.ncbi.nih.gov/giab/ftp/data/NA12878/variant_calls/NIST/NISTIntegratedCalls_13datasets_130719_allcall_UGHapMerge_HetHomVarPASS_VQSRv2.17_all_nouncert_excludesimplerep_excludesegdups_excludedecoy_excludeRepSeqSTRs_noCNVs.vcf.gz
wget ftp://ftp-trace.ncbi.nih.gov/giab/ftp/data/NA12878/variant_calls/NIST/union13callableMQonlymerged_addcert_nouncert_excludesimplerep_excludesegdups_excludedecoy_excludeRepSeqSTRs_noCNVs_v2.17.bed.gz
gunzip *.vcf.gz gunzip *.bed.gz
```

（3）执行 FreeBayes

然后使用 FreeBayes 工具，执行过程约 5～10 分钟：

```
freebayes -f chr20.fa A12878.chrom20.ILLUMINA.bwa.CEU.low_coverage.20121211.
bam > 2878.chr20.freebayes.vcf
# 查看结果
vcfstats NA12878.chr20.freebayes.vcf
```

7.3.3　VarScan2 方法与实例

VarScan2 使用的是启发式的算法，基于 Fisher 精确检验计算两个样本的测序 reads 计数的差异显著性，从而识别变异。因此 VarScan2 可以同时预测种系（生殖细胞）和体细胞变异。

预测过程的伪代码如下。

```
if tumor matches normal:
    if tumor and normal match the reference:
        → Call Reference
    else tumor and normal do not match the reference:
        → Call Germline
else tumor does not match normal:
    Calculate significance of allele frequency difference by Fisher's Exact Test
        if difference is significant (p-value < threshold=0.1):
            if normal matches reference:
                → Call Somatic
            else If normal is heterozygous:
```

→ Call LOH

else normal and tumor are variant，but different：

→ Call Unknown

else difference is not significant：

Combined tumor and normal read counts for each allele. Recalculate p-value.

→ Call Germline

VarScan 工具使用方法如下所示：

（1）VarScan2 下载和安装

使用 VarScan2 可直接在 github 上下载软件源代码：

```
git clone https://github.com/dkoboldt/varscan.git
cd varscan & java -jar VarScan.v2.4.1.jar
```

（2）下载比对文件

```
# 下载参考基因组
wget
http://ftp.ebi.ac.uk/pub/databases/gencode/Gencode_human/release_38/GRCh37_mapping/GRCh37.primary_assembly.genome.fa.gz & gunzip GRCh37.primary_assembly.genome.fa.gz
# 下载 bam 文件
# 单样本
wget
http://ftp.ebi.ac.uk/pub/databases/gencode/Gencode_human/release_38/GRCh37_mapping/GRCh37.primary_assembly.genome.fa.gz
#双样本
wget
http://hgdownload.cse.ucsc.edu/goldenPath/hg19/encodeDCC/wgEncodeUwRepliSeq/wgEncodeUwRepliSeqBjG1bAlnRep1.bam & wget http://hgdownload.cse.ucsc.edu/goldenPath/hg19/encodeDCC/wgEncodeUwRepliSeq/wgEncodeUwRepliSeqBjG1bAlnRep2.bam
```

（3）执行 VarScan2

```
# 单样本
samtools mpileup -f GRCh37.primary_assembly.genome.fa wgEncodeUwRepliSeqBg02esG1bAlnRep1.bam | java -jar VarScan.v2.4.1.jar somatic --output-snp H.snp.out --output-indel H.indel.out
# 双样本
samtools mpileup -f GRCh37.primary_assembly.genome.fa wgEncodeUwRepliSeqBg02esG1bAlnRep1.bam | java -jar VarScan.v2.4.1.jar somatic --output-snp H.snp.out --output-indel H.indel.out
```

```
# 查看结果
java -jar VarScan.v2.4.3.jar processSomatic H.snp.out
java -jar VarScan.v2.4.3.jar processSomatic H.indel.out
```

7.3.4 GATK 工具：变异识别的优等生

如果说需要为层出不穷的变异识别软件寻找一个金标准的话，至今为止，GATK 应该是在各种评估中表现得最好的软件，不管在 SNP 还是 Indel 识别上都非常准确。许多表现优异的软件也都是在 GATK 的思路上做进一步完善。GATK 目前在其官网发布了一套最佳的实践方案，当前更新到 GATK4.2.0.0 (Feb 20，2021)，这里选取的是 GATK 针对种系变异(Germline SNPs + Indels)所发布的最佳方案。

针对种系变异的 GATK 流程，主要分为以下八步：

(1) 程序下载安装(GATK/配套的 Java 版本)和参考基因组下载

(2) 测序 reads 比对

使用 bwa index 先对参考基因组序列建立 BWT 转换序列以及 FM-index，原理前文已经提及。然后根据测序平台情况，使用 BWA 的比对算法进行比对。以 Illumina 二代双端测序数据为例子，将 pair1 和 pair2 数据分别进行比对，生成相关的 sai 文件，再用 bwa sample 把两组文件合在一起，然后用 picard 工具或者 samtools 工具对这个合并文件进行排序。

(3) PCR 去重(Duplicate Marking)

(4) Base Quality Score Recalibration (BQSR)

测序时会为每一个位点赋予一个测序质量的值，测序质量的高低与这个位点测序的正确性有关。GATK 算法依赖于每个位点的质量分数，对于不可信的区域所识别出来的变异，算法很可能认为这是不准确的。质量分数往往与非随机性的系统误差相关，BQSR 就是通过先验知识对质量分数进行调整。如图 7-6 所示，在经过 BSQR 流程以后，测序质量分布更加均匀，熵增加，减少了非随机的系统误差。

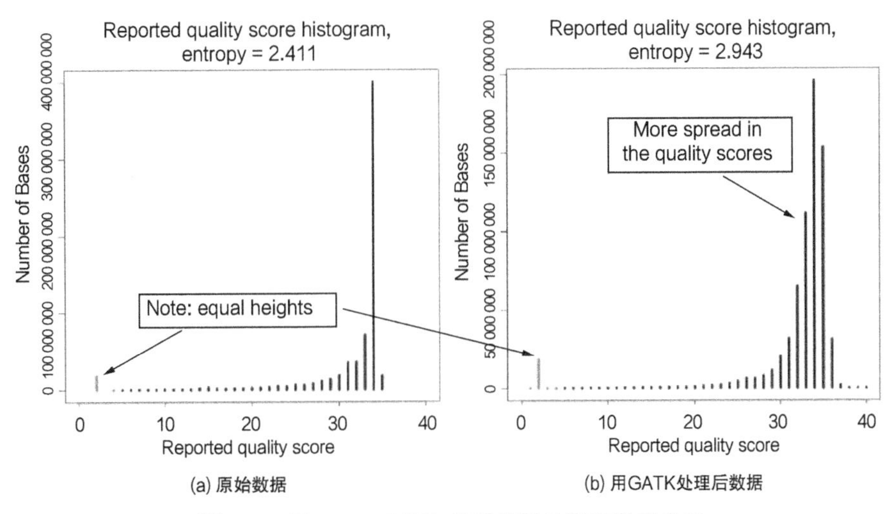

图 7-6 用 GATK BSQR 处理前后的测序质量分布

(5) GATK HaplotypeCaller 识别变异位点(SNPs 和 Indels)

因为在 Indels 区域附近往往组装不够准确,所以 GATK 算法会在这些区域附近进行重组装,算法的原理,可以分成以下四步:

① 识别高度变异区域(Active Regions)

设定滑窗长度,计算滑窗区域内的碱基错配、插入缺失以及 soft-clip 带来的熵值,并将超过阈值的区域提取出来,视为高度变异区域。

② 在这些区域进行重组装(Re-assembly)

参考基因组序列被重新拆成 *k*-mer 并且构建 De Bruijn Graph,*k*-mer 选择有 10 bp 和 25 bp 两种,同时把不重复的 *k*-mer 存入哈希表当中。接着,把测序数据拆成 *k*-mer 与哈希表里面的 *k*-mer 进行比较,如有匹配则边的权重加 1,若不存在则增加新节点。通过剪枝去除掉测序错误可能导致的错误。最后用 Dijkstra 算法寻找最短路径,选出最佳的 N 个单倍型。最后用基于动态规划算法的 Smith-Waterman 算法构建单倍型的 CIGAR 字串。

③ 通过 PairHMM 算法计算单倍型的似然度

根据 BQSR 步骤,我们能够估计出经验性的误差,在 PairHMM 算法里面,转移矩阵的参数便参考了这些数据。通过转移矩阵,可以计算每一条 reads 针对每一个单倍型的概率。然后我们从中选出最可能的几种单倍型。

④ 根据贝叶斯原理进行基因分型

与 FreeBayes 原理相似,根据贝叶斯公式,利用前一步估计的 reads 对单倍型的概率,可以估计出基因型情况下形成这些数据的可能性,从而可以计算在当前数据下,每个基因型产生的可能性,最终可选取出概率最大的基因型。

(6) 通过 GenomicsDBImport 来加强 GVCFs 的可信度(Consolidate GVCFs)

此过程是通过多样本的数据合并来增加某个位置的可信度,但是并没有进行基因分型(Genotyping)。

(7) 根据 GenotypeGVCFs 对变异进行合并识别(Joint-call Cohort)

前面所有的比对和校正操作,都是为了进行合理有效的基因分型。本步骤的原理参照前文的 FreeBayes 等模型。

(8) 根据 VariantRecalibrator(VQSR)对变异进行校正和筛选

在这一部分通过机器学习的方法,算法试图对真实存在的变异赋予一个更高的分数,从而将更像真实存在的 SNP 分离出来。但是这个算法需要有已校正的变异数据进行训练,而在很多的物种中这是不存在的。因此,此项是一个备选项。

7.3.5 IGV:可视化好帮手

通过各类算法对重测序数据进行变异识别后,使用一些合理的过滤条件,使得到的 VCF 文件中包含的是一组分布在基因组上的变异位点及其信息。对于全基因组重测序而言,包含的位点可高达数十万个,对所有位点一一分析显然是不合理的。对于一些特定的研究目标,例如某一种疾病,全基因组关联分析(Genome Wide Association Study, GWAS)可以通过计算提供一些显著相关的变异位点。可视化工具旨在观察某些区域的

reads 覆盖情况和位点信息，比起 VCF 文档中的数据而言，显得更为直观。

IGV 的全称是 Integrative Genomics Viewer，是由 BroadInstitute 开发的，是可以同时支持网页浏览和桌面应用的可视化工具。此外，该工具支持多种数据的可视化分析，包含 NGS 数据、转录组数据（RNA-Seq 和微阵列芯片）和表观组多类型数据。通过使用 IGV 我们可以在简单人性化的操作页面中对数据进行快速的分析，并且多种数据可以集合展示在一个窗口，再整合相应的临床信息，能够对特定的研究目标进行深度的数据挖掘探索。更重要的是，IGV 不仅支持本地的文件展示，还支持远端服务器或云端服务器上的文件加载展示，这为研究者节省了大量的时间和空间。

7.3.5.1　IGV 下载及安装

IGV 是一个开源的应用，在 http://software. broadinstitute. org/software/igv/download 这个网址可以下载到适合各个平台的应用（图 7-7），包含 Windows、Linux、Mac 和全平台命令行工具，以及网页浏览器插件。下面示例以 Windows 桌面版本为标准（May 4，2021）。

Downloads
Did you know that there is also an IGV web application that runs only in a web browser, does not use Java, and requires no downloads? See https://igv.org/app. Click on the Help link in the app for more information about using IGV-Web.
Install IGV 2.9.4
See the Release Notes for what's new in each IGV release.
NOTE for users of the new M1 Mac: Apple's Rosetta software is required to run the IGV MacOS App that includes Java. If you run IGV with your own Java installation, Rosetta may not be required if your version of Java runs natively on M1.
IGV MacOS App
Java included
IGV MacOS App
Separate Java 11 required
IGV for Windows
Java included
IGV for Windows
Separate Java 11 required
IGV for Linux
Java included
Command line IGV and igvtools for all platforms
Separate Java 11 required
Other IGV Versions
Development Snapshot Build. Latest development snapshot; built at least nightly
Archived Versions. Old releases going back to IGV 2.0
This Downloads page is for the IGV desktop version. There are also other versions of IGV
• If you are looking for the IGV-Web application, see https://igv.org/app
• If you are a developer looking for information about the embeddable igv.js component, see https://github.com/igvteam/igv.js
• If you want to use IGV in your Jupyter Notebooks, see https://github.com/igvteam/igv-jupyter
License
IGV is completely open for anyone to use under an MIT open-source license.
IGV development, maintenance, and support is funded by grants and it is important to be able to show that it is useful to the scientific community. Please see the home page for information on how to cite IGV.
Source Code
The source code repository for the IGV desktop application is hosted on GitHub at https://github.com/igvteam/igv/

图 7-7　下载安装 IGV

7.3.5.2 IGV 应用示例：查看结构变异

IGV 可以选择将与预估的插入距离(Insert Size)不同的 reads 标注出来(见图 7-8～7-9)。其原理在结构变异识别原理中有介绍。如图 7-9 所示，插入距离大于估计插入距离的可能代表的是缺失变异。

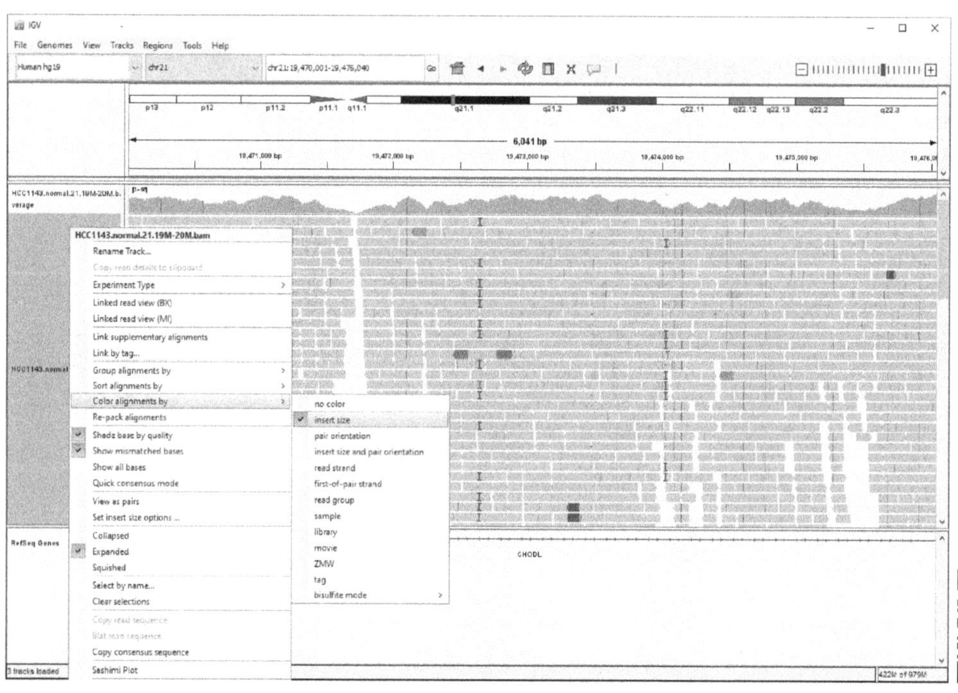

图 7-8　根据插入距离高亮颜色

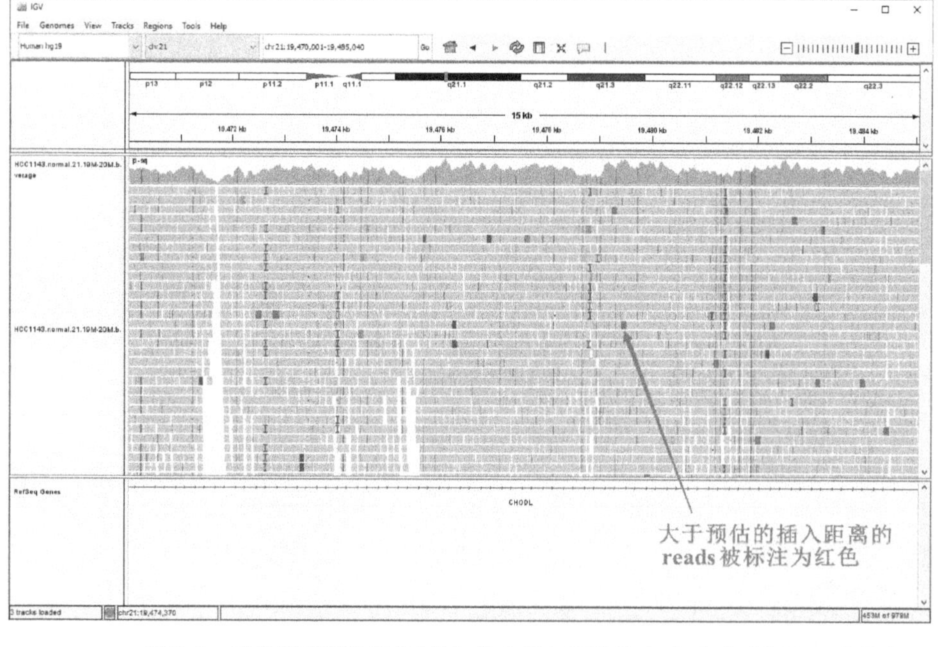

图 7-9　缺失情况下的数据(蓝色代表插入距离偏小，红色代表插入距离偏大)

7.4 MoDIL 检测中等长度的 Indel 变异

中等长度的 Indel（10～50 bp）变异因为比较短，需要使用准确识别变异的边界。MoDIL 可以用来识别中等长度的 Indel。

如果想要得到较高分辨率的结构变异位置，就必须能够对结构变异的大小和边界进行计算。假设预期的插入距离为 208 bp，当在单倍体中出现一个 20 bp 的插入时，插入距离的分布会整体左移 20 bp，而在二倍体中的杂合突变则可能出现双峰模式，其中一个峰与预期分布相似，另一个整体左移。

MoDIL 利用的信息便是测序对的插入距离。根据中心极限定理，对于 n 个独立的随机变量 X_1，X_2，…，X_n，若这些变量具有相同的高斯分布 $\left(\text{均值}\ \mu\ \text{和标准差}\frac{\sigma}{\sqrt{n}}\right)$，则符合中心极限定理，认为当 n 很大的时候，$Y_n=\frac{\sum_{i=1}^{n}X_i-n\mu}{\sqrt{n}\sigma}$ 近似地服从标准正态分布(0，1)。由此定理，可以通过拟合当前的测序数据得到一个分布，在此分布下，原假设为不存在 Indel，拟合插入距离应与预期的插入距离均值较相近。当相差较大时，则 P 值显著，拒绝原假设，认为存在 Indel，而且通过拟合的插入距离和预期插入距离的差值，可以得到 Indel 的大小和类型。

而双倍体中的计算则较为复杂，使用了 EM 算法，计算思想是先随机地初始化两个均值，在 E 步骤中计算每个测序对数据在两个分布下的概率，在 M 步骤中寻找使 K-S 检验最小的最优均值。循环 E-M 步骤直到迭代结果符合设定的阈值。

参考文献

[1] Stanke M, Morgenstern B. AUGUSTUS: a web server for gene prediction in eukaryotes that allows user-defined constraints[J]. Nucleic Acids Research, 2005, 33 (suppl - 2): W465 - W467.

[2] Garrison E P, Marth G. Haplotype-based variant detection from short-read sequencing[J]. Quantitative Biology, 2012(7).

[3] Koboldt D C, Zhang Q Y, Larson D E, et al. VarScan 2: Somatic mutation and copy number alteration discovery in cancer by exome sequencing[J]. Genome Res, 2012, 22(3): 568-576.

[4] Lee S, Hormozdiari F, Alkan C, et al. MoDIL: detecting small indels from clone-end sequencing with mixtures of distributions[J]. Nature Methods, 2009, 6(7): 473-474.

（编者：李海涛、赵小鄰、朱文勇、刘宏德、孙啸）

第八章　转录组测序数据分析

8.1 引言

从遗传信息传递的角度，编码 RNA(mRNA)是 DNA 到蛋白质的中间分子，是基因转录量的指标；非编码的 RNA 分子在细胞中具有多种生物学功能，因此，对 RNA 分子的分析是生物学研究的重要内容。基于二代测序技术，可在组学层面(转录组)系统研究 RNA 分子，例如发现转录本上的基因信息、发现新基因、基因结构注释、发现新的可变剪切、发现基因融合，以及基因表达差异分析等。

本章主要介绍 RNA 测序(RNA-Seq)数据的一般分析流程和实用工具，包括 RNA-Seq 的过程、数据分析流程、基因表达量的表示、基因差异表达分析、功能富集分析、非编码 RNA 和 microRNA 的分析等内容。

8.2 基因表达

基因表达是根据基因中所包含的遗传信息合成具有生物学功能的基因产物的过程，通过合成相关 RNA 和蛋白质，最终调控相关的表型。中心法则思想贯穿于整个过程中(图 8-1)。中心法则于 1958 年由 Fransic Crick 提出，其主要内容是指遗传信息由 DNA 传递到 RNA 并进而传递到蛋白质，即完成遗传信息的转录和翻译过程。其中转录由 RNA 聚合酶产生信使 RNA(message RNA, mRNA)，并对生成的 mRNA 分子进行加工，而翻译则利用 mRNA 来指导蛋白质的合成，以及随后蛋白质分子的翻译后加工。有些基因负责产生其他形式的 RNA——转运 RNA(tRNA)和核糖体 RNA(rRNA)等，这些 RNA 在翻译中起调控作用。其中 DNA 和 RNA 都可以进行自我复制。

朊蛋白
DNA 转录/反转录 RNA 翻译 Protein

图 8-1　中心法则

8.3 转录组测序的目的和数据特点

转录组是特定的细胞、细胞类型或者组织在特定条件下所产生的全部 mRNA 和非编码 RNA 的总体。转录组学是在组学水平上研究细胞中基因的表达和调控规律，即在 RNA

水平上对基因的表达情况进行研究。转录组研究能够揭示转录本可变剪切,转录后修饰及基因融合,能够检测核苷酸水平的突变、基因的差异表达等。单细胞转录组技术是在单个细胞水平上对转录组进行高通量测序分析的技术。

8.3.1　转录组测序的目的

首先,不同条件下,基因表达可能存在差异,利用 RNA-Seq 技术可以检测哪些基因对外部条件的变化敏感。例如,可以通过在给药组和对照组中检测基因表达水平并进行差异化分析来鉴定哪些基因具有显著的药物敏感性,可为相关疾病的机制研究和药物靶点的研发提供数据支持。其次,RNA-Seq 可以在全基因组水平检测基因的表达,能够用于发现新的转录本和可变剪切等。有些基因的分子特征只能在很低的水平上观测到,而 RNA-Seq 对低水平基因具有更高的敏感性。而且,RNA-Seq 测序还可以挖掘 RNA 层面上影响蛋白质序列的变异。

8.3.2　转录组测序数据的特点

首先,基因的编码区是由外显子和内含子组成的,部分较短的外显子可能会被较大的内含子所分开,转录组 reads 回帖的算法需要考虑此类因素。其次,不同细胞组织中的 RNA 分布变化很大,通常是在 10^5 到 10^7 的数量级;而且,全部 reads 中高表达的基因占比可能较大;来自线粒体的基因也会产生转录本。另外,相比于双链 DNA,单链的 RNA 极易降解,因此对实验操作的要求也相对较高。最后,RNA-Seq 数据中也会出现重复 reads,是由于 PCR 放大还是真的来自高表达基因,还需要分辨。

因此,针对转录组测序数据的特点,需要开发专门的比对回帖、基因定性和定量分析的算法和工具。

8.4　转录组测序的工作流程

RNA-Seq 测序的工作流程可分为生化和生物信息分析两部分。RNA-Seq 生化流程可见第六章。一般的,对于 mRNA 的测序,在 RNA 分离的基础上,将 RNA 转化成短的 cDNA 片段,之后在每个 cDNA 片段一端加上测序接头,并进行建库和测序。生物信息分析部分的主要内容为测序 reads 的回帖、每个基因表达量的计算、表达量的正则化、差异基因表达分析、基因功能富集分析和其他下游分析等。

8.4.1　实验设计

根据实验目的和样本的特点,设计实验方案,包括:RNA 的提取方法、测序平台、RNA 质量评估,是否需要单独提取 mRNA,是否涉及重复实验,采用的是单端测序还是双端测序等问题。

8.4.2　RNA 完整性检查

RNA 样本的总量与样本的完整性是评价样品质量的关键,RNA 的完整性由 RIN

(RNA Integrity Number)值来表示,其数值从1到10,"1"表示RNA最大限度的降解,样本中mRNA的量已经偏离真实。RIN值通过电泳图上28S和18S rRNA的条带比(28S/18S)来估算。建议用于测序的样本,其RIN不小于7。

8.4.3 RNA的提取和cDNA文库的构建

利用RNA分子的长度,可以将miRNA分子分离并富集(聚丙烯酰胺凝胶电泳PAGE技术)。mRNA通常利用其polyA序列进行捕获和富集。RNA分离和富集后,转化为cDNA,制备cDNA测序文库。

文库是包含特定待测序的所有序列的集合。文库制备首先将待测序的样本片段化,然后再将这些片段化后的短序列的双端加上接头,从而将所有待测序序列制备成内部序列不同但拥有相同接头的集合。其次进行序列簇的生成,通过桥式PCR的方式,将相似的序列聚集在一起形成序列簇,用于测序。

8.4.4 cDNA测序

在体系中加入包含有特定荧光标记的dNTP,dNTP包含一个叠氮基团,当延伸遇到叠氮基团时则停止,同时根据荧光颜色读取正在合成的核酸。不断重复以上步骤,最终得到序列的碱基排列信息。详细过程见第六章。

8.4.5 测序数据质量控制

样品制备、文库制备和测序过程通常会存在诸多偏差。通过质量控制可以部分消除这些偏差的影响。最常使用的工具为FastQC。

8.4.6 序列回帖/组装

按照是否有参考序列,转录组测序后可进行序列的回帖或者序列的组装。有参考基因组分析时,将序列回帖到参考基因组或转录组,获得不同已知转录本的表达水平。无参考基因组分析时,先将序列组装为长序列,然后使用这个组装好的长序列作为参考序列,将reads与之回帖并进行定量分析。有参与无参的区别在于转录和表达水平的定量是同时完成还是依次完成的。

8.4.7 基因表达水平的量化

基因表达量可以用回帖到该基因的reads的计数(counts)来表示。回帖到一个基因上的reads计数与三个因素有关,第一,基因的长度,原则上,基因的外显子越长,来自这个基因的reads数目越多。第二,reads的总数,不同的测序深度下,回帖到转录组的reads总数是不一样的。第三,基因的转录速率(表达量、mRNA的丰度),在总reads数目和基因长度一致的情况下,高表达基因会有更多的reads计数。因此,用reads计数来定量表示基因表达量,需要校正基因长度和reads总数的信息。目前有三种表示方法,分别是RPKM、FPKM和TPM。

(1) RPKM

RPKM 为 Reads Per Kilobase per Million 的缩写，意为每百万 reads，回帖到外显子每千碱基长度的 reads 数目，其计算见式(8-1)。

$$RPKM=\frac{C}{(L/10^3)(N/10^6)} \tag{8-1}$$

其中，C 为回帖到该基因的外显子上的 reads 总数；L 表示该基因外显子长度(kb)；N 为所有回帖到转录组的 reads 总数(Million)。

(2) FPKM

FPKM 为 Fragments Per Kilobase of exon model per Million mapped fragments 的缩写，即每百万 reads，回帖到外显子每千碱基长度的片段数目，计算见公式(8-2)。

$$FPKM=\frac{C}{(L/10^3)(N/10^6)} \tag{8-2}$$

其中，C 为回帖到该基因的外显子上的片段总数，L 表示该基因外显子长度(kb)；N 为所有回帖到转录组的片段总数(Million)。

对于 single-end 测序数据，FPKM 和 RPKM 的计算结果一致。在 paired-end 测序数目中，FPKM 计算的是回帖到基因的 reads 对的数目。

(3) TPM

TPM 即 Transcripts Per Million。TPM 的计算分三步，如公式(8-3)、(8-4)：首先，用回帖到每个基因的 reads 数除以该基因的长度，即得到每千碱基的 reads 数(Reads Per Kilobase，RPK)；然后，把一个样本中所有的 RPK 值加起来，除以 10^6，即得到缩放系数(per million scaling factor)；最后，用每个基因的 RPK 值除以上一步的缩放系数，即得到 TPM。

$$RPK=\frac{readsmappedtogene\times 10^3}{genelength(basepair)} \tag{8-3}$$

$$TPM=RPK\times\frac{1}{\sum(RPK)}\times 10^6 \tag{8-4}$$

用 TPM 表示表达量时，每个样本中所有 TPM 的总和是相同的，因此使得比较每个样本中对应基因的 reads 的比例更合理。相比之下，RPKM 和 FPKM 的每个样本标准化后的 reads 的总和可能不同，这导致不同样本之间表达量的直接比较可能会有偏差。

8.4.8　差异表达分析

8.4.8.1　单样本中 reads 产生的过程

来自 RNA-Seq 的 Read 计数(read counts)可用一个采样过程来描述。假设 μ_i 表示基因 i 的真的表达量，该基因长度为 L_i，那么，一个 read 来自基因 i 的概率 p_i 可用公式(8-5)表示。

$$p_i = u_i L_i / \sum_{i=1}^{G} u_i L_i \tag{8-5}$$

其中，G 表示所有基因。

如果总的 reads 数目为 N，Y_i 表示来自基因 i 的 read 计数，则可假设 Y_i 服从泊松分布，如式(8-6)：

$$Y_i \mid \lambda_i \sim \text{Poisson}(\lambda_i) \tag{8-6}$$

其中，$\lambda_i = Np_i$。

8.4.8.2 基于负二项分布的差异表达分析模型

假设样本 j 中，来自基因 i 的 read 计数为 K_{ij}，K_{ij} 服从负二项分布(NB)，即式(8-7)、(8-8)。

$$K_{ij} \sim NB(u_{ij}, \sigma_{ij}^2) \tag{8-7}$$

$$Pr(K_{ij} = k) = \binom{k+r-1}{k} p^k (1-p)^r \tag{8-8}$$

Pr 为基因 i 在 j 样本中，有 k 个 read 计数的概率。

负二项分布比泊松分布更适合用来刻画 read 计数的分布。在泊松分布中，其方差和均值相等，即基因表达水平在样本间的变异程度随均值线性变化。在实际处理 RNA-Seq 的 read 计数的分布时发现，一个基因 read 计数值在各样本间的方差，比其均值具有更快的变化率，即具有分散性特征。

假设有 A 和 B 两类样本，基因 i 在 A 类样本中的 read 计数为 $K_{i\text{A}}$，在 B 类样本中的 read 计数为 $K_{i\text{B}}$，$K_{i\text{S}}$ 为基因 i 在两类样本中 read 计数之和，见式(8-9)。

$$K_{i\text{S}} = K_{i\text{A}} + K_{i\text{B}} \tag{8-9}$$

差异基因表达分析的问题即可转化为：如果基因 i 在 A 类和 B 类样本中的 read 计数分别为 $K_{i\text{A}}$ 和 $K_{i\text{B}}$ 的概率为 $p(K_{i\text{A}}, K_{i\text{B}})$，那么，在基因 i 的 $K_{i\text{S}}$ 个 reads 在两类样本中分配的所有组合中，小于 $p(K_{i\text{A}}, K_{i\text{B}})$ 的概率 p_i 是多少，可用式(8-10)表示。

$$p_i = \frac{\sum_{a+b=K_{i\text{S}};\ p(a,b)<p(K_{i\text{A}}, K_{i\text{B}})} p(a, b)}{\sum_{a+b=K_{i\text{S}}} p(a, b)} \tag{8-10}$$

$p(a, b)$ 为基因 i 在 A 类样本中有 a 个 reads，在 B 类样本中有 b 个 reads 的概率。因为 reads 在两类样本中的分布是独立的，因此有 $p(a, b) = p(a)p(b)$。$p(a)$ 和 $p(b)$ 的计算可基于式(8-7)计算。

实际计算中，负二项分布的参数估算过程参见文献(Genome Biology，2010，11：R106)。以上为差异表达分析工具 DESeq 的模型。

识别差异表达的基因需要根据基因表达值的分布特点，设计统计检验的方法。对于以 reads 计数来表示的表达值，一般会使用负二项分布作为统计检验模型，也有算法使用

Fisher 精确检验来计算差异显著性。对于用微阵列检测的基因表达值，一般使用 t 检验作为检验模型。

8.4.9　差异表达基因富集分析

当识别出一组差异表达基因后，需要对这组基因的功能进行分析，可以通过假设检验的方法，查看这组基因是否显著地富集在某个功能、结构、通路中。功能富集基于超几何分布，其定义为：在 N 个物品中有 M 个特定物品，随机不放回抽取 n 个，抽中特定物品的个数 x 符合超几何分布 $x \sim H(N, n, M)$，抽中 k 件特定物品的概率，见式(8-11)：

$$P(x=k)=\frac{C_M^k C_{N-M}^{n-k}}{C_N^n} \tag{8-11}$$

将超几何分布应用在当前情景，则 N 为该生物体所有具有注释(如 KEGG 通路注释)的基因数量，M 为某个 KEGG 通路中基因的数量，n 为差异表达基因数量，k 为 n 中属于 M 的基因数。当然，计算得到的 $P(x=k)$ 并不能直接决定是否富集，考虑到随机事件的可能性，需要引入统计学上的超几何检验计算 P 值，再根据 P 值的大小判断基因集是否在特定通路富集，见式(8-12)。

$$P=1-\sum_{i=0}^{M-1}\frac{C_M^i C_{N-M}^{n-i}}{C_N^n} \tag{8-12}$$

假如认为 $P<0.05$ 的结果为显著，则每次仍有 5%的可能性出现假阳性。而此处因为需要对多条通路进行检验，假阳性也会随检验次数而增加。因此，为了从多重检验中得到更可信的 P 值，初步得到的 P 值需要使用 Benjamini – Hochberg 或 Bonferroni 方法进行校正，或者使用假发现率(FDR)或者 q-value 来进一步衡量 P 值的显著性。

基因或蛋白质常见的功能富集分析数据集，有通路(Pathway)和 GO(Gene Ontology，基因本体)等，数据集所在的数据库包括 KEGG、BIOCARTA、REACTOME 和 GO 数据库。GO 分析好比是将基因分门别类地放入一个个功能、结构、过程的类群，而 Pathway 分析则是将基因一个个放到通路的指定位置。功能富集分析常用的工具包括 David 和 Metascape 等。David 最近一次更新于 2016 年，相比之下，Metascape 整合的数据库丰富且更新快。如果需要批量化处理，则借助 R 包会更方便，其中，clusterProfiler 是比较常用的一个选择，可实现 GO term 和 KEGG 两个数据库的富集。下面对 KEGG、BIOCARTA、REACTOME 和 GO 进行具体描述，并给出基于 Metascape 工具的结果示例。

KEGG(Kyoto Encyclopedia of Genes and Genomes，http://www.kegg.jp/)，翻译成中文是京都基因和基因组百科全书，是由京都大学生物信息学中心和东京大学人类基因组中心共同开发维护的。KEGG 的独特之处在于其对酵母、小鼠和人类通路的关注和覆盖，数据库以 KEGG ML 的格式存储。用户可以借助第三方工具如 Pathview 包，整合表达谱数据进行 KEGG 通路的可视化和编辑操作。

BIOCARTA 数据库(http://www.biocarta.com/)可以用来进行分子互作关系、富集分析和以通路为基础的研究等。

REACTOME 数据库(http://www.reactome.org/)包含细胞代谢和信号通路，主要由冷泉港实验室、欧洲生物信息学研究所和基因本体联合会开发。以人类相关数据为主，同时包含 22 种其他物种的数据。REACTOME 的通路和化学反应可以通过网页浏览器查看，但不能编辑。

基因本体论包含生物学领域知识体系本质的表示形式，本体通常由一组类(或术语或概念)组成，它们之间具有关系。GO 从三个方面描述了对生物学领域的了解，包括：分子功能(Molecular Function，MF)，描述单个的基因产物(包括蛋白质和 RNA)或多个基因产物的复合物在分子水平上的活动；细胞组分(Cellular Component，CC)，指的是基因产物在执行功能时所处的细胞结构位置；生物过程(Biological Process，BP)，即通过多种分子活动完成的生物学过程。GO 数据库(http://www.geneontology.org/)分别从功能、参与的生物途径及细胞中的定位等方面对基因产物进行了标准化描述。通过 GO 富集分析可以了解基因富集在哪些生物学功能、途径或者细胞定位上。

以下使用 Metascape 提供的示例基因集来展示基因注释的结果。如图 8-2 所示，点击 Gene Symbol 按钮输入示例基因集(121 个基因)，然后点击提交和结果展示界面。Metascape 基因功能注释结果见图 8-3。每一行代表一个富集结果，标记 GO 的是 Gene Ontology 注释结果，标记 R-HSA 为 REACTOME 的注释结果，标记 WP 的为 PATHWAY 的注释结果。柱子的长度越长以及颜色越深表示富集的结果越显著。

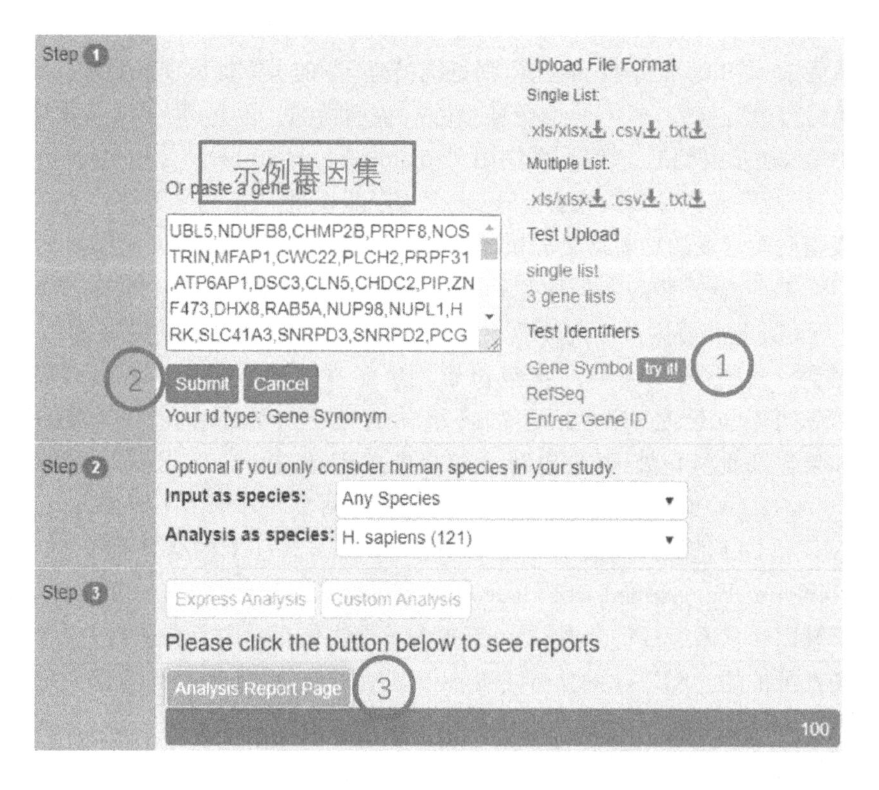

图 8-2　Metascape 在线工具基因输入界面

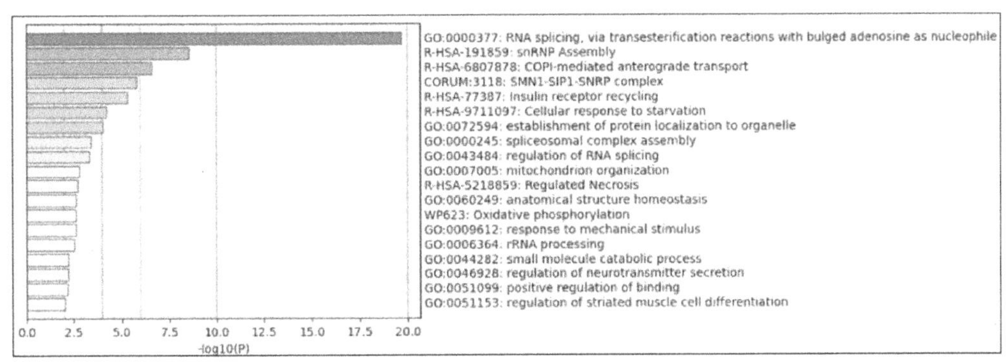

图 8-3　使用 Metascape 进行基因功能富集的结果图

8.5　转录组测序的应用

8.5.1　基因表达与差异分析

通过转录组数据分析，可以分析在实验条件下，转录水平发生变化的基因或转录本，即差异表达。通过找到这些基因和转录本，可以推断出不同条件下表达差异的基因，进而分析这些基因的功能特征。这些差异表达的基因有可能是诊断的标志物和治疗的靶点。

8.5.2　选择性表达

选择性表达是指通过选择不同的转录起始位置、剪接位置和多聚腺苷酸化，从一个基因中表达出多个不同的转录本。选择性表达是真核生物物种蛋白质组多样性的来源。聚合酶链式反应(PCR)、基因芯片和 RNA-Seq 技术都可以用于选择性表达的研究。

8.5.3　发现新的转录本

微阵列探针设计需要匹配已知的转录本，因而无法用于新剪接异构体和新转录本的发现。而基于二代测序技术的 RNA-Seq，可以通过拼接算法获得完整的转录本序列，然后再将 reads 回帖到完整的转录本序列上，以发现新的转录本。

8.5.4　非编码 RNA 鉴定与分析

非编码 RNA 是指不能够编码蛋白质的 RNA，但非编码 RNA 在生物过程中发挥着重要的调控作用。通过 RNA-Seq，能够在各类细胞和组织中发现非编码 RNA，进而研究非编码 RNA 对基因表达的影响。长非编码 RNA(long noncoding RNA，lncRNA)和微小 RNA (microRNA，miRNA)是两种研究较多的非编码 RNA(图 8-4)。

lncRNA 通常指的是超过 200 bp 不编码蛋白的 RNA 转录本。根据与蛋白编码基因的相对位置关系，lncRNA 主要可被分为以下几种类型，包括来自蛋白编码基因间区域的 lncRNA(long intergenic RNA，lincRNA)、位于蛋白编码基因所在链的反义链相对区域的

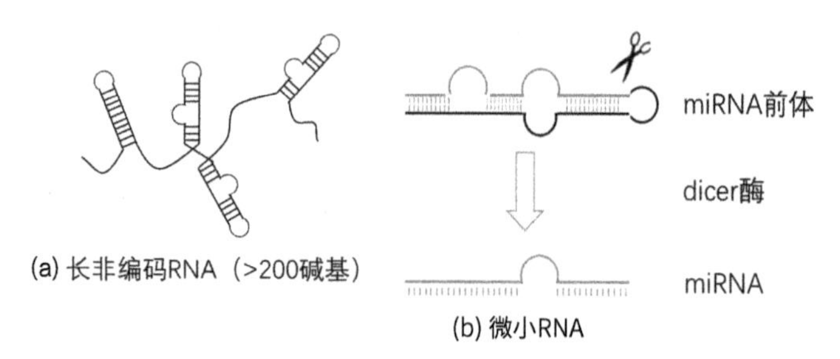

图 8-4　长非编码 RNA 和微小 RNA

lncRNA(antisense lncRNA)、完全被包含在蛋白编码基因内含子区域的 lncRNA(sense-intronic lncRNA)以及与蛋白编码基因存在一定重叠的 lncRNA(sense-overlapping lncRNA)。

miRNA 是 19～22 bp 长度的非编码 RNA，源自有茎环结构的 miRNA 前体(pre-miRNA)，由 Dicer 酶剪切产生，它们通过抑制翻译或导致 mRNA 的降解来影响基因的表达。miRNA 是当前研究最为透彻的真核生物内源性小调控 RNA，已在多种多样的动植物中被发现。miRNA 在哺乳动物细胞中含量最为丰富，释放在体液如血液和脑脊液中的 miRNA 常作为疾病的生物标志物。

8.5.4.1　非编码 RNA 鉴定的流程

LncRNA 的鉴定流程包括：原始数据预处理、转录组重建以及转录本筛选三个部分，而第三部分又可以进一步细分为以下几个步骤：(1)已有注释转录本和伪转录本识别；(2)新转录本长度筛选；(3)新转录本蛋白编码能力预测；(4)基于基因组先验知识的新转录本筛选。图 8-5 中的虚线框表示 lncRNA 鉴定所用到或生成的文件，实线框表示进行的处理或结果。

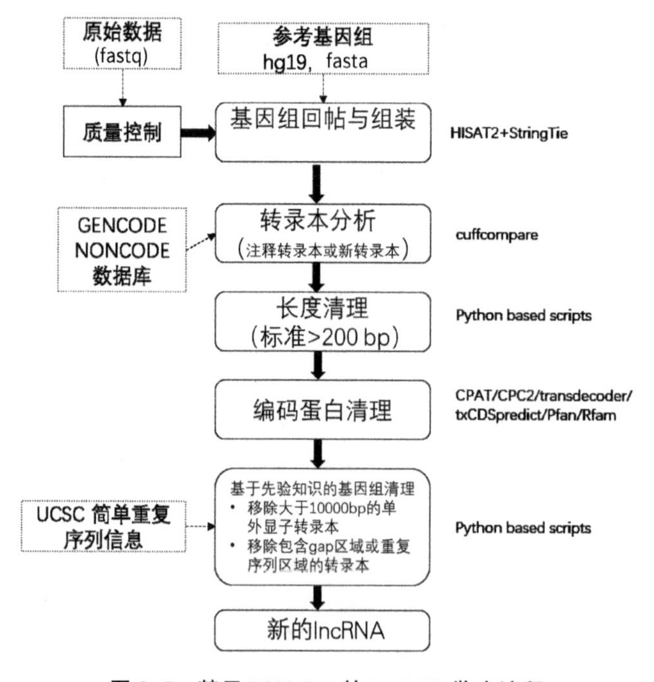

图 8-5　基于 RNA-Seq 的 lncRNA 鉴定流程

MicroRNA（miRNA）的鉴定流程与lncRNA鉴定流程类似，miRNA转录起始位点多位于基因间隔区、内含子以及编码序列的反向互补序列上，其前体具有标志性的发夹结构，成熟体的形成是由Dicer/DCL酶的剪切实现的。利用miRNA的生物特征，将测序序列回帖到参考基因组，利用最新的sanger miRbase数据库分析新发现的miRNA和已知的miRNA。针对新发现的miRNA，可以分析其是否为其他功能的微小RNA，对于已知的miRNA，可以对其靶基因进行预测，进而对基因的功能进行注释（图8-6）。

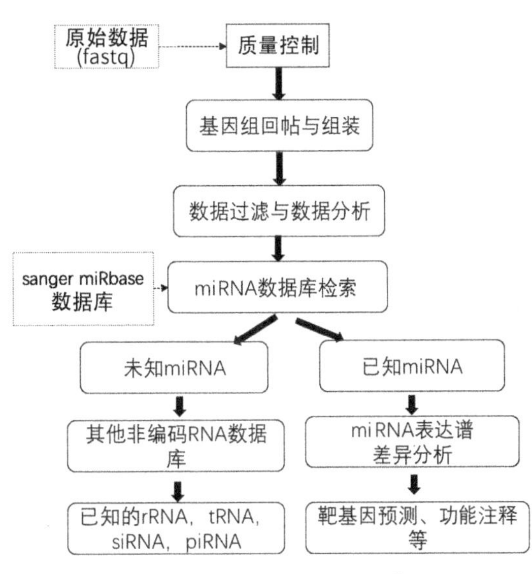

图8-6　基于RNA-Seq的miRNA鉴定流程

8.5.4.2　非编码RNA数据库

常用的lncRNA数据库如下：

（1）LncRBase(http://bicresources.jcbose.ac.in/zhumur/lncrbase/)

LncRBase是一个全面的人类和小鼠lncRNA数据库，包含216 562个lncRNA转录本条目，数据库涉及lncRNA基本特征信息、基因组位置、重叠的小非编码RNA、相关的重复元素、相关的印迹基因和lncRNA启动子信息等。此外还可以检索回帖到特定lncRNA的微阵列探针和相关疾病信息，以及搜索lncRNA在各种组织中的表达模式。

（2）lncRNome(http://genome.igib.res.in/lncRNome/)

lncRNome是一个全面可搜索的人类lncRNA数据库，包含超过17 000条人类lncRNA的信息，涉及lncRNA的类型、染色体位置、生物功能描述和疾病关联信息。此外，还提供了关于蛋白质与lncRNA相互作用以及lncRNA位点的基因组变异数据。

（3）Cancer lncRNA Census(https://www.gold-lab.org/clc)

癌症lncRNA普查数据库用于确定与癌症存在因果关系的lncRNA基因。该数据库主要用于两类分析：分析与癌症有关的lncRNA的基因组和功能特性，将它们与其他lncRNA区分开来；分析lncRNA癌症驱动因素预测的敏感性和精确性。

常用的miRNA数据库如下：

（1）miRBase(http://www.mirbase.org/)

miRBase数据库是一个可搜索的数据库，包括已发表的miRNA序列和靶基因注释。miRBase序列数据库中的每个条目都代表一个miRNA转录本预测的发夹部分（在数据库中称为mir），并附有关于成熟miRNA序列（称为miR）的位置和序列的信息。发夹和成熟序列都可用于搜索和浏览，也可以通过名称、关键词、参考文献和注释来检索条目。所有的序列和注释数据也都可以下载。

（2）miRWalk(http://mirwalk.umm.uni-heidelberg.de/)

miRWalk由德国海德堡大学开发，该数据库提供小鼠、大鼠和人类的预测以及实验验证的 miRNA 靶基因结合位点信息。该数据库不仅记录了基因全长序列上的 miRNA 结合位点,并且与其他的 miRNA 靶标预测软件或数据库的预测信息结合进行关联整合。

(3) TransmiR(http://www.cuilab.cn/transmir)

TransmiR 是一个转录因子(TF)和 miRNA 相互作用的数据库,用于发现 TF 和 miRNA 之间的调控关系。数据库包含从 3 730 个文献中整理的 TF-miRNA 调控关系,涵盖了 623 个 TFs 和 785 个 miRNAs,并包括了源自 ChIP-Seq 的 TF-miRNA 数据。

8.6 转录测序数据分析示例

通过对 RNA-Seq 数据处理的示例,来演示通过常用的生物信息学工具进行差异基因表达分析的过程。

8.6.1 分析流程概述

从样本进行测序后的原始读段(reads),一般为 fastq 格式。首先,需要进行质量控制,检查测序质量,同时去掉接头及可信度低的碱基序列。随后,使用拼接、组装软件对短的读段进行组装,例如前面章节中介绍的 STAR, BWA, bowtie2 等,将读段回帖到参考序列中。随后,对处理后的序列进行组装与定量处理,量化新基因和转录本的表达。基因表达水平估计可按原始读段计数或归一化的单位报告,如前文介绍的 RPKM, FPKM 以及 TPM 等。有了基因表达水平的信息,下一步就可以使用统计检验来比较样品组之间的值。最后,可以在基因组上下文中对读段和结果进行可视化,常用的数据可视化有 IGV、绘制火山图、热图等,以便洞察基因和转录本的结构,从而获得对转录组数据的进一步了解。

8.6.2 数据分析实战

在本节中,进行实验的是来自酿酒酵母(Saccharomyces Cerevisiae)的 RNA-Seq 测序数据。酵母是分子生物学中研究得最好的生物之一,它的转录组相对较小,可变剪接非常有限。SNF2 是酵母中 ATP 依赖的染色质重塑 SWI/SNF 复合物的催化亚单位。SNF2 在转录激活过程有重要作用,SNF2 的突变会带来转录的显著变化。通过对酿酒酵母的野生型(Wild Type, WT)与 SNF2 突变型(Δsnf2 mutant,Mu)的各三个样本进行转录组 RNA-Seq 测序,来开展数据分析。

首先,可以在"欧洲核苷酸档案库"(European Nucleotide Archive, EVA)中下载相应的数据。由欧洲分子生物学实验室的欧洲生物信息学研究所(EMBL-EBI)提供的欧洲核苷酸档案库(ENA; https://www.ebi.ac.uk/ena),在近 40 年中一直致力于自由存档并提供全球公共测序数据。通过使用 Linux 的 wget 下载对应的数据集。

```
wget ftp://ftp.sra.ebi.ac.uk/vol1/fastq/ERR458/ERR458493/ERR458493.fastq.gz
wget ftp://ftp.sra.ebi.ac.uk/vol1/fastq/ERR458/ERR458494/ERR458494.fastq.gz
wget ftp://ftp.sra.ebi.ac.uk/vol1/fastq/ERR458/ERR458495/ERR458495.fastq.gz
wget ftp://ftp.sra.ebi.ac.uk/vol1/fastq/ERR458/ERR458500/ERR458500.fastq.gz
```

```
wget ftp://ftp.sra.ebi.ac.uk/vol1/fastq/ERR458/ERR458501/ERR458501.fastq.gz
wget ftp://ftp.sra.ebi.ac.uk/vol1/fastq/ERR458/ERR458502/ERR458502.fastq.gz
```

其中,ERR458500,ERR458501 和 ERR458502 是酿酒酵母 SNF2 的突变型(记为 mu),ERR458493,ERR458494 和 ERR458495 是对应的野生型,即 SNF2 没有突变(记为 wt)。

首先,使用 FastQC 来评估下载的 RNA-Seq 测序数据的数据质量。输入的文件是 fastq (未压缩或压缩的)。除了列出读段的数目及其质量编码外,FastQC 还报告并可视化有关碱基质量和内容、读段长度及 k-mer 内容的信息,也有含糊不清的碱基和重复 reads 信息。

下面的命令生成一个质量报告,并为结果文件生成一个压缩包 ERR458493_fastqc.zip。

```
fastqc ERR458493.fastq.gz
```

通过 FastQC 处理后生成了名为"ERR458493_fastqc.html"的文件。

将文件下载到本地查看,如图 8-7~图 8-9。

Basic Statistics

Measure	Value
Filename	ERR458493.fastq.gz
File type	Conventional base calls
Encoding	Sanger / Illumina 1.9
Total Sequences	1093957
Sequences flagged as poor quality	0
Sequence length	51
%GC	43

图 8-7 显示基本的质量控制统计信息

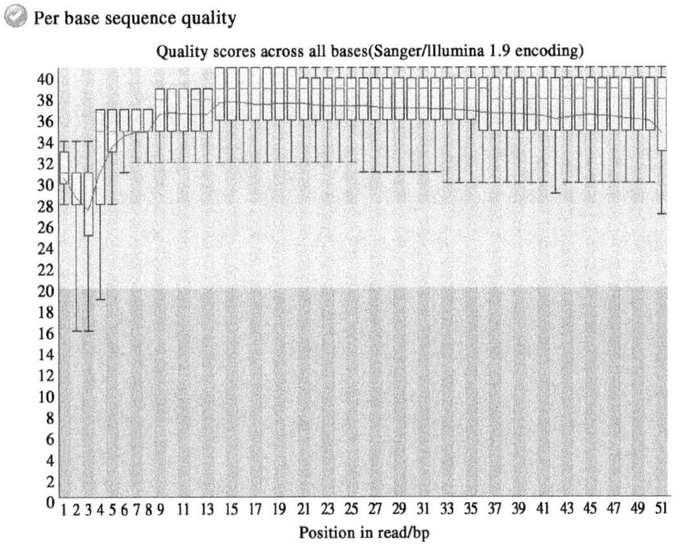

图 8-8 测序数据的碱基序列质量

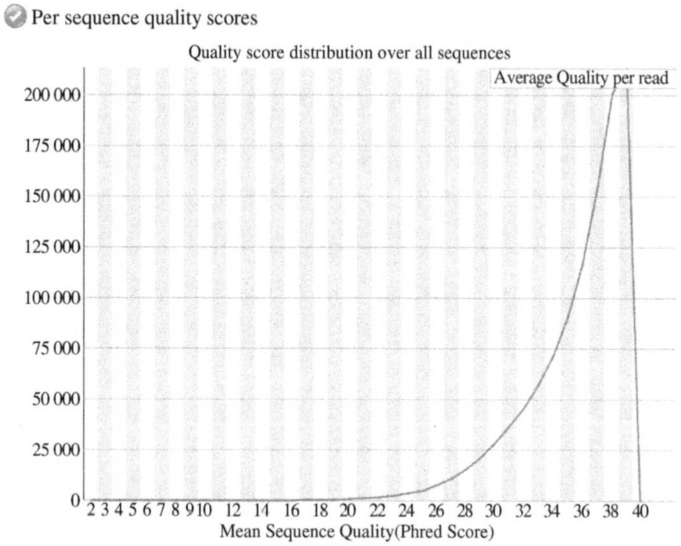

图 8-9　测序数据中每条 reads 的质量得分均值的分布情况

在结果中，碱基含量正常；GC 含量接近理论值（图 8-7），良好；其他指标也正常（图 8-8，图 8-9），即表明该测序数据的测序质量良好，可以进行之后的步骤。

随后，使用 STAR 将 fastq 文件中的数据回帖到参考基因组上。STAR 是一个快速的回帖软件，但是它比 TopHat 需要更多的内存。根据 STAR 手册称 31 GB RAM"对于人类和老鼠是足够的"，但对于人类基因组，如果以适当的方式建立了参考索引的话，也有可能在 16 GB 的内存中运行 STAR。STAR 可以对剪接点进行搜索，可以包含任意数目的剪接点、插入/缺失和不匹配，并且它可以应对质量差的末端。最后，它可以回帖长的读段，甚至回帖全长 mRNA。

在对数据进行回帖前，首先要准备参考基因组。在本例，需要首先下载酿酒酵母的参考基因组（fasta 文件）以及注释文件（gff 文件）。具体的下载方法如下。

首先，进入 Ensembl 网站（https://asia.ensembl.org/index.html）。从网页左侧的下拉菜单中选择 Saccharomyces_cerevisiae，这是一个酵母菌物种。网页会自动跳转到酿酒酵母相关信息的页面。点击下载 fasta 文件，跳转到 ftp 网站。找到文件 Saccharomyces_cerevisiae. R64-1-1.dna_sm.toplevel.fa.gz 并点击下载。用相似的方法也可以下载对应的注释文件 gff。后续的实验将这两者的名字命名为 R64.fa 与 R64.gff.

一旦下载后，便可以通过以下命令查看后续实验中使用的文件内容（Linux 系统）。

```
zcat ERR458493.fastq.gz | head
zcat ERR458493.fastq.gz | wc -l
less R64.fa
less R64.gtf
```

使用 less 命令时，可按空格键进入下一页，或按 q 键退出。用 wc -l 命令可计算文件中的行数。由于每个序列读数在 fastq 文件中占 4 行，行数除以 4 就得到了文件中测序读数的数量。

随后，通过 STAR 为参考基因组建立索引。

```
STAR --runMode genomeGenerate --runThreadN 2 --genomeDir genome \
    --genomefastaFiles R64.fa --sjdbGTFfile R64.gtf \
    --sjdbOverhang 50
```

参数说明如下：

[--runThreadN]：线程数。

[--runMode genomeGenerate]：构建基因组索引。

[--genomeDir]：索引目录(genome 一定要是已存在的文件夹，需提前建好)。

[--genomefastaFiles]：基因组文件。

[--sjdbGTFfile]：基因组注释文件。

[--sjdbOverhang]：reads 长度减 1。

索引构建完成后，就可以看到 genome 文件夹中生成了以下文件(如图 8-10 所示)。

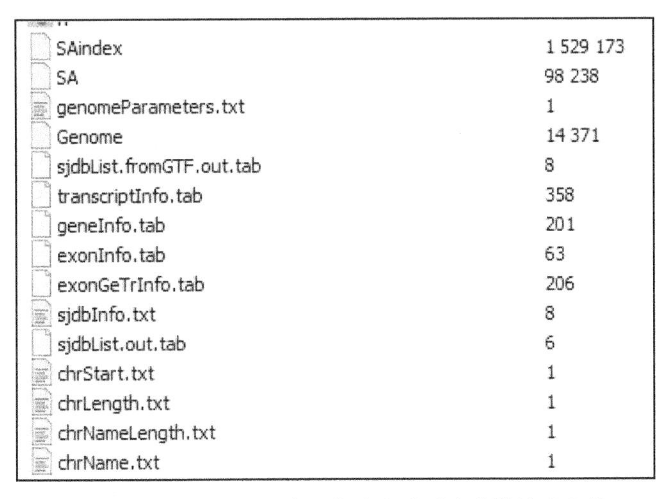

图 8-10　运行 STAR 索引构建完成后生成的结果文件

有了索引后，就可以进行 reads 回帖到参考基因组的步骤了。

```
STAR --quantMode GeneCounts --genomeDir genome --runThreadN 2 \
    --readFilesIn ERR458493.fastq.gz --readFilesCommand zcat \
    --outFileNamePrefix wt1_ --outFilterMultimapNmax 1 --outFilterMismatchNmax 2 \
    --outSAMtype BAM SortedByCoordinate
```

其中的参数说明如下：

[--quantMode GeneCounts]：将 reads 回帖至转录本序列。

[--genomeDir]：索引目录。

[--runThreadN]：线程数。

[--readFilesIn]：输入 fastq 文件的路径。

[--readFilesCommand]：对 fastq 文件进行操作。

[--outFileNamePrefix]：输出文件前缀。

[--outFilterMultimapNmax]：每条 reads 输出回帖结果的数量。

[--outFilterMismatchNmax]：回帖时允许的最大错配数。

[--outSAMtype BAM SortedByCoordinate]：输出 BAM 文件并进行排序。

在回帖完成后，STAR 的输出文件如下所示：

Aligned.out.sam：按 SAM 格式的回帖（没有回帖的读段不包括在内）。

SJ.out.tab：一个制表符分隔的文件，载有关于回帖到剪接点的信息。

Log.out，Log.final.out，Log.progress.out：如同名称所指示的，这些都是日志文件，提供有关运行如何进行的各种信息。Log.final.out 文件往往是令人感兴趣的，因为它提供了有用的回帖统计量。请注意读段的数目和读段的长度暗示了读段配对。

同时，可以查看一下回帖之后映射的结果。

```
less wt1_Log.final.out
less wt1_ReadsPerGene.out.tab
```

其中，wt1_Log.final.out 文件提供了回帖的一些基本统计信息。

wt1_ReadsPerGene.out.tab 文件为每个基因的读数（counts）。这四列是：

第 1 列：基因 ID；

第 2 列：不区分正负链的 RNA-Seq 的计数；

第 3 列：与 RNA 的正链回帖的读数计数；

第 4 列：与 RNA 的负链回帖的读数计数。

使用第 2 列来处理不区分正负链的 RNA-Seq 数据。使用第 4 列为回帖到正链上的 RNA-Seq 数据。对回帖到负链上的 RNA-Seq 数据则使用第 3 列。对于本实验，需要使用第 2 列信息，因为数据是不区分正负链的。

在后面的研究中，主要使用第 2 列的数据，因此将这些数据提取后写入文件 gene_count.txt。语句如下所示：

```
paste wt1_ReadsPerGene.out.tab wt2_ReadsPerGene.out.tab wt3_ReadsPerGene.out.tab mu1_ReadsPerGene.out.tab mu2_ReadsPereadsPerGene.out.tab | cut -f1,2,6,10,14,18,22 | tail -n +5 > gene_count.txt
```

随后，通过 samtools 生成索引文件：

```
samtools index wt1_Aligned.sortedByCoord.out.bam
```

接下来，便可以对回帖后的结果进行可视化。在本例中，通过使用 IGV 进行可视化的操作。

IGV 只需要导入参考基因组文件以及 bam 或者 bw 文件即可。

使用 IGV 创建基因数据库,如图 8-11 所示。

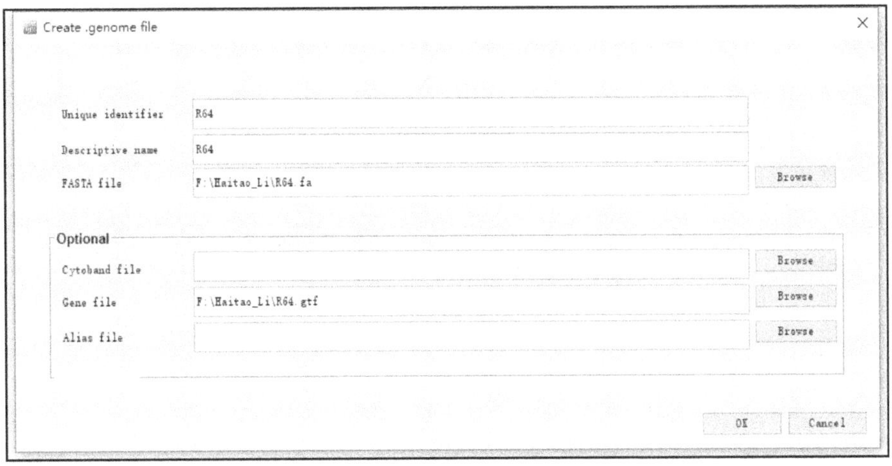

Create .genome file

Unique identifier　R64

Descriptive name　R64

FASTA file　F:\Haitao_Li\R64.fa　Browse

Optional

Cytoband file　Browse

Gene file　F:\Haitao_Li\R64.gtf　Browse

Alias file　Browse

OK　Cancel

图 8-11　使用 IGV 创建基因数据库

而后,将回帖后的 bam 文件导入 IGV,在 IGV 可视化窗口中进行查看,在区间搜索直接搜索基因 id 即可。在本例中(图 8-12),通过选择基因 PHO12(YHR215W)进行可视化操作,该基因位于 8 号染色体区间 VIII: 550 691—554 910,通过 IGV 的可视化可以清晰地看出,野生型(wt)表达量明显高于 SNF2 突变型(mu)。

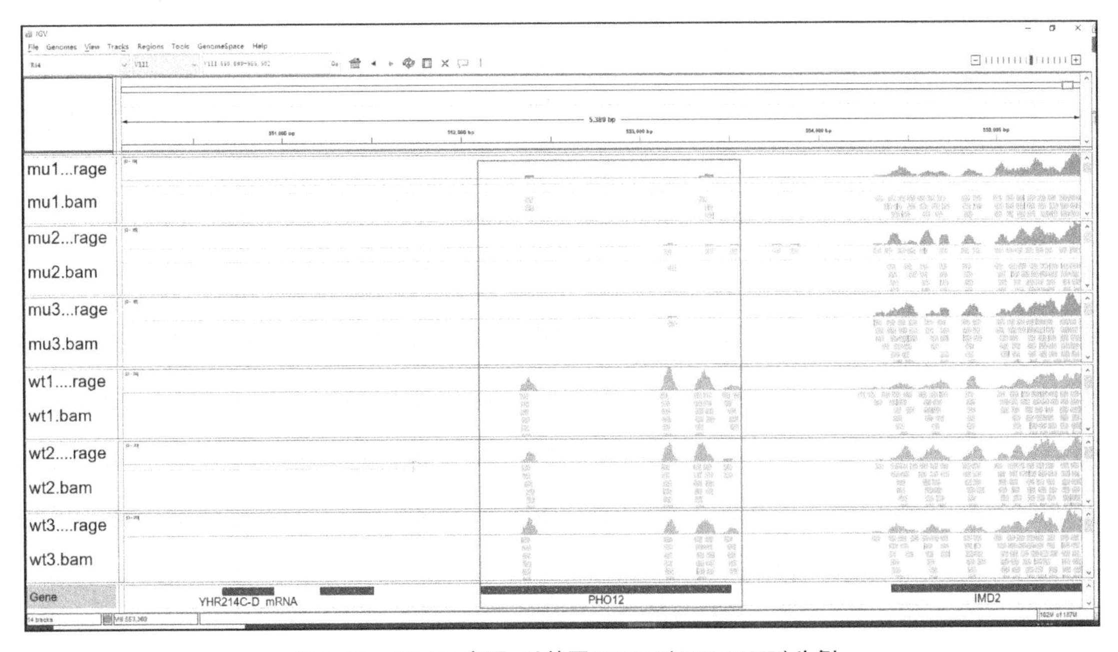

图 8-12　IGV 示意图,以基因 PHO12(YHR215W)为例

随后，需要对回帖后的 RNA-Seq 数据进行基因表达定量和差异表达分析，这里可以使用 R 包 DESeq2 进行后续分析。DESeq2 的开发者提供了一份清晰的如何使用该软件的说明（https://www.bioconductor.org/packages/devel/bioc/vignettes/DESeq2/inst/doc/DESeq2.html）。

顺便提一下，在 R 的 Bioconductor 项目中有许多差异表达分析软件包可用于 RNA-Seq，包括 edgeR 和 limma 包，还有非参数的 NOISeq，贝叶斯方法的 BitSeq，baySeq，以及 ebSeq 和 tweeDESeq。

首先将使用 STAR 得到的 gene_count.txt 文件中的数据传入 R 中，并且需要按照分组信息构建分组矩阵，在本例中，将未突变的样本定义为对照组(WildType)，将 SNF2 突变的样本定义为突变组(Mutation)。其他信息细节请参考 DESeq2 说明文档。本示例中 R 语言代码如下：

```
library(DESeq2)
library(ggplot2)
cts <-as.matrix(read.csv("gene_count.txt", sep="\t", row.names=1, header=FALSE))
condition <- factor(c(rep("WildType",times=3),rep("Mutation",times=3)))
coldata <-data.frame(row.names=colnames(cts),condition)
dds <-DESeqDataSetFromMatrix(countData = cts,colData = coldata,design = ~ condition)
```

首先，可以获取差异表达基因列表，其代码如下：

```
dds<-DESeq(dds)
resultsNames(dds)
res <-results(dds, name="Genotype_wt_vs_mu")
summary(res)
```

在实际研究中，可能希望以各种方式可视化地查看数据。用于检查潜在的离群值或样本差错的一个常用的方法是对样本绘制一个主成分分析(PCA)图。当然，这一点也可以在差异表达分析之前进行。DESeq2 提供一个方便的函数，用于将数据转换成更适合主成分分析的可视化形式。

```
vsd <-vst(dds, blind=FALSE)
pcaData <-plotPCA(vsd, intgroup=c("condition"), returnData=TRUE)
percentVar <-round(100 * attr(pcaData, "percentVar"))
ggplot(pcaData, aes(PC1, PC2, color=condition)) +
geom_point(size=3) +
xlim(-2.5, 2.5) +
ylim(-1, 1) +
xlab(paste0("PC1: ",percentVar[1],"% variance")) +
ylab(paste0("PC2: ",percentVar[2],"% variance")) +
geom_text(aes(label=name),vjust=2)
```

从 PCA 图可以看出(图 8-13),仅通过第一主成分,可以很好地将酿酒酵母的突变型与野生型很好地进行区分。

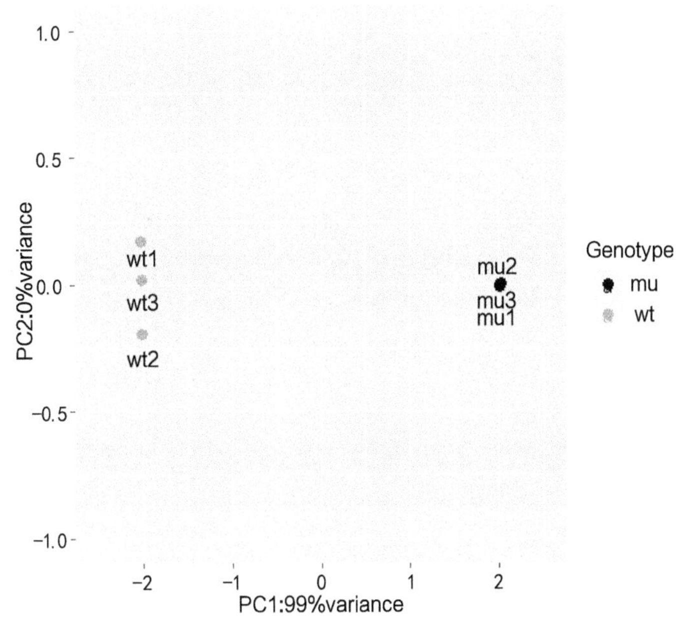

图 8-13 转录组测序样本的 PCA 图示

mu 表示 SNF2 基因突变的样本,wt 表示没有突变的对照组样本

火山图可以非常直观且合理地筛选出在两组样本间发生差异表达的基因。火山图只是一个散点图,其中所有特征的倍数变化值在水平 (*X*) 轴上,−log10 转换的 *P* 值在垂直 (*Y*) 轴上。该图被称为火山图,是因为它像一座正在爆发的火山,熔岩溅到所有的地方。火山图给出表达不足和过表达的基因的大致数目及其统计显著性的直观概况。

在这里,可以将 log2FoldChange 的阈值设定为 2,adjust-pvalue 的阈值设定为 0.01,也就是说倍数变化在 2 倍且校正的 p-value 小于 0.01 的基因表达方可定义为差异表达基因。使用 ggplot2 的 R 包对其进行绘制,具体的代码如下:

```
resdata $ change <-as.factor(
    ifelse(
        resdata $ padj<0.01 & abs(resdata $ log2FoldChange)>2,
        ifelse(resdata $ log2FoldChange>1, "Up", "Down"),
        "NoDiff"
    )
)
valcano <-ggplot(data = resdata, aes(x = log2FoldChange, y = -log10(padj), color = change)) +
    geom_point(alpha = 0.8, size = 2) +
    theme_bw(base_size = 15) +
    theme(
```

```
        panel.grid.minor = element_blank(),
        panel.grid.major = element_blank(),
        plot.title = element_text(hjust = 0.5,size = 20,face = "bold")
    ) +
    ggtitle("DESeq2 Valcano") +
    scale_color_manual(name = "", values = c("#DC143C","#00008B","#808080"), limits = c("Up",
"Down", "NoDiff")) +
    geom_vline(xintercept = c(-2, 2), lty = 2, col = "gray", lwd = 0.5) +
    geom_hline(yintercept = -log10(0.01), lty = 2, col = "gray", lwd = 0.5) +
    geom_text_repel(data = resdata[resdata $ padj < 0.01 & abs(resdata $ log2FoldChange) > 2,], aes(x =
log2FoldChange, y = -log10(padj), label = as.character(Row.names)), size = 3, segment.color = "black", show.
legend = FALSE)
valcano
```

绘制出的火山图如图 8-14 所示，红色部分表示突变组中基因表达显著上调的基因，而蓝色表示基因表达显著下调的基因，灰色点则表示没有显著变化的基因。

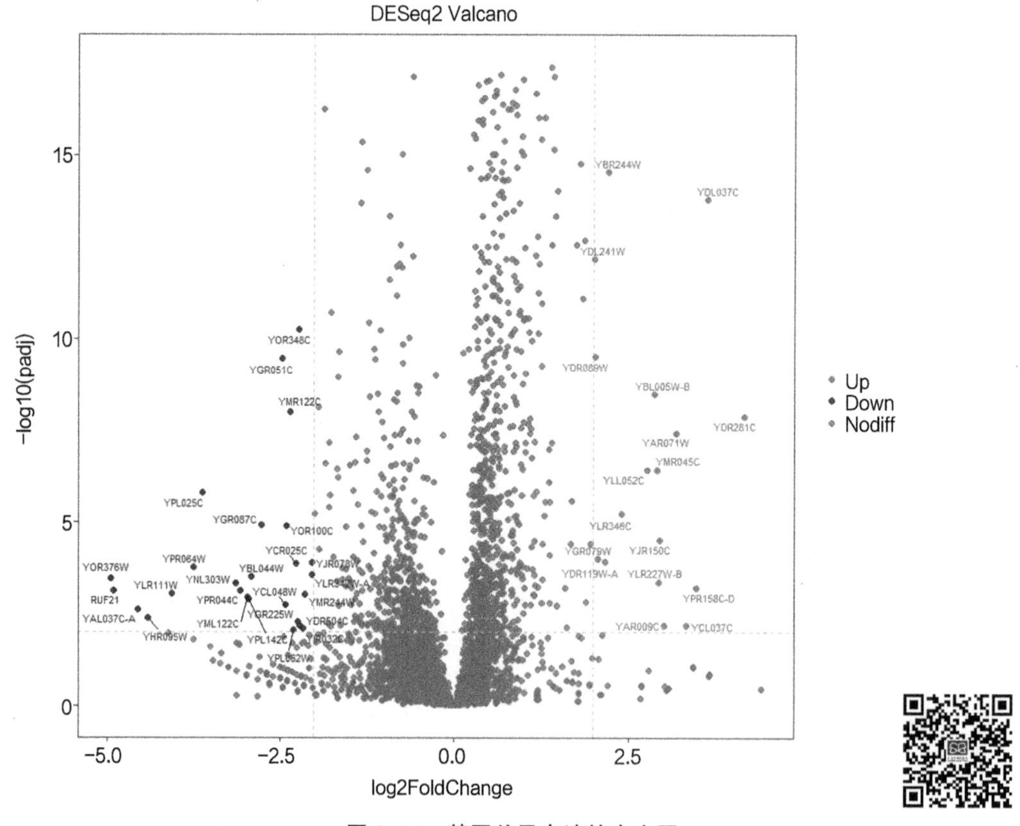

图 8-14 基因差异表达的火山图

MA 图也是一种散点图，其中基因的平均表达量放在 X 轴上，表达倍数变化或对数比放在 Y 轴上。MA 图广泛应用于 DNA 微阵列生物信息学领域，也可用于 RNA-Seq 实验中。表达量很低的基因通常有非常嘈杂的倍数变化的估计。最好是缩小低读数基因的倍数变化，但不要过多地缩小高表达基因的倍数变化。DESeq2 已经实现了几种不同的收缩算法。DESeq2 的开发者推荐使用 apeglm 方法进行缩减。

接下来，通过 DESeq2 的 plotMA 以及 lfcShrink 来实现 apeglm 方法对 MA 图的绘制，代码如下所示：

```
res <-results(dds, name = "Genotype_mu_vs_wt")
res_shrink <-lfcShrink(dds, coef = "Genotype_mu_vs_wt", type = "apeglm")
pdf("res_shrink.pdf")
plotMA(res_shrink, main = "Shrinkage by apeglm", alpha = 0.05, ylim = c( -4,4))
dev.off()
```

执行后的结果如图 8-15 所示。

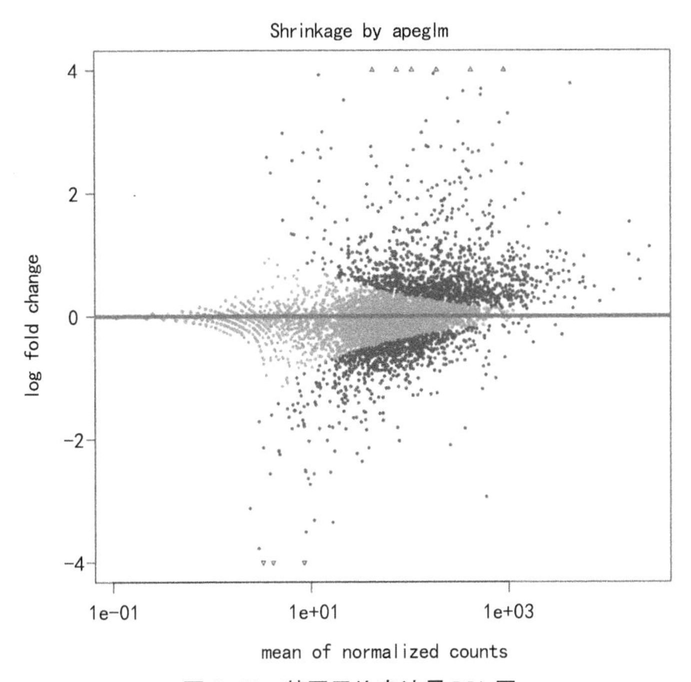

图 8-15　基因平均表达量 MA 图

热图是使用色阶来显示特征(基因、外显子等)的表达值的一种可视化方法。特征通常按列(样本)和行(特征)排列，如同在原始数据矩阵中那样。每对特征-样本用一个小矩形代表，根据其表达值着色。经常在构造热图之前对样本和特征进行层次聚类，用聚类树将聚类显示在着色的数据矩阵的左侧和顶部。

随后，通过 ggplot2 绘制热图，代码如下：

```
dds <- dds[rowSums(counts(dds))>0,]
dds <- estimateSizeFactors(dds)
```

```
counts.sf_normalized <- counts(dds,normalized = TRUE)
log.norm.counts <- log2(counts.sf_normalized + 1)
hm.mat_DGEgenes <-log.norm.counts[DGEgenes,]
colnames(hm.mat_DGEgenes) <- c("WT_1","WT_2","WT_3","SNF_1","SNF_2","SNF_3")
aheatmap(hm.mat_DGEgenes,Rowv = TRUE,Colv = TRUE,distfun = "euclidean", hclustfun = "average", scale = "
row")
```

热图如图 8-16 所示,通过该热图可以看出,突变组(左侧三列)与对照组(右侧三列)在差异基因中的表达模式有显著的不同,差异表达基因将表达模式相似的样本聚为一类,如图可清晰地看出突变组三个样本聚为一类,对照组三个样本聚为一类。

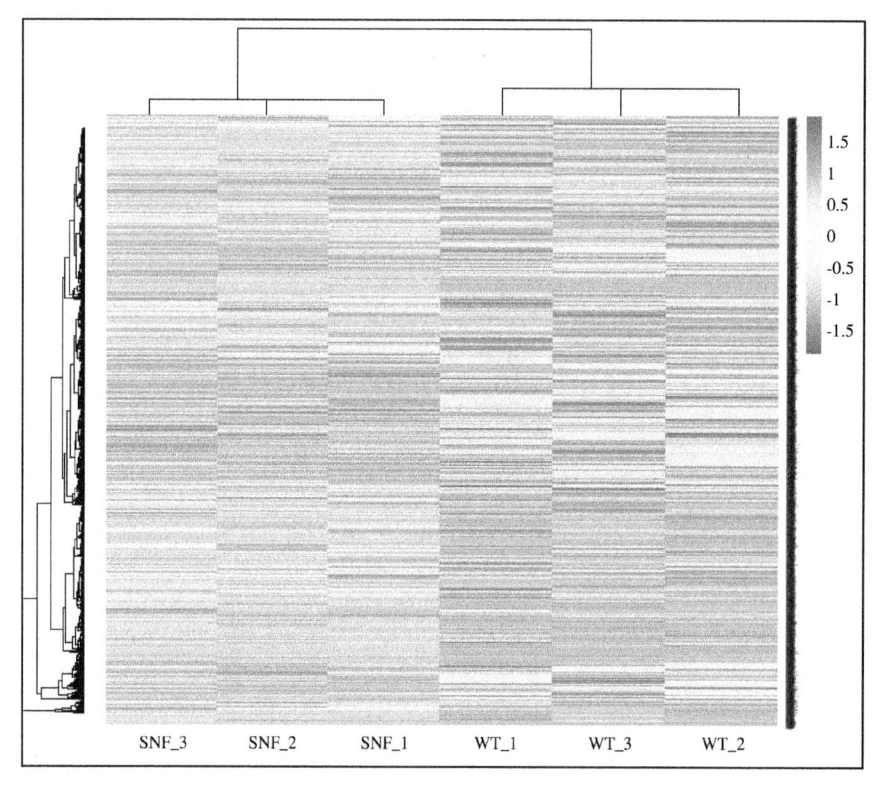

图 8-16 基因差异表达可视化热图

参考文献

[1] Andrews S. FastQC: A quality control tool for high throughput sequence data[R]. 2010.

[2] Schurch N J, Schofield P, Gierliński M, et al. How many biological replicates are needed in an RNA-Seq experiment and which differential expression tool should you use? [J]. RNA(New York, N Y), 2016, 22(6): 839-851.

(编者:袁少勋、李海涛、刘宏德)

第九章　转录因子结合数据及其分析

9.1 引言

DNA与蛋白质之间的相互作用涉及诸多生物学过程，比如：DNA的复制、基因的转录等。满足某些条件的蛋白质能够与DNA特异结合，从而起到转录调控的作用，这些蛋白质被称作转录因子（Transcription Factors，TFs）。TFs通过识别特定的DNA序列来控制染色质和转录，进而调节细胞分化、发育等过程。TFs的不正常功能常与癌症等疾病的发生有关。

转录因子有其特定的靶基因（Target Genes），转录因子激活靶基因的转录具有细胞类型特异性和环境特异性，也就是转录因子在基因组DNA上结合的位置是依细胞类型和环境发生变化的。因此，分析转录因子在基因组DNA上的结合，是分析细胞行为、特征、疾病机理，识别潜在药物靶点等的重要内容。

染色质免疫沉淀测序（ChIP-seq）是在组学层面研究转录因子结合的主要手段。ChIP-Seq数据分析的主要任务是识别特定转录因子的基因组结合位置，以及该转录因子调控的靶基因。基于二代测序的ChIP-Seq，获得的是与TF结合有关的DNA片段信息（reads）。计算上，需要有数学模型来识别在统计学上显著的reads富集的区域（峰）；也包括比较两种条件或者两种细胞之间ChIP-Seq峰的差异；最后，需要分析这些峰对应的DNA序列的模体（motif），以及这些峰对应的靶基因，进而分析调控规律。本章主要介绍ChIP-Seq数据分析的基础步骤以及常用的工具和用法。

9.2 ChIP-Seq及其数据分析流程概述

ChIP-Seq主要用于获取特定蛋白（例如转录因子）与DNA的结合位点信息以及组蛋白修饰位点信息。ChIP-Seq技术主要包含染色质免疫共沉淀（Chromatin Immunoprecipitation，简称ChIP）和高通量测序（Sequencing）两大部分。染色质免疫共沉淀主要通过生物学实验的方法获取与特定转录因子结合的DNA片段或者带有某种化学修饰（组蛋白修饰）的DNA片段；而随后的分析主要是利用计算方法识别结合或修饰位点。

一般的，ChIP-Seq实验及数据分析流程如图9-1所示。首先由生物学实验人员完成染色质免疫共沉淀实验；然后，利用ChIP技术获得的DNA片段进行文库的构建并进行高通量测序；之后，将测序获得的 reads 比对到参考基因组上，并使用特定的搜峰软件获得显著的“峰”，这些峰代表了蛋白质结合位点或者特定的修饰位点(依据实验设计而定)。根据这些显著性的峰，可以进行 motif 识别，功能富集分析，细胞染色质状态注释等各种下游分析。

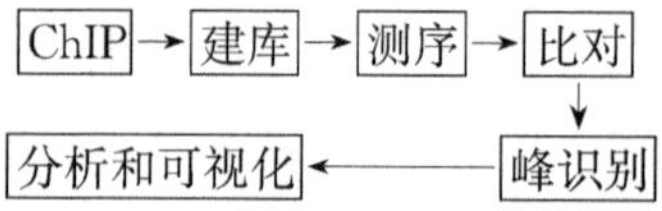

ChIP → 建库 → 测序 → 比对 → 峰识别 → 分析和可视化

图 9-1　ChIP-Seq 分析工作流程示例

9.3　ChIP-Seq 技术的原理、方法

9.3.1　ChIP-Seq 实验步骤及原理

染色质免疫共沉淀实验的简要步骤如图 9-2 所示。首先，使用甲醛将蛋白质与 DNA 进行交联。紧接着，使用超声或者内切酶将 DNA 片段化，片段的长度通常会在 200～600 bp。下一步，利用特异性的抗体免疫沉淀蛋白－DNA 复合物或具有特定组蛋白修饰的 DNA 片段。然后，将上述获得的 DNA 片段去交联后纯化。最后，对 DNA 片段进行文库构建和高通量测序。

通常，对于 ChIP-Seq 实验，还需要设计对照实验，以在后续的数据分析中排除掉一些假阳性的 ChIP-Seq 信号。可以使用如下的阴性对照，例如，使用一些由非特异性的抗体(例如 IgG)沉淀得到的 DNA 片段；使用 input DNA，即免疫沉淀前获得的随机打断的基因组 DNA 片段。虽然一些生物信息学软件(例如 MACS3)可以在没有对照样本的情况下搜峰，但是建议要准备对照样本，这对结果的准确性是有帮助的。

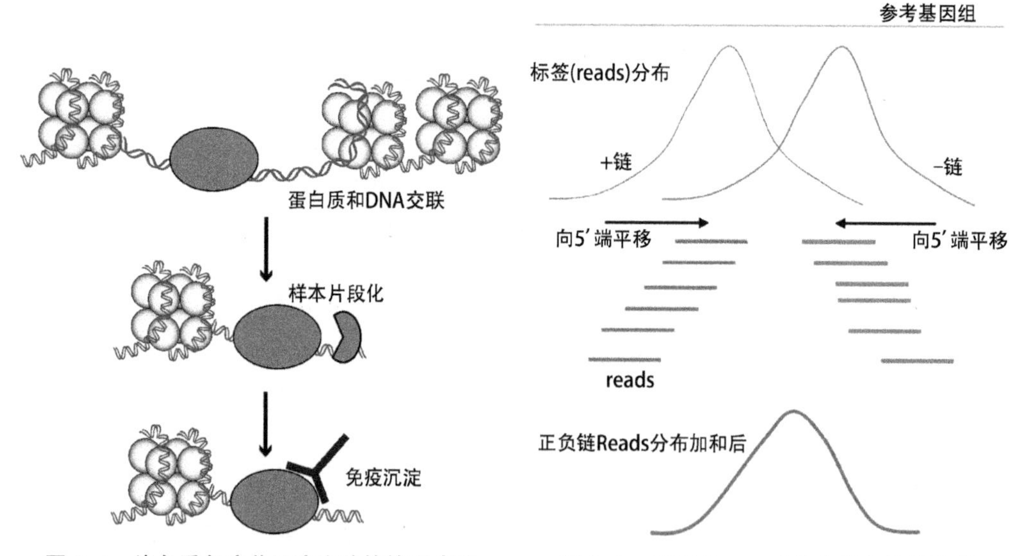

图 9-2　染色质免疫共沉淀实验的简要步骤　　图 9-3　ChIP-Seq read 分布产生的两个峰

测序后的 DNA 片段需要与参考基因组进行比对，之后，将这些短序列(Short reads)进行统计作图，由于 DNA 测序都是从 5′端开始，在正负链中均有 DNA 与蛋白质结合位点，因此，会得到从 3′端开始的和从 5′端开始的两个峰(图 9-3)，将这两个峰合并，最后变成一个

富集区域，就是需要识别的峰(peak)，该峰代表了蛋白质可能结合的区域。当然，由于技术原因，这个区域要比实际蛋白质结合区域宽。

9.3.2　ChIP-Seq 测序实验的设计

在进行 ChIP-Seq 实验时，可选择使用单末端或双末端测序(图 9-4)；选取的 DNA 序列长度在 36～100 bp 范围内，在这一长度范围内增加了 reads 在富集区域内的可比对性。

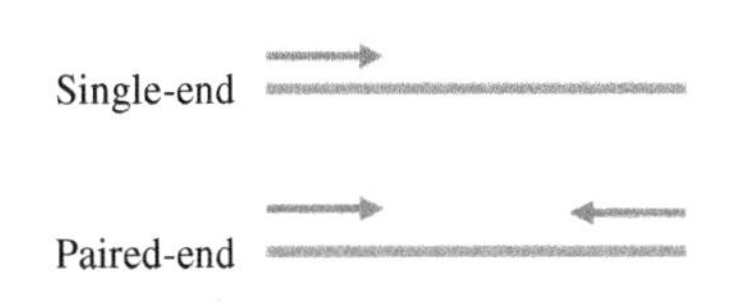

图 9-4　单端以及双端测序简单示意

ChIP-Seq 数据中，reads 的数量与结果的可靠性有一定关系。可靠结果所需 reads 的数量取决于参考基因组的大小和 DNA 结合蛋白结合位点的结合模式，包括转录因子的 DNA 结合位点形成的窄峰以及基因组和组蛋白修饰相关的位点形成的宽峰。哺乳动物细胞中，由转录因子形成的窄峰(Narrow Peak)需比对上 1 000万个 reads，宽峰(Broad Peak)需比对上 1 200 万至 2 000 万个 reads；苍蝇或蠕虫中的窄峰需比对上 200 万个 reads，宽峰需比对上 500 万至 1 000 万个 reads。

确定好测序深度后，需要设计重复性实验，以确保最后获得数据的准确性。

9.4　ChIP-Seq 数据分析流程

获得原始 ChIP-Seq 数据后(图 9-5)，需要将原始数据进行过滤，过滤掉低质量的 reads 以及各种污染片段；然后将得到的序列与参考基因组进行比对；比对完成后仍可进行数据清理，清理由 PCR 造成的重复 reads，去除黑名单区域(Blacklisted Regions，是指在 ChIP-seq 实验中经常产生假象以及噪音的基因组区域)等；然后使用过滤好的数据进行峰识别(Peak Calling)，识别转录因子结合位点；之后会得到一系列的峰，利用 IDR(Irreproducible Discovery Rate)评估重复样本间峰的一致性；得到高重复性的峰；最后进行下游分析，包括峰注释、基序(motif)分析等。峰注释是将峰的区间信息与注释文件中的信息相互比较，得出峰区间的注释信息。基序分析是从参考基因组中提取峰区间的序列信息，根据这些序列信息寻找结合位点碱基的组成和排列特征，motif 可以用于验证实验的准确性。

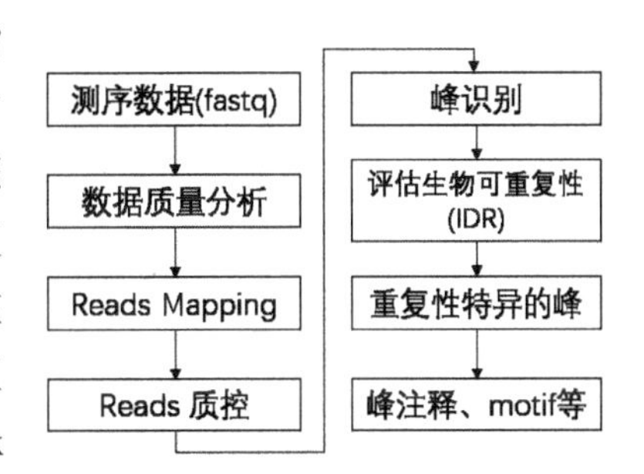

图 9-5　ChIP-Seq 数据分析基本流程

9.4.1　原始数据

原始数据就是测序平台产生的数据，一般是 fastq 格式。

9.4.2　数据质量评价

测序数据的质量控制是高通量测序数据分析的必备步骤。ChIP-Seq 数据的质量可以用 FastQC 评估。

在进行了质量控制后，需要将获得的 reads 比对到参考基因组上，以确定 reads 在基因组上的位置。目前，有多种序列比对软件可选。以下以 bowtie2 为例，说明 ChIP-Seq 数据的比对(回帖)(图 9-6)，bowtie2 是一个超高速的，节约内存且灵活与成熟的短序列比对工具。

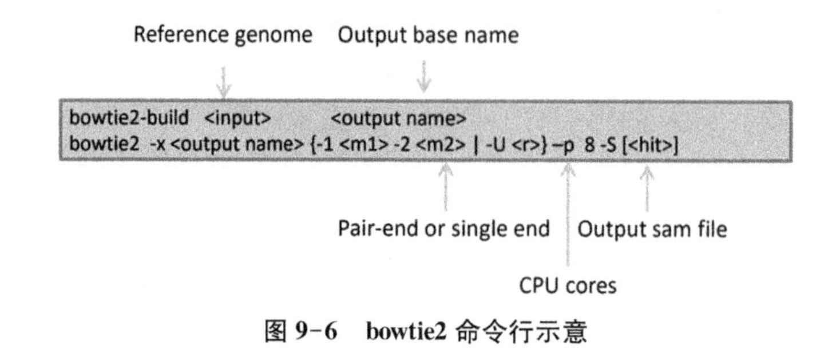

图 9-6 bowtie2 命令行示意

9.4.3 质量控制

经过序列比对后，需进一步进行质量控制。主要有以下几个方面：第一，过滤黑名单区域。这些区域在 ChIP-Seq 实验中经常会产生虚假的噪声信号。可以从一些公共数据库中下载获得各个物种的黑名单区域。第二，评估 ChIP-Seq 数据的复杂度(文库复杂度)。一般而言，复杂度低的文库产生的 ChIP-Seq 数据无法为研究带来足量有意义的信息(图 9-7)。NRF(Non-Redundant Fraction)可以用来定量文库复杂度，NRF 的定义见图 9-7。ENCODE 标准要求当有 1 000 万的唯一映射时，NRF 的值需大于 0.8。第三，提取唯一比对的 reads 以及去除 PCR 重复序列。注意，一个 read 比对到基因组的多个位置，和一个 read 有多个和它一样的 reads(重复 reads)是两回事！

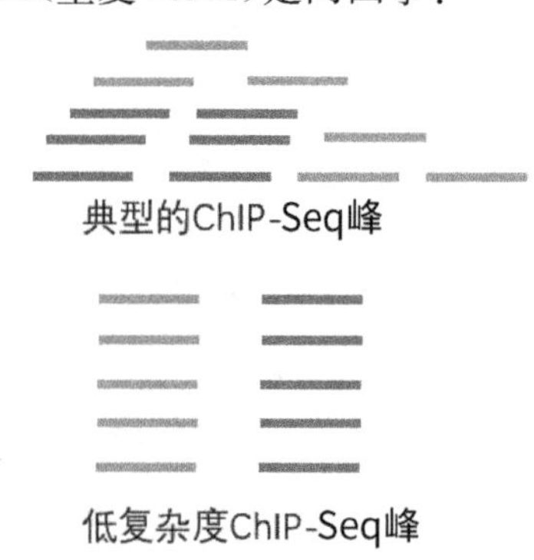

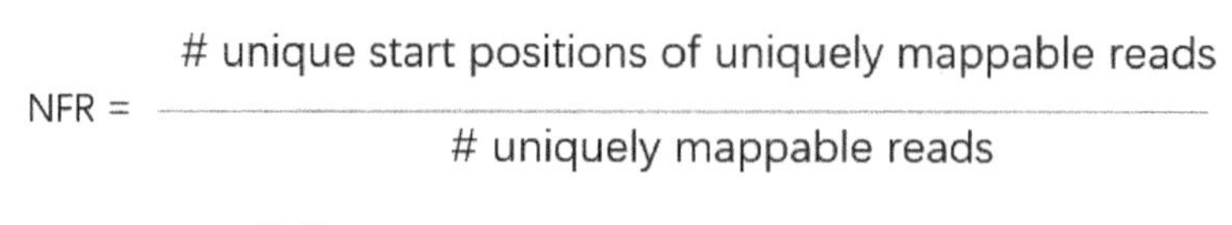

NFR = # unique start positions of uniquely mappable reads / # uniquely mappable reads

注：ENCODE推荐10M唯一比对的reads， NFR>0.8

图 9-7 Reads 比对示意图以及 NRF 计算方法

可使用 samtools rmdup 或 picard MarkDuplicates 工具提取唯一比对的 reads 以及去除 PCR 重复 reads。

过滤唯一比对的 reads 使用 bwa 输出中的 XT：A：U(用于标记 unique hit)来进行过滤,且要求序列比对质量大于 30：

```
-grep "XT：A：U" SEQUENCED.fastq.sam > SEQUENCED.fastq.sam.tmp
-samtools view -bhS -q 30 -F 4 -o SEQUENCED.fastq.bam SEQUENCED. fastq.sam.tmp
```

去除 PCR 重复 reads 则可用 picard 程序：

```
-picard.jar MarkDuplicates INPUT = SEQUENCED.fastq.bam
OUTPUT = SEQUENCED.fastq.bam.picard METRICS_FILE = rmdup.out
REMOVE_DUPLICATES = true ...
```

9.4.4 搜峰

搜峰(Peak Calling)是指搜索短序列(reads)在基因组上比较集中的区域,确定转录因子与 DNA 的结合位置。搜峰是 ChIP-Seq 数据分析中很重要的步骤。

对于峰,有窄峰和宽峰两种。对于不同的任务,一般会识别(call)不同的峰。一般而言,对于转录因子结合位点,寻找的应该是窄峰;而对于组蛋白修饰位点,不同的修饰一般建议识别不同的峰类型。根据 ENCODE 官方的说明,如下修饰应使用窄峰模式：H2AZ、H3ac、H3K27ac、H3K4me2、H3K4me3 以及 H3K9ac;而如下修饰应使用宽峰模式：H3F3A、H3K27me3、H3K36me3、H3K4me1、H3K79me2、H3K79me3、H3K9me1、H3K9me2 以及 H4K20me1。

9.4.4.1 正负链 reads 平移距离 *d*

目前最常用的峰识别工具是张勇等开发的 MACS(Model-based Analysis of ChIP-Seq)系列工具。目前,已更新到第三版,即 MACS3。MACS 的原理如图 9-8 所示,ChIP-Seq 测序所得的 reads 会在蛋白结合位点附近形成双峰的分布结构,MACS 通过建模来定位精确的蛋白结合位点。

测得的 reads 是跟随着转录因子结合蛋白一起沉淀下来的 DNA 片段的末端,所以需要从 reads 分布的信息中计算精确的转录因子结合的位点。一般认为,reads 来源于转录因子结合位点周围,所以只要找到 reads 分布的中心位置,即可以确定转录因子的结合位点。由于 reads 一部分来自正链,一部分来自负链,那么真正的结合位点就位于正链 reads 和负链 reads 分布的中心。识别这个中心,通常的做法是将 ChIP-Seq 的 reads 向 3′端方向位移一段距离 d (正链 reads 向左,负链 reads 向右)。MACS 正是利用这种思想识别“峰”的。由于转录因子结合特性的不同,不同的 ChIP-Seq 实验, d 的数值是不一样,即没有先验的取值参考。因此,需要从 reads 分布的信息中估算恰当的 d。

MACS 会在整个基因组随机抽取 1 000 个高质量的双峰,估算值。然后,将所有 reads

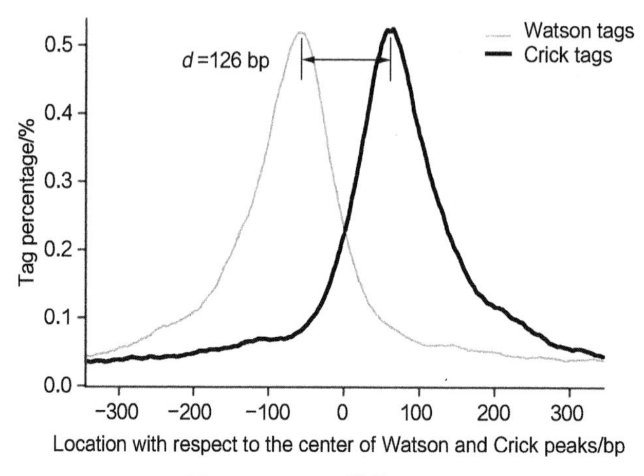

图 9-8　MACS 的简明原理

向 3′端方向移动 $d/2$ 的距离(图 9-8)。平移操作后的 reads 用于识别峰。

9.4.4.2　MACS 的峰识别模型

MACS 的峰识别基于泊松分布模型,认为 reads 来自从基因组上某个位置是一个泊松采样的过程。预先假设全基因组 reads 分布符合泊松分布,见公式(9-1)。

$$P(X=k)=\frac{e^{-\lambda}\lambda^{k}}{k!} \tag{9-1}$$

其中,λ 是期望,其估计方式见公式(9-2)。

$$\lambda_{local}=\max(\lambda_{BG},[\lambda_{region},\lambda_{1k}],\lambda_{5k},\lambda_{10k}) \tag{9-2}$$

其中,λ_{BG} 表示全基因组上读段的期望;λ_{region} 是对照样本中被检测区域的读段期望;λ_{1k}、λ_{5k} 和 λ_{10k} 是以被检测区域为中心,在 1 kb、5 kb、10 kb 范围内的读段期望值。λ_{local} 值被确定后便可以采用单尾检验,计算出被检测区域 reads 计数的 P 值。

以下,以 MACS3 为例介绍搜峰过程及结果。

MACS3 的下载地址为: https://github.com/macs3-project/MACS。MACS3 增加了一些新的特性,例如对速度和内存进行了优化,可以直接从 bam 文件中搜索峰区域的变异,对标签转移模型(tag-shifting model)进行了完善等。

下面给出三个常用的搜峰任务。

(1) 检测窄峰,通常用于获取转录因子结合位点。

```
macs3 callpeak [-t ChIP-seq treatment file] [-c Control filess] [-f Format of tag file] [-g Effective genome size]
[-n Experiment name] [-B Save into a bedGraph files] [-q Minimum FDR (q-value) cutoff for peak detection]
```

(2) 检测宽峰,通常用于获取组蛋白修饰位点。

```
macs3 callpeak [-t ChIP-seq treatment file] [-c Control filess] [--broad call broad peaks] [-g Effective genome
```

```
size] [--broad-cutoff Cutoff for broad region]
```

（3）Paired-end 模式，可用于检测 ATAC-Seq 的峰。

```
macs3 callpeak [-f Format of tag file] [-t ChIP-seq treatment file] [-g Effective genome size] [-n Experiment name] [-B Save into a bedGraph files] [-q Minimum FDR (q-value) cutoff for peak detection]
```

MACS3 得到的结果文件如图 9-9 所示，结果内容包括染色体 ID、峰值开始位置、峰值结束位置、区域长度、$-\log_{10}$ p－value、富集倍数、$-\log_{10}$ q－value 等。

Chr	Start	End	Length	$-\log_{10}$p-value	Fold enrichment	$-\log_{10}$q-value
chr1	13917095	13917284	190	25.95897	12.36291	20.51727
chr3	48264238	48264477	240	98.21003	31.35001	90.15012

图 9-9　MACS3 结果文件

MACS3 中基本参数包括：

[-t/--treatment FILENAME]：实验组，ChIP 的数据文件，这也是本软件的唯一必选参数，如果您有多个文件，则可以用-t A B C 来指定多个文件。

[-c/--control]：control 组，即 input 或 mock IP 文件。

[-n/--name]：实验的名称，自定义，MACS3 会根据用户给定的名称为结果文件自动生成前缀。

[--outdir]：指定文件夹。MACS3 将会把结果文件全部存入用户指定的文件夹中。

[-f/--format FORMAT]：指定输入文件的格式，默认是自动检测输入数据的格式，支持 ELAND、BED、ELANDMULTI、ELANDEXPORT、SAM、BAM、BOWTIE、BAMPE 或 BEDPE。另外，MACS3 可以检测并读取压缩文件。例如，.bed.gz 文件可以直接使用，而不需要用--format BED 进行解压缩。

[-g/--gsize]：有效基因组大小，由于基因组序列的重复性，基因组实际可以 mapping 的大小小于原始的基因组。这个参数要根据实际物种计算基因组的有效大小。软件里也给出了几个默认的-g 值：hs --2.7e9 表示人类的基因组有效大小；mm --1.87e9 表示小鼠的基因组大小；ce --9e7 表示线虫的基因组大小；dm --1.2e8 表示果蝇的基因组大小。

[-s/--tsize]：序列标签的大小。如果不指定，MACS 将尝试使用用户输入处理文件中的前 10 个序列来确定标签的大小。

[-q/--qvalue]：q 值（最小 FDR）的阈值。默认为 0.05。q 值是使用 Benjamini-Hochberg 程序从 p 值中计算出来的。

[-p/--pvalue]：p 值的阈值。如果指定－p，MACS3 将使用 p 值而不是 q 值。

[--min-length，--max-gap]：指定一个峰的最小长度和两个附近区域之间被合并的最大允许间隙。

[--nolambda]：如果该选项被指定，MACS 将使用背景 λ 作为局部 λ。

[--broad]：MACS 将尝试在 BED12 格式中合成宽泛的区域，将附近的高富集区域放到一个更宽的区域中，并采用宽松的阈值。默认是 FALSE。

[-B/--bdg]：是否输出 bedgraph 格式的文件。输出文件以 NAME＋'_treat_pileup.bdg' for treatment data，NAME＋'_control_lambda.bdg' for local lambda values from control 显示。

MACS3 包含的函数有：

callpeak：MACS3 的主要函数，从比对结果识别峰。

bdgpeakcall：从 bedgraph 中输出识别峰。

bdgbroadcall：从 bedgraph 中输出识别的宽峰。

bdgcmp：对 bedgraph 的两个 track 文件进行比较，去除噪音。

bdgopt：操作 bedgraph 文件中的得分列。

cmbreps：融合 replicates 的 bedgraphs 文件中的得分值。

bdgdiff：对四个配对的 bdg 文件进行差异峰检测。

filterdup：去除重复的 reads，然后转换为 bed 格式。

predictd：从比对结果中预测 fragment 大小。

pileup：重合堆积的比对 reads 延伸大小(fragment size or d in MACS language)，注意，由于没有过滤重复数据和测序深度扩展的步骤，所以可能需要进行某些后处理。

randsample：随机样本占全部 reads 的数量或比例。

refinepeak：(实验)对原始读数进行比对，细化峰值，并给出衡量正反向标记平衡的分数。这一函数的灵感来自 SPP。

callvar：从比对的 BAM 文件中识别特定峰区域的变异。

9.4.5 重复一致性评估

IDR(Irreproducibility Discovery Rate)通过比较峰(信号)在两个样本中排序一致性的比例来表征实验结果的重复性(图 9-10)。对于两次重复实验，显著性较高的峰在两次实验中应具有高度的一致性。IDR 目前是 ENCODE 数据库官方标准指南的一部分。

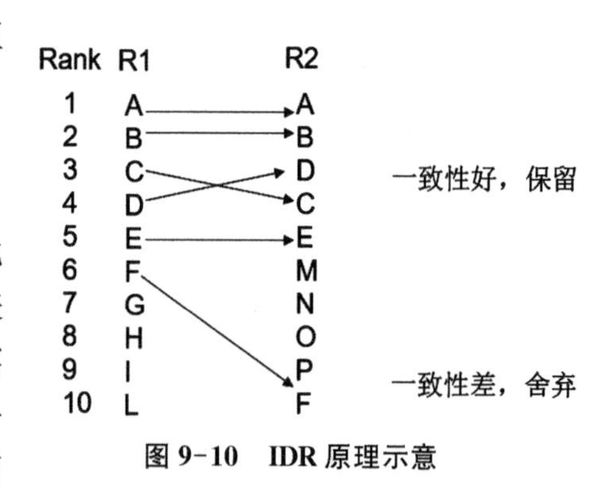

图 9-10 IDR 原理示意

idr 使用示例如下：

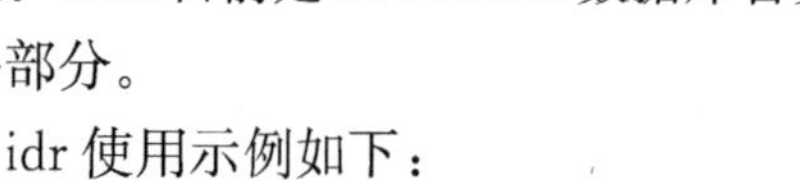

```
idr --samples peak1 peak2--input-file-type narrowPeak --rank p.value --output-file res --plot --log-output-file test.idr.log
```

其中，

[--samples]：窄峰(Narrow Peak)的输入文件(重复样本)。

[--input-file-type]：指定输入文件类型。支持 narrowPeak，broadPeak，bed 和 gff 四种格式。

[--rank]：指定对结果文件排序的列。其中可选 signal. value，p. value，q. value columnIndex。对于 narrowPeak 或 broadPeak，默认是 signal.value，对于 bed，默认是 score。

[--output-file]：输出文件。

[--plot]：为结果绘制图像。

[--log-output-file]：日志文件。

9.4.6　峰的合并及统计

bedtools 中 multicov 可以对比对到各个基因的 reads 进行计数。

bedtools 基因计数的方法：

bedtools multicov [OPTIONS] -bams aln. 1. bam aln.2.bam ... aln.n.bam -bed

图 9-11 是从原始数据比对基因组后进行搜峰过程的步骤及产生的文件。Peaks.narrowPeak 是最主要的结果文件，其中保存了峰的位置，以及 p 值，q 值等信息。

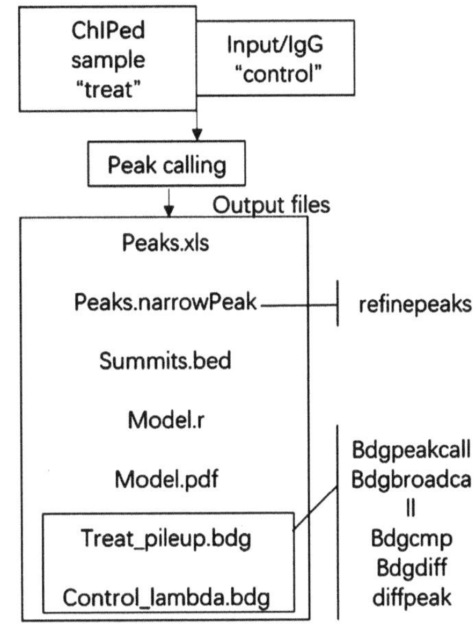

图 9-11　搜峰步骤及产生的文件

9.4.7　峰的可视化

IGV、WASHU EPIGENOME BROWSER 等工具可以用来可视化峰信息。此外，还可以使用 deeptools2，SeqPlots 等工具可视化 ChIP-Seq 数据在特定元件周围的分布，图 9-12 所示的是 H3K27ac 在 7 种细胞系中的分布情形。

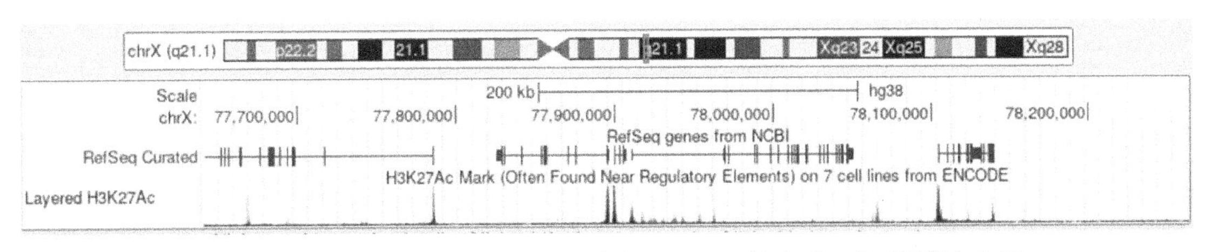

图 9-12　搜峰结果的可视化，7 种细胞中 H3K27ac 的峰以 7 种不同颜色表示

（图片来源：UCSC Genome Browser）

9.4.8　峰的注释

注释工具可以将通过 ChIP-Seq 获得的峰(peaks)分配到对应的基因组区域，例如启动子(promoter)，外显子(exon)，内含子(intron)，基因间区(intergenic)等区域。峰的注释工具有 homer，ChIPseeker 等。其中，homer 功能丰富。

9.4.9 靶基因功能富集分析

确定了转录因子的结合位点后，就可以推断出其可能调控的基因集（靶基因）。进一步，还可推断靶基因可能参与的生物学通路或潜在的生物学功能，实质就是富集分析。图9-13是使用R语言中clusterProfiler包绘制一组靶基因的KEGG通路分析结果。

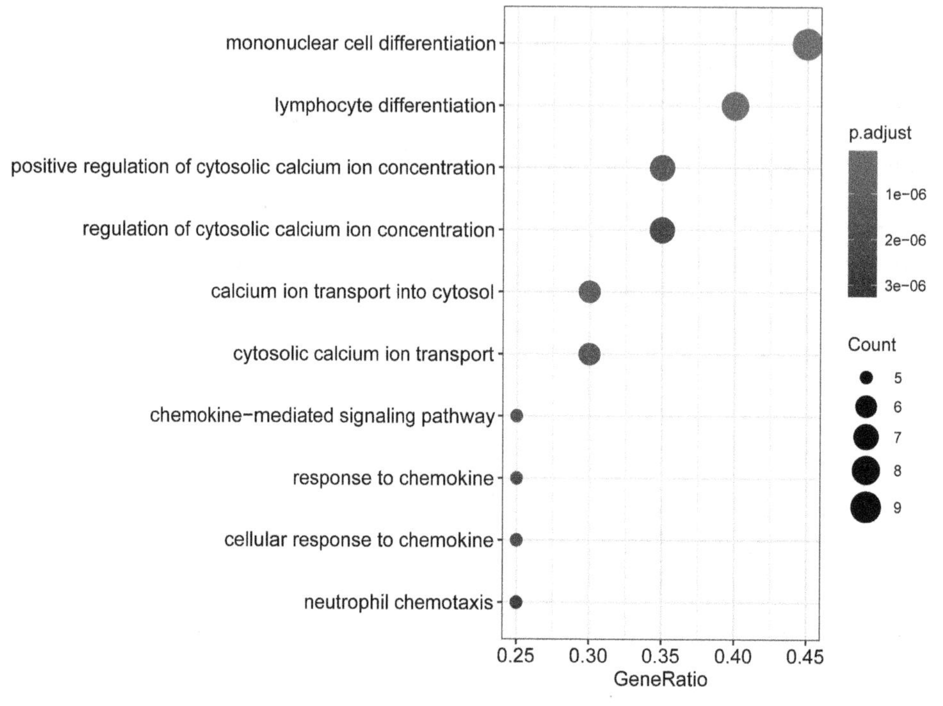

图9-13 KEGG通路分析结果

关于本节中涉及的生物信息学步骤，总结归纳了如下的一些工具，可根据需求选择使用，见表9-1。

表9-1 ChIP-Seq常用软件列表

用途	工具名称	工具地址
质量控制	FastQC	https://www.bioinformatics.babraham.ac.uk/projects/fastqc/
	Cutadapt	https://github.com/marcelm/cutadapt
	Trimmomatic	http://www.usadellab.org/cms/? page=trimmomatic
序列比对	BWA	http://bio-bwa.sourceforge.net/
	Bowtie/2	http://bowtie-bio.sourceforge.net/bowtie2/index.shtml
Peak calling	MACS3	https://github.com/macs3-project/MACS
	HOMER	http://homer.ucsd.edu/homer/ngs/peaks.html
	MUSIC	https://github.com/gersteinlab/MUSIC

（续表）

用途	工具名称	工具地址
Peak calling	SICER	https://home.gwu.edu/~wpeng/Software.htm
	SPP	http://compbio.med.harvard.edu/Supplements/ChIP-seq/
	PeakSeq	http://info.gersteinlab.org/PeakSeq
	IDR	https://www.encodeproject.org/software/idr/
其他	deepTools2	https://deeptools.readthedocs.io/en/develop/
	igv	https://software.broadinstitute.org/software/igv/
	SeqPlots	https://github.com/Przemol/seqplots
	EaSeq	https://easeq.net/
	ngsplot	https://github.com/shenlab-sinai/ngsplot
	clusterProfiler	https://bioconductor.org/packages/release/bioc/html/clusterProfiler.html
	ChIPseeker	https://www.bioconductor.org/packages/release/bioc/html/ChIPseeker.html
	Sambamba	https://lomereiter.github.io/sambamba/
	Samtools	http://www.htslib.org/
	Picard	https://broadinstitute.github.io/picard/
	bedtools	https://bedtools.readthedocs.io/en/latest/

9.5 转录因子结合位点分析

9.5.1 转录因子结合位点的表现形式

针对特定的转录因子，通过染色质免疫共沉淀实验以及后续的生物信息学数据分析，可以获得一系列可能含有结合位点的序列。通常，关于这些结合位点序列，有两方面的内容可进一步分析。第一，发现结合位点的共性。通过将序列排列对齐后，会发现一些特殊的序列模式，这种模式往往被多个序列所共享，且长度一般均较短，将这种模式称为模体(motif)，它是一组序列或子序列的共同模式，motif 通常被认为具有特定的潜在的生物学功能。第二，在识别了 motif 的基础上，预测未知序列（甚至基因组）上，是否有该 motif，如果有，说明该 motif 对应的转录因子可能在此位置结合，调控下游基因的转录。

转录因子结合位点(TFBS)是 DNA 与转录因子结合的位置，常见的表示方法主要有三种：(1)一致性序列(Consensus Sequence)。(2)序列 logo 图。(3)位置特异性得分矩阵(Position-Specific Scoring Matrix, PSSM)，又称为位置特异的权重矩阵(Position Weight Matrix, PWM)。

一致性序列指的是在经过序列比对后，获取每个位置上最可能的碱基(或氨基酸残基)，由此组成该 TFBS 的一致性序列。由于某个位置可能有多种碱基高频出现，因此可用 IUPAC 简并码表示。IUPAC 简并码见表 9-2。这种表示方法的缺点也显而易见：一致性序列仅展示了序列上的特点，而没有包含碱基(或氨基酸)的频率信息。

序列 logo 图(图 9-14)是比一致性序列更简洁直观的表示方法。序列 logo 图中的每一个位置都由碱基或氨基酸字母堆叠而成，特定位置上字母的总高度描述了该位置的信息含量。各个字母的高度代表了该碱基(或氨基酸)在该位置上的频率，碱基(或氨基酸)的大小与对应的频率成正比，频率越大，对应的字母越大，y 轴是频率分布，示意如图 9-14 所示。

表 9-2　IUPAC 简并码

核苷酸编码	碱基
A	腺嘌呤
C	胞嘧啶
G	鸟嘌呤
T 或 U	胸腺嘧啶或尿嘧啶
R	A 或 G
Y	C 或 T
S	G 或 C
W	A 或 T
K	G 或 T
M	A 或 C
B	C 或 G 或 T
D	A 或 G 或 T
H	A 或 C 或 T
V	A 或 C 或 G
N	任何碱基
—或.	gap

(a) 序列 logo 图

	A	C	D	T
1	0.278	0.232	0.365	0.126
2	0.174	0.267	0.421	0.138
3	0.126	0.665	0.208	0.001
4	0.001	0.001	0.001	0.997
5	0.001	0.001	0.997	0.001
6	0.465	0.001	0.001	0.533
7	0.001	0.997	0.001	0.001
8	0.997	0.001	0.001	0.001
9	0.255	0.325	0.369	0.05
10	0.001	0.402	0.267	0.331

(b) 位点频率矩阵

图 9-14　序列 logo 图

位置特异性得分矩阵(PSSM)是进行转录因子结合特性分析的首选形式。

图 9-15 演示了一种将位置频数矩阵(Position Frequency Matrix, PFM)转换成 PSSM 的过程。

pfm

A	5	0	1	0	0
C	0	2	2	4	0
G	0	3	1	0	4
T	0	0	1	1	1

$$\log\left[\frac{f(b,\ i)+s(n)}{p(b)}\right]$$

pssm

A	1.6	−1.7	−1.2	−1.7	−1.7
C	−1.7	0.5	0.5	1.3	−1.7
G	−1.7	1.0	−0.2	−1.7	1.3
T	−1.7	−1.7	−0.2	−0.2	−0.2

$TGCTG=0.9$

图 9-15　PFM 转 PSSM 矩阵图

图 9-15 中，$p(b)$ 表示背景中碱基频率，在缺乏先验知识的情况下，可将每个碱基的背景频率设置为 0.25。$f(b, i)$是碱基 b 在位置 i 的频数。为了避免矩阵项的值为 0，通常使用伪计数(或 Laplace estimators)，即 $s(n)$，$s(n)$ 的形式可有多种。

图 9-16 是将雌激素反应元件(ERE)的 PFM 转换成位置特异的权重矩阵(PWM)的过程。

(a)

A	18	8	5	4	1	29	7	7	7	0	1	39	1	1	6
C	8	3	3	9	33	4	21	15	14	0	0	1	43	39	18
G	13	31	34	9	8	10	11	15	19	4	44	3	0	1	6
T	7	4	4	24	4	3	7	9	6	42	1	3	2	5	16

(b)

A	0.58	-0.44	-0.98	-1.21	-2.29	1.22	-0.60	-0.60	-0.60	-2.96	-2.29	1.62	-2.29	-2.29	-0.72
C	-0.44	-1.49	-1.49	-0.30	1.39	-1.21	0.78	0.34	0.25	-2.96	-2.96	-2.29	1.76	1.62	0.46
G	0.16	1.31	1.44	-0.30	-0.44	-0.17	-0.06	0.34	0.65	-1.21	1.79	-1.49	-2.96	-2.29	-0.64
T	-0.60	-1.21	-1.21	0.96	-1.21	-1.49	-0.60	-0.30	-0.78	1.73	-2.29	-1.49	-1.84	-0.98	0.23

图 9-16　PFM 转 PWM 矩阵的实例

PWM 矩阵是在 PFM 矩阵的基础上发展而来，以图 9-16 所示的 PFM 矩阵为例，对矩阵中每个元素做以下操作，见公式(9-3)：

$$w(b, i) = \log_2 \frac{p(b, i)}{p(b)} = \log_2 \frac{\dfrac{\left(f_{b,i} + \dfrac{\sqrt{N}}{4}\right)}{(N + \sqrt{N})}}{p(b)} \tag{9-3}$$

其中，$f_{b,i}$ 为第 i 列碱基 b 的原始数据(PFM 矩阵元素)；N 为用于创建 PFM 的序列数(=列和)；$\dfrac{\sqrt{N}}{4}$ 和 $\sqrt{N}$ 为伪计数(小样本校正值)；$p(b)$ 为背景序列中碱基 b 的概率。

然后会得到如图 9-16(B)的 PWM 矩阵。获得 PSSM 或者 PWM 的目的在于定量扫描序列中是否存在 TFBS。

9.5.2　识别单个序列中的结合位点

识别单个序列中转录因子潜在的结合位点的主要原理是，使用滑窗扫描整条序列，而后根据 PSSM(或者 PWM)计算每个窗口的得分值。

图 9-17 是从单个序列中检测 TFBS 的方法，首先从 PWM 矩阵中计算得出 Abs_score 即各列得分的和[图 9-17(a)]。然后，如图 9-17(b)所示，计算出 Max_score 以及 Min_score 的值，通过这三个值可计算出相对得分(Relative Score)。该得分表示在窗口中 TFBS 存在的可能性。

通过枚举方式，可以计算随机情况下得分的分布图[图 9-17(c)]。利用该分布图，可以计算特定窗口得分的经验 p-value[图 9-17(c)]。

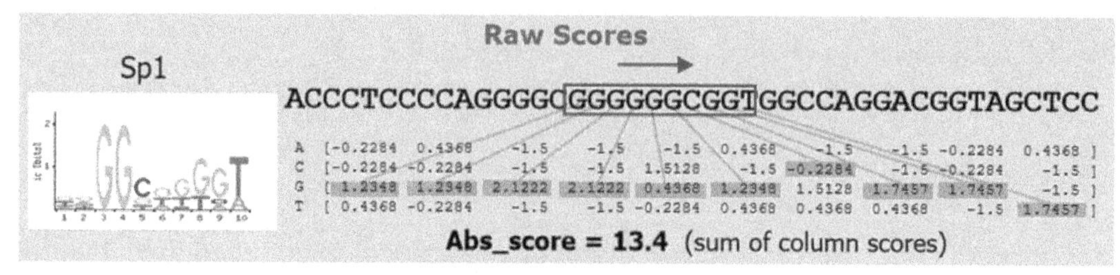

(a) 计算 Abs_score 的示意图

Relative Scores

	1	2	3	4	5	6	7	8	9	10
A	-0.2284	0.4368	-1.5	-1.5	-1.5	0.4368	-1.5	-1.5	-0.2284	0.4368
C	-0.2284	-0.2284	-1.5	-1.5	1.5128	-1.5	-0.2284	-1.5	-0.2284	-1.5
G	1.2348	1.2348	2.1222	2.1222	0.4368	1.2348	1.5128	1.7457	1.7457	-1.5
T	0.4368	-0.2284	-1.5	-1.5	-0.2284	0.4368	0.4368	0.4368	-1.5	1.7457

Max_score = 15.2 (sum of highest column scores)

	1	2	3	4	5	6	7	8	9	10
A	-0.2284	0.4368	-1.5	-1.5	-1.5	0.4368	-1.5	-1.5	-0.2284	0.4368
C	-0.2284	-0.2284	-1.5	-1.5	1.5128	-1.5	-0.2284	-1.5	-0.2284	-1.5
G	1.2348	1.2348	2.1222	2.1222	0.4368	1.2348	1.5128	1.7457	1.7457	-1.5
T	0.4368	-0.2284	-1.5	-1.5	-0.2284	0.4368	0.4368	0.4368	-1.5	1.7457

Min_score = -10.3 (sum of lowest column scores)

$$\text{Rel\_score} = \frac{\text{Abs\_score} - \text{Min\_score}}{\text{Max\_score} - \text{Min\_score}} \cdot 100\,\%$$

$$= \frac{13.4-(-10.3)}{15.2-(-10.3)} \cdot 100\% = \mathbf{93\%}$$

(b) Max_score 以及 Min_score 的计算

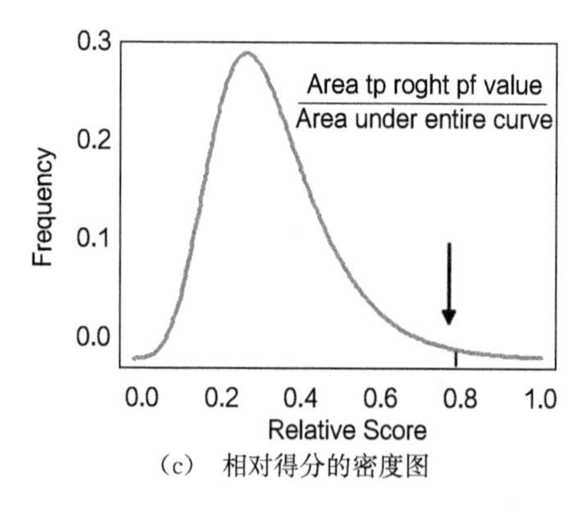

(c) 相对得分的密度图

图 9-17 从单个序列中检测 TFBS 的方法图

9.5.3 转录因子数据库及 Motif 分析工具

JASPAR 是一个免费公开的转录因子数据库，在该数据库中收录了转录因子的 motif 信息，可以用来预测转录因子与序列的结合区域。网址：http://jaspar.genereg.net/。

MEME 是一个从序列集合中进行 motif 分析的工具箱，提供了多种相关工具。网址：https://meme-suite.org/meme/。

MAST 能在数据库中搜索 motif。网址：https://meme-suite.org/meme/tools/mast。

接下来将介绍几个 motif 分析工具的使用。

9.5.3.1　WebLogo

WebLogo(https://weblogo.berkeley.edu/logo.cgi)是一款可以将序列可视化的软件，它是基于多序列比对，以图形的形式将保守区域展示出来。使用界面如图 9-18 所示，首先将比对后的序列，例如 ClulatlW 的输出文件上传，然后点击下方 Create Logo 按钮运行程序来制作“Logo”。

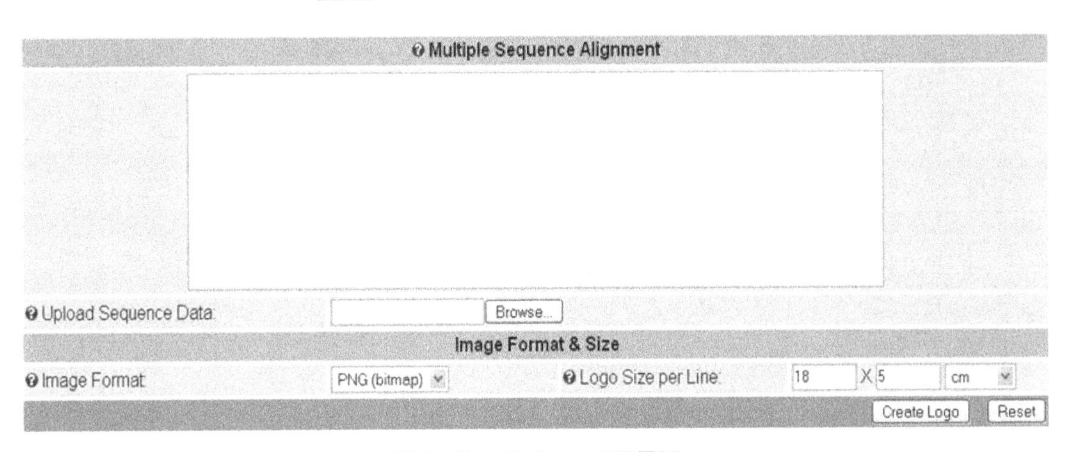

图 9-18　WebLogo 网页界面

运行后得到的文件如图 9-19 所示，分别是基因和蛋白质的 Logo 图像。其中某一位置上的总高度表示该位置的序列保守性，单个字母的高度表示该种碱基或氨基酸出现的可能性大小。

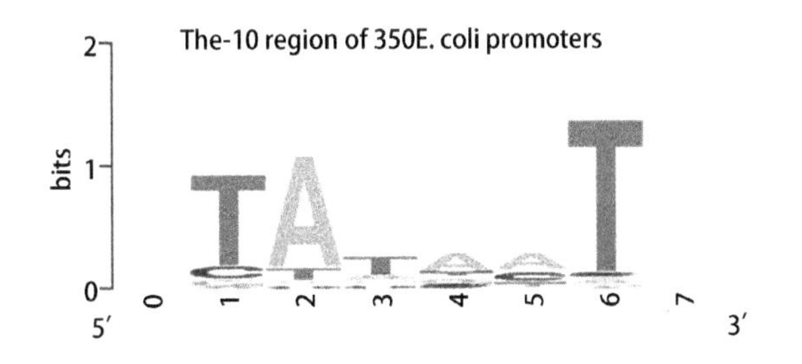

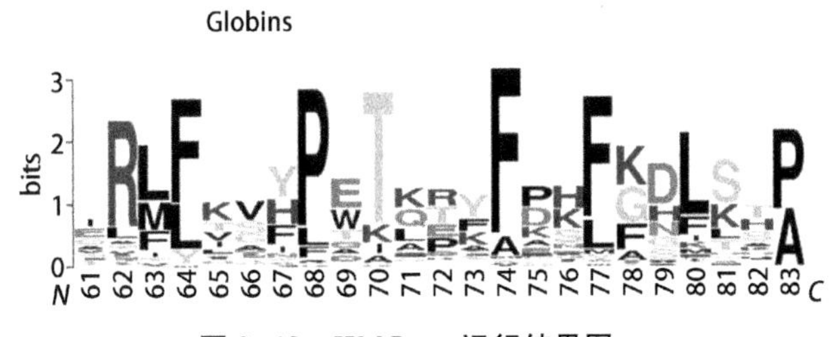

图 9-19　WebLogo 运行结果图

9.5.3.2　MEME

MEME 是能用于发现和分析序列 motif 的工具集，支持 DNA、RNA 或者蛋白质序列，对应的功能称之为 de novo motif discovery。MEME 能够标记 motif，在任何输入中都有多元的 motif，在 MEME 中预测到的 motif 分布也十分灵活，在某些序列中可能不存在motif，也可能在一条序列中一个motif反复出现多次。图9-20是MEME的使用界面，首先，选择motif的发现模式以及序列的类型；然后，上传序列，序列的格式是fasta格式，也可以手动输入序列；之后，选择期望的motif位点在序列中的分布情况；最后，选择估算motif的数量。高级功能里还有一些其他参数的设置，应根据需求调整这些参数。

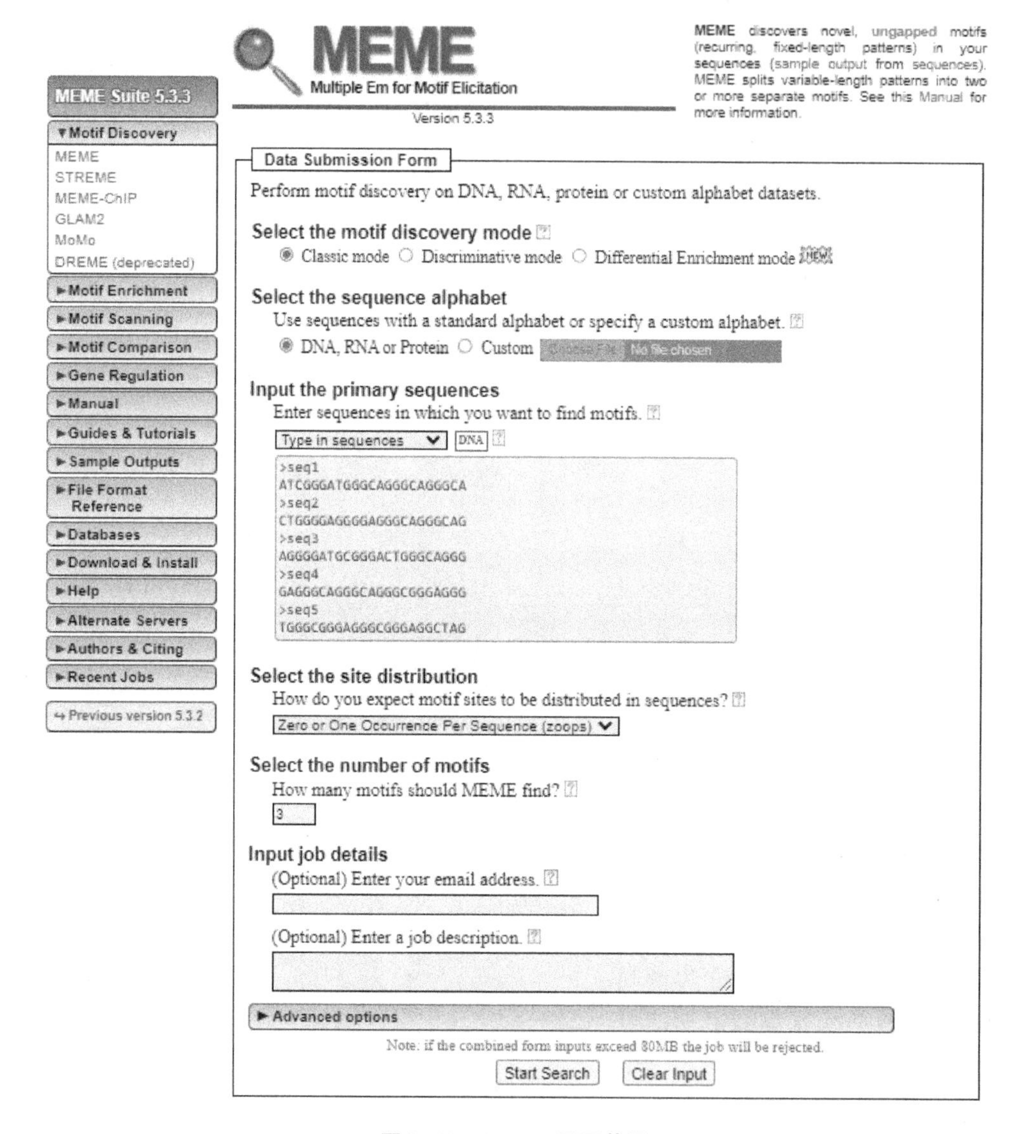

图9-20 MEME网页截图

下面给出一个使用实例。图9-21给出的是示例数据，数据格式为fasta格式，共有5条短序列。在MEME网站的序列输入框中输入该fasta序列后(其余参数均设置为默认)，点击开始搜索，网站就会自动将搜索任务提交到后台，待搜索任务完成后，点击相应的查看结果页面，便可得到详细的结果信息。

结果页面的第一部分是预测出的motif1的结果(图9-22)，包括motif长度(Width)，出

```
>seq1
ATCGGGATGGGCAGGGCAGGGCA
>seq2
CTGGGGAGGGGAGGGCAGGGCAG
>seq3
AGGGGATGCGGGACTGGGCAGGG
>seq4
GAGGGCAGGGCAGGGCGGGAGGG
>seq5
TGGGCGGGAGGGCGGGAGGCTAG
```

图 9-21　MEME 使用示例数据

现次数(Sites),E-value(类似 BLAST 中的期望),以及最常出现的一致性序列等信息。

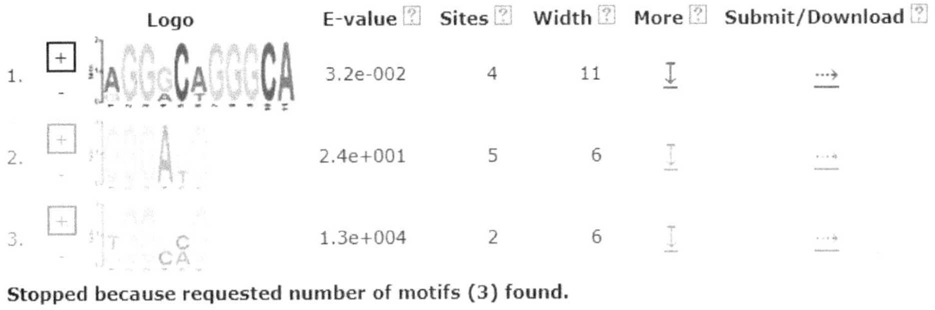

	Logo	E-value	Sites	Width	More	Submit/Download
1.	AGGGCAGGGCA	3.2e-002	4	11		
2.		2.4e+001	5	6		
3.		1.3e+004	2	6		

Stopped because requested number of motifs (3) found.

图 9-22　MEME 运行结果示意图(1)

点击 more 还可给出在各提交的序列中 motif 的信息(图 9-23)。

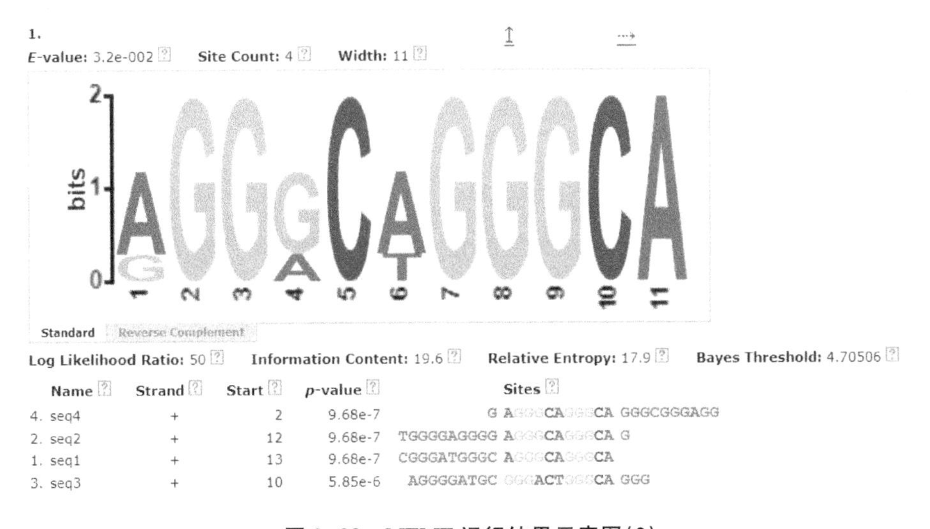

图 9-23　MEME 运行结果示意图(2)

结果页面还额外给出了 motif 在原始序列中的位置信息(图 9-24)。

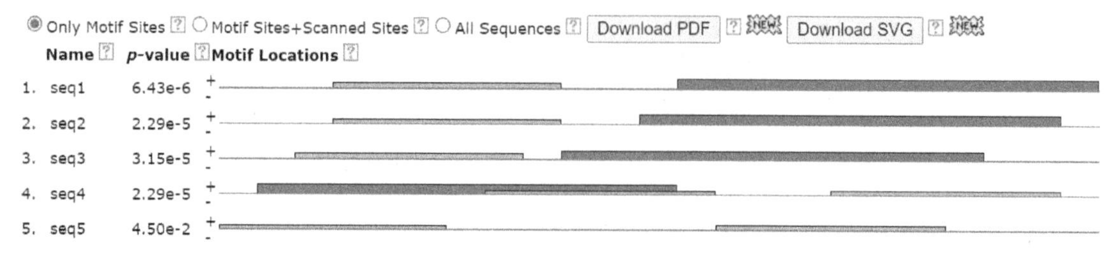

图 9-24　MEME 运行结果示意图(3)

9.5.3.3　MAST

MAST 是一款能在序列数据库中搜索一个或多个 motif 的软件,工作原理类似 BLAST,但是 motif 是由用户自行输入的(图 9-25 给出了一个输入实例),其迭代方式类似于 PSI-BLAST。MAST 的结果中,每条序列都可能匹配上多个 motif,MAST 能够综合所有 motif 的 E-value 值。

图 9-26 是 MAST 的使用界面,首先上传 motif 文件(此文件可以是 MEME 的结果文件),选择搜索的数据库(类似 BLAST),高级功能里还可以设置 E-value 的阈值等。

Input motifs
GGGTACGGGATGGGATGGG
CGGGACTGGGAGGGGGGGG
GGGATGGGAGGGCAGGGAG
GGAGAGGGACGGGGAGGGG
GGGATGGGAGGGCGGGAGG
GGGATGCGGGACGGGCGGG
GGGAGGCGGGAGGGCAGGG

图 9-25　MAST 使用示例数据

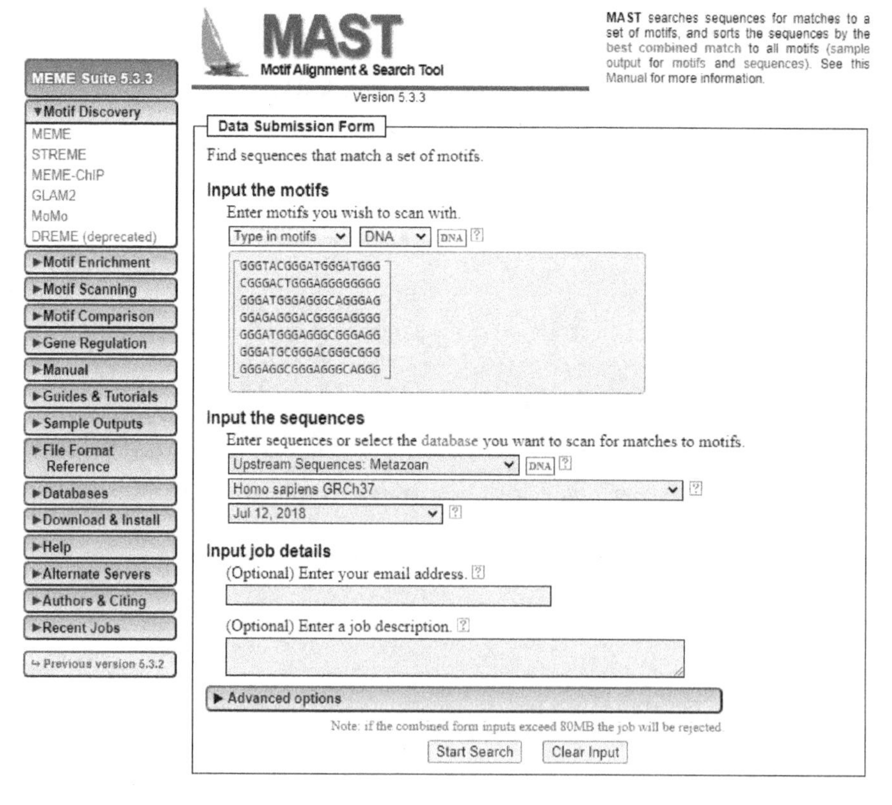

图 9-26　MAST 网页截图

然后会得到以下结果，首先是输入的 motif 的信息(图 9-27)，包括提交的 motif 的序列 Logo 图像，简并码序列，以及 motif 的长度等。

Logo
Name
Alt. Name
Width
Motif Similarity Matrix
1.
1.
1
GGGRWSSGRGRGSGRNGGG
19
--

图 9-27　MAST 运行结果示意图(1)

最后是搜索的结果展示(图 9-28)。包含序列的识别号，E-value 的值以及 motif 在序列中的位置信息。

Each of the following 1448 sequences has an *E*-value less than 10.
The motif matches shown have a position *p*-value less than 0.0001.
Hover the cursor over the sequence name to view more information about a sequence.
Hover the cursor over a motif for more information about the match.
Click on the arrow (I) next to the *E*-value to see the sequence surrounding each match.

Motif 1

Sequence	E-value	Block Diagram
ENSP00000319248|ENSP00000319248	1.4e-2	
ENSP00000452787|ENSP00000452787	1.4e-2	
ENSP00000453970|ENSP00000453970	1.4e-2	
ENSP00000415961|ENSP00000415961	1.4e-2	
ENSP00000405958|ENSP00000405958	1.4e-2	
ENSP00000444891|ENSP00000444891	1.4e-2	
ENSP00000354487|ENSP00000354487	1.4e-2	

图 9-28　MAST 运行结果示意图(2)

9.5.3.4　TOMTOM

TOMTOM(https://meme-suite.org/meme/tools/tomtom)是一个能够预测哪些蛋白质能和 DNA motif 结合的网页工具，如图 9-29 所示。

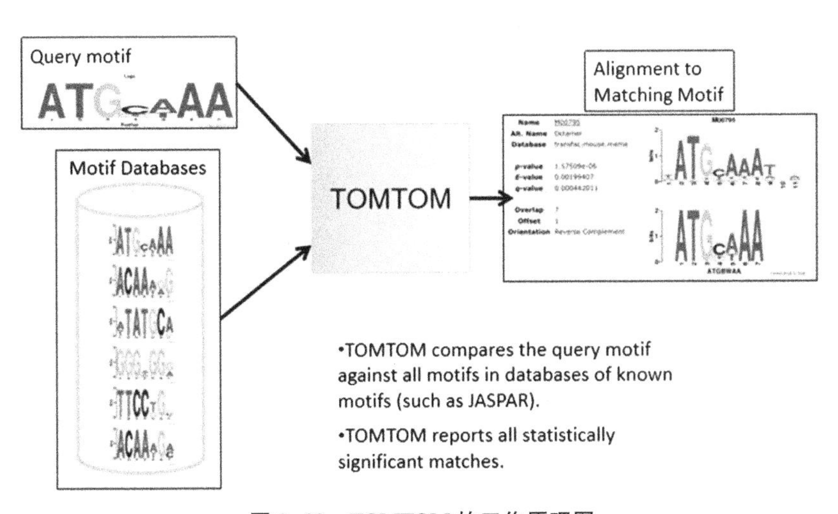

Query motif

•TOMTOM compares the query motif against all motifs in databases of known motifs (such as JASPAR).
•TOMTOM reports all statistically significant matches.

图 9-29　TOMTOM 的工作原理图

为了确定鉴定到的 motif 与已知转录因子的 motif 是否相似，也可以将找到的 motif 再提交到 Tomtom 中，与已知的所有的转录因子数据库（如 JASPAR）搜索匹配，同时还会给出所有有统计学意义的匹配项。

9.5.3.5 W-ChipMotifs

W-ChipMotifs（http://jinlab.net/ChIPMotifs/）是一个从高通量 ChIP-Seq 数据中进行从头搜索 motif 的网页工具。操作流程如图 9-30 所示。

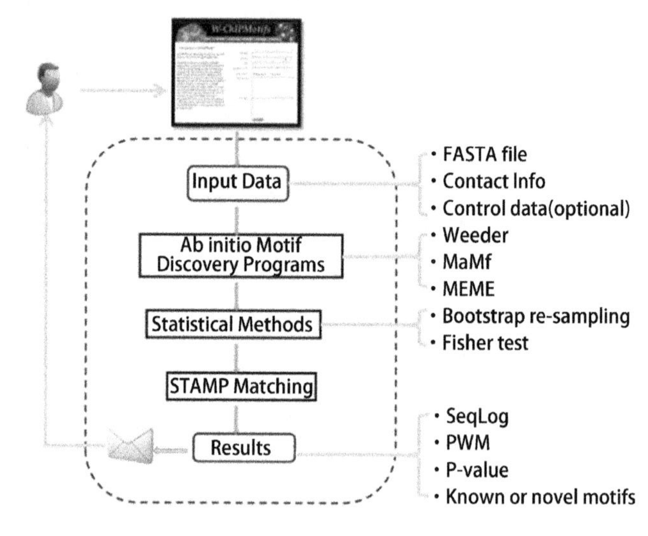

图 9-30　W-ChipMotifs 工作流程示意图

首先需输入数据，包括 fasta 文件、联系信息以及对照组数据。然后就可以进行 motif 分析，W-ChipMotifs 搜索 motif 的工具包括 Weeder、MaMf 以及 MEME。W-ChipMotifs 进行统计分析的方法使用的是 Bootstrap re-sampling 以及 Fisher test。W-ChipMotifs 最后得到的结果文件包括序列标识图像、PWM、P-value 以及已知的或新的 motif。

9.5.3.6 Homer

Homer 是一套用于 motif 查找和二代数据分析的工具，使用 Perl 和 C++编写。Homer 是一个万花筒，能解决众多的高通量测序数据的分析。下载地址为：http://homer.ucsd.edu/homer/，其主页如图 9-31 所示。

HOMER (v4.11, 10-24-2019)

Software for motif discovery and next generation sequencing analysis

HOMER (Hypergeometric Optimization of Motif EnRichment) is a suite of tools for Motif Discovery and next-gen sequencing analysis. It is a collection of command line programs for UNIX-style operating systems written in Perl and C++. HOMER was primarily written as a *de novo* motif discovery algorithm and is well suited for finding 8-20 bp motifs in large scale genomics data. HOMER contains many useful tools for analyzing ChIP-Seq, GRO-Seq, RNA-Seq, DNase-Seq, Hi-C and numerous other types of functional genomics sequencing data sets.

News

(10-24-2019) New version (v4.11) Added routines for csRNA-seq (TSS) analysis. Documentation is here, paper here

(10-24-2019) Updated genome-wide motif prediction tracks (see below)

(04-01-2019) Check out Metascape for gene enrichment and functional analysis (paper)

(5-16-2018) New version of HOMER (v4.10). First official update in a while, many new features and fixes, including better support for replicate experiments, normalization options, super enhancers, etc. Also, a large portion of the documentation has also been updated. Many Hi-C analysis routines have been extensively upgraded.

Old News

Program Download

Download Page - Get the latest version of HOMER

图 9-31　Homer 主页界面图

参考文献

[1] Zhang Y，Liu T，Meyer C A，et al. Model-based analysis of ChIP-Seq (MACS)[J]. Genome Biology，2008，9(9)：R137.

[2] Park P. J. ChIP-seq：Advantages and challenges of a maturing technology[J]. Nature Reviews Genetics，2009，10(10)：669-680.

[3] Furey T S. ChIP-seq and beyond：New and improved methodologies to detect and characterize protein-DNA interactions[J]. Nature Reviews Genetics，2012,13(12)：840-852.

[4] Hashim F A，Mabrouk M，Al-Atabany W. Review of Different Sequence Motif Finding Algorithms[J]. Avicenna Journal of Medical Biotechnology，2019,11(2)：130-148.

[5] D'Haeseleer P. What are DNA sequence motifs? [J]. Nature Biotechnology，2006，24(4)：423-425.

（编者：张荣鑫、明文龙、刘宏德）

第十章　染色质结构及其分析方法

10.1 引言

染色质是真核 DNA 的存在方式，可以通过影响 DNA 的可及性调节基因转录，基因组结构与转录之间的关键介体是染色质。染色质的基本单元为核小体，核小体之间以连接 DNA 相连，核小体进一步折叠包装，形成染色质结构。核小体组蛋白上能发生甲基化和乙酰化等化学修饰，DNA 可以发生 DNA 甲基化等化学修饰。核小体的位置、DNA 的甲基化和组蛋白的修饰等对染色质状态和转录活性有重要影响。

染色质开放性是指染色质上 DNA 裸露的程度。染色质开放区域核小体缺乏，DNA 双螺旋充分裸露，可以结合转录因子等调控因子调控基因的转录。所以，染色质开放区域一般是转录调控区域。染色质开放性具有细胞类型特异性和环境（刺激）特异性，具有动态变化的特点。

本章主要介绍染色质开放性、染色质开放性的测定技术，以及染色质开放性高通量测序数据的分析。

10.2 染色质及其开放性

10.2.1 染色质及其状态

真核生物 DNA 以染色质形式存在，染色质是 DNA 和蛋白质的复合物（图 10-1），其基本单元为核小体。核小体系由约 147 bp 的 DNA 缠绕在组蛋白核上形成的结构，核小体之间以连接 DNA 相连（图 10-1）。组蛋白会发生甲基化或乙酰化等化学修饰。构成 DNA 的胞嘧啶（C）也可在 5′端发生甲基取代修饰。在分裂间期，核中染色质可有常染色质（euchromatin）和异染色质（heterochromatin）两种状态，前者伸展且呈透明状态，后者卷曲凝缩。有丝分裂期，染色质高度螺旋、折叠形成染色体。

核小体、组蛋白修饰、DNA 甲基化、染色质结合蛋白等共同作用，在核小体进一步包装的基础上，形成染色质结构，染色质在核内会有特定的三维分布结构。近年研究发现，具有转录活性的基因，其对应的染色质会在空间靠近、聚集，形成活化的染色质区域。

从局部看，具有转录活性的染色质通常带有活化性质的组蛋白修饰[H3K4me3（组蛋白

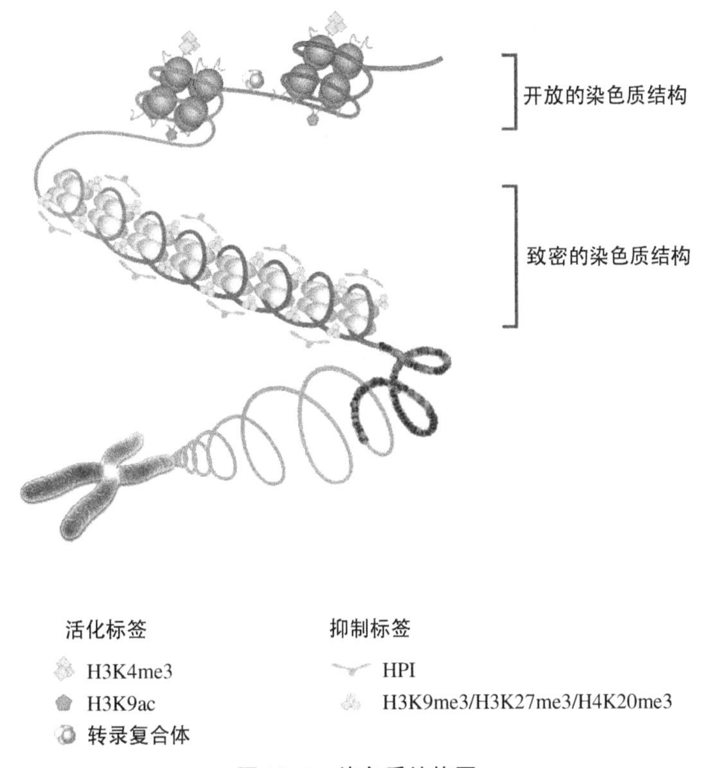

图 10-1 染色质结构图

H3 在第四个氨基酸残基赖氨酸(K)上发生三甲基化)、H3K27ac 等],且核小体分布较少,从而形成 DNA 双螺旋裸露的开放区域,称作染色质开放区。染色质开放性表示染色质上 DNA 裸露、开放的程度。染色质开放区容许转录因子等蛋白结合,调控基因的转录。因此,染色质开放区是重要的转录调控区域。在 DNA 复制起始位点周围,也是有染色质开放区。

染色质开放性在不同类型的细胞和不同环境的刺激下,会动态变化,即具有细胞类型特异性和环境特异性,这种动态变化通过控制染色质的开放程度调节蛋白和 DNA 的可及性,进而调控转录、DNA 复制、DNA 损伤修复等基本生物过程,关于此内容的研究是表观基因组学分析的核心内容之一。因此,染色质开放区域的高通量测定、相关数据的分析非常重要,是研究转录、复制的重要手段。

10.2.2 染色质开放性与可及基因组

当转录或者复制事件发生时,染色质的高级结构被打开,这部分被打开的染色质被称为开放染色质。开放的染色质区域能被转录因子(Transcription Factors, TFs)等调控因子结合,共同调控 DNA 的转录过程,进而影响基因在不同细胞类型中的特异性表达。染色质开放性或可及性是指核内大分子能够物理接触染色质 DNA 的程度,由核小体结构及其他染色质结构因子的占据所决定。染色质的开放特性与染色质转录的活跃程度密切相关。

染色质开放性是一个动态变化的过程。当转录因子结合到开放染色质区域后,会开始招募其他蛋白进行转录，调节核小体在基因组中的定位，进而影响基因转录、DNA 修复、复制和重组等过程。因此，染色质中核小体的定位变化与染色质开放性紧密关联。当细胞发生基因突变或是表观基因组的变化时，染色质的核小体的定位会发生变化，从而影响染色质开放性，进一步影响与染色质开放区域结合的转录因子等调控蛋白，乃至影响基因转录。由此可见，研究染色质可及性为发掘基因组调控元件提供了有效手段，同时为研究基因表达调控机制提供了重要线索。

可及基因组是指染色质开放区域在全基因组的分布，体现在转录、复制、DNA 损伤修复等生物学过程中，与蛋白因子可能结合的区域。可及基因组呈现细胞外刺激响应、细胞类型特异变化的特点。目前，可用实验手段来绘制特定细胞在特定状态下的可及基因组，如 ATAC-Seq、DNase-Seq 以及 FAIRE-Seq 等。在基因组序列一致的情况下，可及基因组决定了细胞中的基因表达模式，而基因表达决定了细胞的结构特点和各种生物学过程。在某种程度上，可及基因组是调控组的代名词。如在转录过程中，可及基因组是转录调控因子可能结合的区域。有研究表明，相比于转录组水平的基因表达，细胞在可及基因组层面具有更为独特的差异，更能代表细胞身份的信息。

10.2.3　染色质开放性的影响因素

染色质可及性是通过组蛋白、转录因子和活跃的染色质重塑剂之间的动态相互作用而建立的，它的主要影响因素包括：(1)核小体占位；(2)DNA 共价化学修饰；(3)组蛋白修饰；(4)染色质可及性重塑；(5)先锋转录因子。以下将详细展开说明。

(1) 核小体占位

核小体占位(Nucleosome Occupancy)是影响染色质开放性的一个重要因素。核小体占位与染色质开放性是对立统一的双方，染色质开放意味着少有核小体障碍，而核小体占位聚集则会阻碍大分子与 DNA 的物理接触，形成封闭的染色质结构。核小体占位或移除是影响基因转录调控的重要因素。研究表明，核小体占位的形成及其染色质的精准定位是真核基因表达所必需的。在转录起始位点(Transcription Start Sites, TSS)周围，转录因子可以与核小体竞争结合调控位点，使得核小体的分布在基因组上发生动态变化，从而调节染色质的可及性(见图 10-2)。另外，这种竞争性作用也可发生在多个转录因子和核小体之间，但需要一定的物理空间。为此，染色质局部结构会变得松散以容纳转录因子。当基因

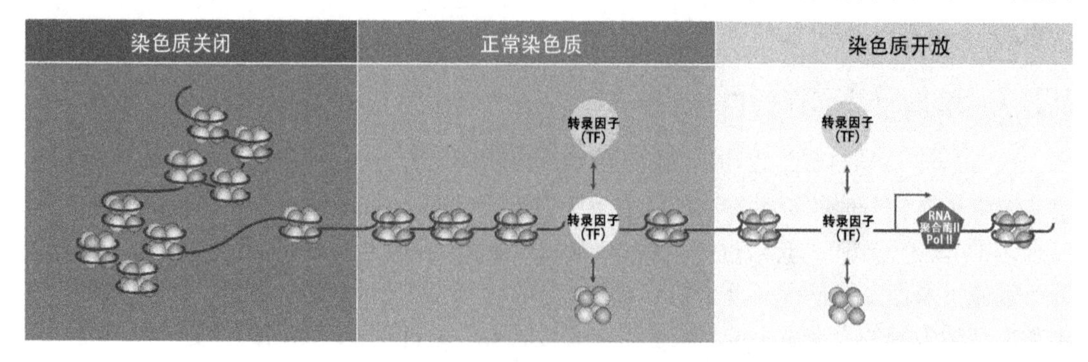

图 10-2　核小体占位的动态变化图

处于激活状态时，转录起始位点周围会形成核小体空缺区域（Nucleosome Free Region，NFR），使转录因子和转录机器可以接近。高度转录基因的转录起始位点下游，往往会观察到周期性的核小体排位，数个核小体依次排列。

（2）DNA 共价化学修饰

甲基化和羟甲基化是两种最常见的 DNA 共价修饰形式。大量研究表明，DNA 甲基化与基因表达调控、异染色质的形成和基因组稳定性密切相关。DNA 甲基化作为一个分子靶点，可以被某些特定的结合蛋白所识别，形成异染色质，可阻碍转录因子的结合。有研究表明，DNA 甲基化与染色质结构的改变有着密切的联系。利用荧光共振能量转移（FRET）实验发现，DNA 甲基化可以改变单个核小体的结构及其动力学，导致染色质形成更加致密的结构。这表明 CpG 岛的甲基化可以通过诱导染色质形成更加紧凑的结构而抑制转录因子与靶基因的结合，改变染色质开放区域，产生闭合的染色质结构，阻止转录因子的接近，从而抑制基因表达。

（3）组蛋白修饰

组蛋白修饰会影响核小体的形成或影响蛋白质因子与 DNA 的相互作用，从而影响染色质的开放性。组蛋白修饰是指在核心组蛋白残基上发生的化学修饰，如乙酰化、甲基化、泛素化、磷酸化及 SUMO 化等。已经发现的这类修饰已超过 100 种。其中研究最为广泛的是乙酰化和甲基化修饰，这些修饰容易发生在蛋白氨基末端 Lys(K)、Arg(R)等氨基酸残基侧链 N 原子上，会影响其自身或其他蛋白质因子与 DNA 的相互作用，从而影响染色质的开放性。

组蛋白修饰调控染色质开放性的机制主要有两种：直接影响核小体上的电荷特性，进而影响核小体之间、核小体与 DNA 之间的静电作用，使得染色质变得疏松或者紧致，进而改变染色质可及性。组蛋白乙酰化和磷酸化修饰可有效减少组蛋白携带的正电荷，电荷的变化在一定程度上会影响组蛋白与 DNA 的静电相互作用，形成更加松散的染色质构象，有利于 DNA 与转录因子等蛋白质的结合或靠近。在人类红细胞珠蛋白基因区域的组蛋白高度乙酰化，染色质结构松散，DNaseI 核酸内切酶敏感性较高，转录因子等易与 DNA 结合，该基因组区域具有较高的转录活性。染色质调控因子与特定组蛋白修饰结合，影响染色质可及性。即组蛋白修饰可以作为信号靶点，被特异的染色质调控因子所识别并结合，从而改变染色质开放结构，这些染色质调控因子往往是一些先锋转录因子（如 OCT4、Sox2、TP53 等）。染色质调控因子主要通过其特殊的结构域识别特定的组蛋白修饰。如研究发现 ING 蛋白家族的 PDH 结构域可识别 H3K4me3，并招募其他与染色质修饰相关的分子，如 HAT 与 HDAC 等。

（4）染色质可及性重塑

染色质可及性重塑是指由染色质重塑复合物介导的一系列以染色质上核小体变化为基本特征的生物学过程。染色质重塑复合物可以介导核小体的重新定位，促使 DNA 暴露，并被调节因子结合。这些复合物有两个主要类别，即 ATP 依赖的染色质重塑复合物和共价组蛋白修饰复合物，它们以不同的方式工作。ATP 依赖的染色质重塑酶是解旋酶，其利用 ATP 的能量沿 DNA 重新定位（滑动、扭曲或环化）核小体，将组蛋白从 DNA 排出，或促进组蛋白变体的交换，从而为基因激活创造了无核小体缠绕的 DNA 环境。所有已知的 ATP 依赖染色质重塑复合物可以分为 SWI/SNF、ISWI、CHD 和 INO80 家族。每个 ATP 酶家族都具有独特的重塑活性，包括核小体沿 DNA 顺式滑动、在核小体表面形成 DNA 环、逐出组蛋白 H2A/H2B 二聚体、逐出组蛋白八聚体或在核小体中交换组蛋白八聚体亚基以改变其组成。共价组蛋白修饰复合物可修饰组蛋白，包括乙酰化，甲基化和磷酸化，可改变组蛋白与 DNA 之间的相互作用。例如，H3 和 H4 中特定赖氨酸残基的甲基化会导致组蛋白周围的 DNA 进一步缩合，使其难以结合转录因子或其他蛋白质。

（5）先锋转录因子

先锋转录因子(Pioneer Factors)是指能够结合 DNA 不易接近的区域(如核小体密集排布的区域)，并能招募染色质重塑复合物或者其他蛋白，将染色质解聚的蛋白质分子。通常在不影响核小体结构的前提下与组蛋白 H1 发生作用，引起核小体结构松散，进而利于其他转录因子的结合。叉头蛋白家族(Forkhead Family)是典型的先锋转录因子。该蛋白家族成员具有一个与组蛋白 H1 结构类似的翼状螺旋结构域(Winged Helix Domain)，在异染色质区，它们可以与 H1 竞争结合，从而改变局部染色质的结构状态。此外，FoxA1 与 FoxO1 可与组蛋白 H3 和 H4 相互作用，扰乱它们在核小体内部的相互作用关系。先锋转录因子的这些功能为后续的基因激活奠定了基础。

以上是影响染色质可及性的主要因素，然而这些因素之间存在复杂的相互作用。核小体的占据和定位是可及性的主要决定因素，并受序列特异性转录因子和染色质重塑剂的差异调节。另外，表观修饰之间也存在复杂的相互作用。因此，探究染色质可及性调控因子之间的相互作用对于理解染色质从活化状态向抑制状态(或者抑制状态向活化状态)的转化具有重要的意义。

10.2.4 可及基因组及调控功能

染色质可及性反映了转录因子结合和调控遗传基因座的总潜力。可及基因组约占总 DNA 序列的 2%～3%，但却覆盖了 90%以上的转录因子结合区域。除了在兼性或组成型异染色质中有少数的转录因子富集外，绝大多数转录因子几乎都与开放的染色质结合。转录因子与组蛋白以及其他染色质结合蛋白之间的动态竞争，可以调节核小体的占据并促进对 DNA 的局部访问。在 DNA 复制或转录过程中，DNA 的折叠结构被打开，一些染色质区域处于开放状态，调控因子(如转录因子)会与这些裸露的无核小体结合的 DNA 部位结合，进而调控 DNA 的复制或转录过程。另外，对于多细胞系统，转录因子具有广泛的功能作用，可在短时间内提供转录的动态调节，并建立和维持持久表观遗传。

染色质开放性与生物体的发育具有紧密的关联。在生物体正常发育过程中(如胚胎发生、形态变化、细胞分化和生长)，细胞通过维持严格的表观遗传程序以确保细胞谱系的正确。因此，这些细胞的表观遗传可塑性是有限的。越来越多的研究证据也表明，表观遗传程序的失调在细胞从正常状态转变为患病状态中发挥着核心作用。表观遗传限制性的丧失改变了细胞信号传导和转录途径，潜在地导致了染色质组织的大规模变化，这种变化可能发生在发育、体细胞突变、DNA 复制以及生活方式改变等生物或者非生物因素的事件过程中。由于染色质的可及性可以无偏见地提供细胞调节途径的变化,这对于理解许多生物学过程具有重要的意义。

染色质可及性的变化与多种疾病有关。由于癌症是研究最为广泛的疾病之一,因此,癌症生物学试图将从染色质可及性研究中获得的信息用于疾病的诊断和治疗。表观基因组中的异常变化可引起基因表达的改变,从而导致与癌症相关的关键基因的调控途径被破坏。大约 50%的人类癌症具有与染色质结构相关蛋白的突变(如 PBAF/BAF 是核小体重塑的复合物,其在 20%的癌症中突变),这些突变被认为是多种肿瘤类型的驱动突变。甲基化修饰中甲基来源的变化也会引发疾病,如在胶质瘤中,IDH1/2 基因频繁突变,而这个基因的功能就是与细胞内甲基的生物学产生有关。肿瘤中染色质可及性模式的改变与基因组完整性的降低有关。

某些肿瘤发生可能主要是由表观遗传改变引起的。例如,对广泛人群的小儿室管膜瘤进行全基因组分析,并没有发现任何显著或反复突变的基因。取而代之的是,DNA 高甲基化以及组蛋白 H3 赖氨酸三甲基化的丧失,这种丧失改变了染色质可及性状态(活化状态或者抑制状态),并驱动了肿瘤的发展。因此,由于遗传和表观遗传机制的作用,肿瘤细胞相比于正常分化细胞及其胚胎祖细胞具有独特的染色质可及性特征。这些疾病特定的染色质特征具有诊断和治疗的价值。

10.3 染色质开放组学研究技术

染色质开放区域的研究源于人们发现某些染色质特定位点或者区域表现出对 DNaseI 酶切的高度敏感性。1973 年,Hewish 和他的同事使用 DNaseI 内切酶对染色质进行片段化,显示核小体在整个基因组中具有周期性的超敏反应。用 Southern 杂交检测了这一周期性,发现在 DNaseI 超敏位点(DNaseI Hypersensitive Site, DHS)之间显示了一个典型的 100～200 bp 的周期性模式,该模式在基因组位点上是保守的。这为核小体的定位提供了早期的直接证据。在 1985 年引入 PCR 技术之后,已经开发了多种定量方法通过使用核酸内切酶和 PCR 来测量染色质特定位点或者区域的可及性,如 DNase-Seq、ATAC -Seq、FAIRE-Seq、MNase-Seq 以及 NOMe-Seq 等技术。由于位于核小体之间的连接 DNA 没有组蛋白的保护,导致其容易被降解。因此,DNase-Seq、ATAC -Seq 和 FAIRE-Seq 三种技术利用酶解或超声的方法将核小体间的 DNA 链降解形成小片段,随后进行染色质可及性分析。

以下将对几种常用的染色质开放组学研究技术展开详细介绍。

10.3.1 DNase-Seq 技术

DNaseI 是一种非特异性双链核酸内切酶,可以切割无核小体基因组区域的 DNA,以释放出可接近的染色质,这些区域被称为 DNaseI 超敏位点(DHS)。DNaseI 内切酶的这种特性常被用于绘制和分析开放的染色质区域(见图 10-3)。开放的染色质区域是基因转录中的主要调控位点,染色质在不同时空条件下的构象差异,可以在 DHS 中得到很好的体现。因此,鉴定染色质中的 DHS 对于生物学研究具有重要的意义。

早期 DHS 的鉴定策略主要包括 Southern 印迹法、间接末端标记法、实时 PCR 策略以及杂交平板芯片。这些技术作用于较窄的基因组区域，导致可鉴定的 DHS 通量较低，且实验步骤烦琐费时，极大地限制了这些方法在生物学研究中的使用。DNase-Seq 是高通量测序技术发展的产物，该技术可在全基因组范围内鉴定 DHS，且在单一反应中具有无与伦比的特异性、通量和灵敏度。通常情况下，在一个典型的 DNase-Seq 实验中，其过程主要包括(见图 10-3)：(1)利用裂解剂裂解细胞并释放出细胞核，选用最佳浓度 DNaseI 消化细胞核并包埋于低熔点凝胶琼脂糖塞中，以减少额外的随机剪切事件；(2)将 DNA 片段平末端化并在两端连接上接头，通过 PCR 扩增目的片段完成测序文库的构建，DNase-Seq 鉴定大多数转录因子的结合位点的精确性主要取决于酶切片段大小，其中短片段(<100 bp)比长片段效果更佳；(3)对制备好的文库 DNA 进行高通量测序。但需要说明的是，一次 DNase-Seq 实验需要上百万个细胞，并涉及许多样品制备和酶滴定的步骤。实验的成功与否取决于细胞核制备的质量，小规模的初步实验对于确定细胞裂解所需的确切量的裂解剂是至关重要的。此外，DNaseI 的浓度可能需要根据细胞的初始类型和数量、使用的 DNaseI 的量和实验的确切目的来进行经验性调整。总的来说，DNase-Seq 代表了一种可靠而稳健的方法，可以在没有额外表观遗传信息等先验知识的情况下，从被测序的物种中识别出全基因组甚至任何细胞类型的活性调控元素。

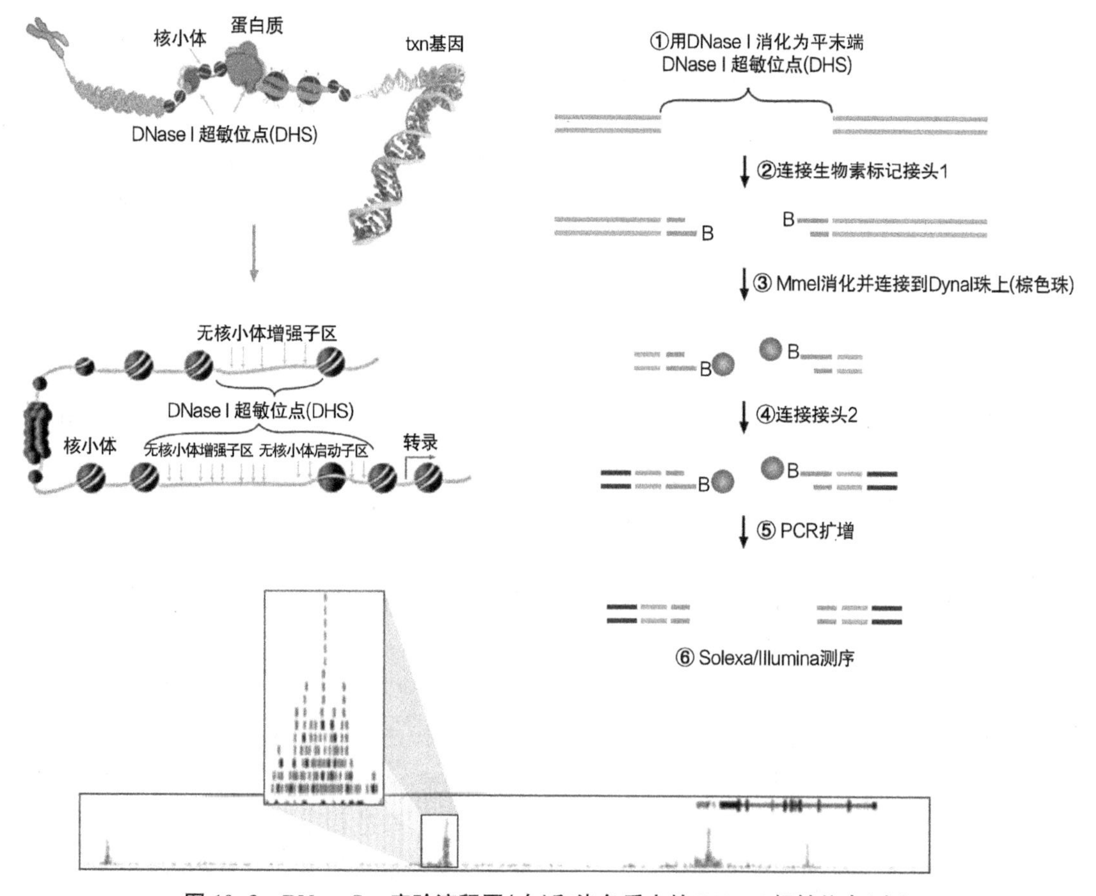

图 10-3　DNase-Seq 实验流程图(右)和染色质中的 DNaseI 超敏位点(左)

DNase-Seq已被ENCODE联盟和其他人广泛使用，以揭示细胞特异性染色质可及性及其与不同细胞系中不同基因表达的关系。由于DNaseI在核小体周围大约每10 bp的DNA小槽内存在切割的固有偏好，因此DNase-Seq还常被用于单个核小体的旋转定位。此外，DHS内的序列特异性调节因子的结合可以影响DNaseI裂解的强度，并产生足迹(DNaseI Foot Printing)，该足迹已被用于定性和定量地研究转录因子在核苷酸分辨率下的占位。深度测序的DNaseI足迹已被用于揭示细胞特异性结合转录因子的机制，从而可以获得关于转录因子结合与染色质结构、基因表达和细胞分化作用的广泛知识。

10.3.2　FAIRE-Seq 技术

甲醛辅助分离调控元件(Formaldehyde-Assisted Isolationof Regulatory Elements，FAIRE)是直接检测基因组可接近区域的最简单方法之一。FAIRE-Seq利用苯酚-氯仿分离染色体核小体结合区和游离区的DNA片段，并进行高通量测序，其主要实验过程包括(见图10-4)：(1)利用有机溶剂甲醛交联染色质，以捕获体内蛋白质-DNA相互作用的结合物；(2)利用超声波打断已被甲醛交联的染色质；(3)利用苯酚-氯仿提取染色质开放区域的DNA片段，这是因为缠绕有DNA的核小体和无核小体结合的DNA在苯酚和氯仿中的溶解度不同，无核小体的DNA片段分布于亲水相中，因此，可以有效地提取位于水相中游离的DNA片段；(4)选择特定范围(如100～350 bp)的DNA片段进行建库测序，以获得染色质开放区域的片段群体信息。

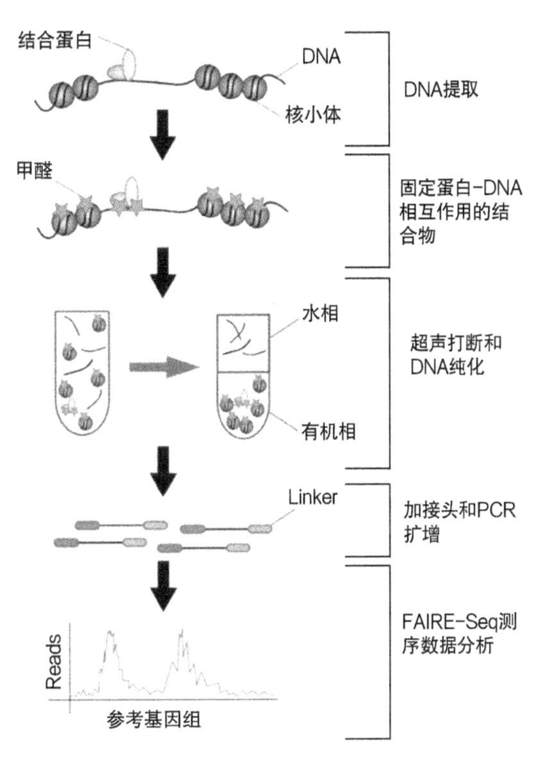

图10-4　FAIRE-Seq实验流程

FAIRE-Seq技术直接丰富了染色质的活性区域，且核小体缺失区域不会被降解，它可以应用于任何类型的细胞或组织，且不需要进行细胞的初始制备和费力的酶滴定步骤。FAIRE-Seq如DNase-Seq一样，整体实验准备周期较长，样品量要求有10^4到10^7个细胞。

在实际生物学研究中，针对不同组织或者细胞类型中活性调节元素的鉴定是一个重点。FAIRE-Seq显示出核小体占位与活性染色质的各种细胞类型特异性标记负相关。该检测方法在ENCODE中对一些人类细胞系中活性调控元素的鉴定发挥着重要作用。另外，FAIRE-Seq已被广泛用于检测正常细胞和病变细胞中的开放染色质，将特定的染色质状态与已知的疾病易感性序列变异或等位基因特异性标志联系起来，并破译转录因子与可及性区域结合对染色质结构的影响。

10.3.3 ATAC-Seq 技术

ATAC-Seq（Assay for Transposase-Accessible Chromatin using Sequencing）是2013年由美国斯坦福大学的William Greenleaf开发的检测开放染色质的方法，该方法使用高活性Tn5转座酶将Illumina测序接头插入可及性的染色质区域。转座子本质上是一段可移动的DNA片段，该片段在基因组中不必借助于DNA同源系列就可移动。Tn5是一种最早在E.coli中发现的细菌转座子，是一段含有若干抗性基因和编码转座酶基因的DNA片段，属于复合转座子的一种。Tn5转座酶识别DNA片段两侧19 bp的ME(Mosaicend)序列，转座事件发生时，两个转座酶(Tnp)分子结合到Tn5转座子特定位点，形成转座复合体，此时Tnp产生切割DNA的活性。ATAC-Seq技术涉及3个主要的步骤：(1)获取细胞核，使用冷裂解缓冲液裂解细胞；(2)转座和纯化，如图10-5(a)所示，细胞核提

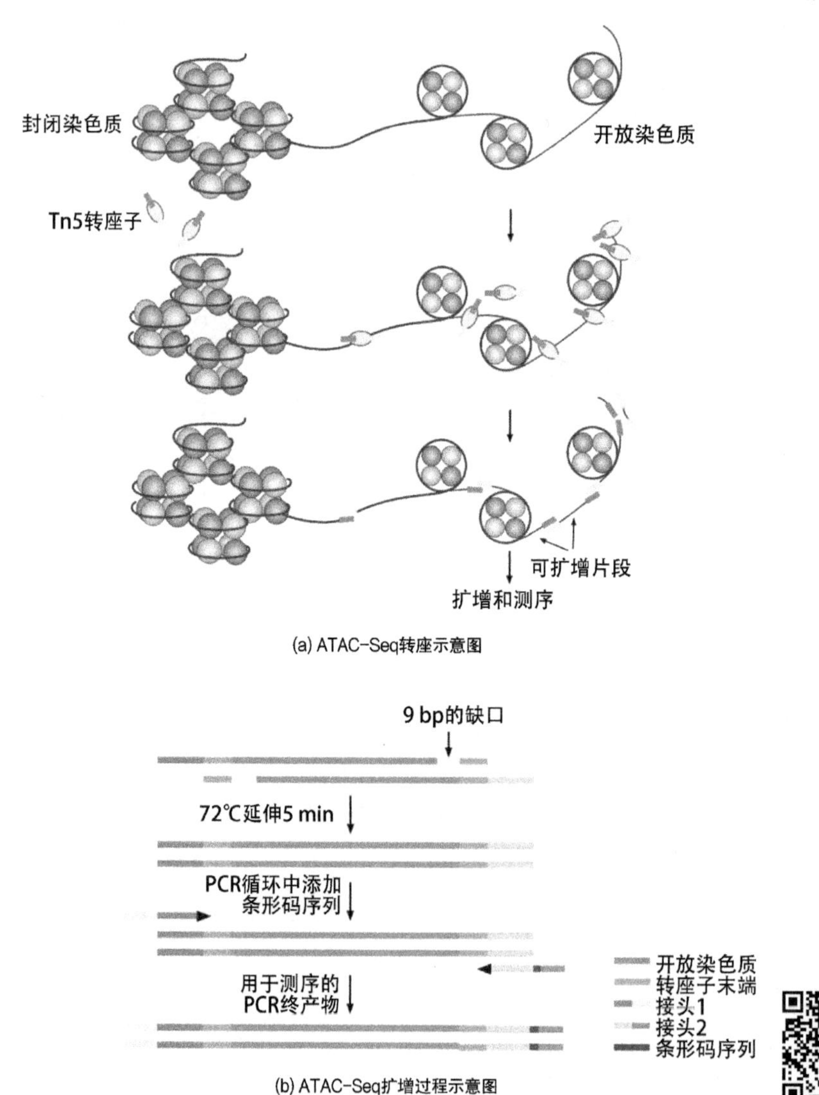

图10-5 ATAC-Seq转座及扩增过程示意图

取后立即将沉淀重悬于转座酶反应混合物中，转座后使用 Qiagen MinElute PCR Purification Kit 纯化样品；(3)PCR 扩增，如图 10-5(b)所示，纯化后，进行 qPCR 定量分析以及 PCR 扩增。

ATAC-Seq 建库过程简单快捷，所需细胞数目少(约 500～50 000 个)，而且可以在很高的分辨率下解释染色质结构。同时，建库过程也不包含任何的片段长度筛选，可以同时检测开放的 DNA 区域和被核小体占据的区域。

10.3.4　DNase-Seq、ATAC-Seq 和 FAIRE-Seq 方法比较及数据特点

DNase-Seq、ATAC-Seq 和 FAIRE-Seq 是获取染色质开放信息的三种不同实验技术，前两者采用的是酶切法，而 FAIRE-Seq 是采用物理断裂交联的染色质 DNA 片段。虽然这三种实验技术不一样，但是产生的数据形式几乎一样，都是产生出大量染色质开放区域的测序读段。

这三种技术的详细比较可见表 10-1，可以看出，ATAC-Seq 与其他两种技术相比在实验方法上表现出更为简便和高效的优势，且该技术一经发明就被广泛采用，成为当前染色质开放区域获取的前沿技术。

另外，DNase-Seq、ATAC-Seq 和 FAIRE-Seq 所产生的数据各有特点，这显示出它们在识别和解释表观遗传和染色质数据方面具有各自的优势或局限性。DNase-Seq 数据被广泛用于分析核小体占据和定位。DNaseI 切割可及性的 DNA，释放出小的 DNA 片段，以鉴定开放的染色质区域。ENCODE 进行的广泛的 DNaseI 研究表明，这种方法促进了对不同细胞中调控元件的鉴定，并且表明，在全基因组关联研究(GWAS)中鉴定出的许多遗传变异都位于此类 DNaseI 超敏区域。尽管如此，将 DNase-Seq 用于绘制开放染色质图谱是很困难的。首先，DNaseI 实验通常需要进行大量的预测试才能确定正确的实验孵育条件，且测序深度要求高。除这些因素外，染色质消化不足或过度消化将极大地影响开放染色质位点的检测率。相比之下，ATAC-Seq 需要极少量材料(甚至冻结)来绘制全基因组染色质可及性图谱(1 000～50 000 个细胞)。由于 ATAC 反应是“终点”反应，因此可减少染色质消化不良的风险。ATAC-Seq 的一个缺点是经常观察到线粒体序列读数的富集，这归因于线粒体 DNA 的未保护特性，它似乎是细胞中 Tn5 转座酶的优选靶标。FAIRE-Seq 克服了用 DNaseI 观察到的序列特异性切割偏差，且可以识别出 DNase-Seq 无法获取的远端调控元件，因此可作为这些分析的辅助方法。然而，FAIRE-Seq 存在一定的局限性，它比其他染色质可及性检测方法具有更低的信噪比。这使得后续的数据分析及解释变得非常困难，只有强有效的信号才是有用的，同时结果高度依赖甲醛的固定效率。

表 10-1　DNase-Seq、FAIRE-Seq 和 ATAC-Seq 技术比较表

技术	细胞类型及数量	获取方式	数据分析目的	技术特点
DNase-Seq	需要 1 000 000～10 000 000 个任何细胞类型	DNaseI 酶切	获取染色质开放信息	(1) 比传统方法操作更简便； (2) 细胞需要量大； (3) 酶最优酶切浓度确定过程烦琐； (4) 样品制备过程复杂且耗时

（续表）

技术	细胞类型及数量	获取方式	数据分析目的	技术特点
FAIRE-Seq	需要 100 000～10 000 000 个任何细胞类型	超声波物理断裂	获取染色质开放信息	(1) 不用酶切、不需要分离出细胞核； (2) 没有序列切割特异性； (3) 细胞需要量大； (4) 甲醛最佳交联程度难以确定
ATAC-Seq	500～50 000 个新鲜分离的细胞	Tn5 转座酶酶切	获取染色质开放信息，转录因子结合以及核小体定位信息	(1) 过程简便、效率高； (2) 线粒体、叶绿体中有 DNA 污染； (3) 冷冻组织细胞 DNA 提取效率低； (4) DNA 片段损失过多

10.4 染色质开放组学数据分析流程

染色质开放组学数据分析涉及以下步骤(图 10-6)：(1)质量评估。由于测序数据质量的优劣受到样本、实验操作及测序等多方面的影响，一旦获得原始 DNA 序列测序数据，就需要进行数据质量评估，为确保下游分析的可靠性，低质量的读段以及各种污染片段会被去除。(2)比对。对原始数据质量控制后，由于被保留下的每条读段在对应物种基因组上的位置是未知的，因此，需将读段比对至参考基因组，比对完成后仍可进行数据清理，如去

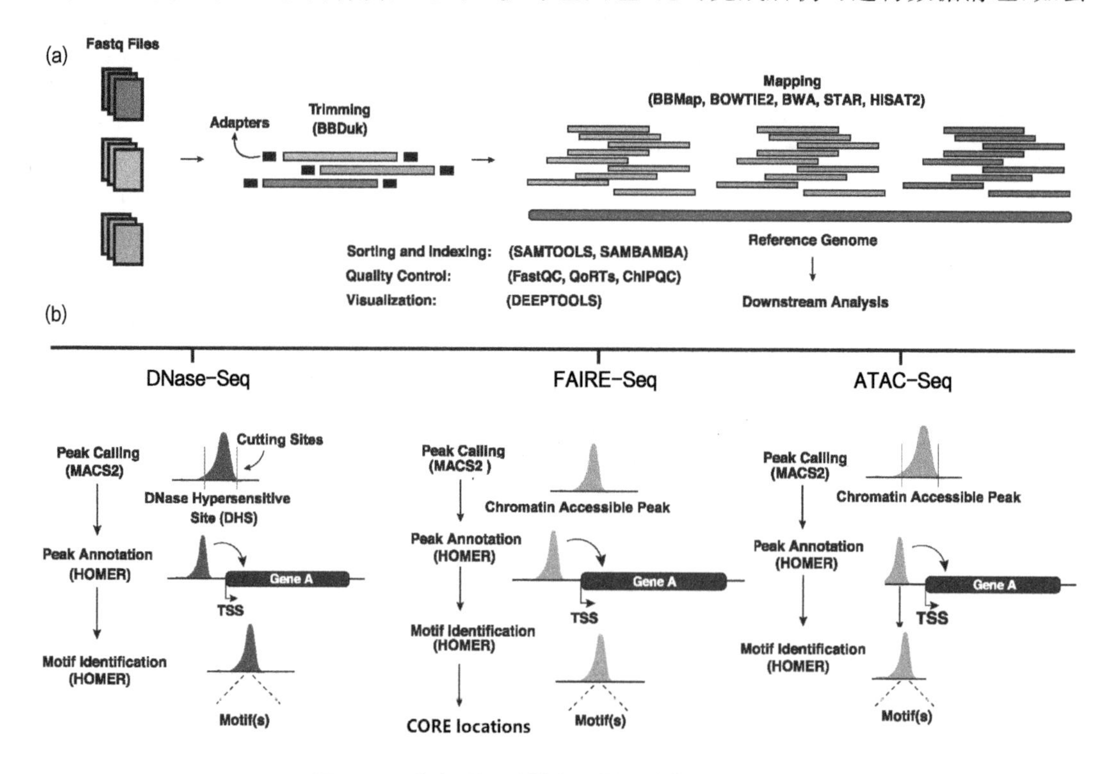

图 10-6　染色质可及性高通量测序数据分析流程

除掉由PCR造成的重复读段，比对质量低于某给定阈值的读段等。(3)识别开放信号(Peak Calling)。染色质开放信号的识别是开放组学数据分析的核心，该信号是转录因子结合的热点(即这些位置会多次被测序读段所覆盖，相比非热点区域，呈现峰的形态)，利用开放信号识别工具会得到一系列的峰，峰注释是将峰的区间信息与基因组注释文件相比较，提取峰在注释文件中的特征和属性信息，以便进行下游分析。(4)模体分析。模体分析是指先从参考基因组中提取峰值区的序列信息，然后根据这些序列信息寻找转录因子结合位点，该分析可以用于验证实验的准确性和生物功能的挖掘。下面详细介绍数据分析的每个阶段，这些分析讨论是基于Illumina化学方法生成的测序数据来展开的。

10.4.1 质量评估

质量评估的目的是发现并消除测序数据集中存在的偏差、污染和错误。通常情况下，由于实验流程和测序误差，原始测序数据中可能包含接头序列、外源污染的序列(细菌)、低质量的读段、由于PCR扩增导致的重复读段等。这些序列或者读段会影响开放性区域(峰)识别的可靠性，不能引入到下游的分析中。因此，数据分析需要做质量评估和读段过滤与修剪。FastQC是一个开放源代码工具，可用于分析DNase-Seq、FAIRE-Seq和ATAC-Seq原始测序数据是否存在任何异常，例如碱基质量、GC含量、高水平重复、接头污染，以及读段的长度分布等。MultiQC汇总了众多生物信息学工具的输出(例如FastQC)，可将各种质量控制文件的结果汇总到一个易于阅读的HTML报告中，以便可以更容易地检测到潜在问题。在实际应用中，可以将这两个工具整合在一起，用于质量评估。其中，FastQC用于测序数据质量评估，MultiQC则可对评估结果文件进行整合和可视化。

结合质量评估结果，对于测序数据中存在的低质量碱基和接头序列，可使用接头处理软件对其进行修剪。常用的修剪工具有cutadapt、AdapterRemovalv2、BBDuk、Skewer或trimmomatic等。需要特别指出的是，由于ATAC-Seq文库采用的是Tn5的Nextera建库方法，接头和Truseq文库不一样，去接头时需要提供Nextera文库的接头序列。去除低质量碱基和接头序列后可以再用FastQC进行质控，质控合格的读段可进入下一步的数据处理步骤。

10.4.2 比对

比对的目的是为了确定测序读段在参考基因组上的位置。染色质可及性测序数据质量评估合格后，由于这些质量可靠的读段在基因组上的位置是未知的，需要将其比对至参考基因组。其中参考基因组是由被测序的物种选择所确定的。

目前，可以使用的比对软件众多，如Maq、GMAP、BBMAP、HISAT2、STAR、Cloudburst、SOAP、SHRiMP、BWA、Bowtie，其中STAR、BWA和Bowtie是当前最为主流的比对工具，这是因为它们在比对速率和准确性上具有优势。比对完成后，需要对比对结果再次进行质量控制，以消除技术偏差给后续生物信息分析带来的不良影响。如去除

PCR 重复和比对质量低的读长，这个步骤通常可使用 SAMtools 或 Picard 工具来完成。需要特别指出的是，由于 ATAC-Seq 数据中相邻转座的最小间隔为 38 bp，通常 38 bp 以下的片段会被直接去除。且比对到线粒体基因组的 ATAC-seq 读段由于与实验范围无关也会被丢弃，这是因为线粒体基因组裸露在外而更容易被访问。最后，可使用工具对比对结果文件进行统计分析，以衡量比对效果的优劣，常用的工具有：SAMtools、Qualimap 和 bedtools。

为了评估 DNase-Seq、FAIRE-Seq 或者 ATAC-Seq 实验是否成功，我们通常要将比对后的染色质可及性 DNA 片段在基因组上的分布进行可视化。目前，有多个工具可用于染色质可及性数据的可视化工作，包括 ArchTEX、DANPOS-profile、deepTools 和 CEAS。由于真核基因组中转录起始位点(TSS)附近的平均可及性信号较高，DNase-Seq、FAIRE-Seq 和 ATAC-Seq 的可及性信号在转录起始位点附近会有一个较高的峰，以此来评估染色质可及性实验是否有效，见图 10-7(a)。另外，还可以通过估计 ATAC-Seq 测序数据中比对到线粒体基因组的读段的百分比，使用 Picard 工具生成“插入片段大小分布图”，可以进一步对 ATAC-Seq 进行质控。这是因为高质量的 ATAC-Seq 数据具有低百分比的线粒体读数。线粒体与细胞死亡数成正相关，比例越高，则细胞死亡的可能越多，预示测序样本质量较差。另外，由于 Tn5 转座子更偏向于切割一个核小体内的可及性区域，横跨一个或多个核小体的片段较少。因此，插入片段大小会呈现出逐渐下降的周期性分布，而且相邻两个峰之间的距离约为 1 个核小体 DNA 的长度，见图 10-7(b)。

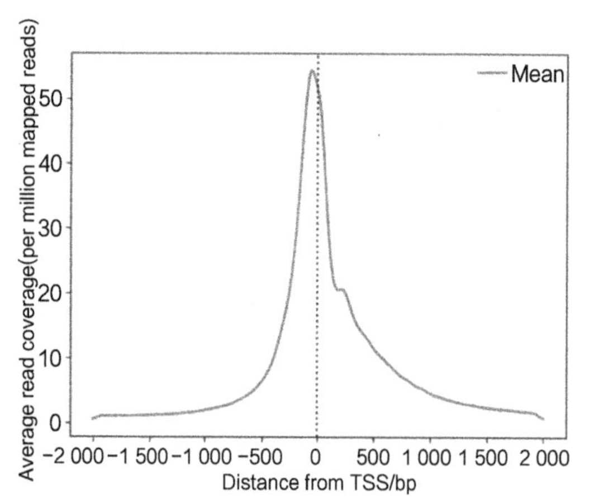

(a) 染色质可及信号在转录起始位点上下游 2kb 平均信号分布

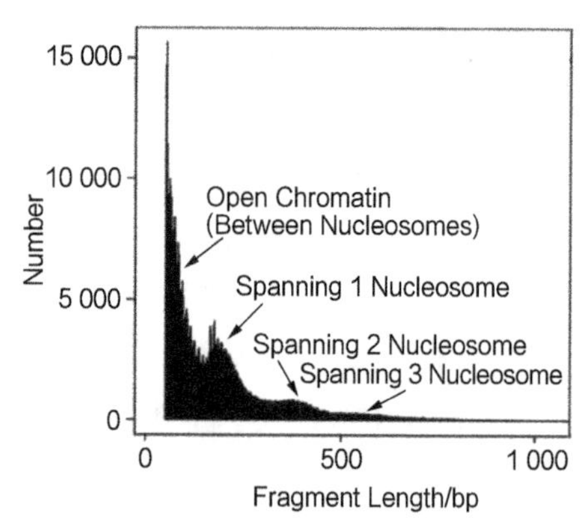

(b) ATAC-Seq 比对数据插入片段长度分布

图 10-7　染色质可及性信号分布

10.4.3　染色质开放信号识别及分析

10.4.3.1　识别富集的染色质开放区域

识别富集的染色质开放区域(即 Peak Calling)是染色体开放组学数据分析中的关键步骤，其基本策略是利用统计模型来衡量染色质中目标区域与随机背景区域之间的读段分布是否存在显著差异。目前，众多针对染色质开放信号识别的算法相继被提出，其中使用最为广泛的工具是 MACS2/3，MACS2 是一种可通用的开放信号识别算法，尽管它最初是为 ChIP-Seq 数据分析而开发的，但已成功地用于 DNase-Seq、FAIRE-Seq 和 ATAC-Seq 等表观测序数据中染色质开放区域的识别。

除 MACS2 外，F-Seq、Hotspot 和 HMMRATAC 也常被用于识别染色质可及性峰。其中 F-Seq 和 Hotspot 是专门为 DNase-Seq 数据分析而设计的。F-Seq 利用高斯核来估计读长在染色质基因组中的密度分布，进一步识别出开放区域，该方法克服了利用滑动窗口来获取读长片段数所产生的边界效应。Hotspot 算法已被 ENCODE 联盟广泛用于识别 DNase-Seq 数据中染色质可及性区域，该算法可识别 DNaseI 超敏区域（“热点”）内的 DHS 峰，并通过生成与真实数据集具有相同读段数的随机数据集，估计出被鉴定的 DHS 的统计显著水平。HMMRATAC 是目前专门为识别 ATAC-Seq 数据中的染色质可及性区域而开发的软件，该工具通过半监督的隐马尔科夫模型把基因组分成高信号强度的活性染色质区域、中等信号强度的核小体区域和低信号强度的背景区域。尽管 HMMRATAC 计算比较密集，但其表现比 MACS2 更好，而且还可以同时提供核小体的位置信息。

10.4.3.2　差异峰分析

差异峰是指在不同条件或细胞类型下表达信号具有显著差异的峰（图 10-8）。在一组细胞中，特定转录因子的占据率可能随细胞和时间的变化而不同。因此，分析转录因子与开放区域结合位点的变化、丧失或再现具有重要的生物学意义（即分析差异峰）。通常情况下，识别在不同条件下具有显著差异的峰的核心思想是通过比较落在这些区域的读段数是否有显著的不同，这实际上与转录组中对计数数据进行差异表达分析的策略一致。因此，针对染色质可及性峰的差异分析可分为两类：第一类是预先识别出富集的染色质开放区域，以所有分析样本中共有的峰为基础。然后通过调用 edgeR 或者 DESeq 等 RNA-Seq差异表达分析工具来计算出具有显著差异的峰。这一类工具有 HOMER、DBChIP 和 DiffBind。需要说明的是，为了降低结果的假阳性，HOMER 在识别富集的染色质开放区域时，预先把所有样品合并到一起来减少差异峰的假阳性。DBChIP 和 DiffBind 则通过取交集或并集的方法得到差异峰，但是取交集会忽略一些样本或条件特异的峰，而取并集会增加假阳性。第二类分析方法是基于滑窗策略寻找差异峰，该方法不需要预先识别富集的染色质开放区域。它们将基因组划分成多个窗口来进行评估，但是该策略倾向于产生更多的假阳性，需要进行严格的过滤和错误发现率（FDR）的控制。如 PePr、DiffReps 和 ChIPDiff。

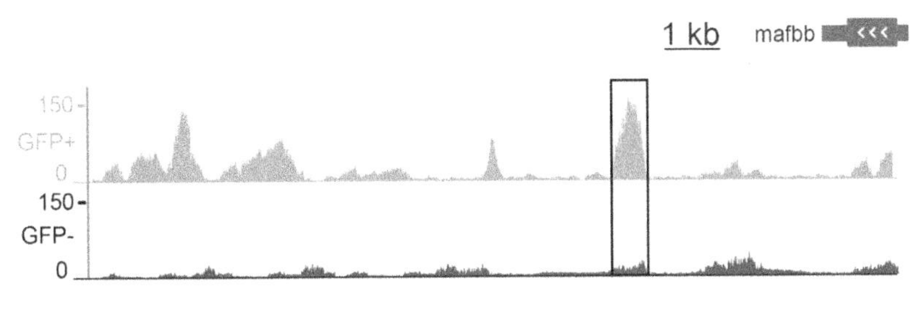

图 10-8　比较 GFP 阳性与阴性染色质可及性峰

10.4.3.3 峰注释

获得开放区域的峰集后，需要对峰进行注释。峰注释是将峰的区间信息与基因组注释文件相比较，提取峰在注释文件中的特征和属性信息。其主要内容是识别峰对应的基因组位置，这些位置(调控元件)可能调控的靶基因，以及这些基因的功能。峰的注释可将染色质的可及性与基因调控联系起来。通常，峰会被注释到最接近的基因或调控元件。HOMER、ChIPseeker 和 ChIPpeakAnno 这些工具被广泛用于将峰注释到最接近或重叠的基因、外显子、内含子、启动子、5′非翻译区(UTR)、3′-UTR 和其他基因组特征区域。ChIPseeker 和 ChIPpeakAnno 还具有丰富的可视化功能来解释注释结果。通常，来自 DNase-Seq、FAIRE-Seq 以及 ATAC-Seq 的峰代表包括增强子和启动子在内的不同顺式调控元件的混合。获得诸如最接近的基因之类的基因组特征列表后，还可以使用 GO、KEGG 和 Reactome 等数据库进行功能富集分析。通常，峰注释会产生具有生物学意义的结果，以供进一步研究。

10.4.4 模体分析及核小体定位

10.4.4.1 模体分析

染色质可及组测序的峰提供了染色质开放区的基因组位置信息，这些峰值区域为蛋白质因子结合创造了条件。但是，在一个开放区域峰中究竟有哪些蛋白质因子结合，这是一个很重要的问题。通常情况下，蛋白质因子与可及性区域的结合非随机，具有特定模式的结合序列，即模体。因此，可以通过在这些峰对应的基因组 DNA 序列中查询各种转录因子的模体，以识别到底是哪种转录因子有可能结合在此区域，这是进一步研究调控关系的前提。为了有效地利用模体信息，研究者们利用从实验或计算预测中得到的模体序列构建模体数据库。JASPAR 是目前使用较为广泛的模体数据库，该数据库包含多个物种，并且可以通过应用程序编程接口(API)或者 Bioconductor 包来进行检索。另外，CIS-BP 和 TRANSFAC 包含 TF 模体，HOCOMOCO 专注于人和小鼠，RegulonDB 专用于大肠杆菌。

目前，针对模体识别的工具众多，较为常用的有 HOMER、MEME、TFBSTools、motifmatchr 和 PWMScan。模体的富集和活性分析是挖掘关键调控元件的重要手段。基于模体搜索工具，我们可以获得每个峰值区域中模体的位置和频率，并将其与随机背景或其他条件进行比较，计算出每个模体富集程度的统计显著水平。例如，HOMER 使用超几何检验，MEME-AME 使用秩和检验来比较峰内模体的频率。需要特别指出的是，这些工具采用了不同的统计检验来比较峰内和背景区域中模体的频率，然而基于峰区内发现的序列间接预测确定转录因子结合位点，具有较大比例的假阳性。这是因为并非所有转录因子都具有确定的模体，并且同一家族的转录因子可以共享非常相似的模体。而且，基于工具预测的富集或活性变化可能没有显著的生物学意义，这妨碍了对模体序列分析结果的解释。

10.4.4.2 核小体定位

核小体定位是指核小体在染色质 DNA 分子上的精确位置。核小体定位在转录调控、DNA 复制和修复等多种细胞过程中起着重要作用。染色质上核小体位置的确定涉及

DNA、转录因子、组蛋白修饰酶和染色质重塑复合体之间的相互作用。因此，对于核小体定位是遗传学研究的重点。由于 DNase-Seq 和 FAIRE-Seq 仅提取染色质开放区域的 DNA 片段，核小体的位置信息丢失。而 ATAC-Seq 所能捕获的信号遍布全基因组，并能够获得横跨核小体的信息，因此，可用于核小体定位。针对 ATAC-Seq 开发的核小体定位工具有 NucleoATAC 和 HMMRATAC。

特别需要注意的是，基于 ATAC-Seq 测序数据进行核小体定位识别较为困难，这是因为染色质开放区外的读段覆盖度低，影响结果的准确性。因此，需要结合新的试验方案以及生物信息方法，以便更有效和精确地捕获核小体在染色质上的位置。

10.5 染色质开放组学数据分析实践

10.5.1 基于 ATAC-Seq 和 RNA-Seq 的转录调控分析

通过此实例，演示基于 ATAC-Seq 和 RNA-Seq 数据，识别参与调控过程的转录因子的全过程。基本的步骤如下：首先，利用 ATAC-Seq 数据识别潜在的转录因子结合区域，并提取这些开放区域的 DNA 序列信息；其次，利用转录因子结合的特异性，在开放区 DNA 序列中识别转录因子(TFs)结合的模体(motif)；最后，利用 RNA-Seq 数据确定转录因子在对应细胞中表达与否，筛选目标转录因子。

本例采用的样本为 6 个人胰岛素 Alpha 细胞和 6 个人胰岛素 Beta 细胞，数据类型为 ATAC-Seq 和 RNA-Seq。分析背景如下：Alpha 细胞能分泌升糖素(glucagon)来升高血糖，而 Beta 细胞能分泌胰岛素(insulin)来降低血糖水平，此两类细胞调控失常分别对应一型和二型糖尿病。具体分析步骤如下。

10.5.1.1 质量评估及 ATAC-Seq 数据比对

(1) 下载原始数据并转换成 fastq.gz 格式，利用 Trimmomatic 工具过滤接头和低质量读段，进而利用 FastQC 工具质控、去除 PCR 重复，并可视化，结果见图 10-9(a)。

(2) 利用 Bowtie2 将质控后的 ATAC-Seq 读段比对到参考基因组(hg38)，并对比对结果做片段长度分布统计图，如图 10-9(b)。可比对到参考基因组的读段大部分比较短(<200 bp)，表示核小体间的开放染色质；其中读段长度为 200 bp 左右有一个峰值，表示 Tn5 转座酶切割插入距离跨越了一个核小体。图 10-9 中的(c)和(d)分别表示 Alpha 细胞中特异的 ATAC-Seq 峰和 Beta 细胞中特异的 ATAC-Seq 峰。

10.5.1.2 ATAC-Seq 差异峰分析

(1) 使用 MACS2 工具(callpeaks 命令)识别各样本的 ATAC-Seq 峰(参数："-q0.05--nomoel - shift37 - extsize73")。

(2) 将相同细胞类型的峰进行合并(bedtoolsmerge 命令)。

(3) 使用 R 包 DiffBind 识别 Alpha 和 Beta 细胞间的差异峰，如图 10-10(a)。在 foldchange>2、FDR<0.1 的条件下，Alpha 细胞特异峰有 56 919 个，Beta 细胞特异峰有 6 645 个，两者共有的峰为 49 819 个。基于染色质开放区信息(峰的信息)完全可分开两类

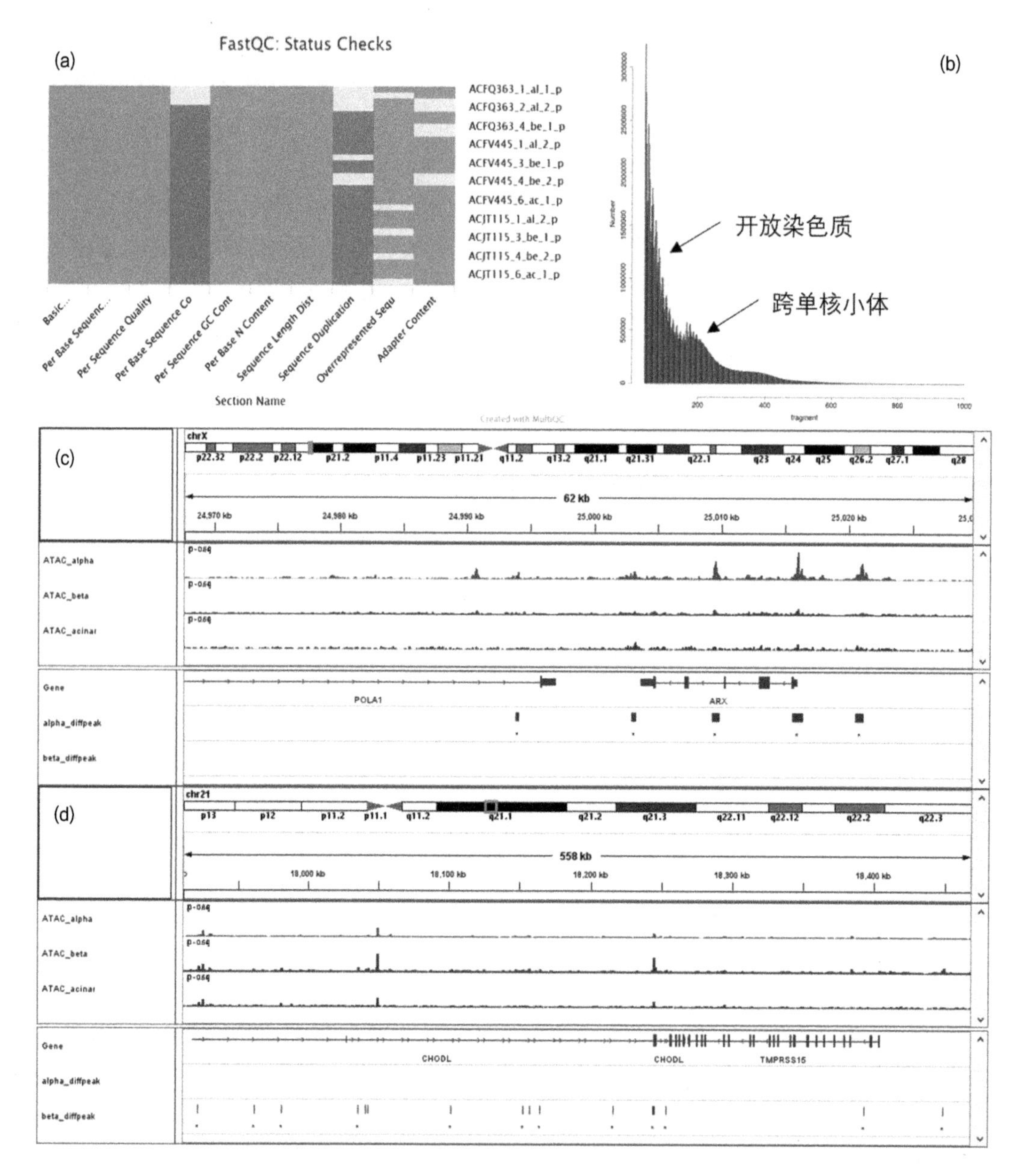

图 10-9　6 个 Alpha 细胞样本和 5 个 Beta 细胞样本 ATAC-Seq 数据质量分析图

图(a)样本质量控制可视化,红色表示质控项目等级低,绿色表示数据质量良好,黄色代表中间状态。图(b)比对到参考基因组后读段片段长度分布图,大部分读段长度小于 200 bp(开放区),有部分读段跨越 1 个核小体长度(>200 bp)。图(c)和(d)样本中 ATAC-Seq 峰的分布(IGV 工具可视化,局部展示),(c)为 Alpha 细胞特异的峰;(d)代表 Beta 细胞特异的峰。

细胞,如图 10-10(a)、(b)。图 10-10(c)为基于差异峰对样本的聚类结果。图10-10(d)为 foldchange>2 且 FDR<0.1 的差异峰火山图分布。

(4) 利用 ChIPseeker 包完成峰位置信息的注释,结果显示(如图 10-11 所示):在转录

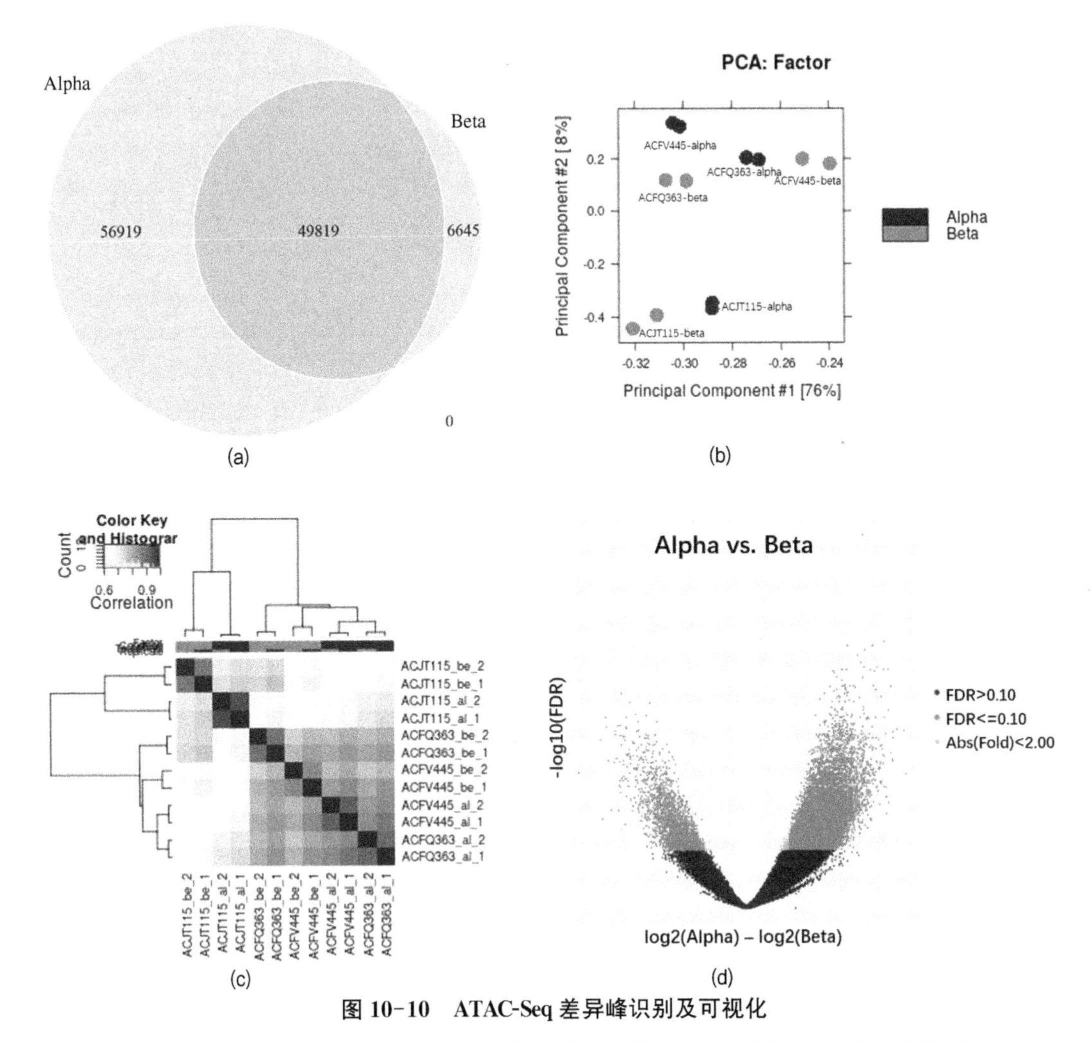

图 10-10 ATAC-Seq 差异峰识别及可视化

图(a)Alpha 细胞和 Beta 细胞的染色质开放区域(峰)的差异性(韦恩图);图(b)基于差异峰对样本进行主成分分析(PCA);图(c)基于差异峰对样本的聚类;图(d)差异峰识别(火山图)。

起始区域(TSS 周围),富集有染色质开放区,如图 10-11(a)所示。在 Beta 细胞中有更多的峰(22.57%)在启动子周围,如图 10-11(c)所示,远距离基因间区的峰在两类细胞中数目相当(约为 27%),如图 10-11(b)和(c)所示。

10.5.1.3 基于 ATAC-Seq 和 RNA-Seq 识别转录因子

ATAC-Seq 差异峰可能是两种细胞转录调控变化的位点,需要进一步识别是哪些转录因子在这些差异峰(开放区)结合。基本逻辑是,通过峰的 DNA 序列识别可能的转录因子结合位点,然后通过表达数据,确认编码该转录因子的基因是否有足够的表达(即确认转录因子的丰度)。具体步骤如下:

(1) 使用 HOMER 工具的 findMotifsGenome.pl 函数,识别差异峰对应的基因组 DNA 序列中,可能的转录因子结合的模体。

(2) 使用 RNA-Seq 数据对这些模体对应的转录因子的编码基因进行基因表达量判定。

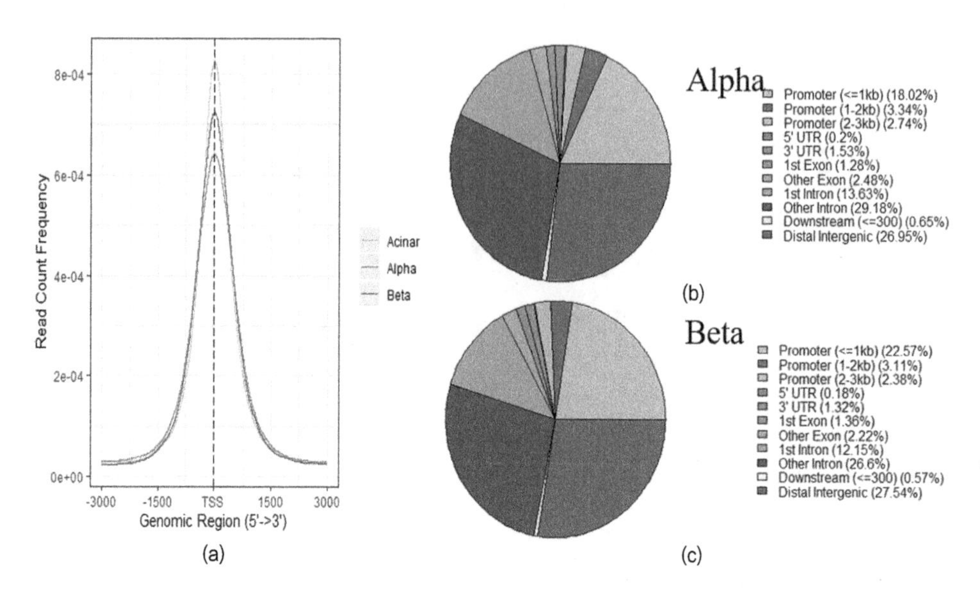

图 10-11　峰位置的注释图

图(a)峰的读段在转录起始位点(TSS)周围的分布;图(b)和(c)分别代表 Alpha 细胞和 Beta 细胞的峰在基因组各区域的分布

基因表达量以 RPKM 表示。

在 Alpha 细胞和 Beta 细胞中,分别发现了 19 个和 13 个高表达的转录因子,结果如表 10-2 所示。识别条件为:转录因子模体在开放区 DNA 中的富集显著性 $-\log_{10}P>10$,同时编码该转录因子的表达水平(RPKM)大于该细胞中所有基因的表达平均值。表 10-2 中列出了识别的两类细胞中特异性的转录调控因子("√"指示)。在 Alpha 细胞中,STAT3、STAT1、RFX6、ELF1、MAZ、NR4A1 等是特异性的转录调控因子;而在 Beta 细胞中,MAFA、EGR1、NFIL3、NKX6-1 等是该类细胞特有的转录调控因子。

表 10-2　Alpha 和 Beta 细胞特异性的开放区域中结合转录因子识别结果表

AlphaCell				BetaCell			
TF-name	Motif 的富集显著性($-\log_{10}P$)	编码转录因子基因表达量(RPKM)	调控	TF-name	Motif 的富集显著性($-\log_{10}P$)	编码转录因子基因表达量(RPKM)	调控
FOS	3 977	213.07	√	DDIT3	32	195.14	√
ATF4	23.68	172.57	√	FOS	4 809	179.74	√
DDIT3	30.27	98.34	√	ATF4	41	140.95	√
JUNB	3 676	48.78	√	JUND	32	53.81	√
JUND	224.4	45.54	√	JUNB	4 518	39.49	√
STAT3	60.58	36.67	√	ATF3	4 862	36.68	√
ATF3	4 076	36.24	√	MAFA	371	34.93	√

（续表）

AlphaCell				BetaCell			
RFX6	386.5	32.06	√	USF1	33	33.28	√
ISL1	177.2	28.03	√	EGR1	14	33.27	√
NFIL3	85.42	27.48	√	NFIL3	53	27.96	√
USF1	53.31	27.2	√	ISL1	332	25.77	√
ELF3	331.6	27.19	√	ATF2	55	24.59	√
MAFB	297	26.54	√	NKX6-1	536	23.29	√
ELF1	154.9	23.74	√	HLF	36	18.51	
ATF2	335.2	22.77	√	MAFB	356	17.01	
EHF	322.9	21.4	√	RFX6	70	16.66	
NR4A1	27.26	18.48	√	BACH1	476	16.32	
STAT1	17.48	18	√	RORC	40	15.75	
MAZ	34.78	17.75	√	REPIN1	107	14.23	
STAT4	29.07	15.62		NEUROD1	88	13.57	
NEUROD1	153.3	13.81		FOXA2	311	13.47	
HLF	26.83	13.28		ATF1	33	13.36	
REPIN1	129.5	12.42		NFX1	95	12.4	
BACH1	410	11.55		FOSB	4470	11.55	
PAX6	95.92	10.78		FOXO1	183	11.04	

10.5.2 染色质开放性与疾病关系分析

一般地，染色质开放区是重要的转录调控区域，是转录因子或者染色质结合蛋白的靶向区域，这些区域的转录因子亲和度和转录因子类型的变化都会直接影响其靶基因的转录（表达）水平，并反映在细胞表型的变化上（图 10-12）。因此，染色质开放区的不正常改变常常与疾病相关联。多项研究表明，染色质开放区异常与多种癌症的发生发展有关。比如，在对膀胱癌的研究发现，异常染色质开放区的作用涉及 Wnt 信号通路、上皮细胞分化和药物代谢。

染色质开放区的变化可以分为两种情形：（1）染色质开放区位置的改变，即染色质开放区的关闭和打开的动态切换，主要反映在开放区的丢失或者增加，这一情形在发育相关的疾病和癌症中尤为明显。基于开放区 ATAC-Seq 信号，可以很好地区分肺癌的亚型，即开放区的开关状态不仅在癌细胞和正常细胞之间有差异，而且在不同类型癌细胞中也有差异。（2）染色质开放区内基因组 DNA 的变化，包括开放区内转录因子结合位点（调控元件）的单核苷酸多态性（SNP）、简单体细胞突变，或者 DNA 拷贝数的变化（CNV）。简单突变可能通过调整转录因子的亲和性改变转录因子的结合强度，进而改变靶基因的转录（图 10-12）。DNA 拷贝数的变化会连带引起开放区数目的增加或者减少。在非小细胞肺癌中，由于拷贝数改变而引起开放区数量的变化与 EGFR-SOS2-BRAF-MAPK1 信号转录系统关联。也有第一、第二种变化同时作用的情形。

以下将通过两个例子具体说明基于 ATAC-Seq 的开放区分析在癌症和发育中的应用。

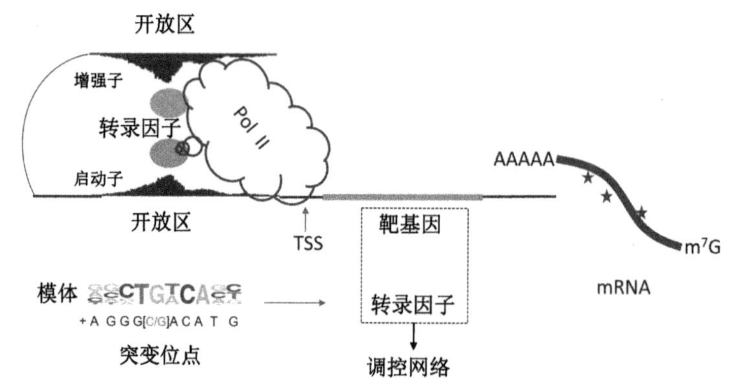

图 10-12　染色质开放区通过调节转录因子的结合(开关)调节基因的转录

10.5.2.1　23 种癌症全基因组染色质可及性图谱

如前所述，染色质开放区的变化以及对转录、细胞表型的作用都是通过位于开放区的调控元件发挥作用的，调控元件实际为转录因子结合的靶 DNA 序列，染色质的开放与否决定了调控元件是否可以与转录因子结合，而位于调控元件 DNA 序列的变化可以影响转录因子的亲和性，大规模染色质片段的调整(如 CNV)会改变开放区的数目。所以，染色质开放区对基因的调控作用是通过调节调控元件与转录因子的结合实现的，开放区所影响的基因就是调控元件的靶基因，或者是结合在调控元件的转录因子的靶基因。

有研究对 410 个肿瘤样本中的 386 个样本进行了技术重复，对样本进行 ATAC-Seq 测序分析，产生了 796 个全基因组范围的染色质可及性图谱。这是目前绘制出的最为全面的 23 种癌症全基因组染色质可及性图谱。

数据分析的流程和内容包括(图 10-13)：(1)癌症类型特异的染色质开放区的识别。识别 ATAC-Seq 峰与下游的基因(靶基因)，形成开放区(峰)—靶基因对；(2)开放区内 DNA 调控元件的识别和转录因子的推断及其对靶基因的作用分析。对差异的峰，进行模体扫描，识别可能的转录因子，通过检查模体对应的转录因子的表达量，确定结合在调控元件上的转录因子。将峰-靶基因的关系转化为转录因子和靶基因的关系，形成调控网络；(3)开放区调控元件上的突变的作用分析。通过检查基因组变异(简单突变、单核苷酸多态性、拷贝数变化)与调控元件的数量和位置关系，确定变异对转录因子结合量和强度的影响，进而分析对调控网络(通路)乃至细胞表型的作用。

(1) 癌症类型特异的染色质开放区的识别

跨癌症分析发现，有些染色质开放区在多种癌症中重复出现，数量可达 562 709 个(ATAC-Seq 的峰)。在这些保守的开放区，往往存在一些已知的遗传性易感风险位点，推测这些位于非编码区的遗传风险位点正是通过开放区发挥作用的。如：在原癌基因 MYC 附近，染色质可及性在同一癌症的不同样本中高度保守，且在这些开放区内，分布有癌症易

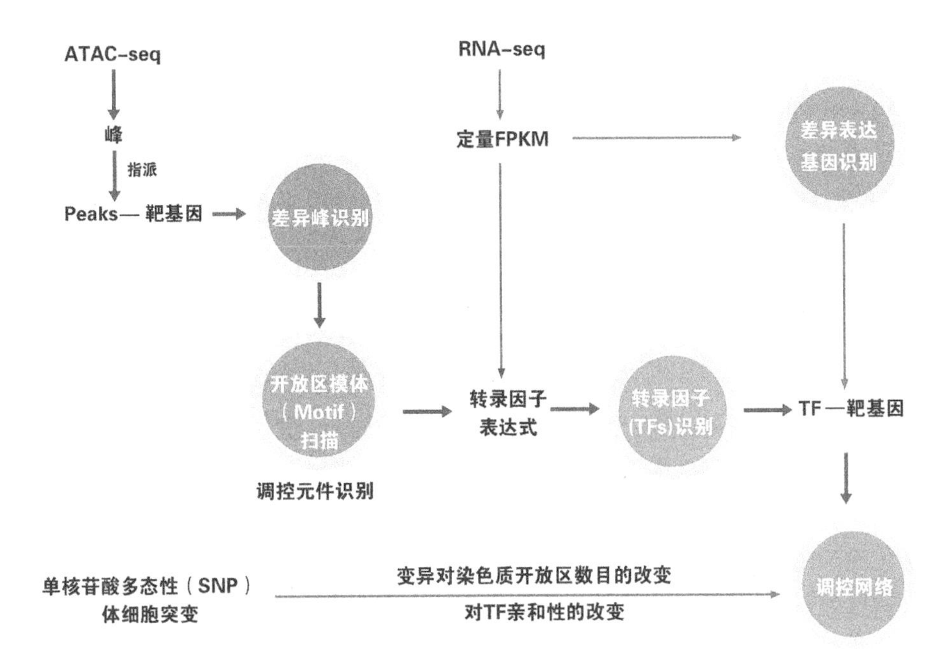

图 10-13　对癌症样本染色质开放区变化及转录调控作用的分析流程

感的单核苷酸多态性(如：rs6983267 和 rs35252396)。

具有癌症类型特异的染色质开放区常常位于基因远端的增强子；而距离基因较近的开放区(启动子区)的癌症类型特异性较低，其癌症类型的分辨能力与基于基因表达的分辨能力相似。基于 2 万多个染色质开放区信号构成的前 50 个主成分，可以区分来源不同的同一癌症的不同样本，或者来源相同的不同癌症样本。另外，在基因远端，开放区 ATAC-Seq 与 DNA 甲基化水平高度负相关，即 DNA 甲基化差异可能与染色质可及性有关。

在 34 个肾乳头状细胞癌(Kidney Renal Papillary Cell Carcinoma, KIRP)样本中发现：不同亚型的开放区存在差异。KIRP 中样本间染色质可及性的显著变化指向了潜在的新癌症分子亚型，并可能与治疗预后存在紧密联系。

(2) DNA 调控元件识别和转录因子判断以及对靶基因的作用分析

开放区内存在转录因子的结合位点，即为 DAN 调控元件。基于转录因子的结合模体，利用 ATAC-Seq 和 RNA-Seq 数据，可以识别这些调控元件上可能结合的转录因子类型，并推断其对靶基因(ATAC-Seq 峰下游的基因)的作用。识别转录因子的基本逻辑为，首先确认调控元件上具有转录因子的结合模体，进而确定转录因子类型；然后确定编码该转录因子基因是否具有足够的表达量。所以，这种分析一般需要 ATAC-Seq 和 RNA-Seq 数据的联合分析。

在 516 927 个远端调控元件中，发现 203 260 个调控元件。这些调控元件附近富含控制基因表达的转录因子模体。

基于 ATAC-Seq 信号和靶基因在不同样本间的相关性，研究发现 8 万多个 DNA 远端调控元件和靶基因之间存在唯一联系(“峰-靶基因”对)，其中有 70%的“峰-靶基因”对在某一特定肿瘤类型中具有极高的活性。而且,调控同一个基因的那些 ATAC-Seq 峰通常在基因组上有聚集的趋势,这些相互聚集在一起的峰实际是潜在的增强子,甚至是超级增强子。

在鉴定出的“峰-靶基因”作用对中,存在免疫细胞浸润高度相关的作用对。其中一个显著相关的基因是 PDL1,它是癌症免疫逃避的关键介质,也是癌症免疫治疗的重要靶点。PDL1 与 4 个潜在的远端调控元件位点关联,敲除实验发现任何单独元件不显著影响 PDL1 的表达,说明 PDL1 转录调控是远程多位点调控模式。

(3) 开放区调控元件上的突变的作用分析

识别出染色质可及区域和调控元件后,可以结合全基因组测序(Whole Genome Sequencing,WGS)信息,揭示调控元件处的非编码突变对转录调控的作用。通过将 ATAC-Seq 数据和 10 种癌症类型的高深度 WGS 数据结合,鉴定到上千个体细胞突变落在启动子区域和调控元件区域,导致染色质可及性的显著提高,并显示了等位基因特异的调控效应。如 FGD4 基因上游的一个单碱基突变与染色质可及性增加有关,并且 FGD4 的高表达与膀胱癌低生存率显著相关,说明 FGD4 的突变可能对膀胱癌产生影响。

这类研究可以鉴定增加癌症风险的常见遗传变异,解释一些非编码遗传变异与癌症发生之间的分子机制。

10.5.2.2 染色质的开放性、动态性与发育

发育过程被严格调控,这些调控与染色质开放区的变化密切关联。这种调控作用也是通过位于开放区的调控元件来调节基因的转录而实现的。发育中,不断有新的开放区出现,使得这些开放区的调控元件开放,相应的转录因子结合在开放区,靶基因激活,进而发挥分化、发育的功能;同时,也有一些开放区关闭,进而调控元件处于封闭状态,转录因子无法结合,靶基因失活,这些过程是发育所必需的。对跨越妊娠中期 14 到 19 周的人胚胎端脑样本利用 ATAC-Seq 进行了染色质可接近性检测,共包括 6 个脑区样本以及 3 个皮层下区域。所有样本都包括祖细胞、未成熟神经元、胶质细胞、血管以及脑膜。共识别出具有统计显著性的 130 131 个开放染色质区,其中仅有 23%的区域在 6 个区域中共有,说明染色质开放性在脑发育过程中具有高度的区域特异性。

(1) 预测大脑发育增强子

利用公共增强子注释数据库 VISTA,并结合 ENCODE 数据库中的增强子的表观遗传特征(H3K27ac 和 H3K4me1)和序列特征,从上述样本中识别出约 10 万个非启动子区域开放区,其中具有 19 151 个增强子调控元件。这些调控元件的靶基因多与神经发育相关。在妊娠中期、早期和晚期的 ATAC-Seq 数据中,在转录起始位点(TSSs)周围染色质开放区没有变化,而远离 TSSs 的开放区会随着胎儿发育获得或失去可及性。同时,大部分增强子调控元件都在染色质可及性方面表现出了时间、区域和层流差异,并且这些差异与单细胞 RNA 表达模式及转录因子结合位点差异相关。说明基因增强子区的可及性在发育中动态变化,是发育调控的重要方式。

(2) 与神经系统疾病发生相关的增强子调控元件

神经发育障碍基因的候选调控因子 BCL11A 基因是一种与发育迟缓和自闭症(ASD)谱系病相关的基因,主要作用是编码大脑和血细胞中的转录调控因子。在 BCL11A

基因附近有 23 个增强子调控元件。

在 ASD 相关基因 SLC6A1 附近的一个内含子区域内，发现有一个增强子调控元件，通过突变激活了该位点后，SLC6A1 的表达水平显著升高，与直接激活其转录启动子达到相似效应，证明了该位点是控制 SLC6A1 表达的一个增强子。这很好地将脑发育中的重要基因调控元件与神经系统疾病相关基因组变异联系了起来。

总之，基于 ATAC-Seq 数据，可用来识别脑发育阶段特异性的开放染色质区域，并可以鉴定出特定基因的候选增强子，解释转录表达通路，阐明 ASD 病理途径。还可用于预测发育期间受非编码遗传突变影响的细胞类型和脑区。

参考文献

[1] 刘宏德，罗坤，马昕，等.核小体及染色质修饰的基因组分布模式和染色质状态[J].生物化学与生物物理进展，2013，40(11)：1088-1099.

[2] Klemm S L, Shipony Z, Greenleaf W J. Chromatin accessibility and the regulatory epigenome[J]. Nature Reviews Genetics, 2019, 20(4): 207-220.

[3] Papamichos-Chronakis M, Peterson C L. Chromatin and the genome integrity network[J]. Nature Reviews Genetics, 2013, 14(1): 62-75.

[4] Mack S C, Witt H, Piro R M, et al. Epigenomic alterations define lethal CIMP-positive ependymomas of infancy[J]. Nature, 2014, 506(7489): 445-450.

[5] Song L Y, Crawford G E. DNase-Seq: A high-resolution technique for mapping active gene regulatory elements across the genome from mammalian cells[J]. Cold Spring Harbor Protocols, 2010(2): pdb.prot5384.

[6] Wang Y M, Zhou P, Wang L Y, et al. Correlation between DNase I hypersensitive site distribution and gene expression in HeLa S3 cells[J]. PLoS One, 2012, 7(8): e42414.

[7] Guzman C, D'Orso I. CIPHER: a flexible and extensive workflow platform for integrative next-generation sequencing data analysis and genomic regulatory element prediction [J]. BMC Bioinformatics, 2017, 18(1): 1-16.

[8] Ackermann A M, Wang Z P, Schug J, et al. Integration of ATAC-seq and RNA-seq identifies human alpha cell and beta cell signature genes[J]. Molecular Metabolism, 2016, 5(3): 233-244.

（编者：李华梅、赵小鄰、黄依婷、刘宏德、孙啸）

第十一章　单细胞测序数据分析

11.1　引言

单细胞测序(Single Cell Sequencing)是近几年来最热门的技术之一，被 *Nature* 评为“2013 年度方法”。单细胞测序的发展可以使我们获得单个细胞内 DNA、RNA 等分子的信息，有助于我们发现被群体水平研究所掩盖的罕见细胞类型等信息。单细胞测序实验有两种主流方法。最常见的方法是使用微流控装置来分离细胞形成油包水液滴，然后对文库进行测序。这种高通量、低深度建库方法的典型代表是 10X Genomics 平台。另一种方法则是将细胞分离到单独的孔中分别建库。这类方法通量较低，但可以实现对单个细胞的高深度的测序。

随着分析算法的成熟，单细胞数据分析可以使用的工具越来越多，也越来越对用户友好。但由于单细胞分析需要考虑到样本本身特性、建库方式等细节，目前尚无统一的数据分析流程。在本章，我们首先详细阐述单细胞转录组(single cell RNA-Seq，scRNA-Seq)，单细胞染色质开放性(single cell ATAC-Seq，scATAC-Seq)数据基本可以分析各个步骤的原理和注意事项，包括预处理、数据过滤和标准化、特征选择和降维以及细胞和基因水平的下游分析等。另外，本章概述了 scRNA-Seq 和 scATAC-Seq 整合分析的大概思路。最后，本章以分析实例引导读者熟悉单细胞分析常用软件。

11.2　单细胞转录组数据分析

11.2.1　数据预处理

来自 scRNA-Seq 实验的测序数据必须转换成可用于统计分析的单细胞表达谱矩阵($n * m$，n 为基因数，m 为细胞数)。考虑到测序数据的离散性，通常是一个计数矩阵，其中包含映射到每个细胞中每个基因的分子标记(Unique Molecular Identifier，UMI)或测序 reads 的数量。数据预处理过程主要包括比对、数据拆分和基因定量。下机数据经过质量控制(Quality Control，QC)过滤掉测序质量较低的 reads 后进行比对，得到比对结果进行数据拆分。数据拆分是按照文库结构在 reads 中提取细胞标签，细胞标签一致的 reads 来源于同一个细胞(仅留下真实细胞条码的白名单中的细胞标签)，接着进行基因定量得到表达谱矩阵。手动分选和微流控装置分选可以实现细胞和细胞标签的一一对应。

对于 10X Genomics 数据，Cell Ranger 软件包提供了一套整合好的流程来获取表达谱矩阵。使用 STAR 工具将测序数据与参考基因组比对，然后计算映射到每个基因的独特 UMI 的数量。而对于其余平台产生的数据，则需要自己搭建比对和定量的流程获取表达谱矩阵。

11.2.2　基础分析

得到表达谱矩阵之后，常用的分析工具就是 Seurat，可以实现较全面的基础分析，包括数据预处理、降维、聚类等。

11.2.2.1　数据过滤

Seurat 的输入文件是表达谱矩阵，为了保证数据质量，首先要过滤掉低质量细胞和基因。当前尚无统一的标准，大家都根据自己的数据集，采用更灵活的过滤方法。通常来说可以考虑四个方面：

(1) 过滤在少量细胞中检测到的基因，这些基因可能是随机噪声。

(2) 去除线粒体基因百分比高的细胞，排除凋亡细胞。对于癌细胞或心肌细胞等供能量大的细胞，该阈值可适当调高。

(3) 去除 UMI 数和检测到的基因异常高的细胞，排除双胞的可能性。

(4) 去除 UMI 数和检测到的基因异常低的细胞，排除可能在处理过程中已被破坏或可能没有被完全捕获的细胞。

11.2.2.2　数据归一化

由于测序过程当中，每个细胞的测序深度均不同，所以首先对数据进行归一化处理，规避掉一些技术差异(如测序深度，mRNA 起始量)的影响。具体来说，Seurat 计算每个细胞中基因的相对表达量，之后作对数处理，再乘以一个缩放因子(默认为 10^4)把数据缩放到一个合理的范围，见公式(11-1)。

$$e_{c,i,\text{normalized}} = \log\left(\frac{e_{c,i}}{E_c} + 1\right) * size\ factor \tag{11-1}$$

其中，$e_{c,i}$ 表示细胞 c 中基因 i 的 UMI 数；E_c 表示细胞 c 中总的 UMI 数；$size\ factor$ 为效应因子，一般取 $size\ factor = 10^4$ 。

11.2.2.3　特征选择

从生物的角度讲，人的基因组编码了大约 2 万个基因，这些基因里，有大部分都是管家基因，这部分基因对后续细胞分型贡献较小，因此我们需要进行特征筛选，选出在细胞间表达量差异较大的基因，定义为高变异系数基因，用于后续分析，节省计算时间及资源。衡量一条数据的差异或离散程度，最直接简单的方法就是算方差。不过，单细胞数据中基因表达量的方差受其均值影响大于生物学上的异质性。因此需要进行方差稳定变换，消除均值对方差的影响。具体步骤为对基因表达量的均值和方差的对数值进行局部加权回归(locally weighted regression, loess)，计算出方差的期望值。降序排序，选择方差期望高的基因作为后续分析对象(默认为前 2 000 个基因)，并定义为高变异系数基因。

11.2.2.4　数据降维

虽然在特征选择步骤中进行了初步的降维，但挑选出的高变异系数基因仍然太多，表达谱矩阵仍然是非常高维的矩阵，降低了后续分析的效率。因此，Seurat 采用主成分分析(Principle Component Analysis, PCA)进行进一步的降维分析。需要注意的一点是，在进行 PCA 之前，我们把每个特征的值缩放到相似的范围内，避免赋予某个基因过大的权重，提高收敛速度。

PCA 的目的是在低维空间找到一组基，或者理解成一个线性平面，让高维的数据投影在这个低维平面上能最大限度保留数据原本的信息，误差最小。PCA 的基本原理是奇异值分解。奇异值分解是特征值分解在非方阵上的扩展，如式(11-2)所示：一个矩阵 $\boldsymbol{M}$ 可以分解成三个矩阵 $\boldsymbol{U}$, $\boldsymbol{\Sigma}$ 和 $\boldsymbol{V}^*$：

$$\boldsymbol{M}_{m\times n}=\boldsymbol{U}_{m\times m}\boldsymbol{\Sigma}_{m\times n}\boldsymbol{V}^*_{n\times n} \tag{11-2}$$

其中，矩阵 $\boldsymbol{U}$ 是 $m\times m$ 阶酉矩阵：$\boldsymbol{U}$ 的 m 个列向量是 $\boldsymbol{M}$ 的特征向量，也称为 $\boldsymbol{M}$ 的左奇异向量。矩阵 $\boldsymbol{V}^*$ 是 $\boldsymbol{V}$ 的共轭转置，是 $n\times n$ 阶酉矩阵：$\boldsymbol{V}^*$ 的 n 个列向量是 $\boldsymbol{M}\boldsymbol{M}^*$ 的特征向量，也称为 $\boldsymbol{M}$ 的右奇异向量。我们更关注中间的 $\boldsymbol{\Sigma}$ 矩阵，其是 $m\times n$ 阶非负实数对角矩阵，也称为矩阵 M 的协方差矩阵。对角线上是方差，也就是矩阵 $\boldsymbol{M}$ 每个奇异向量的奇异值，一般情况下奇异值按从大到小的顺序排列。

一般有两种方法确定降维的维度 k：

(1) Elbow plot：基于每个主成分对可解释变异的贡献，一般是选择转折点的地方。这种方法不需要很大的计算量，但最终选择受主观影响较大。

(2) Jackstraw plot：随机抽取 1%的特征(基因)，置换每个细胞对应的特征值，重新进行 PCA。多次重复此步骤，再结合真实 PCA 的结果算出每个主成分的经验概率，最后根据 P 值选择用于下游的主成分。

11.2.2.5　聚类

根据细胞表达谱的相似程度，把类似的细胞聚成同一类。为了实现这一目的，首先基于 PCA 空间中细胞之间的欧氏距离构建 K 近邻图(K-nearest neighbor, KNN)。对于某个目标细胞，将与其欧氏距离最小的 K 个点设置为目标细胞的邻居，目标细胞与其邻居之间有边联系。此时，赋予每条边的权重为 1。下一步，计算两个邻居之间的 Jaccard 相似性，并将其设置为两个点连接的权重。Jaccard 相似性计算公式如式(11-3)所示：

$$J(A, B)=\frac{|A\cap B|}{|A\cup B|} \tag{11-3}$$

其中，A , B 分别代表两个节点所有邻居的集合。构建出 KNN 图后，应用 Louvain 算法进行细胞聚类(图 11-1)，这是一种基于图的聚类算法[1]。通常认为，一个相对好的聚类结果应当是在每个类内部节点连接多，节点与类外部的连接少。据此，Louvain 算法首先定义了一个变量：模块度 Q，根据节点类内和类外的连接来衡量一个社区(聚类)的划分是不是相对比较好的结果。模块度 Q 的定义如式(11-4)所示：

$$Q=\frac{1}{2m}\sum_{i,j}\left(A_{ij}-\frac{k_i k_j}{2m}\right)\delta(c_i, c_j)$$

$$\delta(u, v)=\begin{cases}1, & u=v \\ 0, & u\neq v\end{cases} \tag{11-4}$$

其中，$m=\frac{1}{2}\sum_{i,j}A_{ij}$，$A_{ij}$ 是节点 i 和节点 j 之间边的权重。$k_i=\sum_{j}A_{ij}$ 表示所有与节点 i 相连的边的权重之和(度数)；c_i 表示节点 i 所属的社区；m 表示图中所有边的权重之和。

Louvain 算法用模块度 Q 衡量这一指标，算法的最终目的就是让整个网络的模块度 Q 最大化。为了实现这一点，Louvain 算法将依次遍历图中所有结点，将结点合并到够使模块度 Q 提升最大的社区当中去。

以图 11-1 为例，算法的具体步骤分为以下几步：

步骤 1：开始时，把每个节点当成相互独立的社区；

步骤 2：对每个节点 i，依次尝试把节点 i 分配到其余节点所在的社区，计算前后模块度变化 ΔQ。如果 $\max\Delta Q>0$，则把节点 i 分配到 $\max\Delta Q$ 对应的社区，否则保持不变；

步骤 3：重复步骤 2，直到所有节点的所属社区不再变化，如图 11-1(b)；

步骤 4：对图进行压缩，将当前所属社区相同的节点合并成一个新节点，社区内节点间所有边的权重相加为新节点的环权重，社区间的边权重相加成为新节点间的边权重，如图 11-1(c)；

步骤 5：重复步骤 1，直到 Q 不再增长，如图 11-1(d)、(e)。

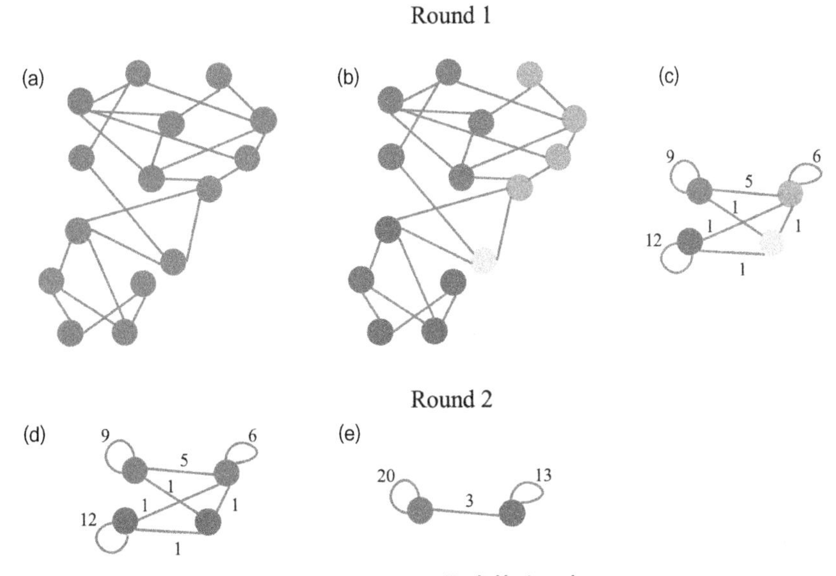

图 11-1　Louvain 聚类算法示意

11.2.2.6　*t*-SNE/UMAP 可视化

可视化步骤实现高维单细胞数据的可视化展示，Seurat 提供 *t*-SNE(*t*-Distributed Stochastic Neighbor Embedding) 和 UMAP(Uniform Manifold Approximation and

Projection)两种非线性降维方法。与 PCA 的线性变换降维不同,非线性降维方法能够避免数据点表示的过度拥挤,在重叠区域上能表示出不同的细胞簇,因而被广泛运用。

t-SNE 在保持细胞的局部特征方面非常优秀,但在一定程度上忽视了数据在高维空间的全局结构,因此它可能会夸大细胞群体之间的差异,而忽略群体之间的潜在联系。另外,*t*-SNE 需要更长的计算时间使其无法有效地表示大数据集。相反,UMAP 最大限度地保留了全局结构,能更好地反映细胞群的潜在拓扑结构。但是,UMAP 使得每个簇群的分辨率降低,可能会使得簇群重叠,从而遮盖一些小的簇群。UMAP 相较于 *t*-SNE 一个很大的优点就是运行时间短,使得 UMAP 应用比较广泛。同时,有文献表明 UMAP 可以得到可重复性高以及更有意义的细胞分群的结果。

11.2.2.7 差异表达基因(Differentially Expressed Genes, DEGs)鉴定

Seurat 可以在用户自定义的两类细胞中鉴定 DEGs。默认设置下,Seurat 利用非参数的 Wilcoxon 秩和检验计算差异表达基因。除了默认的 Wilcoxon 秩和检验,Seurat 还内置了其他统计学方法:*t* 检验、泊松检验和标准 AUC 分类器等。另外,为了提高差异表达基因计算的速度,特别是对于大型数据集,Seurat 允许对基因或细胞进行预过滤。例如,在任一组细胞中很少检测到的基因或以相似的平均水平表达的基因不太可能是差异表达基因,因此可以提前把这类基因过滤,节省计算时间与资源。

除此之外,Seurat 还允许多数据集的整合分析。通过整合分析来源于不同方法、不同样本、不同物种等的数据集,可以识别两个数据集中都存在的单元格类型,获得在不同条件细胞中均保守的细胞类型标记。更重要的是,我们可以在同一个标准下比较数据集以找到对感兴趣条件下的细胞类型的特异性反应。Seurat 整合数据集的基本原理是典型相关分析(Canonical Correlation Analysis,CCA)。CCA 的目标是找到一个使得不同数据集基因表达量相关程度最大的线性组合,从而确定数据集之间相同的相关结构,同时可以在一定程度上消除批次效应。

11.2.3 下游分析

11.2.3.1 功能富集分析

功能富集分析的工具可以用 David、Metascape,或者 R 语言中的包 clusterProfiler。

11.2.3.2 发育轨迹分析

很多时候,细胞类型之间并不是独立的,而是存在发育转换关系,比如细胞分化的过程。对这种动态过程进行计算建模的分析,称为发育轨迹重构。该分析根据其表达模式的相似性沿着轨迹对细胞进行排序,从而进一步推断出发育路径上的基因表达变化。为了实现这一目的,各研究团队基于不同算法开发出相关工具,应用于不同分析场景。Monocle 是比较常用的轨迹重构软件。其算法首先将每个细胞的表达谱表示为高维欧几里得空间中的一个点,每个基因代表一个维度,如图 11-2(a)所示。再使用独立分量分析(Independent components analysis, ICA)降维,这可以将细胞数据从高维空间转换为低维空间,保留细胞群之间的基本关系,但更容易可视化和解释,如图 11-2(b)所示。然后,在细胞上构建最小生成树(Minimum-cost Spanning Tree, MST)。MST 上的最长路径就对应于转录水平上

相似细胞的最长序列，也就是“轨迹”，如图 11-2(c)所示。

随着轨迹前进，细胞可能会沿着两条或更多条不同的路径发散。Monocle 找到最长的相似细胞路径后，它会检查不在这条路径上的细胞，找到子轨迹。将这些子轨迹排序并将它们连接到主轨迹，如图 11-2(d)所示。Monocle 可以根据基因表达量的变化为每个细胞计算伪时间值(pseudotime)，用户可以参考从而确定轨迹的头尾。因此，Monocle 通过分化进程对细胞进行排序，并且可以重建分支的生物过程，如细胞分化。重要的是，Monocle 算法是无监督的，不需要先验知识，因此适用于研究各种动态生物过程。

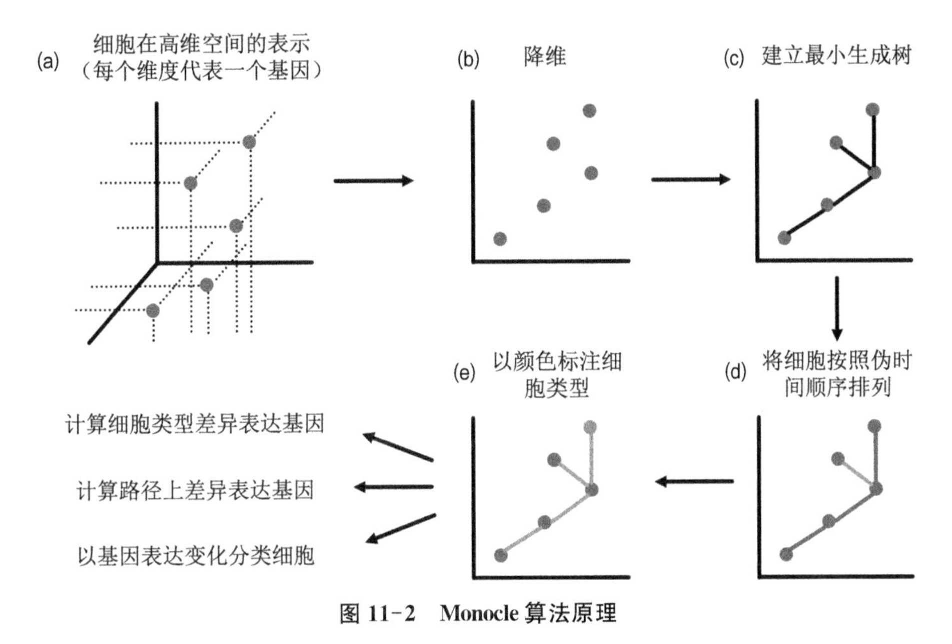

图 11-2　Monocle 算法原理

11.2.3.3　通信网络分析

细胞相互作用是细胞间传递信号的基本方式，目前有很多工具可以借助受体配体的表达量从 scRNA-Seq 数据中预测细胞间的通信网络。目前主要有四种策略推断配体-受体对可能发生作用的概率，称为通信分数。通信分数可以是二进制的，也可以是连续的(图 11-3)，二进制分数很简单，而连续分数使细胞间信号的定量更加精确。

二进制打分包括表达阈值筛选(Expression Thresholding)和差异组合(Differential Combination)。表达阈值筛选方法通过对配体-受体对中两个编码基因的表达量设定阈值(配体和受体可以使用不同的阈值)，如果两个基因的表达都超过阈值，则该配体-受体对被认为是“活跃的”(通信分数为 1)，否则为“不活跃”(通信分数为 0)，如图 11-3(a)所示。相比之下，差异表达组合方法首先计算细胞类型的差异表达基因，如果配体-受体对中配体和受体均在各自细胞类型内差异表达，则认为这一对相互作用是“活跃的”，如图 11-3(d)所示。二进制打分法都假定相互作用需要较高的表达水平，但是基因 mRNA 水平的表达量不能完全等同于蛋白水平，并且某些蛋白活性与浓度不存在正相关，这可能导致假阳性和/或假阴性的出现。

连续打分的方法包括表达值乘积(Expression Product)，如图 11-3(b)所示和表达相关性(Expression Correlation)，如图 11-3(c)所示。表达值乘积通过将两种相互作用蛋白的表达量相乘得到一个连续值作为通信分数，之后再对所有通信分数进行统计检验或简单取阈值确定活跃的细胞作用。但是，当相互作用的蛋白质具有截然不同的转录水平时，如其中一种蛋白质在相互作用信号中占主导地位，这种方法的结果无法真实反映实际情况。不过，额外的数据预处理，例如使用管家基因对基因表达进行细胞类型归一化处理或指明转录本和蛋白质之间的相关性，可能会减轻这种影响。表达相关性是计算配体和受体表达量的相关性，具有较高的相关性可以表明配体和受体行为较为一致，更有可能存在相互作用。这种方法的潜在障碍是单细胞数据集的稀疏性，从而影响相关系数的准确性，使得相关系数测量的是稀疏性而不是生物学的相关性值。

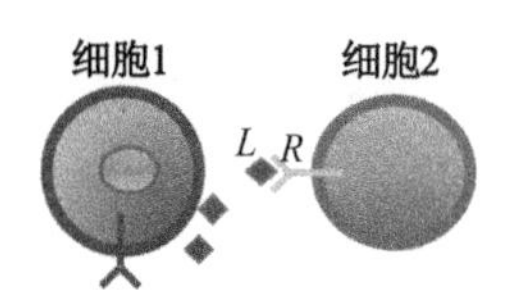

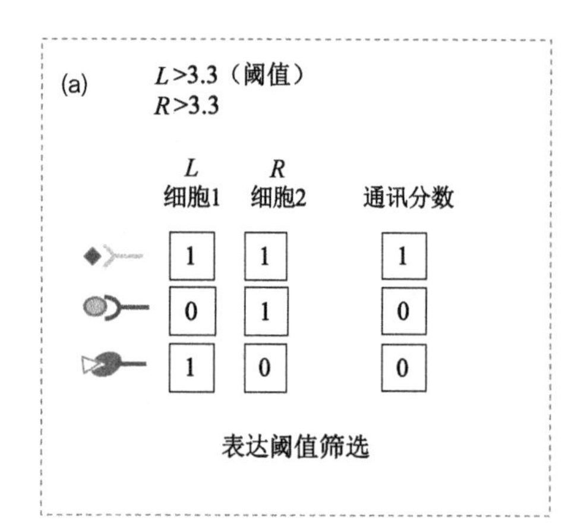

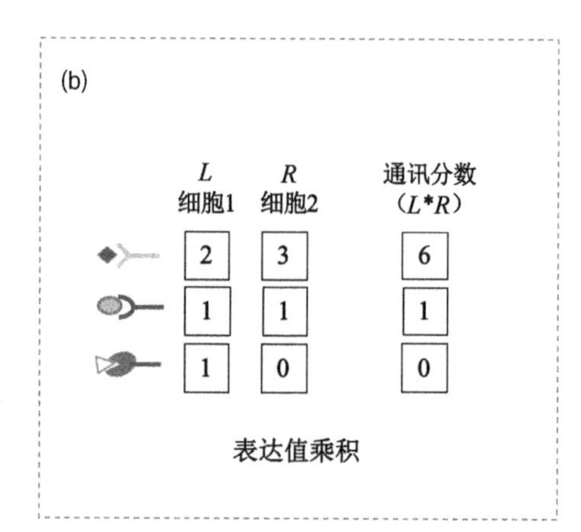

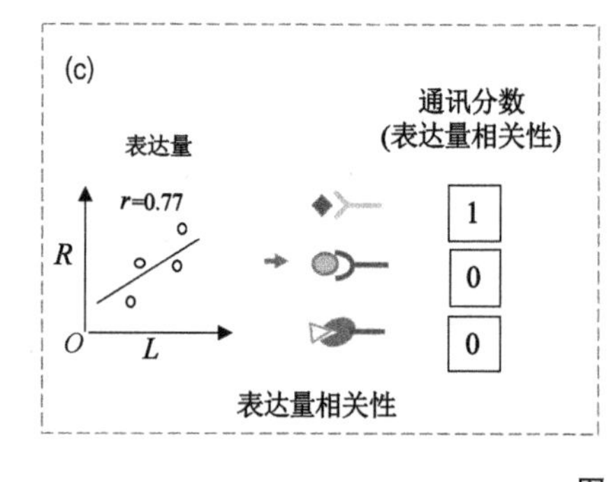

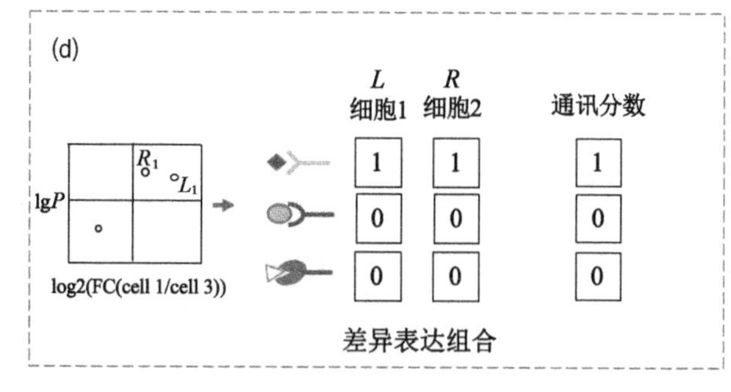

图 11-3 通信分数计算

L 代表配体(Ligand)，*R* 代表受体(Receptor)

11.3 单细胞染色质开放性分析

染色质在细胞核内分为异染色质和常染色质两种存在形式。异染色质(closed chromatin)是紧紧堆积的 DNA 形式，而常染色质(open chromatin)是 DNA 的松散堆积形式，存在于细胞核的内部,通常为转录活性区域。

单细胞转录组可以无偏地给我们提供测序样品中的基因表达量信息,但因其固有的缺陷,使得一些低表达的基因很难被捕获。转录因子就是其中一种,其不需要大量的表达即可行使功能。相比之下,通过染色质开放区域的信息,更容易捕获转录因子活跃程度的信息。2013 年 Greenleaf 实验室开发了 ATAC-Seq 技术,利用 Tn5 酶将测序结构插入染色质松散区域,实现了对染色质开放区域的捕获。基于 ATAC-Seq,紧接着单细胞水平的 ATAC-Seq(scATAC-Seq)技术也应运而生。由于基因组每个区域只有两个拷贝,scATAC-Seq 的数据比 scRNA-Seq 更易发生液滴捕获不到完整细胞的情况(dropout),所以 scATAC-Seq 的特征矩阵是一个更为稀疏的矩阵,对分析方法的要求也更高。

11.3.1　基础分析

11.3.1.1　数据预处理

scATAC-Seq 数据同样需要经过比对、数据拆分、过滤等步骤,得到开放程度矩阵。过滤指标包括但不限于:总 reads 数,细胞独特片段(unique reads)的数量,启动子区域 reads 百分比等。根据这些指标过滤掉低质量数据,再进行后续一系列分析。

11.3.1.2　基因组窗口划分(binning)

由于每个细胞被打断的地方不同,为了实现细胞之间的比较,需要建立一个共同的标准。一个简单实现是将基因组划分为均匀大小的窗口(bin),如 5 kb 大小,然后计算每个 bin 中的 reads 数,具有"1"值的单元格表示该 bin 中有一个及以上的 reads,"0"值则表示无 reads 位于该 bin 中。如此,我们得到二元化(binarization)的一个矩阵,行代表 bin,列代表细胞。

11.3.1.3　矩阵降维

把二元矩阵转换为 Jaccard 相似性矩阵,矩阵每个元素的值由细胞间重叠的 bin 数量计算而得。由于 Jaccard 指数的值会受细胞的测序深度的影响,需要进行标准化 Jaccard 相似性矩阵。最后与 scRNA-Seq 数据集类似地进行特征降维,聚类等操作,得到细胞群分类结果。

11.3.1.4　开放区域识别(peak calling)

首先合并先前识别出的细胞类型的测序数据,使用 MACS2 软件对每个细胞类型分别执行 Peak Calling。处理 ATAC-Seq 数据与 ChIP-Seq 不同之处在于,ATAC-Seq 关心的是在哪切断,断点才是 peak 的中心。但考虑到 ATAC-Seq 是通过 Tn5 酶结合的染色质开放区域,使用位移参数检测 ATAC-Seq peak 的方式可能并不是最优的。考虑到这个问题,一款特定针对 ATAC-Seq 的 peak calling 软件 Genrich(https://github.com/jsh58/Genrich)被开发出来。Genrich 以 Tn5 转座酶切割位点为中心进行拓展,而不是通过拓展 reads 来检测 peak。得到各个细胞类型的 peak 信号后将其合并,生成标准信号集(Standard Peak Set)以便于后续不同细胞类型之间的比较。

11.3.1.5　差异开放区域(Differentially Accessible Region, DARs)鉴定

DAR 的计算有很多工具,如 HOMER, Monocle 等。通常来说,当计算某个细胞群的

DAR时，在KNN空间中选取与该细胞群最相邻的相同数量的其他细胞用作背景信号。DAR的计算选择了更符合ATAC-Seq数据分布的负二项分布检验。

为了预测开放区域的靶基因，可以使用ChIPseeker实现基因注释。一般基于最近的TSS原则，即把距离开放区域最近TSS对应的基因与该开放区域联系起来。

11.3.2 下游分析

11.3.2.1 Motif分析

对感兴趣的peak(如DAR)进行motif搜索，或对感兴趣的一组开放区域进行motif富集分析。由于不同转录因子的结合位点具有不同偏好，motif富集可以得到转录因子活跃程度，发现上游的调控关系。与ChIP-Seq数据类似，常用的工具有HOMER(http://homer.ucsd.edu/homer/)，MEME(https://meme-suite.org/meme/)等。

11.3.2.2 调控元件之间的相关性分析

Cicero是一个专门处理单细胞染色质可及性数据的R包，其主要目的是预测和分析顺式调控网络，这可用于识别推定的增强子-启动子对，并获得基因组顺式调控的结构。为了使Cicero对单细胞数据的稀疏性更为鲁棒，Cicero对相似的细胞进行采样(sampling)和聚集(aggregation)，来消除技术上的混杂因素，更准确地量化和预测调控元件之间的相关性。基于这些相关性，Cicero使用无监督机器学习的方法将调控元件与目标基因联系起来。最终，Cicero在用户自定义的距离内计算每对开放区域的"可访问性"得分，其中较高的得分表示较高的可访问性。

11.4 整合分析

scRNA-Seq和scATAC-Seq分别捕获了基因表达和染色质可及性，整合分析可以提供细胞不同组学的信息，互相补充。为了整合多模态数据进行分析，首先需要将不同模态数据集嵌入同一个空间。简而言之，首先需要基于可访问性矩阵计算基因活跃指标(gene activity)。基因活跃指标定义为与基因体区域重叠的reads数量。得到基因活跃矩阵后，使用Seurat CCA算法整合scRNA-Seq和scATAC-Seq两个矩阵。该方法直接将特征一一对应，可操作性强，但其仅考虑了基本的顺式调控关系，而忽略了长距离调控关系(如增强子)。

将scRNA-Seq和scATAC-Seq数据嵌入相同空间中后，可以由scATAC-Seq数据计算得到转录因子motif可及性分数，由scRNA-Seq数据计算出转录因子下游靶标基因的表达量变化。

整合分析的一个作用就是可以将scRNA-Seq分析的细胞注释结果作为参考，以预测scATAC-Seq数据集中的细胞类型并进行转移。scATAC-Seq数据集极为稀疏，这限制了其在细胞类型识别方面的能力，整合良好注释的scRNA-Seq数据可以弥补scATAC-Seq稀疏性带来的缺陷。

11.5 实例

此处我们利用一个公开数据集——外周血单核细胞(PBMC)数据集进行Seurat的学习。该数据集一共包含2 700个外周血单核细胞。原始数据可在此链接中找到(https://cf.10xgenomics.com/samples/cell/pbmc3k/pbmc3k_filtered_gene_bc_matrices.tar.gz)。

利用Cell Ranger对下机fastq数据进行初步处理,后续使用到的是./outs/filtered_feature_bc_matrix文件夹,该文件夹包括三个文件:一个文件对应于行索引,每个基因(基因ID和名称)分别存储在该文件中;一个文件对应于列索引,存储细胞名称;还有一个文件存储矩阵每行每列的值,也就是每个基因在每个细胞中检测到的表达量。

11.5.1 数据导入

Seurat中的Read10X函数可以直接读取Cell Ranger流程的输出,返回UMI计数矩阵。该矩阵中的值表示在每个细胞(列)中检测到的每个基因(行)的分子数。

接下来使用计数矩阵来创建一个Seurat对象,使用CreateSeuratObject函数,命名为pbmc。该对象可以看作一个容器,储存该数据集的数据(如UMI计数矩阵)和分析(如PCA或聚类结果)。例如,原始UMI计数矩阵以稀疏矩阵的形式存储在pbmc[["RNA"]]@counts。

```
library(dplyr)
library(Seurat)
library(patchwork)
#加载PBMC数据集
#data.dir参数按照用户上一步Cell Ranger得到的结果目录修改
pbmc.data <- Read10X(data.dir = "../data/pbmc3k/filtered_gene_bc_matrices/hg19/")

#创建Seurat对象
pbmc <-CreateSeuratObject(counts = pbmc.data, project = "pbmc3k", min.cells = 3, min.features = 200)
```

可以看到生成的pbmc对象中有13 714个基因,2 700个细胞。

```
#查看生成的Seurat对象的基本信息
pbmc
## An object of class Seurat
## 13714 features across 2700 samples within 1 assay
## Active assay: RNA (13714 features, 0 variable features)
```

11.5.2 数据过滤

接下来进行质量控制。比对到线粒体基因组的reads百分比是单细胞分析中的一个关键

QC 指标。低质量/垂死的细胞通常表现出广泛的线粒体污染。此处使用 PercentageFeatureSet 函数计算该指标,该函数计算源自一组特征的计数百分比。以人为例,以 MT-开头的所有基因集作为线粒体基因集。请注意,对于其他物种,线粒体基因集的规律会有所不同。

```
#可以使用[[ ]]操作符把细胞注释信息加入 pbmc@metadata 中
pbmc[["percent.mt"]] <-PercentageFeatureSet(pbmc, pattern = "^MT-")
```

在下面的示例中,利用小提琴图将质控指标可视化(图 11-4)。以线粒体基因占比为例,细胞该指标主要集中于 2%~3%,大于 5%的占非常少的比例,所以该教程中的过滤条件如下:

(1) 过滤线粒体基因占比大于 5%的细胞;

(2) 过滤 UMI 数大于 2 500 或小于 200 的细胞。

用户可以根据自身数据集情况调整过滤条件。

```
#利用小提琴图可视化 QC 指标
VlnPlot(pbmc, features = c("nFeature_RNA", "nCount_RNA", "percent.mt"), ncol = 3)

# 利用 subset()函数进行数据过滤
pbmc <-subset(pbmc, subset = nFeature_RNA > 200 & nFeature_RNA < 2500 & percent.mt < 5)
```

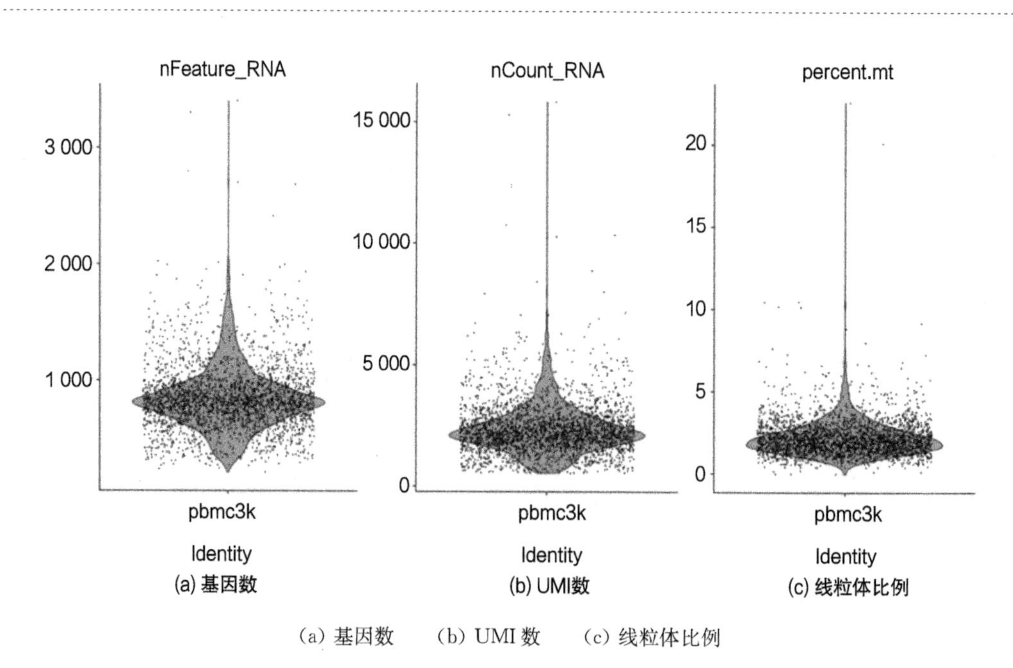

(a) 基因数　(b) UMI 数　(c) 线粒体比例

图 11-4　小提琴图展示了 QC 指标的分布

11.5.3　数据归一化(Normalization)

下一步是数据归一化。默认情况下,我们采用全局缩放归一化方法“LogNormalize”。

归一化值存储在 pbmc[["RNA"]]@data 中。

```
pbmc <-NormalizeData(pbmc, normalization.method = "LogNormalize", scale.factor = 10000)
```

11.5.4 特征选择

我们接下来计算在数据集中表现出跨细胞高变异基因,使用 FindVariableFeatures 函数来实现。默认返回变异系数最高的 2 000 个基因用于下游分析。得到的高变异基因可以用 VariableFeaturePlot 函数可视化。图 11-5 中散点图横坐标为平均表达量,纵坐标为标准化方差,方差越高,变异系数越高。

```
pbmc <-FindVariableFeatures(pbmc, selection.method = "vst", nfeatures = 2000)

#在图中展示变异系数排名前十的基因名称
top10 <-head(VariableFeatures(pbmc), 10)
plot1 <- VariableFeaturePlot(pbmc)
plot2 <-LabelPoints(plot = plot1, points = top10, repel = TRUE)
plot1 + plot2
```

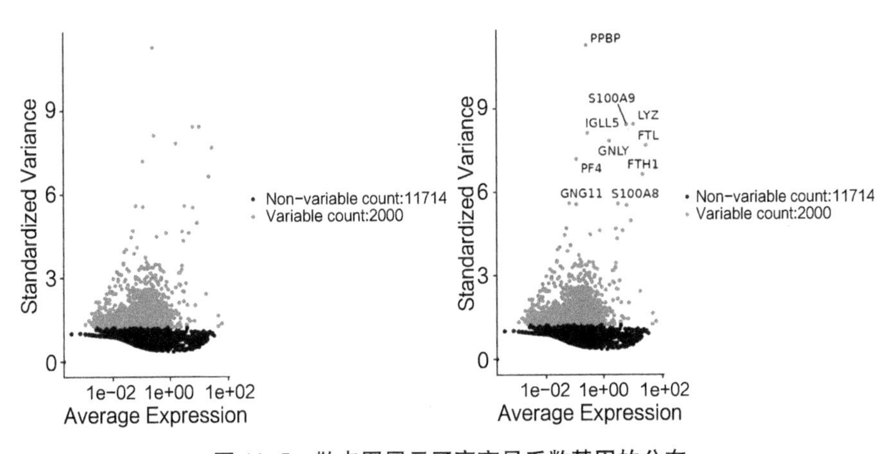

图 11-5 散点图展示了高变异系数基因的分布

(横坐标为平均表达量,纵坐标为方差)

11.5.5 数据缩放

接下来利用 ScaleData 函数进行线性变换,这是在降维(如 PCA)之前的标准预处理步骤。ScaleData 函数可以使细胞间表达量的平均值为 0,方差为 1。缩放后每个基因在下游分析中权重相同,避免高表达基因占主导地位。结果存储在 pbmc[["RNA"]]@scale.data。

```
all.genes <- rownames(pbmc)
```

```
pbmc <-ScaleData(pbmc, features = all.genes)
```

11.5.6 数据降维

接下来，以高变异系数基因作为输入对数据执行 PCA。PCA 结果可视化可利用函数 VizDimReduction、DimPlot 和 DimHeatmap 实现。

```
pbmc <-RunPCA(pbmc, features = VariableFeatures(object = pbmc))
```

利用 JackStraw 方法计算并可视化计算结果(图 11-6)，根据 P 值更合理地选择后续分析需要的主成分(PC)。

```
pbmc <-JackStraw(pbmc, num.replicate = 100)
pbmc <-ScoreJackStraw(pbmc, dims = 1 : 20)
JackStrawPlot(pbmc, dims = 1 : 15)
```

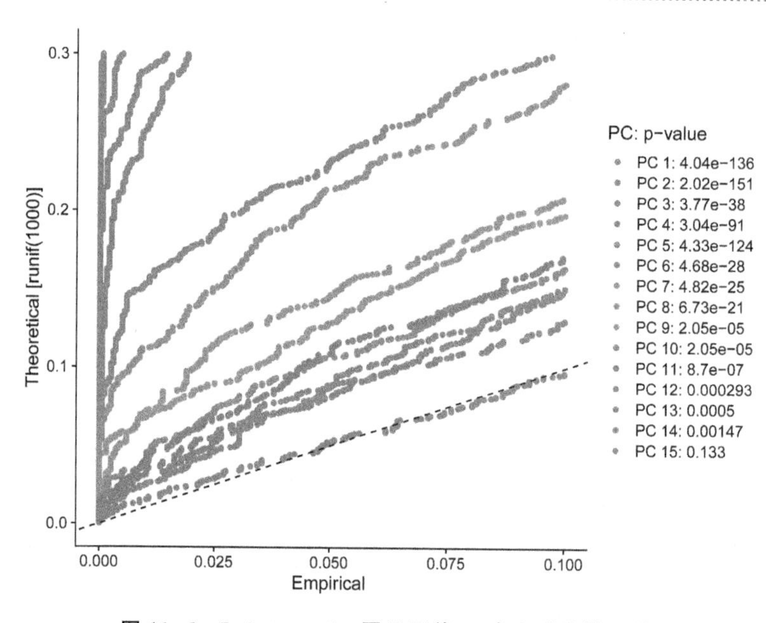

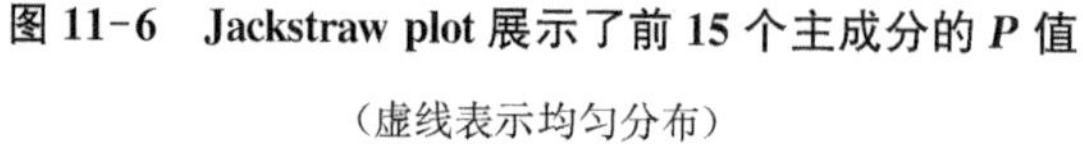

图 11-6 Jackstraw plot 展示了前 15 个主成分的 P 值

(虚线表示均匀分布)

11.5.7 聚类

FindNeighbors 函数首先基于 PCA 空间中的欧几里得距离构建一个 KNN 图，并基于 Jaccard 相似性更新任意两个细胞之间边的权重。此处选择先前计算的前 10 个 PC 作为输入。

FindClusters 函数实现细胞聚类的过程。其中包含一个分辨率参数，用于控制聚类的粒度。分辨率越大得到的类别越多。分辨率的设置需要考虑测序样本异质性高低以及数据集的大小。异质性越高，数据集越大，最佳分辨率通常会越高。

```
pbmc <-FindNeighbors(pbmc, dims = 1 : 10)
pbmc <-FindClusters(pbmc, resolution = 0.5)

#以下为程序执行中输出信息
## Modularity Optimizer version 1.3.0 by Ludo Waltman and Nees Jan van Eck
##
  ## Number of nodes: 2638
## Number of edges: 95965
##
## Running Louvain algorithm...
## Maximum modularity in 10 random starts: 0.8723
## Number of communities: 9
## Elapsed time: 0 seconds
```

11.5.8　数据可视化

接下来，基于上一步构建的 KNN 图以及 Louvain 算法得到的聚类结果，把细胞分布进行降维可视化，一般建议使用相同的 PC 作为 UMAP 或 t-SNE 聚类分析的输入。此处选择 UMAP 进行可视化，结果如图 11-7 所示，每个点代表一个细胞，以不同颜色区分不同细胞类别。DimPlot 函数可以设置 'label=TRUE' 或使用 LabelClusters 函数来帮助标记单个集群。

```
pbmc <-RunUMAP(pbmc, dims = 1 : 10)
DimPlot(pbmc, reduction = "umap")
```

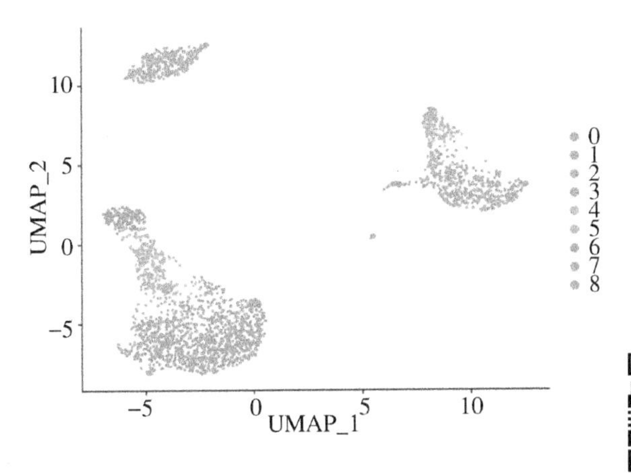

图 11-7　细胞聚类 UMAP 可视化，类别以颜色不同区分

11.5.9 差异表达基因

接下来需要计算每个类群特异表达的基因,这可以帮助我们更好地定义细胞类群的身份和功能。FindMarkers 可以识别单个类群(ident.1 参数指定)的特异高表达和低表达基因,默认情况下与所有其他细胞相比。FindAllMarkers 函数则为所有类群自动执行此过程。

该过程有一些参数需要注意。min.pct 参数规定了在比较的两个类群中,某基因最低在多少百分比细胞中表达。logfc.threshold 参数要求一个基因在两组之间的平均表达量倍数变化的对数要达到某个阈值。这两个参数默认值为 0.25,可以跳过计算大量不太可能差异表达的基因。另外,可以设置 max.cells.per.ident 对每个类群的细胞进行下采样。虽然这些参数的设置通常会出现统计功效(power)的损失,但计算速度增加显著,表达差异最大的基因仍会具有较小的 *P* 值。

```
#鉴定类群 2 的差异表达基因
cluster2.markers <-FindMarkers(pbmc, ident.1 = 2, min.pct = 0.25)

#展示类群 2 的矫正后 P 值最小的前两个差异表达基因
head(cluster2.markers, n = 2)
## p_val avg_log2FC pct.1 pct.2      p_val_adj
## IL32 2.593535e-91   1.2154360 0.949 0.466 3.556774e-87
## LTB  7.994465e-87   1.2828597 0.981 0.644 1.096361e-82

#鉴定所有类群的差异表达基因
pbmc.markers <- FindAllMarkers(pbmc, only.pos = TRUE, min.pct = 0.25, logfc.threshold = 0.25)
#展示所有类群的矫正后 P 值最小的差异表达基因
pbmc.markers %>% group_by(cluster) %>% top_n(n = 1, wt = avg_log2FC)

## # A tibble: 18 x 7
## # Groups:   cluster [9]
##          p_val avg_log2FC pct.1 pct.2 p_val_adj cluster gene
##          <dbl>      <dbl> <dbl> <dbl>     <dbl> <fct>   <chr>
## 1 1.74e-109       1.07 0.897 0.593 2.39e-105 0       LDHB
## 2 0               5.57 0.996 0.215 0         1        S100A9
## 3 7.99e- 87       1.28 0.981 0.644 1.10e- 82 2       LTB
## 4 0               4.31 0.936 0.041 0         3        CD79A
## 5 1.17e-178       2.97 0.957 0.241 1.60e-174 4       CCL5
## 6 3.51e-184       3.31 0.975 0.134 4.82e-180 5       FCGR3A
## 7 1.05e-265       4.89 0.986 0.071 1.44e-261 6       GZMB
## 8 1.48e-220       3.87 0.812 0.011 2.03e-216 7       FCER1A
## 9 7.73e-200       7.24 1     0.01  1.06e-195 8        PF4
```

Seurat 里包括几个用于可视化基因表达的函数。VlnPlot 可以显示跨集群的表达概率分布，如图 11-8 所示，MS4A1 和 CD79A 两个基因在类群 3 中表达量高，表达的细胞比例高。FeaturePlot 可在 t-SNE 或 PCA 图上可视化特征表达，如图 11-9 所示，GNLY 在类群 5 中高表达，而 FCGR3A 在类群 5 和 6 中均高表达。这两者是最常用的可视化。另外还有 RidgePlot、CellScatter、DimPlot 和 DotPlot 函数作为查看数据集的其他方法。

```
VlnPlot(pbmc, features = c("MS4A1", "CD79A"))
```

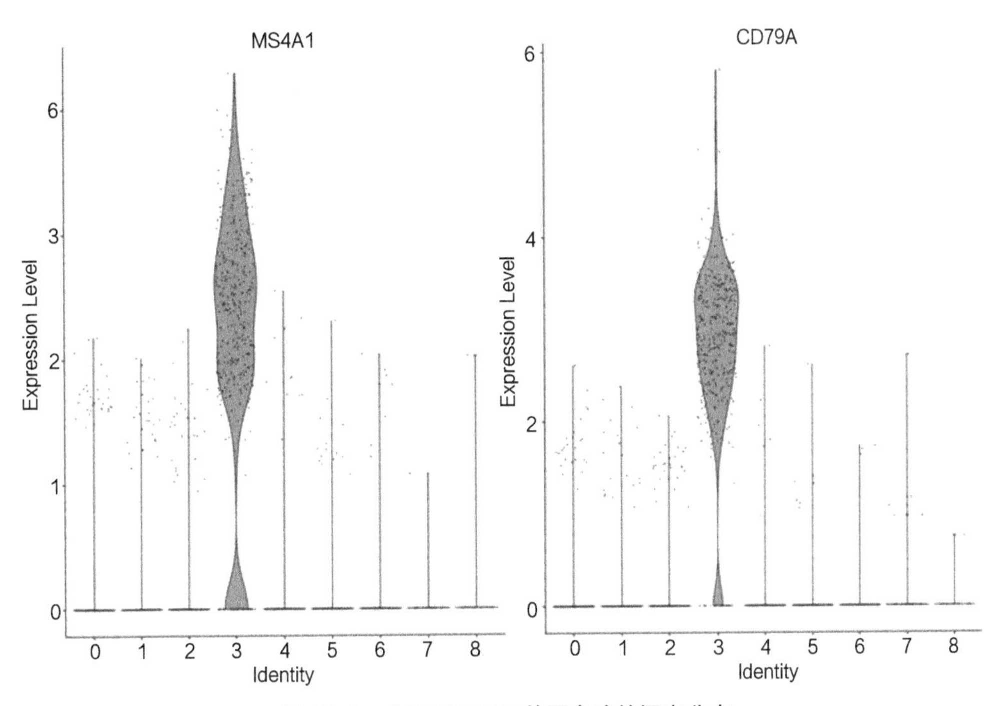

图 11-8　小提琴图展示基因表达的概率分布

```
FeaturePlot(pbmc, features = c("MS4A1", "GNLY", "CD3E", "CD14", "FCER1A", "FCGR3A", "LYZ", "
PPBP", "CD8A"))
```

单细胞组学分析方法尚无通用、最优的方法。研究人员对质控阈值的设置应当尽可能灵活，考虑测序样本的生物学特征。当后续聚类等结果不符合预期时，也可重新选择阈值再重复分析。再如在研究细胞分化过程中，细胞周期是细胞的一个明显且重要的特征，此时研究人员可能不需要对其进行归一化，保留细胞周期的信息可以推断出细胞是否处于活跃增殖期。综上，分析人员应针对自己的数据特点，谨慎选择分析方法，最大限度地挖掘生物信息。

单细胞领域展现出多组学分析的趋势，即结合多模态数据，从多个角度描述确定细胞类型/亚型成为分析方法的发展方向。同时，空间组学、蛋白组学等技术发展迅速，也对相应的分析方法提出了新的要求。

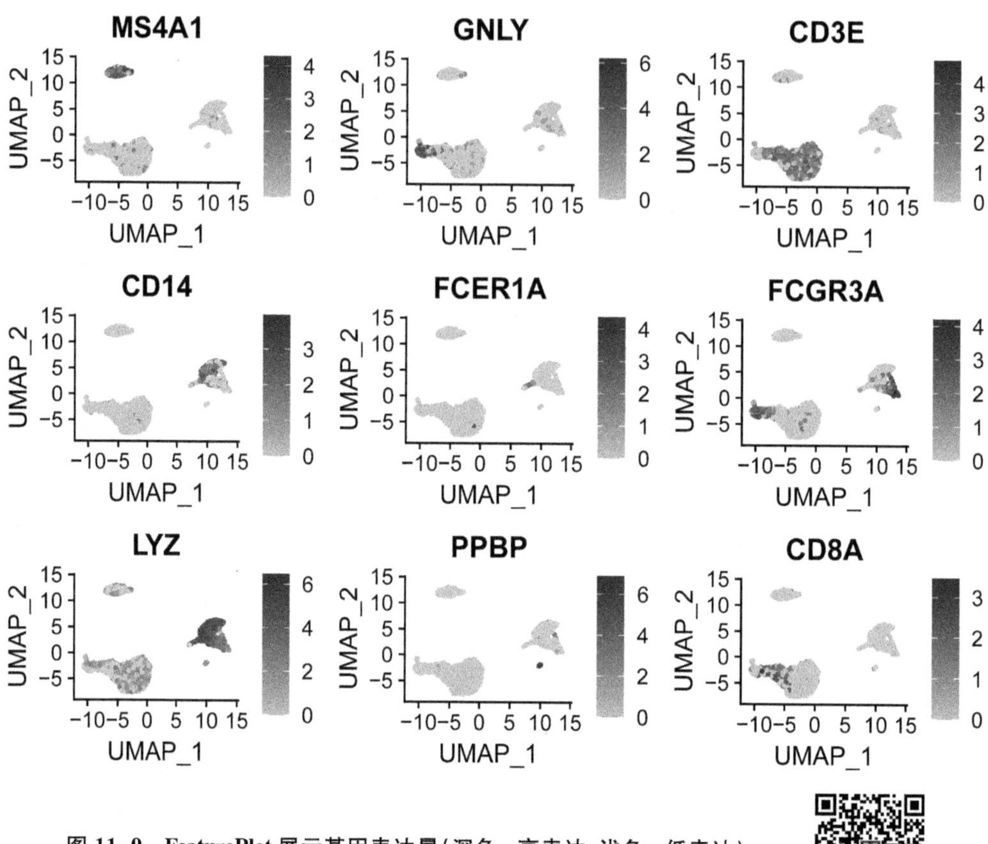

图 11-9 FeaturePlot 展示基因表达量(深色：高表达；浅色：低表达)

参考文献

[1] Armingol E, Officer A, Harismendy O, et al. Deciphering cell - cell interactions and communication from gene expression[J]. Nature Reviews Genetics, 2021, 22(2): 71-88.

（编者：钟集杏、刘宏佳、刘宏德）

第十二章　生物分子网络的构建与分析

12.1　引言

网络(Networks)是复杂系统普遍的存在形式,比如:互联网、道路交通网络、社交网络等。生物体作为一个高度复杂的宏观系统,由数量庞大的生物分子组成,在微观层面上,这些分子之间相互连接、广泛作用,构建了一个个庞大而复杂的生物分子网络(Biomolecular Networks)。通过这些网络,生物体可以实现各种生命活动。生物网络是生物分子的整体,单个生物分子则是整个网络的一个变量,在实际的生物医学研究过程中,复杂疾病的发生、发展通常是由多个生物分子的突变或者功能失调导致的(比如:癌症),而不是受限于某一个分子。这些参与疾病的生物分子构成了一个个生物分子网络,通过网络共同发挥作用,进而影响疾病,所以单从某一个分子的水平上,很难揭示复杂生命活动和复杂疾病的真实面貌,因此需要通过构建生物分子网络的方式,把这些重要分子连接整合,并研究分析网络内部的作用关系和功能,这对于解读复杂生命活动、分析研究复杂疾病具有重要的实际意义和应用价值。目前,主要的生物分子网络包括:转录调控网络(Transcription Regulatory Networks)、蛋白质相互作用网络(Protein Interaction Networks)、代谢网络(Metabolic Networks)、信号网络(Signaling Networks)、基因共表达网络(Transcript Co-expression Networks)等。

12.2　生物分子网络的构建

12.2.1　当生物系统遇上网络

12.2.1.1　网络的定义

复杂的生物系统可以通过网络进行表示,进而可以建立相应的可计算的网络分析模型。网络的基本组件是节点(Vertices)和边缘(Edges),节点表示网络中的单元,边表示单元之间的相互作用。通常可以用一个图 G(Graph)来表示一个网络,如图 12-1(a)所示,$G=(V, E)$,它是节点 V 和边 E 的集合。V 是节点的集合,即 $V=\{v_1, v_2, v_3, v_4, v_5\}$,每个节点代表一个生物分子;$E$ 是边的集合,它连接了两个节点,即 $E=\{(v_1, v_2), (v_1, v_3), (v_2, v_4), (v_2, v_5), (v_3, v_5)\}$,每条边代表节点之间的相互关系。通过改变节点 V 和边

E，可以得到图 G 的一个子图 G'，如图 12-1(b)所示，G' 中包含 3 个节点 $V'=\{v_1, v_2, v_3\}$ 和两个边 $E'=\{(v_1, v_2), (v_2, v_3)\}$。

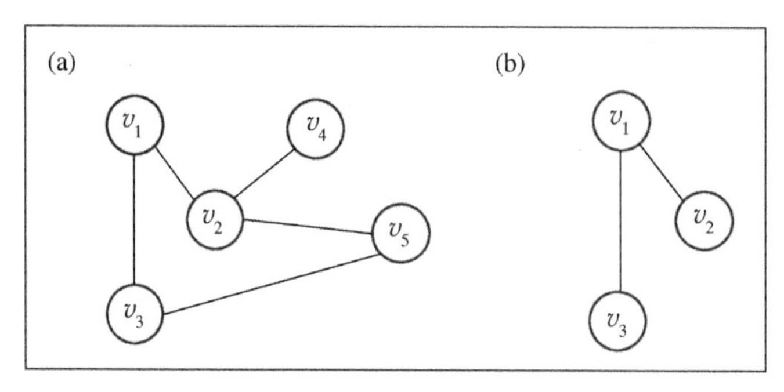

图 12-1 网络的基本组件

12.2.1.2 网络的属性

用来表示网络的图 G 存在以下属性：

(1) 网络中的边可分为有向的(Directed)以及无向的(Undirected)，因此分为有向网络和无向网络，边的方向性取决于其所代表的生物分子之间的关系。

(2) 网络中的边可被赋予不同的值，即：边的权重(Weight)可不相同，这种边的权重不同的网络称为加权网络。而网络中各边没有区别，或是权重相等的被称为无权网络。

(3) 由于边存在有向性，因此网络还分为循环网络和非循环网络。

(4) 网络的连通性(Connectivity)，网络的连通性与节点和路径有关，若两个节点能够由一条路径连接，则称这两个节点是连通的；若该网络中任意一个点都能到达网络中其他所有的点，那么网络是连通的。

(5) 在一个网络 $G=(V, E)$ 中，当 $|V|=n$，$|E|=m$，即节点数为 n，边数为 m 时：若 m 与 n 成比例，则称这个网络是稀疏的；若 m 与 n^2 成比例，则称这个网络是紧密的；若 $m=n^2$，则称这个网络是完全网络。

12.2.1.3 网络的路径、距离与直径

网络中的路径(Paths)是指一系列的节点，如 $\{x_1, x_2, \cdots, x_n\}$，如图 12-2 所示，其中每个节点都有一条边连接紧随其后的节点，如 $\{(x_1, x_2), (x_2, x_3), \cdots, (x_{n-1}, x_n)\}$。对于包含有限节点的路径来说，若一条路径的终点和它的起点相同，即：$x_n=x_1$，则这条闭合的路径称为循环网络(Graph Cycle)或回路(Circuit)。

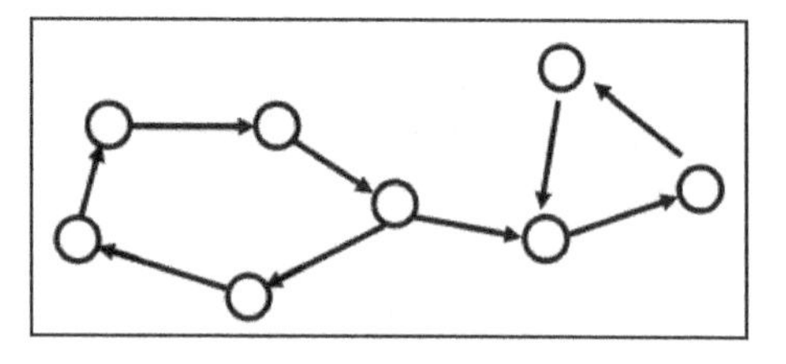

图 12-2 网络的路径

在网络中，路径所经过的边的权重之和称为路径的长度，在连接两个节点的所有路径中长度最短的路径称为最短路径(Shortest-Path)，最短路径的长度即为这两个节点之间的距离。在整个网络中，最长的最短路径则被称为网络直径(Network Diameter)，图 12-3 所示。一个网络的直径通常很短，被称为小世界网络(Small-world Networks)。

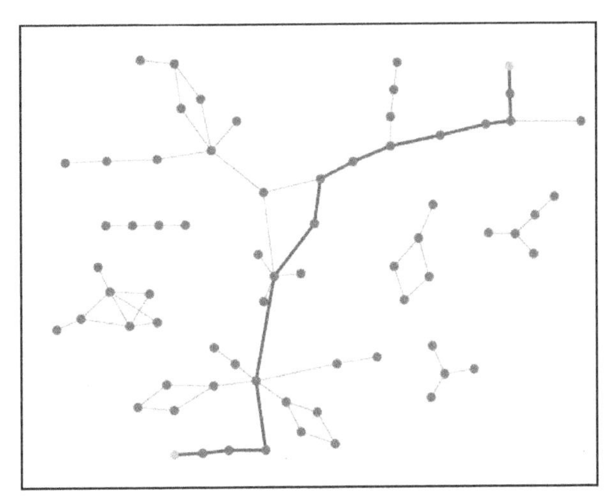

图 12-3　网络路径与网络直径

12.2.1.4　网络模体

生物网络不是随机产生的，而是有一定结构特征的。生物网络系统具有模块性，这种模块性是由进化或者细胞、组织、器官在结构上的分区所造成的，在其他人工构建系统中也很常见，比如大规模集成电路或软件系统中也经常存在这种模块性。

网络模体(Network Motifs)是指网络中出现次数远超过随机期望的子网模式，如表12-1所示。这里子网模式是指一组节点按照特定的顺序连接而成的结构。针对不同网络的研究显示，在真实的网络中不同的子网模式出现的频率并不一致，有些模式在网络中频繁出现，远远超过随机网络中期望出现的次数。在某些网络中，特定出现的模体，甚至是整个网络的基本组织形式，网络可以被看作是这些网络模体的组合。在生物学网络中，无论是有向网络还是无向网络，都包含有这些特殊的网络模体。比如：最简单的节点 X 和 Y 连接的生物学例子，这些网络按照生物分子大小，依次表征了基因-蛋白质之间的转录调控、神经元突触连接、生态学食物链等生物学过程，网络节点间可能的连接方式和规则存在多种模式。

表 12-1　希瓦氏菌菌种的高保守网络模体

编号	网络模体名称	示意图
1	Co-regulated PPI	
2	Protein Clique	
3	Co-regulated Proteins	

（续表）

编号	网络模体名称	示意图
4	PPI Regulating	
5	TRI Interacting With A Third Protein	
6	Regulated PPI	
7	Feed-Forward Loop	

在转录调控网络中常见的 motif 包括：前馈环路(Feedforward Loop)、单输入模式(Single-input Module，SIM)和密度重叠调节子(Dense Overlapping Regulons)等。这些 motif 在真实的调控网络中具有动态特征，考虑一个具有“与门”控制的一致前馈环路(Coherent feedforward loop)，该回路可以抑制输入 X 活动的快速变化，并且只对持续激活特性做出响应。这是因为 Y 需要随着时间的推移对输入 X 进行集成，以通过操纵子 Z 的激活阈值，通过级联 $X \rightarrow Y \rightarrow Z$ 可以获得类似的抑制快速波动的方法。SIM motif 的动态特征可以根据激活阈值的层次来显示基因在时间顺序上的表达模式，即：当主激活因子 X 的活性随时间上升和下降时，阈值最低的基因最早被激活，最晚被失活。

12.2.1.5 网络的拓扑属性

连通度或连通性(Degree or connectivity)用于描述网络中单一节点的拓扑性质。节点的连通度指网络中直接与该节点相连的边的数目。节点的连通度在有向网络和无向网络中是不相同的。无向网络中的连通度就是与该节点直接连接的边数，比如图 12-4(a)中所示无向网络的节点 A 的连通度 $k=5$。而在有向网络中，某一节点的连通度还要区分边的方向。由节点指向其他节点的边的数目称为该节点的出度，用 k_{out} 表示；由其他节点指向该节点的边的数目称为该节点的入度，用 k_{in} 表示，图 12-4(b)的有向网络中节点 A 的入度 $k_{in}=4$，出度 $k_{out}=1$。在网络中连通度较大的节点称为中心节点。

根据网络中连通度的分布可以将网络分为随机网络(Random networks)和无标度网络(Scale-free networks)。$P(k)$ 表示网络中拥有各种可能的连通度的节点的比例分布，即连通度的分布函数。对于随机网络而言，其连通度分布符合正态分布；而真实的网络中，连通度通常符合幂率分布，即 $P(k) \sim k^{-g}$，这种网络就是无标度网络。

在很多网络中，如果节点 v_1 连接于节点 v_2，节点 v_2 连接于节点 v_3，那么节点 v_3 很可能与 v_1 相连接。这种现象体现了部分节点间存在的密集连接性质。在无向网络中用聚类系数(Clustering coefficient)来表示，其定义见公式(12-1)。

$$C_I = \frac{n_I}{\binom{k}{2}} = \frac{2n_I}{k \cdot (k-1)} \tag{12-1}$$

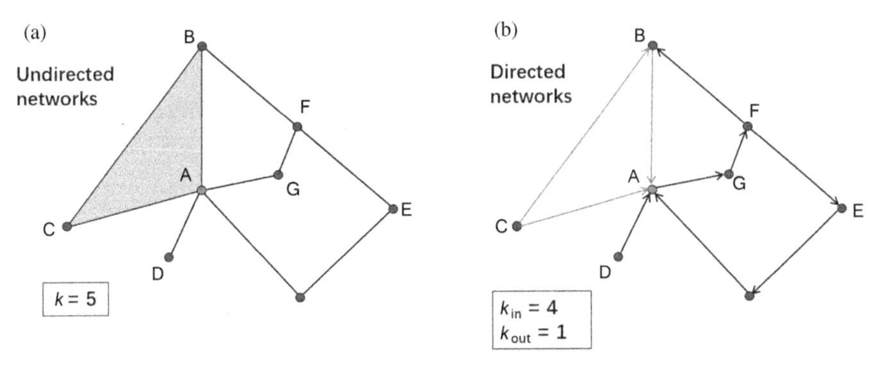

图 12-4　网络的连通度

其中，k 表示与节点 I 直接相连的节点数，n_1 表示相邻节点之间的边的数目。如图 12-5 所示，中心节点(深色节点)的相邻节点有 8 个(浅色节点)，这 8 个节点之间有 4 条边。因此它的聚类系数是

$$C=\frac{2\times 4}{8\times(8-1)}=\frac{8}{56}=\frac{1}{7}$$

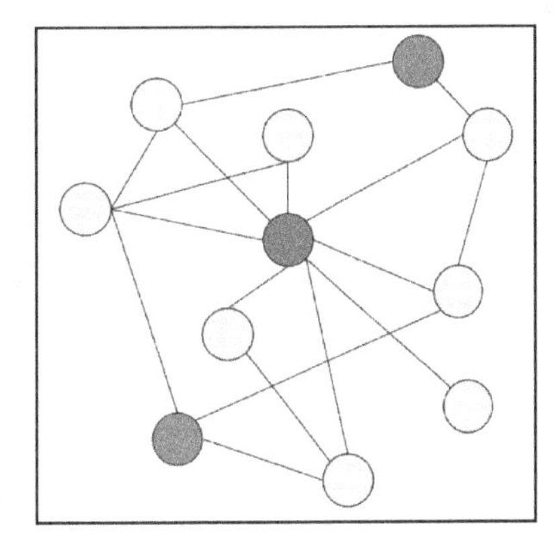

图 12-5　网络节点的聚类系数

在相配性网络(Assortative network)中，节点倾向于与具有相同连通度的节点相连[图 12-6(a)]，而在非相配性网络(Disassortative network)中，节点倾向于和具有不同连通度的节点相连[图 12-6(b)]。

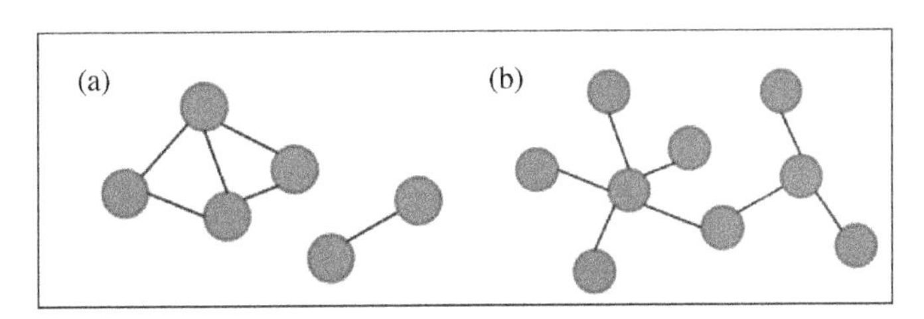

图 12-6　相配性网络和非相配性网络

12.2.2　生物网络的类型与建模

12.2.2.1　生物数据在生物网络中的表示

生物体是一个由数量极为庞大的生物分子所组成的高度复杂的宏观系统，这些分子包括：基因、蛋白质等生物大分子，以及代谢物等诸多小分子物质，这些分子之间相互连接、广泛作用，构建了一个个庞大而复杂的生物分子网络，图 12-7 展示了一个典型的生物分子网络。

不同生物数据在网络中有不同的表示形式，如表 12-2 所示。

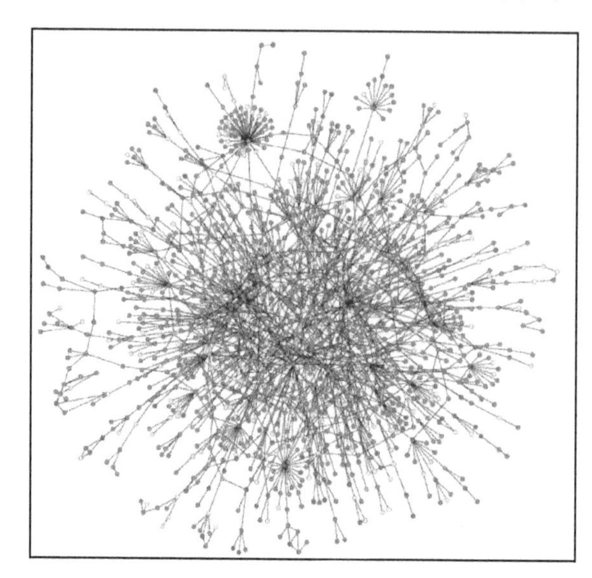

图 12-7 复杂的生物分子网络

表 12-2 常见的生物分子网络

Gene expression
Physical PPIs
Genetic interactions
Colocalization
Sequence
Protein domains
Regulatory binding sites

基因之间存在着共表达关系，这种关系可以使用最简单的相关性方法来获得，相关性的计算方法见式 12-2。

$$\rho_{X,Y}=\mathrm{corr}(X,Y)=\frac{\mathrm{Cov}(X,\ Y)}{\sigma_X\sigma_Y}=\frac{E[(X-\mu_X)(Y-\mu_Y)]}{\sigma_X\sigma_Y} \tag{12-2}$$

其中，X 和 Y 分别表示待计算相关性的两个基因，$\mathrm{Cov}(X,\ Y)$ 为 X 与 Y 的协方差，表示两个变量总体误差的期望，σ_X 和 σ_Y 分别是 X 和 Y 的标准差，μ_X 和 μ_Y 是 X 和 Y 的数学期望。因此，为了完整、系统地展示和分析基因间的共表达关系，可以构建基因表达相关网络进行分析。

蛋白质之间也存在广泛的相互作用。比如，RNA 聚合酶能够与转录因子（Transcription Factors，TFs）进行物理接触并结合在一起，共同作用在 DNA 链的启动子上，进而启动转录活动（图 12-8）。

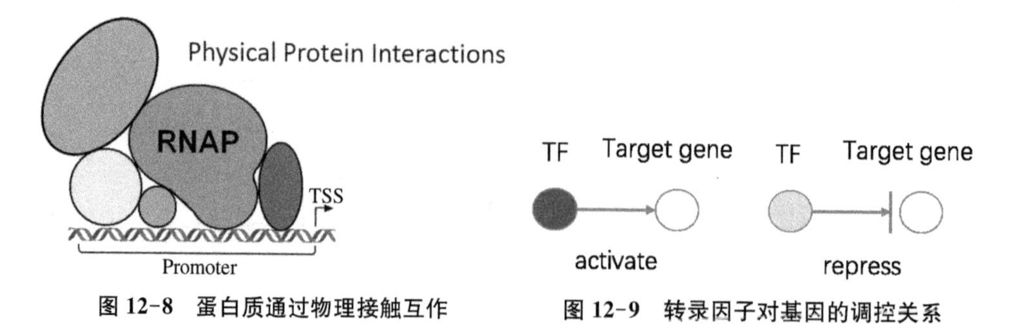

图 12-8 蛋白质通过物理接触互作　　图 12-9 转录因子对基因的调控关系

基因之间存在共表达关系，蛋白质之间可以通过物理接触相互作用，基因和蛋白质之间、一组基因之间也可以进行相互作用。把一组基因之间通过调控 RNA 或者蛋白质而建立起来的非直接的相互作用的关系网络，称为基因调控网络（Gene Regulation Networks，

GRNs)。在 GRN 中，一个基因代表一个节点，基因间的相互作用作为边。如图 12-9 所示，转录因子 TF 可以调控基因 Target gene 的转录活动，其中转录因子 TF 与受调控基因是节点，调控关系为边。这种由基因构成的基因调控网络是一种有向网络，是由转录因子作用于基因(或其他转录因子)的。一般根据转录因子对受调控基因的表达是促进(activate)还是抑制(repress)作用，将在基因调控网络中的边分为正调控和负调控。但在现实中很难确定转录因子对受调控基因的作用。

12.2.2.2　生物网络建模

生物网络建模是以人类系统中的基因调控网络(GRNs)为例来介绍生物网络的建模过程及方法。首先，需要得到转录因子与靶基因对应关系的数据。基因调控网络中以转录因子和受控基因作为节点，由于转录因子除了能作用于受控基因外，还可作用于其他转录因子，因此基因调控网络是一个有向网络，每条边由转录因子指向受控基因或其他受控转录因子，如图 12-10 所示，转录因子 TF1 既可以调控基因 Gene1 和 Gene3，也能够调控转录因子 TF4。

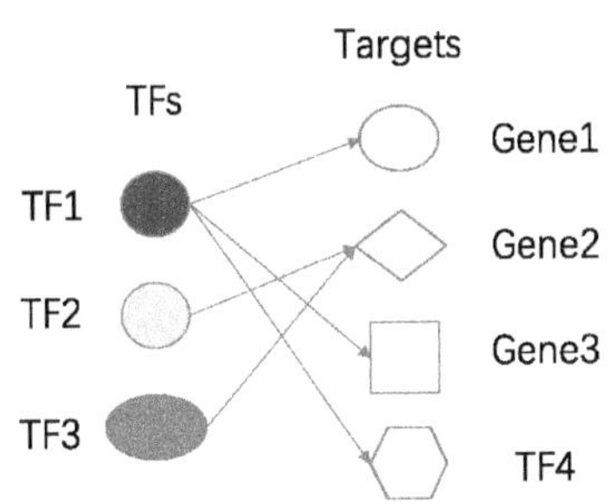

图 12-10　转录因子对基因或其他转录因子的调控关系

基因调控网络建模的方式主要有两种，一种是通过实验的方式，另一种是通过计算的方式。实验法主要使用的技术是 ChIP-seq，ChIP-seq 是染色质免疫共沉淀(Chromatin Immunoprecipitation，ChIP)技术，也称为结合位点分析，和二代测序技术相结合的一种方法，主要用于捕获生物体内蛋白质和 DNA 的相互作用关系，通常用于转录因子结合位点、组蛋白特异性修饰位点、核小体定位及 DNA 甲基化的研究。其主要原理是，首先通过 ChIP 特异性地富集目的蛋白结合的 DNA 片段，并对其进行纯化与文库构建；然后对富集到的 DNA 片段进行高通量测序。研究人员获得数百万条序列后将对应到基因组上，从而获得全基因组内组蛋白修饰水平、转录因子结合位点的信息。虽然 ChIP-seq 成本昂贵，且芯片抗体数目有限，但该方法能获得高质量的互作信息，并可以在特定环境条件下进行分析。

另一方面，基于计算的，可以使用 DNA 序列扫描转录因子结合位点技术来获得互作信息，此方法的局限性在于目前只了解 10%～20%的转录因子的识别序列，容易出现假阳性，不适用于特定环境下进行分析，优势则是成本低廉。在获得转录因子序列 motif 数据之后，可以整合表观遗传信息，定位 motif 确定的转录因子在染色体中的作用区域，如图12-11所示。

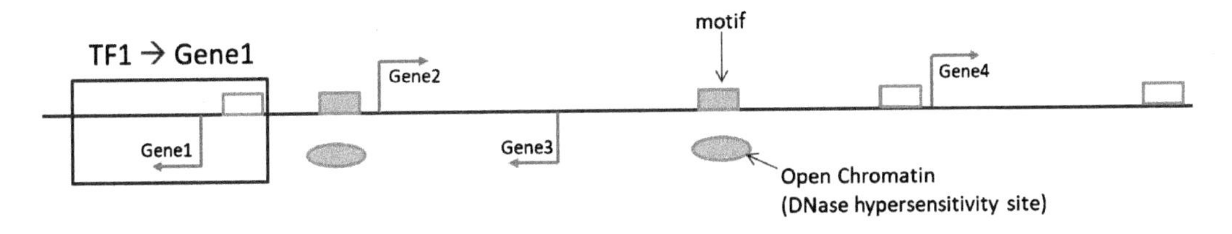

图 12-11　转录因子与表观遗传的相互作用

以 mTOR 信号通路为例介绍生物体内的复杂网络是如何发挥作用的。mTOR 全称是哺乳动物雷帕霉素靶点(mammalian target of rapamycin,mTOR),是一类丝/苏氨酸激酶。mTOR 属于一个重要的真核细胞信号,其稳定性影响 T 细胞中细胞因子的表达,参与免疫抑制,影响转录和蛋白质合成,调节细胞的生长、凋亡、自噬等。mTOR 则被认定为肿瘤治疗的新靶点,对运动、代谢、神经等疾病具有重要的调节作用。

研究表明,在细胞内存在 mTORC1 和 mTORC2 两种不同的复合体,mTORC1 通路可以调节多种重要的细胞过程,包括蛋白质合成过程、脂质合成过程、自噬过程和能量代谢过程,mTORC2 通路可以调控细胞生长代谢和细胞骨架形成,这些过程又分别通过各种形式的复杂网络进行控制。

12.2.3 重要的生物网络数据库简介

各种生物网络信息的数据库为生物网络研究提供了有力的帮助,下面列出了一些常用的生物学数据库。

12.2.3.1 RegulonDB 数据库

RegulonDB 数据库(http://regulondb.ccg.unam.mx/),是大肠杆菌转录调控和操作子数据库,收录了目前所有已知的大肠杆菌(Escherichia coli K-12)转录调控网络的信息(图 12-12)。大肠杆菌是一种单细胞生物,它的环状 DNA 结构可编码大约 4 000 个基因,含有约 2 500 个操纵子。大肠杆菌的基因调控网络可能是现今能构建的最完整的基因调控网络,因此用于很多基因调控网络的早期研究。

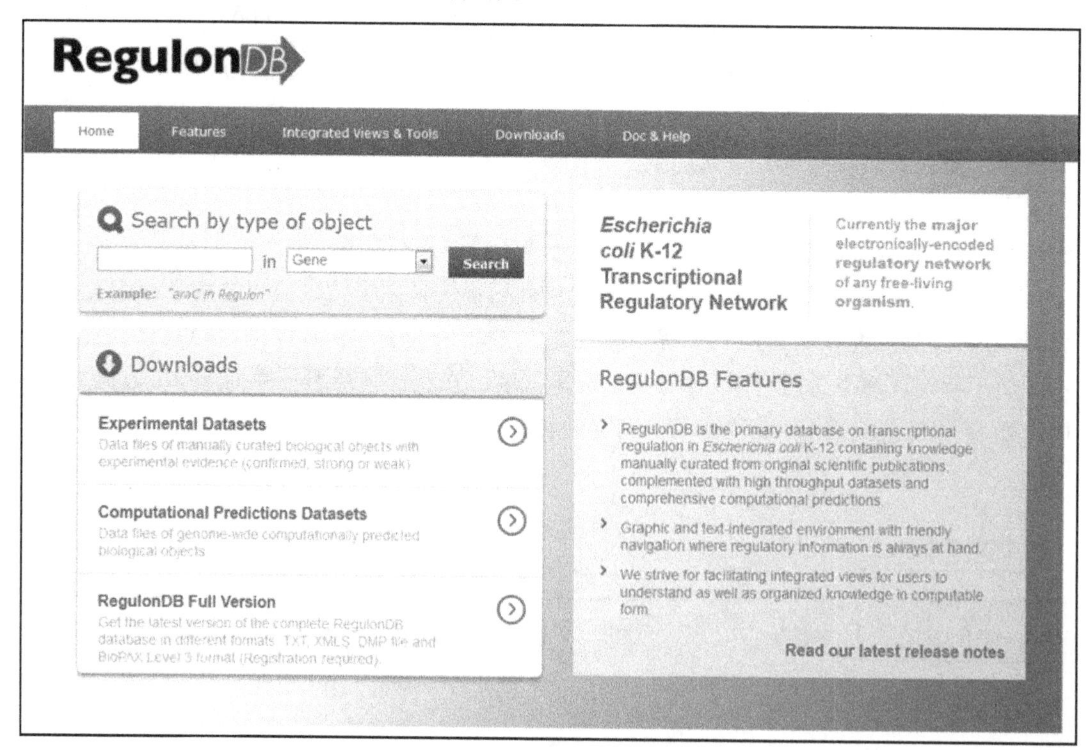

图 12-12 RegulonDB 数据库

12.2.3.2　ENCODE 数据库

ENCODE 数据库(Encyclopedia of DNA Elements, https://www.encodeproject.org/),翻译成中文就是 DNA 元素百科全书(图 12-13)。ENCODE 数据库的主要目的是为了了解人类基因组中的复杂调控网络,主要方法是利用高通量测序技术来进行分析,通过多种测序数据来反映基因组变化的过程,比如:使用 Hi-C 来观察三维基因组,使用 ATAC-seq/ChIP-seq 研究基因的转录调控,使用甲基化芯片来研究甲基化的调控作用,通过 RNA-seq 来研究基因表达的变化以及通过 RIP-seq 研究转录后的调控信息。

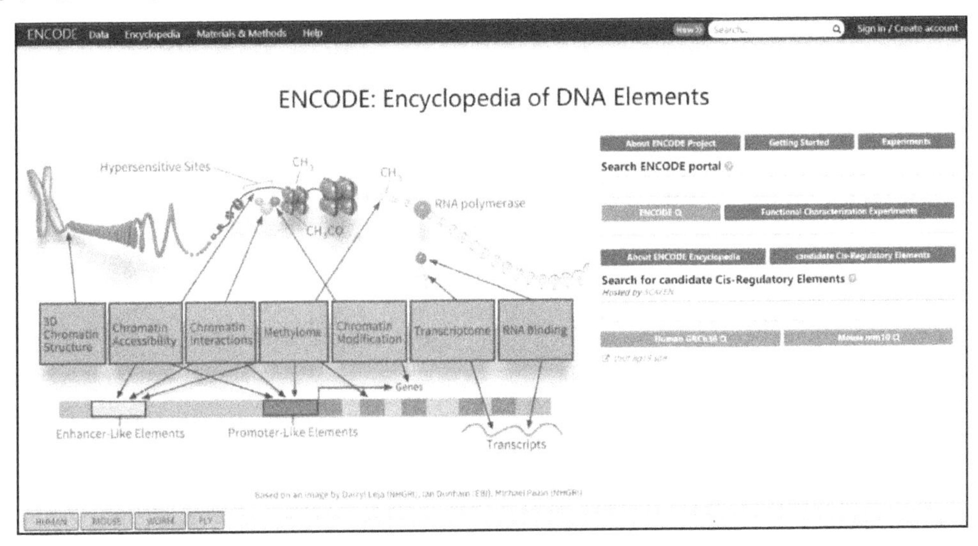

图 12-13　ENCODE 数据库

目前 ENCODE 数据不止包括人的数据,还包含了四种物种的数据,主要是人、老鼠、蠕虫和苍蝇这四个物种。ENCODE 数据库主要还是一个偏向于原始数据储存的数据库,如果需要进行原始的数据分析,可以从 ENCODE 中下载数据进行分析,类似很多转录调控数据库也是在 ENCODE 获得目标原始数据后,进行分析后构建自己的数据库。

12.2.3.3　STRING 数据库

STRING 数据库(Search tool for the retrival of interacting genes/proteins, https://string-db.org/)是目前最为全面、最为权威的蛋白质相互作用数据库,包含有实验数据、从科学文章文本中挖掘的结果、综合其他数据库的数据,另外还有利用生物信息学方法预测的结果。

目前 STRING 数据库的最新版本是 Version 11.0,囊括了 5 090 个物种的 2 460 万种蛋白质,超过 20 亿条的互作关系(图 12-14)。STRING 数据库的主要目的是构建蛋白质-蛋白质相互作用网络,该网络可以过滤和评估功能性基因组学的数据,并为注释蛋白质的结构、功能和进化性提供一个比较直观的平台;同时可以探索预测的相互作用网络,能够为今后的研究提供新方向,并且能够为相互作用的映射提供跨物种预测。在 STRING 数据库中,所有的蛋白质相互作用关系数据都会被加权、整合,并且都会得到一个基于计算得到的可靠值。

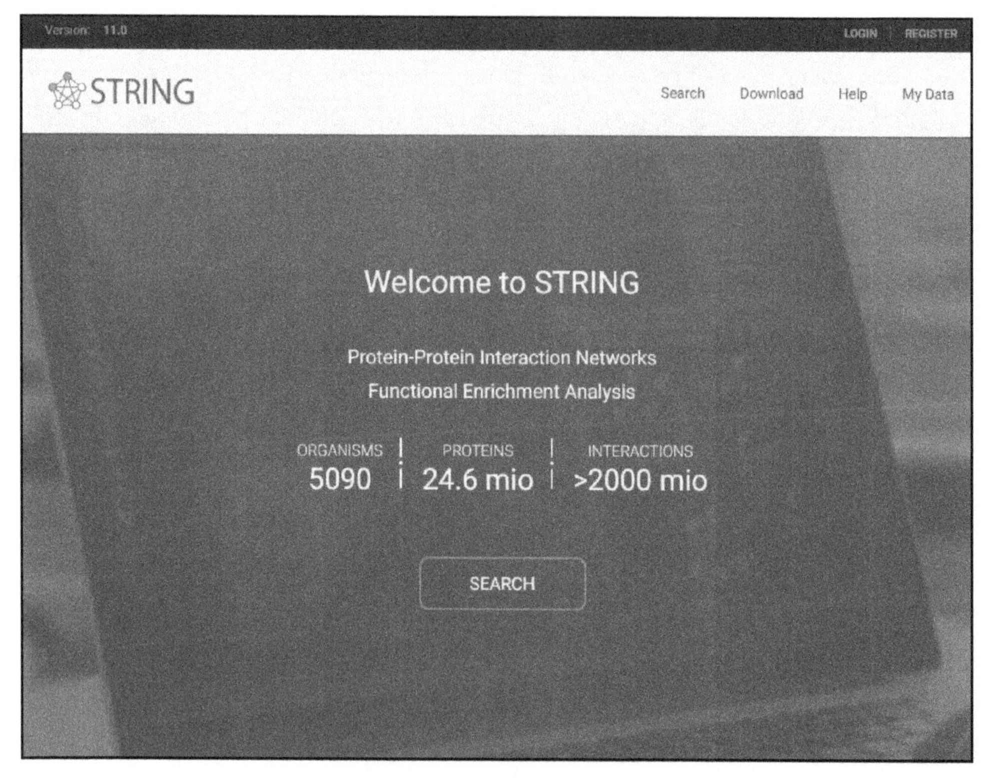

图 12-14 STRING 数据库

12.2.4 网络可视化和分析工具

网络可视化的目的是希望能够获得对这些相互联系的复杂系统的直观理解。对网络进行可视化，可以展示网络的参与者和它们的联系，可以发现网络的结构和社区，可以表现信息在网络系统中的扩散过程，也可以揭示网络随时间演化的规律。网络可视化的类型有很多，可以表现系统网络结构（或层次结构）的图形，比如网络图、弧线图、蜂巢图、和弦图、树图、热力图等都可以归入网络可视化的范畴。目前有很多软件被用于生物网络可视化展示和网络分析，包括 Igraph、Cytoscape、Graphviz 等软件。

Igraph 是一个历史悠久的开源项目（https://igraph.org/redirect.html），提供了一组简单易用且功能强大的网络分析工具。Igraph 有多种语言接口，包括了 R\Python\C++等，目前最新版本为 Version 0.9.2（图 12-15）。

Cytoscape（https://cytoscape.org/）同样也是一个专注于开源网络可视化和分析的软件，其核心在于提供基础的功能布局和查询网络，并基于基本的数据结合成可视化网络。Cytoscape 可以将生物化学分子交互网络与高通量基因表达数据和其他分子状态信息整合在一起，其最强大的功能是对于大规模的蛋白质-蛋白质互作、蛋白质- DNA 和遗传交互作用的分析。通过 Cytoscape，可以在可视化的环境下将这些生物网络跟基因表达、基因型等各种分子状态信息整合在一起，还能将这些网络和功能注释数据库链接在一起。Cytoscape 有桌面版本和 JavaScript 版本供开发人员选择。此外，Cytoscape 还支持插件开发，目前最

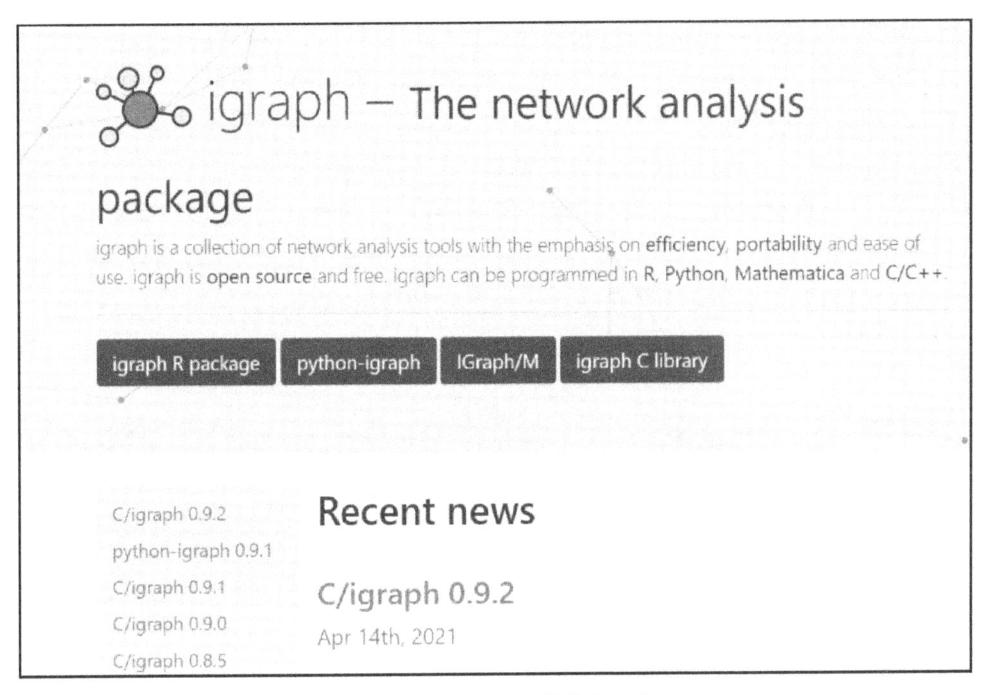

图 12-15　Igraph 网络分析工具

新版本为 Version 3.8.2(图 12-16)。在下一节中,将以 Cytoscape 为例进行生物网络分析的实例展示。

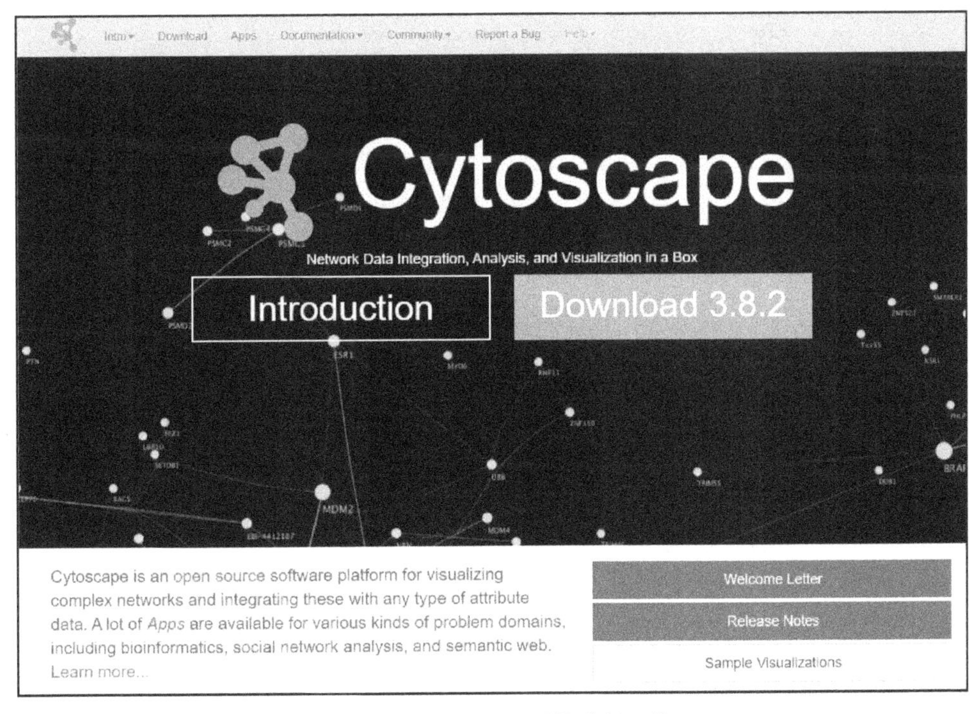

图 12-16　Cytoscape 网络分析工具

Graphviz(Graph Visualization Software，http://graphviz.org/)是一个由贝尔实验室开发的，开源、高效、简洁的绘图工具包，可以用于绘制DOT语言脚本描述的图形，同时也提供了供其他软件使用的库(图12-17)。DOT语言是一种文本图形描述语言，它提供了一种简单的描述图形的方法，并且可以被人类和计算机程序所理解。DOT语言文件通常具有.gv或.dot的文件扩展名。很多程序都可以处理DOT脚本，Graphviz使用布局引擎来解析DOT脚本，并完成自动布局(自动布局是Graphviz的强项之一)。此外，Graphviz提供了丰富的导出格式，如常用的图片格式、SVG格式、PDF格式等。

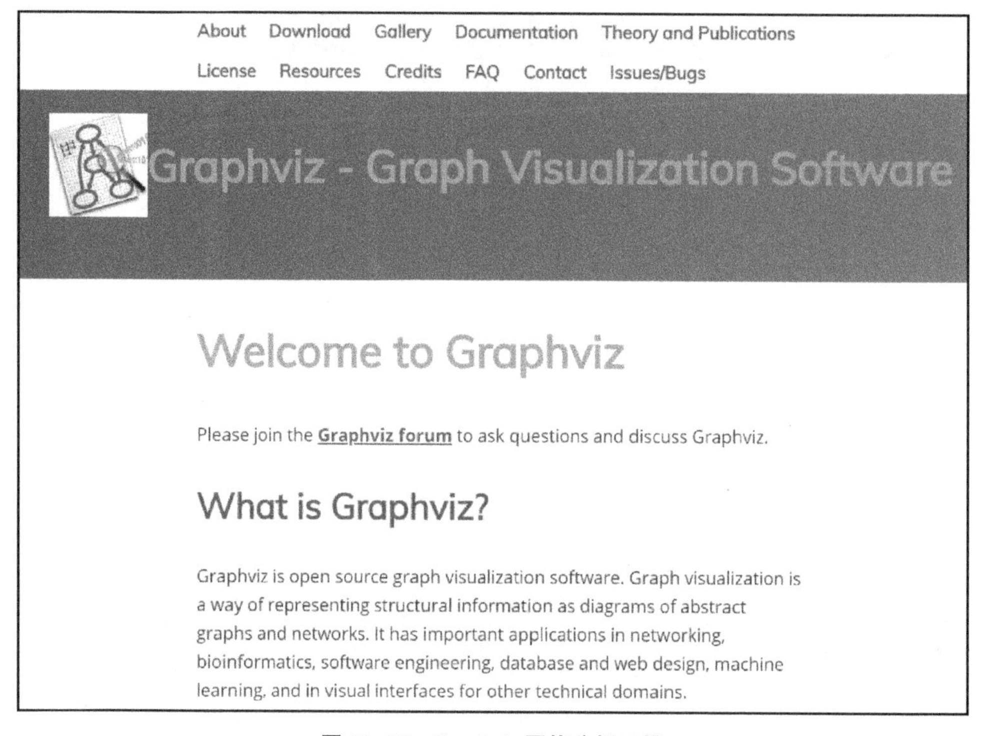

图12-17 Graphviz网络分析工具

12.3 基于Cytoscape的网络分析应用实例

12.3.1 软件下载及环境配置

从https://cytoscape.org/中下载了最新的Windows 64bit版本的Cytoscape(Version 3.8.2)，并以其为例进行生物网络分析的实例展示。由于Cytoscape是基于Java的一款多功能软件，需安装好相应版本的Java运行环境后才能正常运行(图12-18)，Java SE的下载网址为：https://www.oracle.com/java/technologies/javase-downloads.html。

12.3.2 运行Cytoscape

打开Cytoscape，出现以下界面(图12-19)。主窗口主要由菜单栏、工具栏、网络处理面板、网络主视图窗口、属性浏览板块(展示选择的点或边的属性和能够修改的属性值)构成。

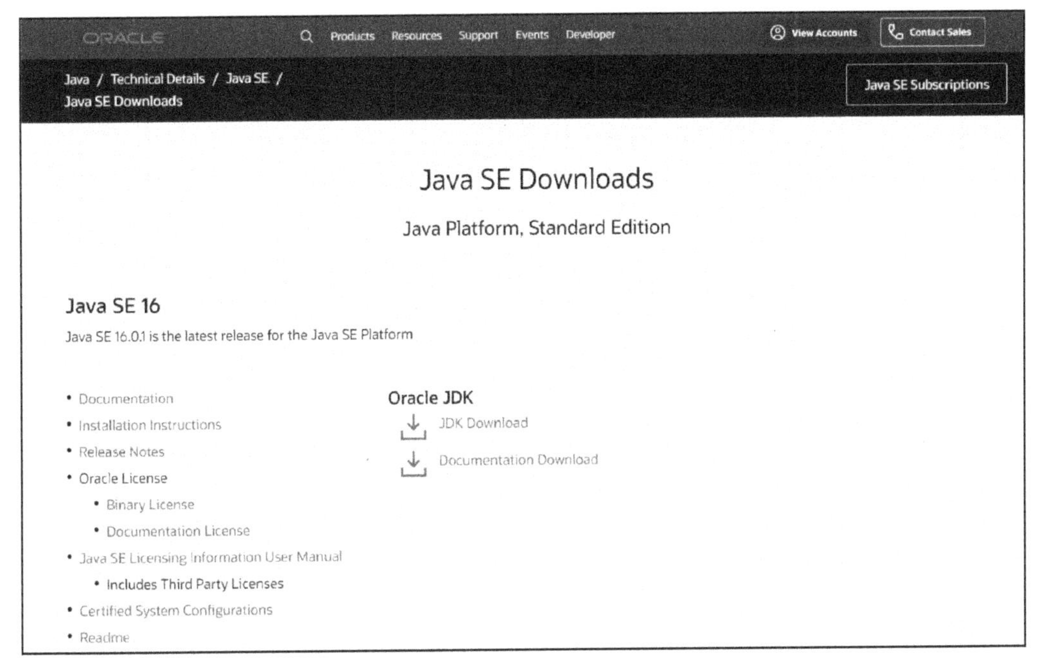

图 12-18　Java SE 的下载

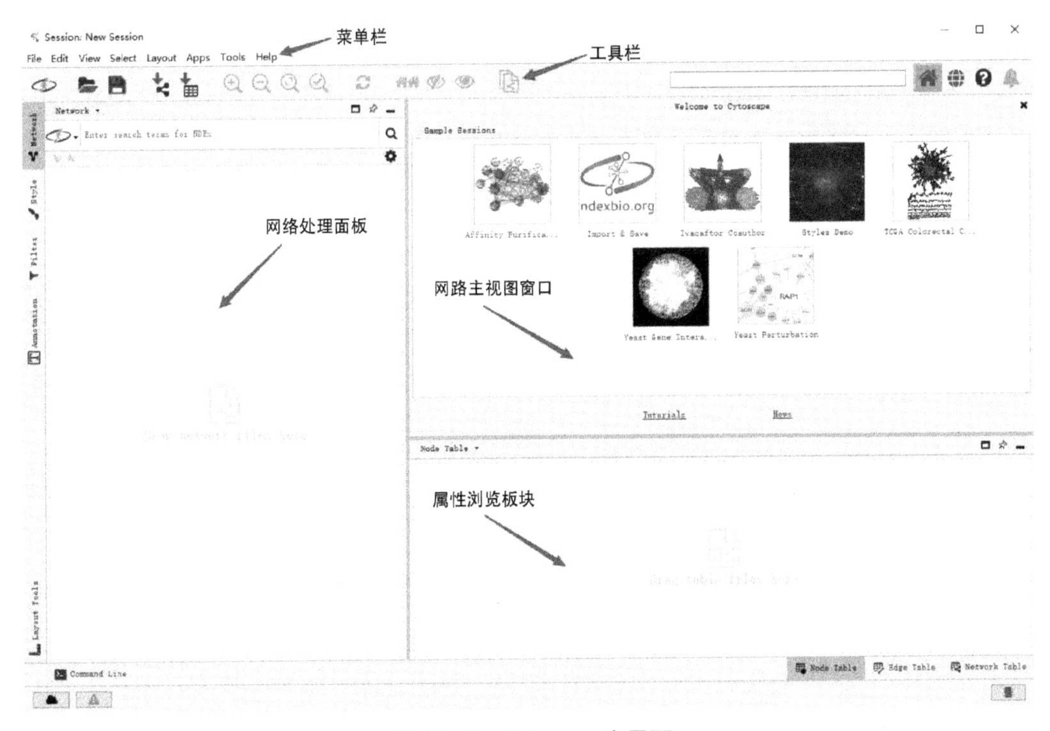

图 12-19　Cytoscape 主界面

12.3.3 创建网络及文件导入

在 Cytoscape 中有 4 种不同的创建网络的方式，包括：导入已存在的固定格式网络文件，导入已存在的无格式文本或 Excel 文件，从公共数据库导入数据，创建一个空网络并手动添加节点和边缘。Cytoscape 支持导入的数据格式有三种。第一种是 sif 格式：文件分为三列，第一列和第三列是有相互作用关系的基因名或蛋白质名等，第二列是相互作用的名称，sif 格式简单，容易处理，但它不能规定每个节点的位置、大小、形状等。第二种是 xgmml 格式：它是一种 xml 格式，可以规定节点和边的许多信息，但也更复杂。第三种是 txt 格式：用 tab 分割的纯文本文件，可以将文件设置成两列，每一列都是基因名（或蛋白质名），同一行的两个基因（或者蛋白质等）代表有互作关系；也可以加其他参数放在第三列，例如两基因调控的强弱系数。以本地一个 lncRNA 和 mRNA 共表达的 TXT 格式网络文件和对应的注释文件为例进行分析。网络文件是一个 589 行，3 列的矩阵，矩阵第一列是 lncRNA 名称，第二列是 mRNA 名称，第三列是它们两两之间的表达相关性的值，该矩阵一共包括了 57 个 lncRNA 和 117 个 mRNA，即该网络有 174 个节点，每个节点代表一个基因。注释文件是一个 174 行，3 列的矩阵，其中第一列是 174 个节点（基因）的名称，第二列是该节点的类型，即是属于 lncRNA 或是 mRNA，第三列则是该基因属于表达上调或者下调的注释信息。

通过点击 File→Import→Network from File...或者点击导入网络按钮，导入网络文件（图 12-20），通过点击 File→Import→Table from File...或者点击导入节点文件按钮，导入节点属性文件（图 12-21）。

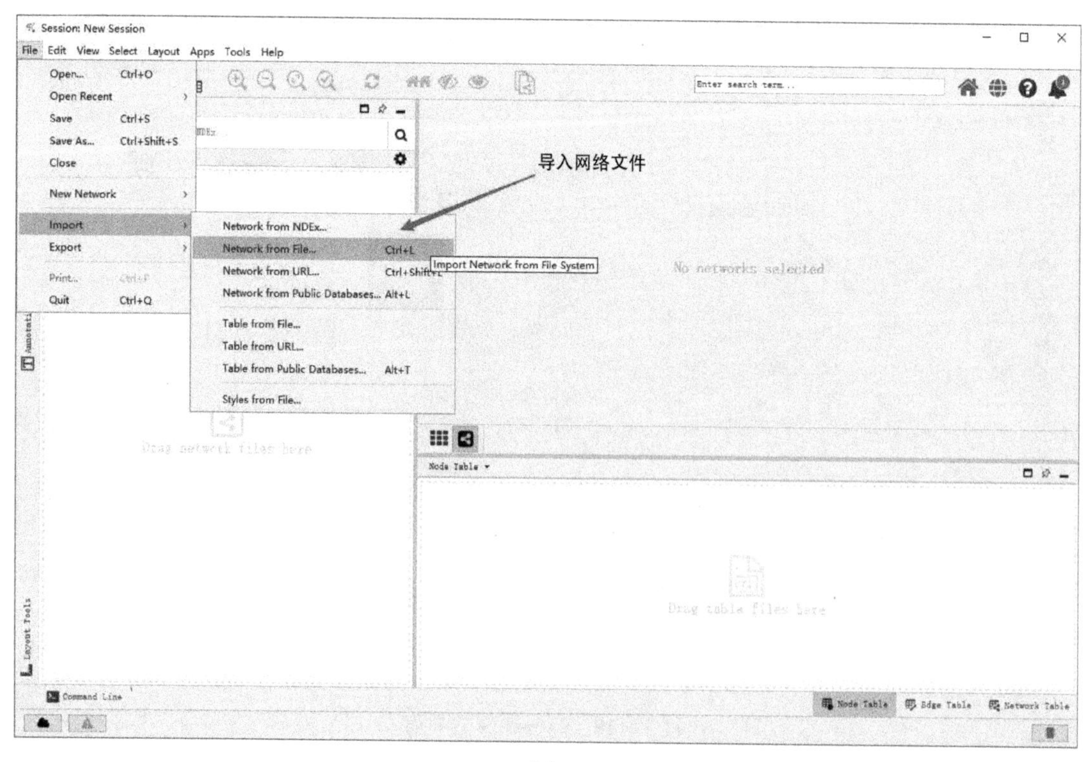

(a)

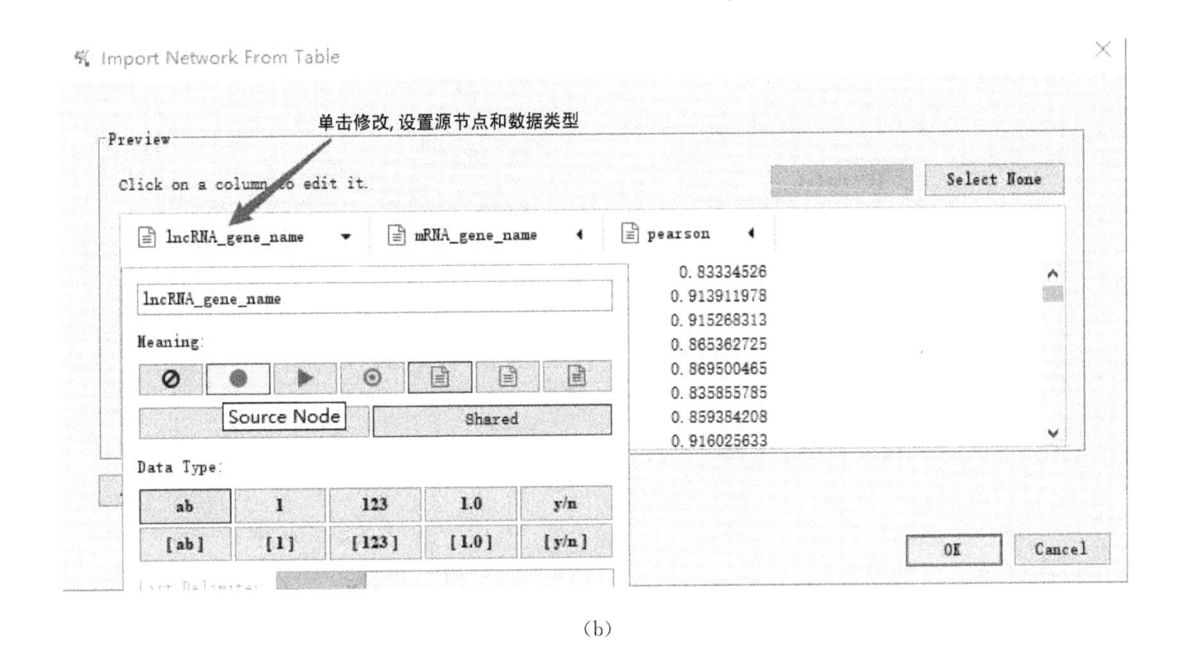

(b)

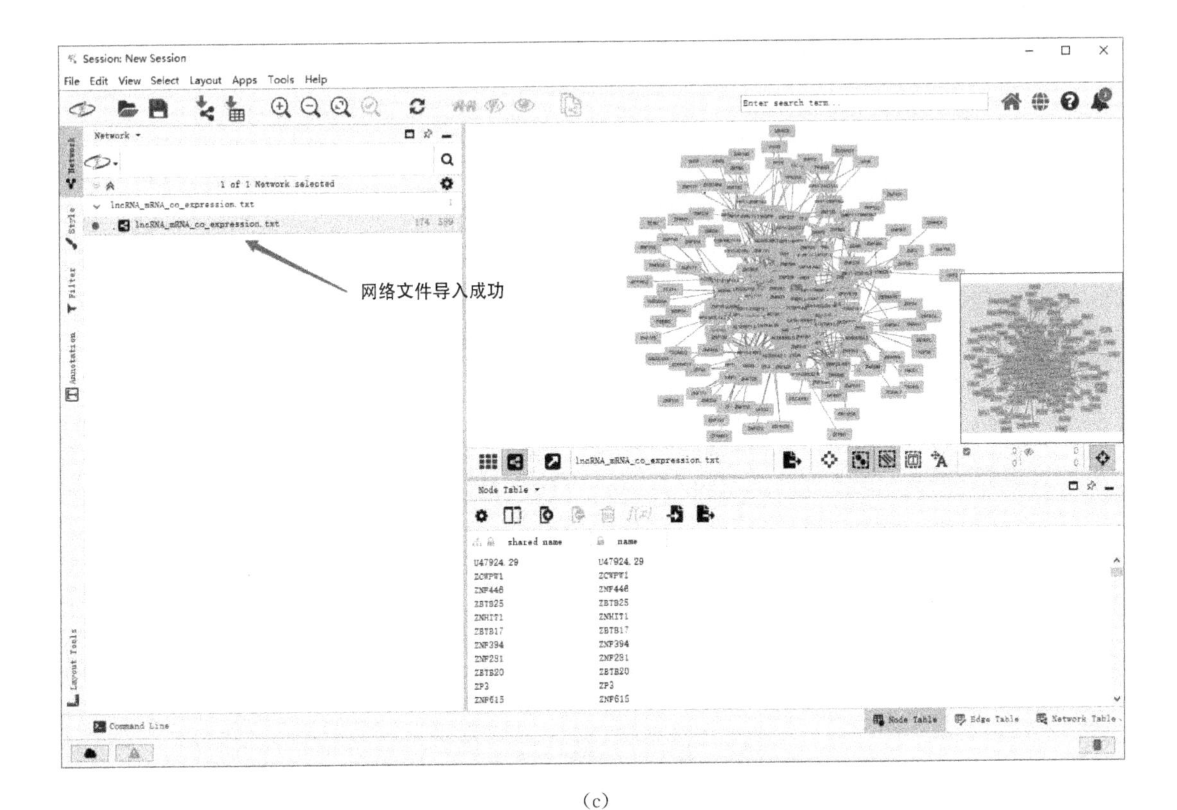

(c)

图 12-20　导入网络文件进入 Cytoscape

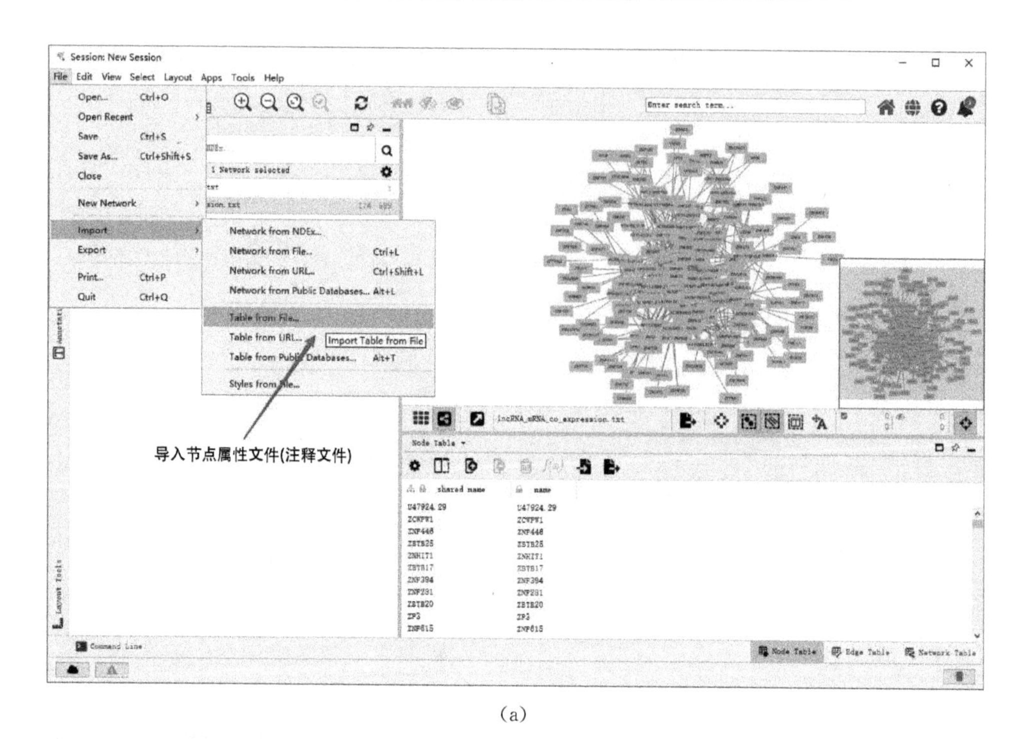

(a)

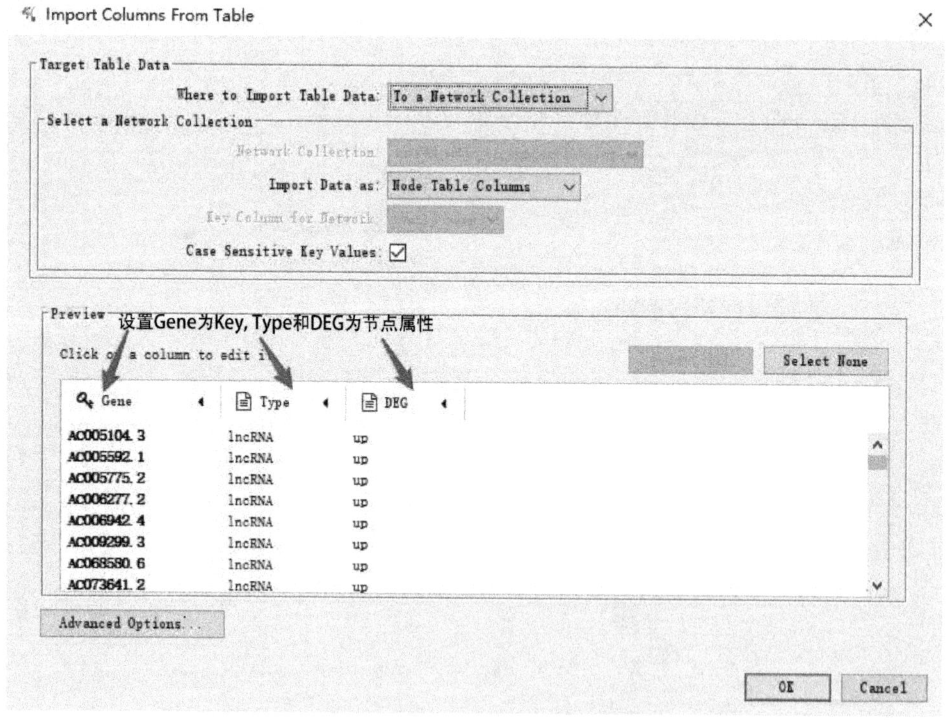

(b)

图 12-21　导入节点属性文件进入 Cytoscape

12.3.4　网络属性设置

在 Cytoscape 中导入的网络除了基础样式外，还可以改变网络样式(style)，可将节点和边的形状、大小、颜色等进行改变。通过点击 Style→Node→Fill Color 根据节点的生物意义，设置节点颜色，本例中以 DEG(差异表达基因)作为 Column，mapping type 设置为 discrete mapping，表达下调的节点设为蓝色，上调设为红色，补差异设为黄色(颜色见实际界面)，结果如图 12-22 所示。

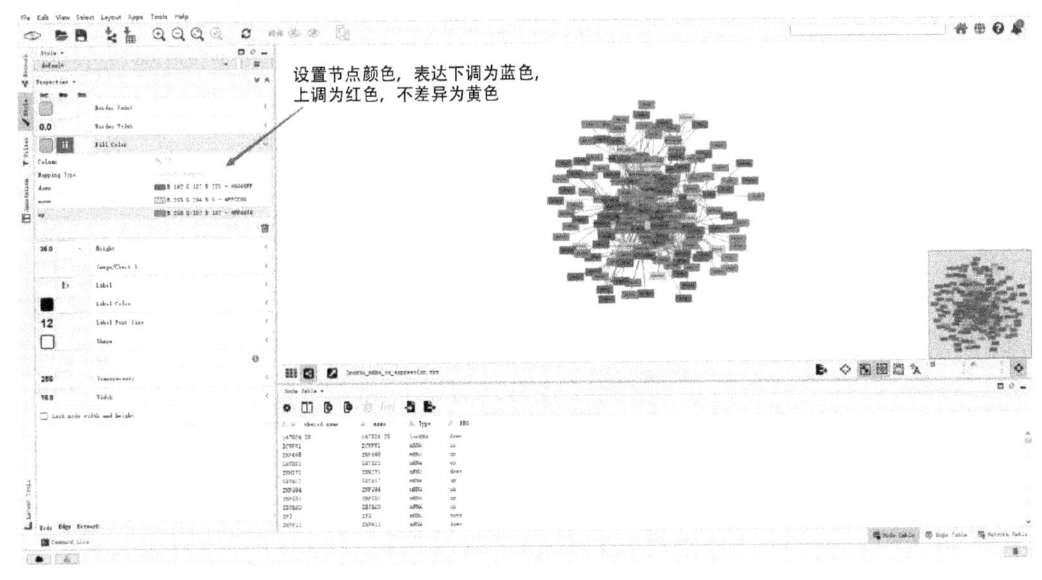

图 12-22　设置网络节点颜色

进一步地，通过点击 Style→Node→Shape，可以根据节点的生物分子类型，将其设置成不同的形状，比如本例中，可以把 lncRNA 设置为方形，mRNA 设置为圆形，Column 为 Type，mapping type 为 discrete mapping，结果如图 12-23 所示。

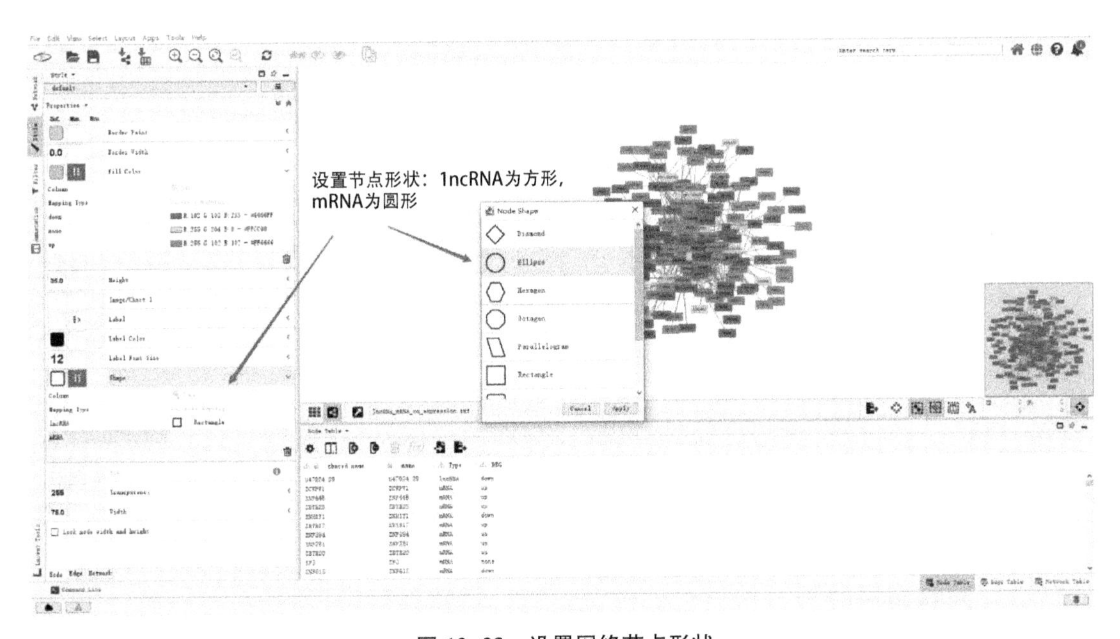

图 12-23　设置网络节点形状

网络的边的 style 也可以进行调整。通过点击 Style → Edge → Stroke Color (Unselected)，设置 Column 为 Pearson，mapping type 为 continuous mapping，双击 current mapping 设置颜色阈值，如图 12-24 所示。

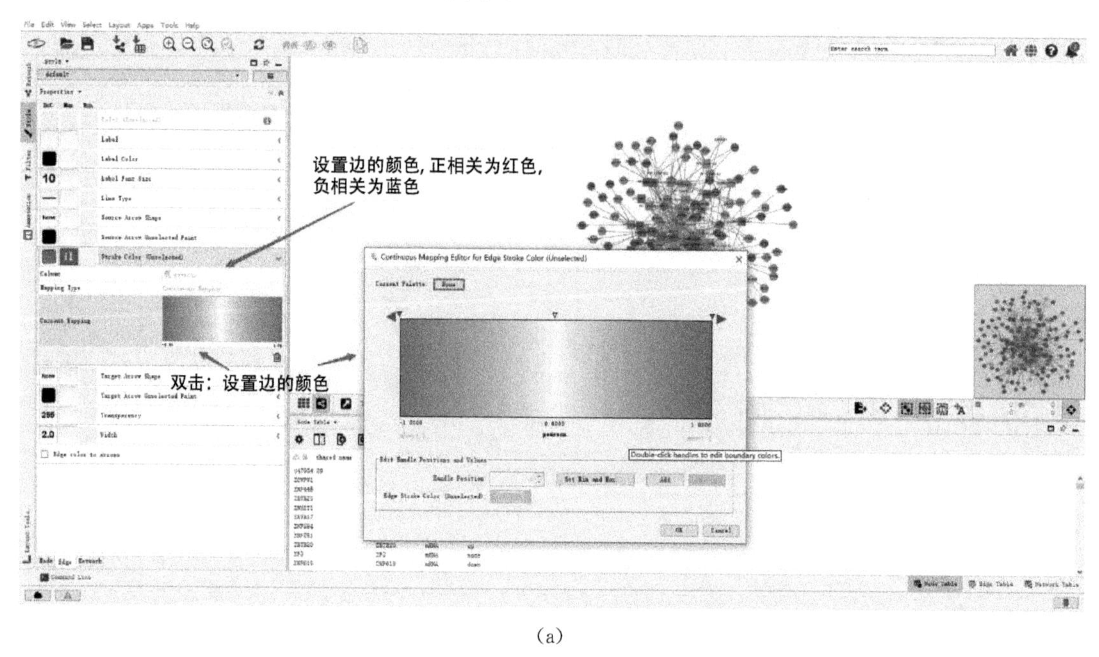

(a)

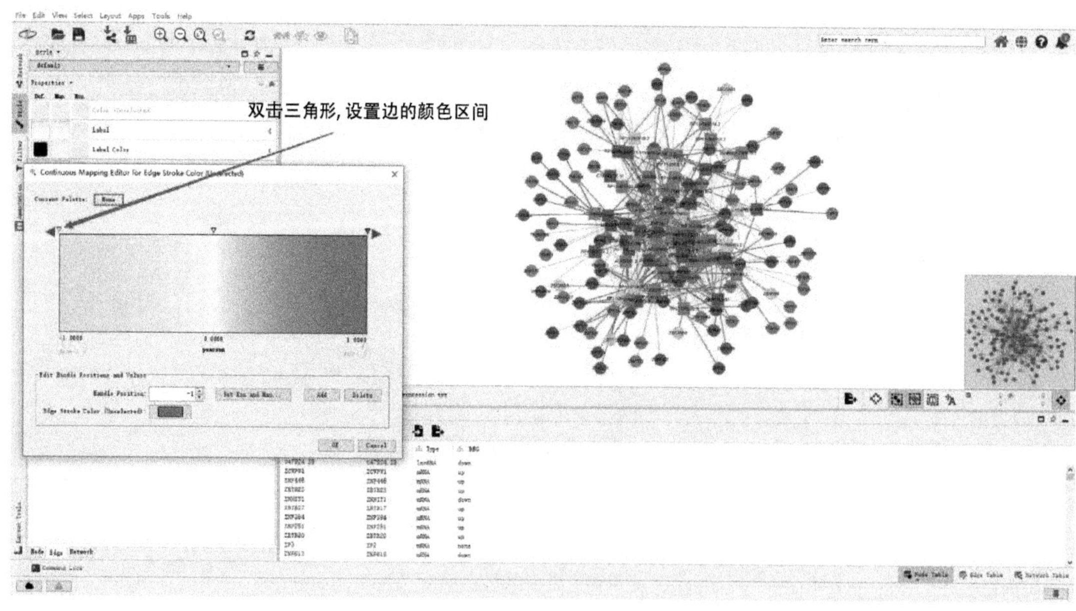

(b)

图 12-24　设置网络中边的颜色

12.3.5　网络布局设置

根据需求设计网络的布局，下面将展示一些不同的布局方式(图 12-25)。

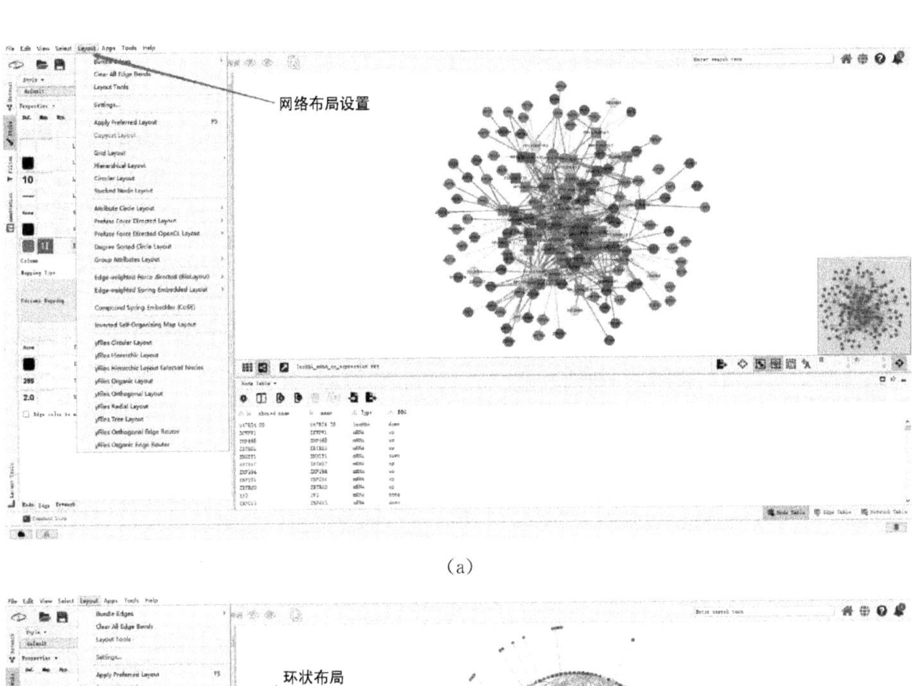

(a)

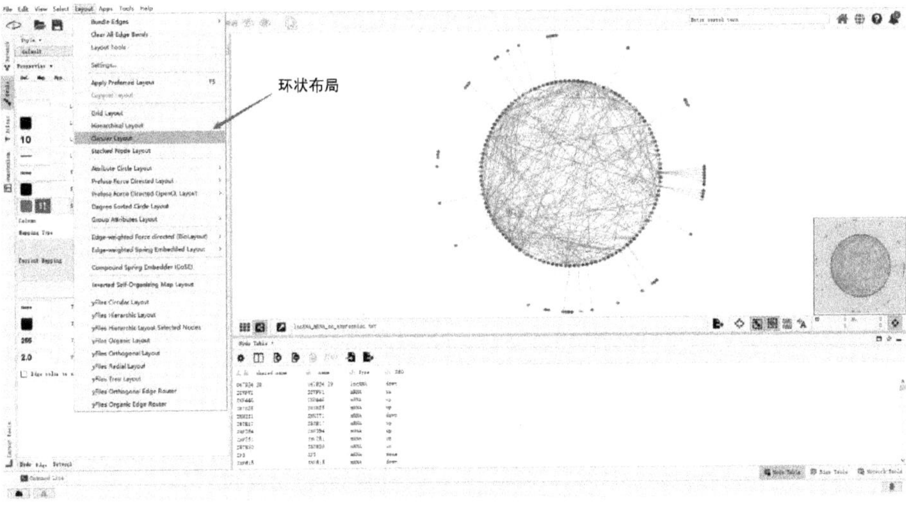

(b)

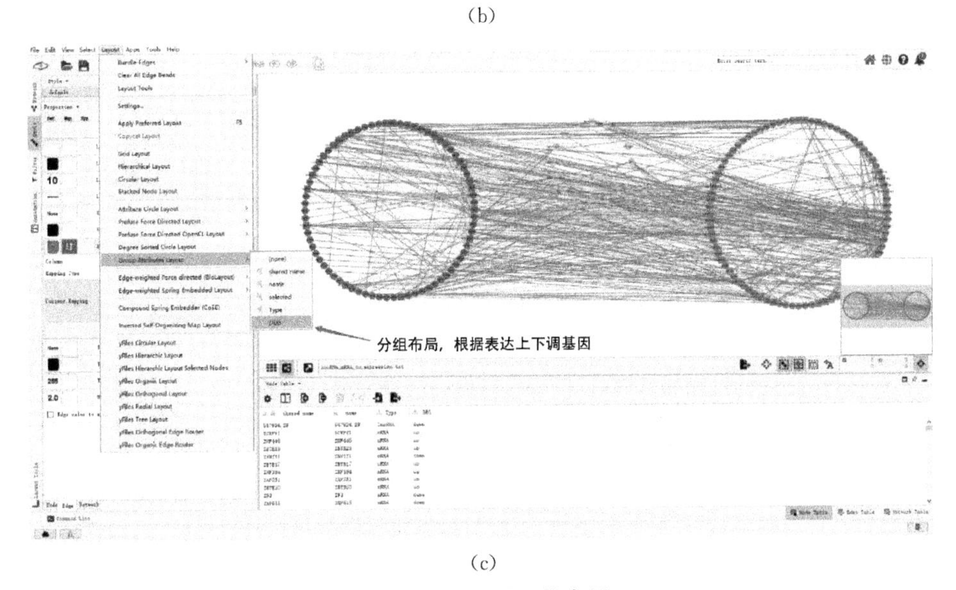

(c)

图 12-25　设置网络布局

12.3.6 过滤和子网选取

通过网络处理面板中的 Filter 选项卡，选择满足一定条件的节点和边，Cytoscape 提供了按照关键列(Column)、连接度(Degree)和拓扑结构(Topology)，三种方式进行过滤(图 12-26)。同样地，在网络主视图窗口中选取特定的基因，然后再通过 Edit 操作删除网络中特定的节点和边(图 12-26)。

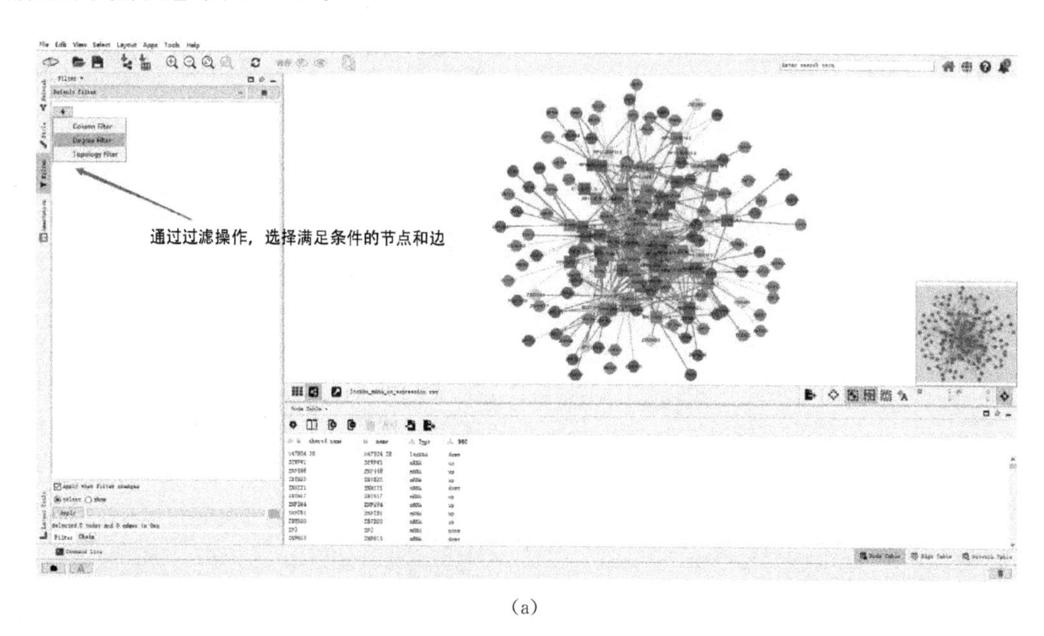

(a)

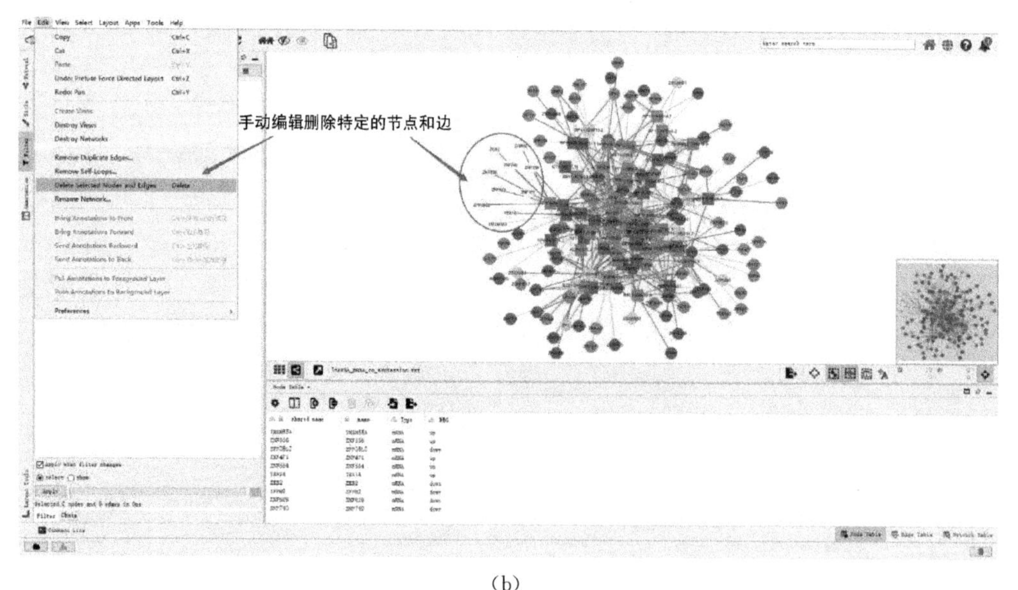

(b)

图 12-26 网络过滤与编辑

选取特定的子网络，比如想要获得表达上调 lncRNA 的子网络，可以通过图 12-27 所示方法完成。

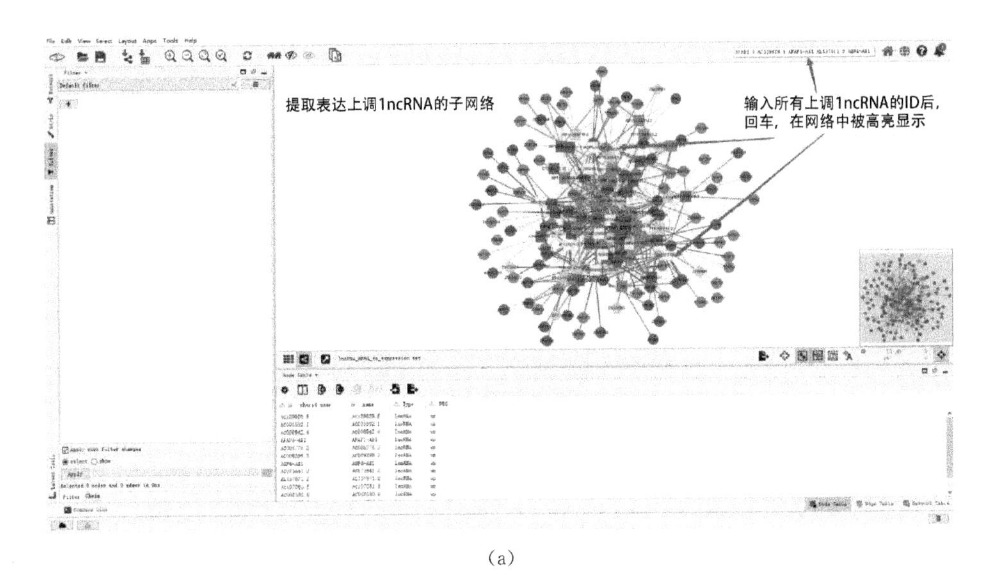
提取表达上调1ncRNA的子网络
输入所有上调1ncRNA的ID后，
回车，在网络中被高亮显示

(a)

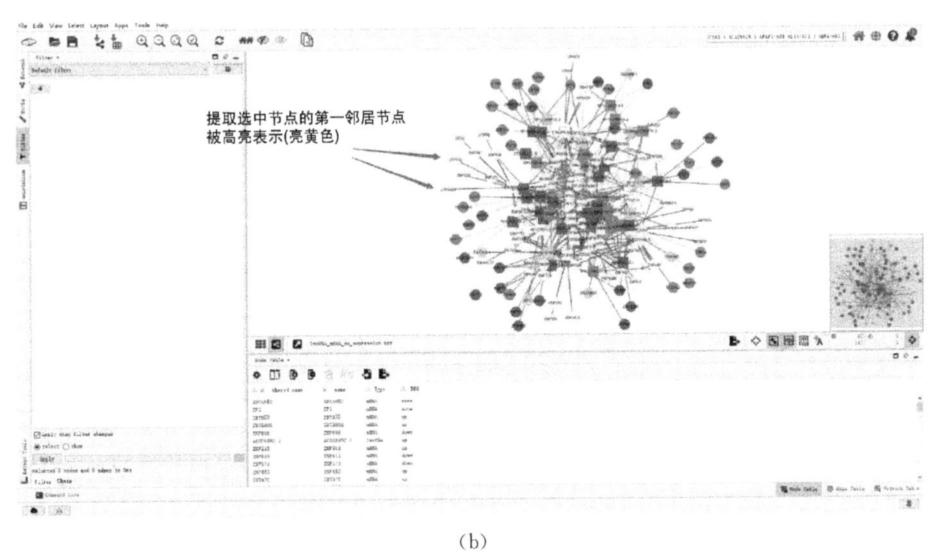
提取选中节点的第一邻居节点
被高亮表示(亮黄色)

(b)

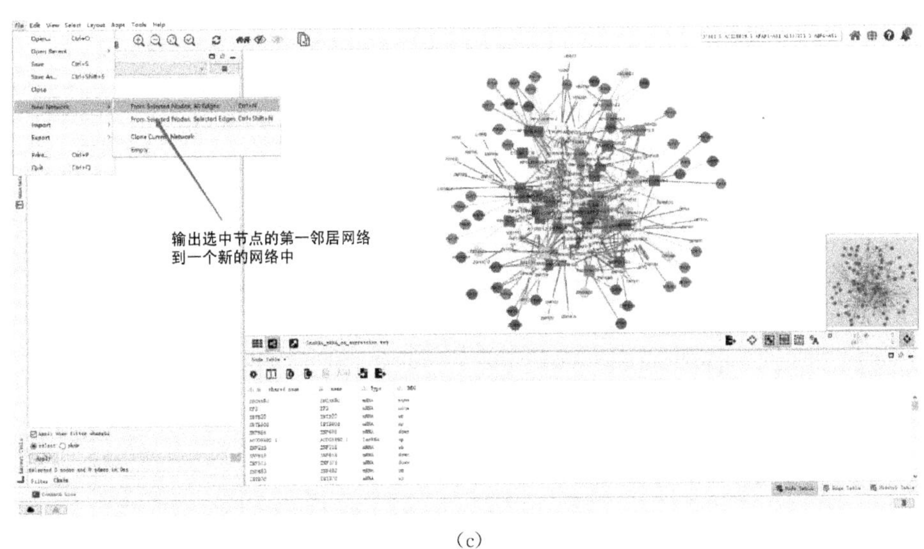
输出选中节点的第一邻居网络
到一个新的网络中

(c)

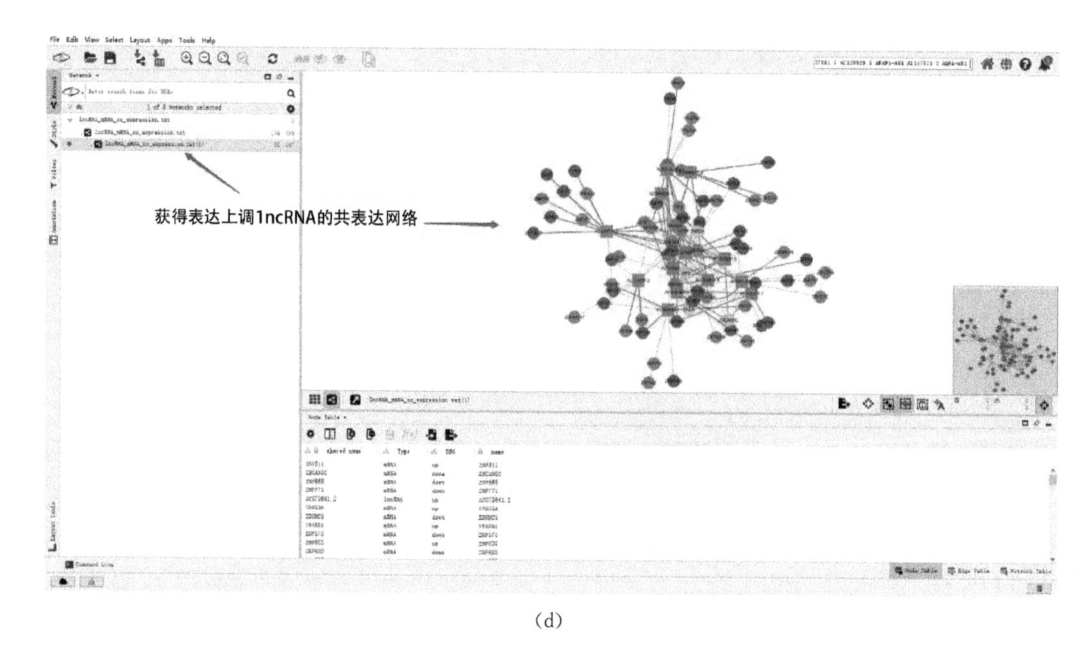

(d)

图 12-27 子网络提取

12.3.7 网络拓扑结构分析

节点在生物网络拓扑结构中的地位，与它在细胞内功能上的重要性有关，通过对生物学网络的拓扑结构分析，能够发现网络中的关键基因及其相互关系。Cytoscape 提供了网络拓扑结构分析的功能，通过点击 Tools→Analyze Network 进行分析，具体操作见图 12-28。通过分析可以获得包括节点数量、边的数量、平均邻居节点数、网络直径、聚类系数等一系列网络基本指标的信息，此外还可以获得网络节点度数的分布，度数与中介中心性的关系等信息。这些信息能够有助于评估网络的特征，挖掘潜在的重要节点，有利于进一步分析。

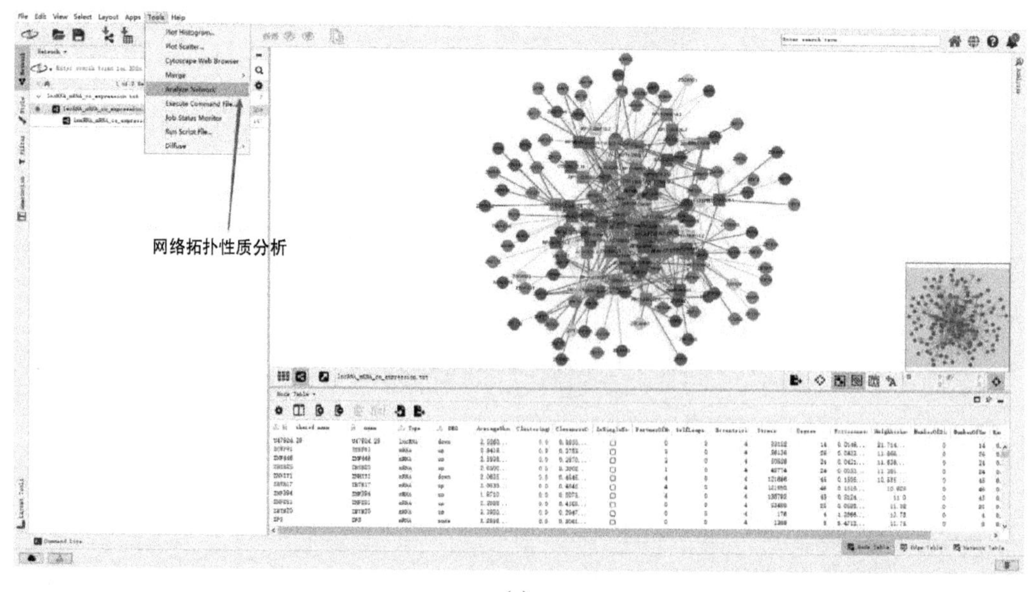

(a)

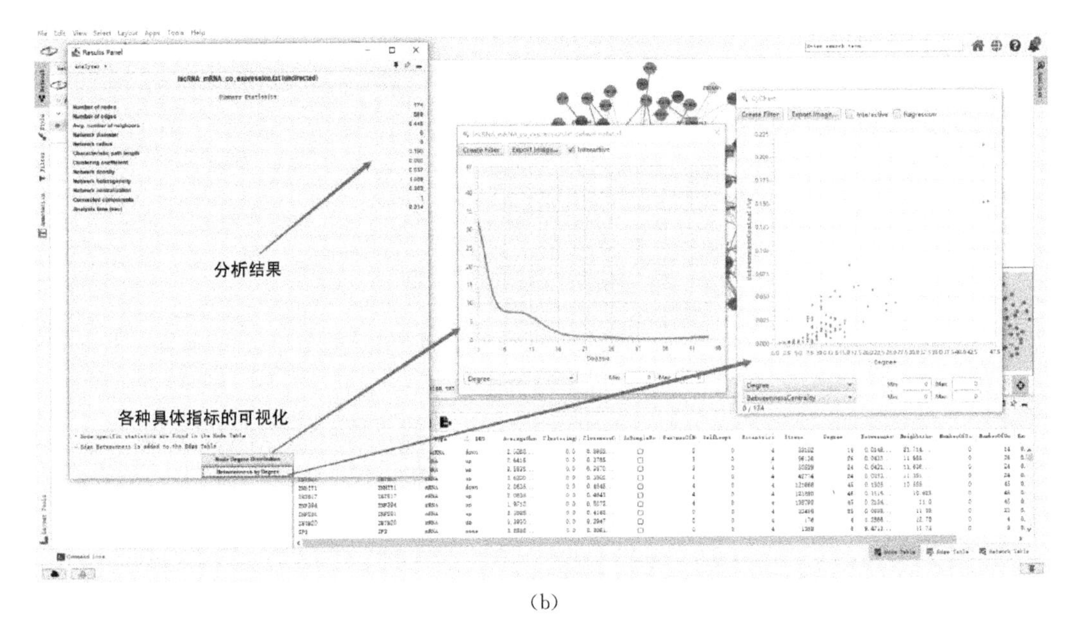

(b)

图 12-28 网络拓扑结构分析

12.3.8 基于互作数据库构建网络和网络融合

目前版本的 Cytoscape 已经整合了在互作数据库中下载网络文件的功能，通过点击 File→Import→Network from Public Database... 和 File→Import→Table from Public Database...，从各种互作数据库中选择、下载网络(如图 12-29 所示)。

Cytoscape 同样提供了网络融合的功能(Merge)，通过点击 Tools→Merge→Networks 进行网络融合，具体操作见图 12-30。

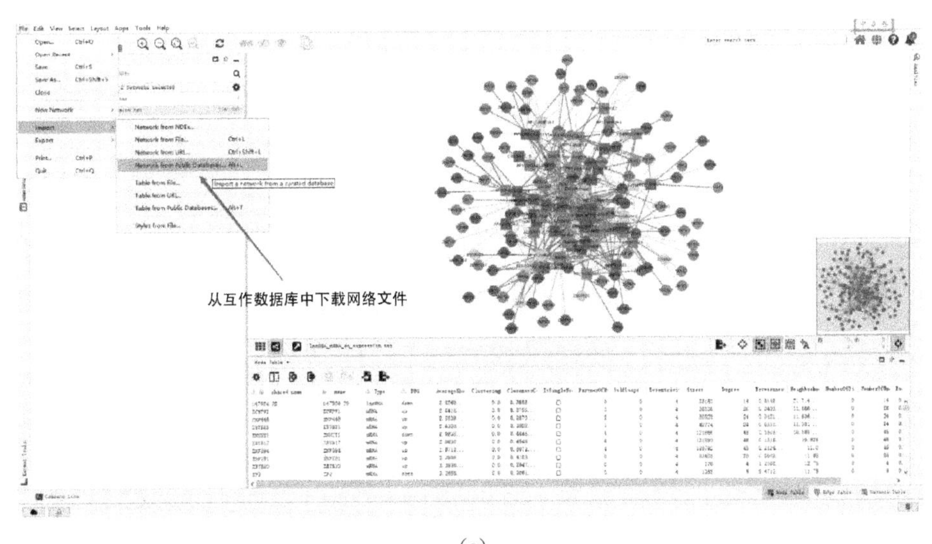

(a)

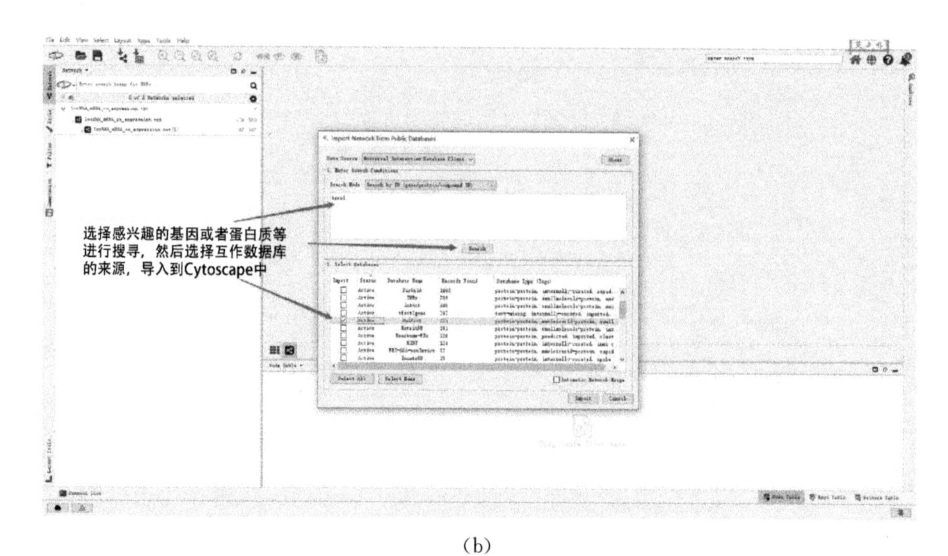
选择感兴趣的基因或者蛋白质等
进行搜寻，然后选择互作数据库
的来源，导入到Cytoscape中

(b)

(c)

图 12-29　基于互作数据库导入网络

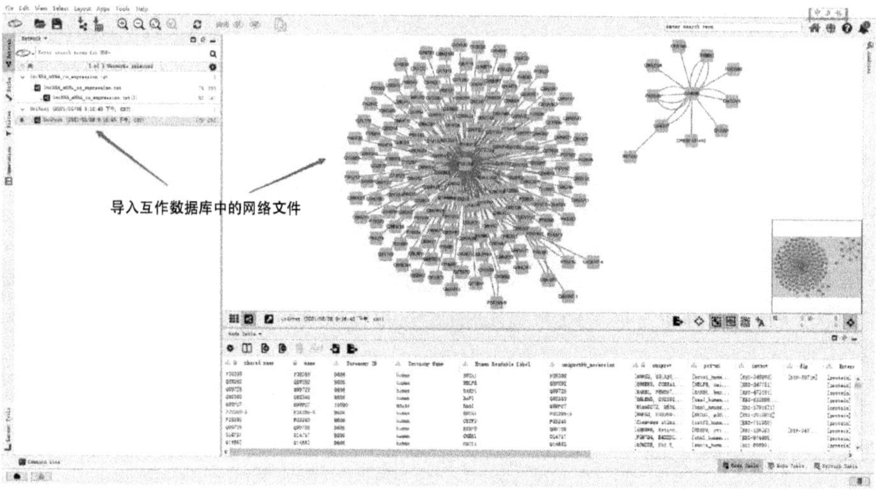

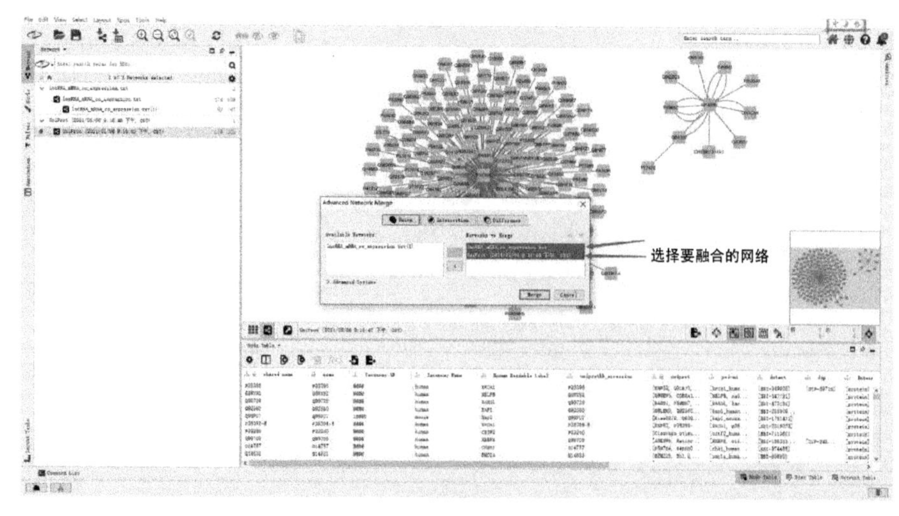
Advanced Network Merge
选择要融合的网络

(a)

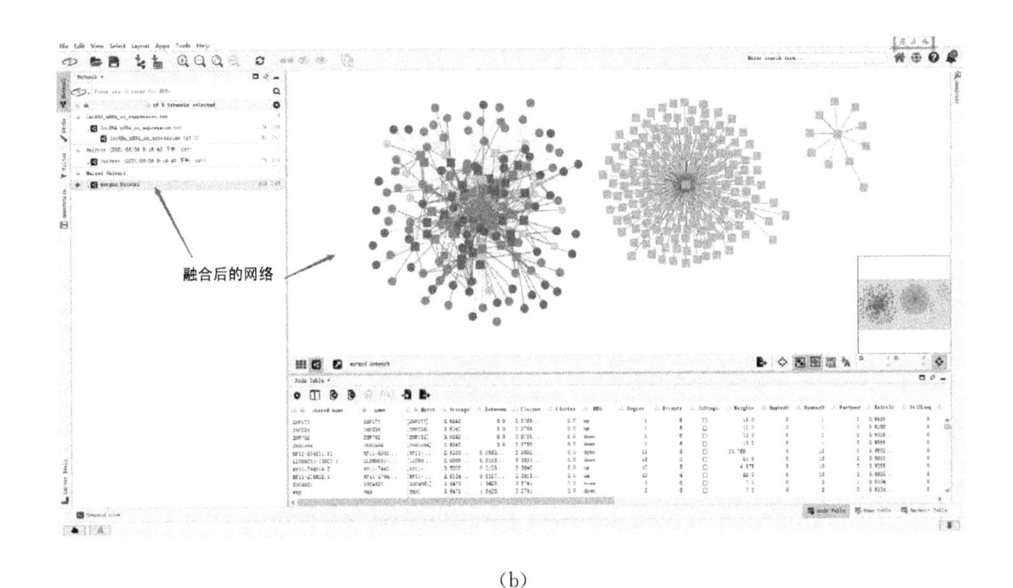

(b)

图 12-30　网络融合

12.3.9　Cytoscape 插件的使用

Cytoscape 具有一个很大的优点就是它能够支持插件开发，目前开发者已经开发出了超过 690 个插件，包括各种功能（图 12-31），插件的下载地址：https://apps.cytoscape.org/。

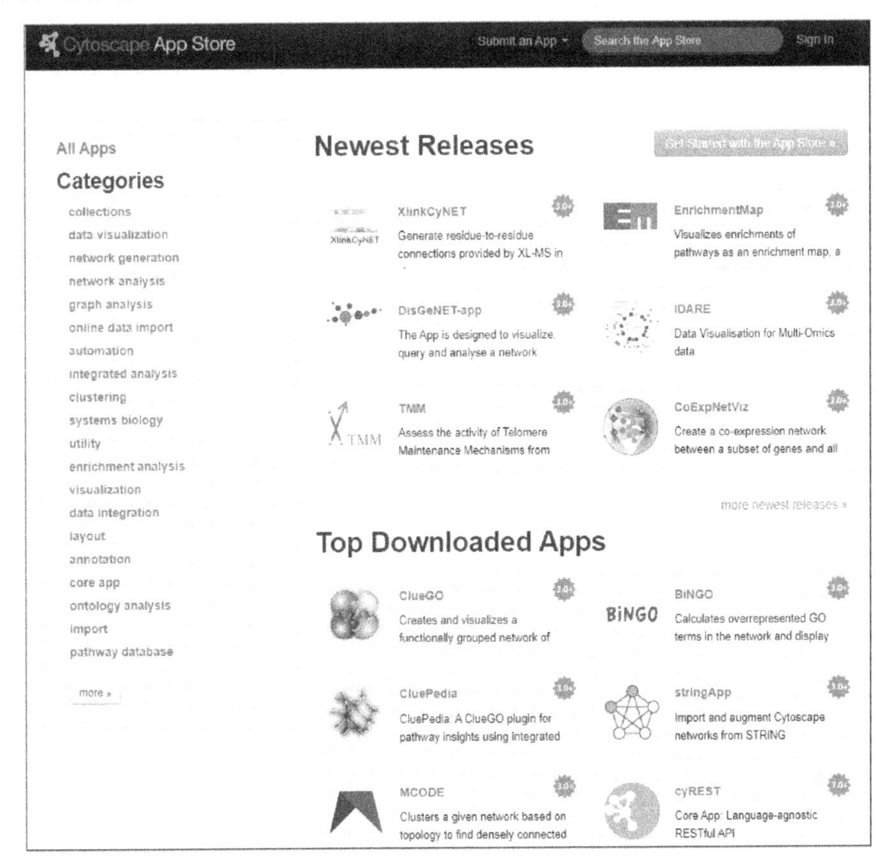

图 12-31　Cytoscape 支持大量插件

BINGO 是一款 Cytoscape 扩展插件(http://apps.cytoscape.org/apps/bingo)，用于对生物学网络中的基因集合进行 GO 功能富集分析。以 BINGO 的安装和使用为例进行介绍，通过点击 Apps→App Manger 打开 app 管理中心下载安装 BINGO，安装完成后，启动插件。图 12-32 详细介绍了 BINGO 的安装和使用的流程。

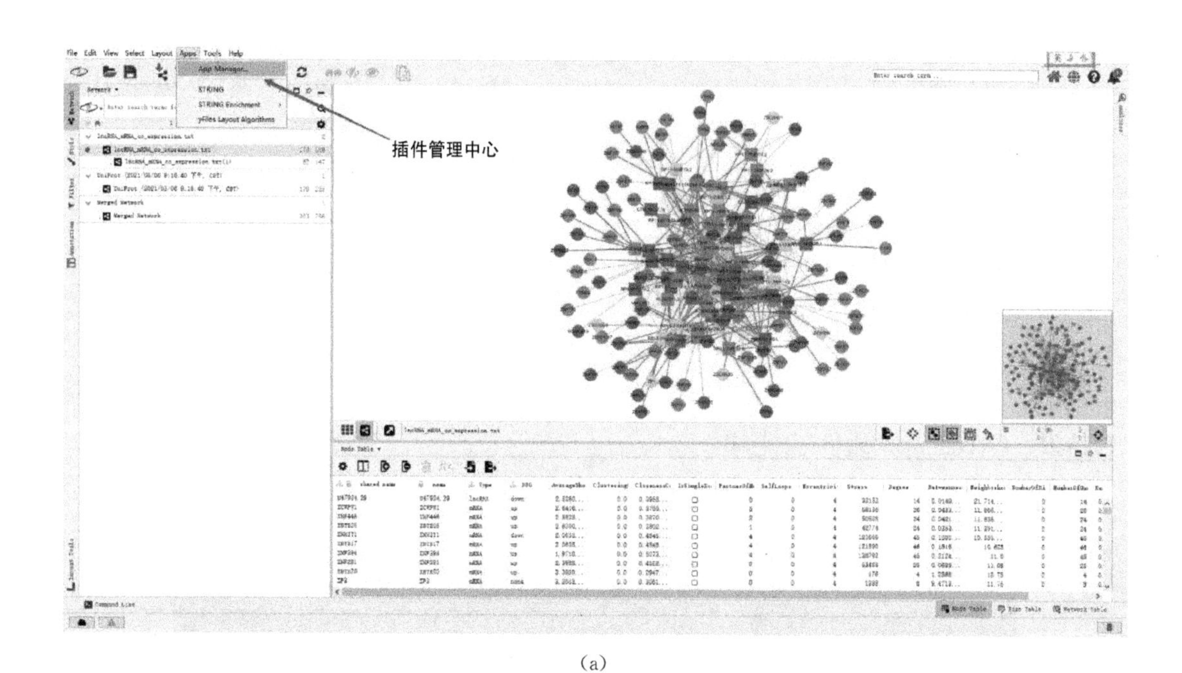

(a)

(b)

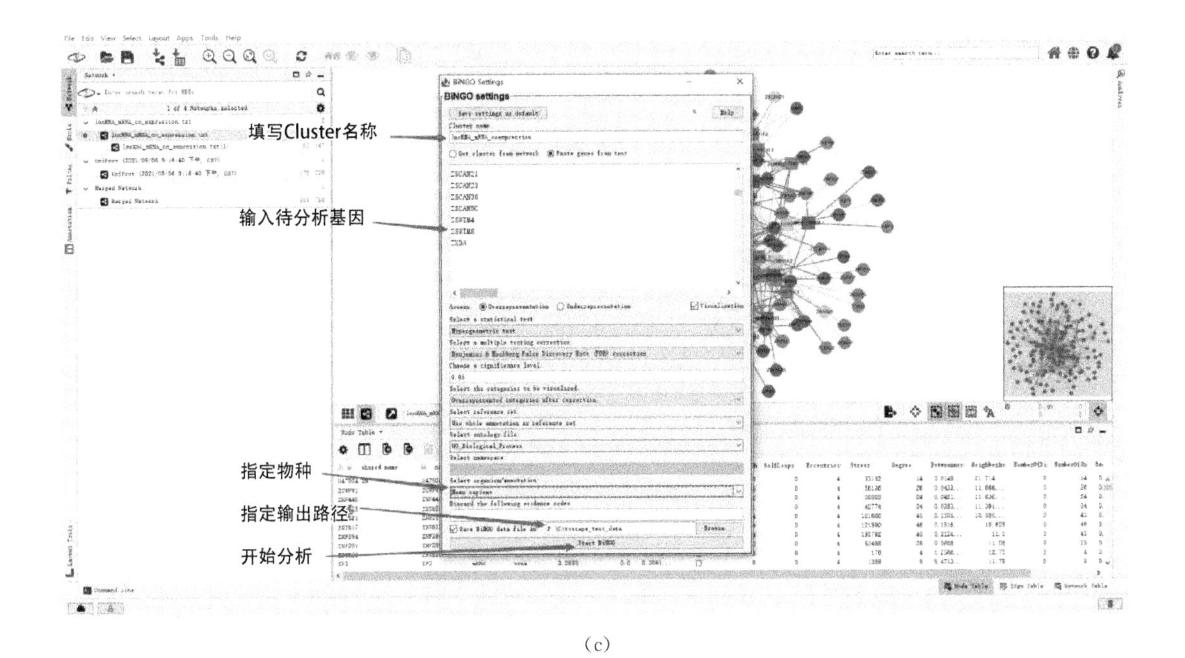

(c)

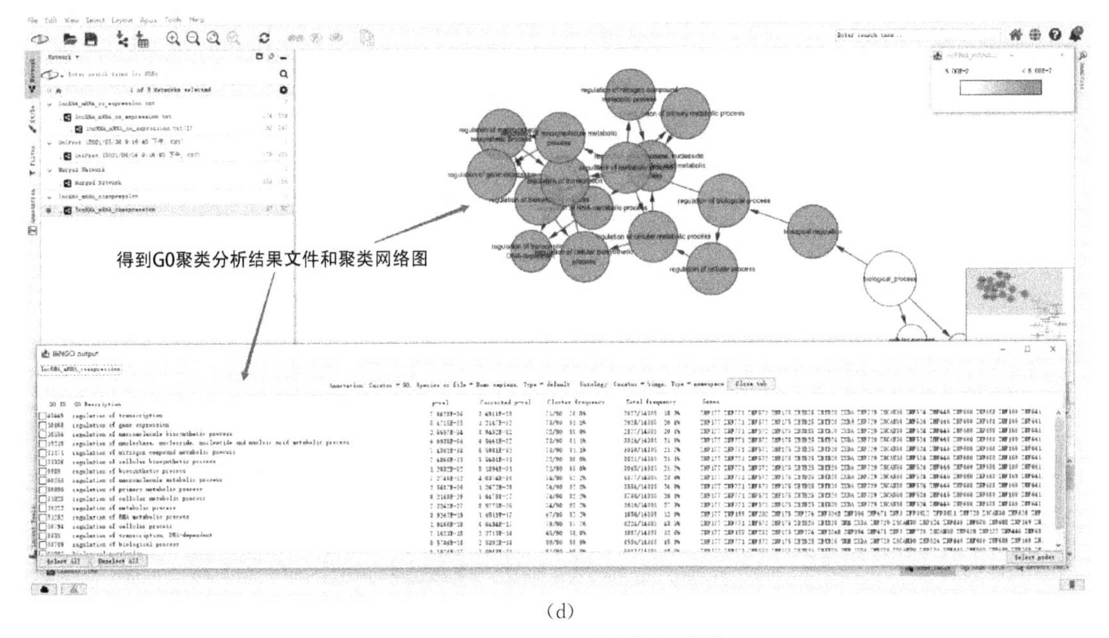

(d)

图 12-32　BINGO 的安装与使用

12.3.10　结果导出

Cytoscape 提供 3 种方式的导出结果，可以是网络、边或者节点的形式，可以是多种图片格式，也可以是 Cytoscape 文件，图 12-33 介绍了这三种结果的导出方式，可以选择合适的方式导出结果。

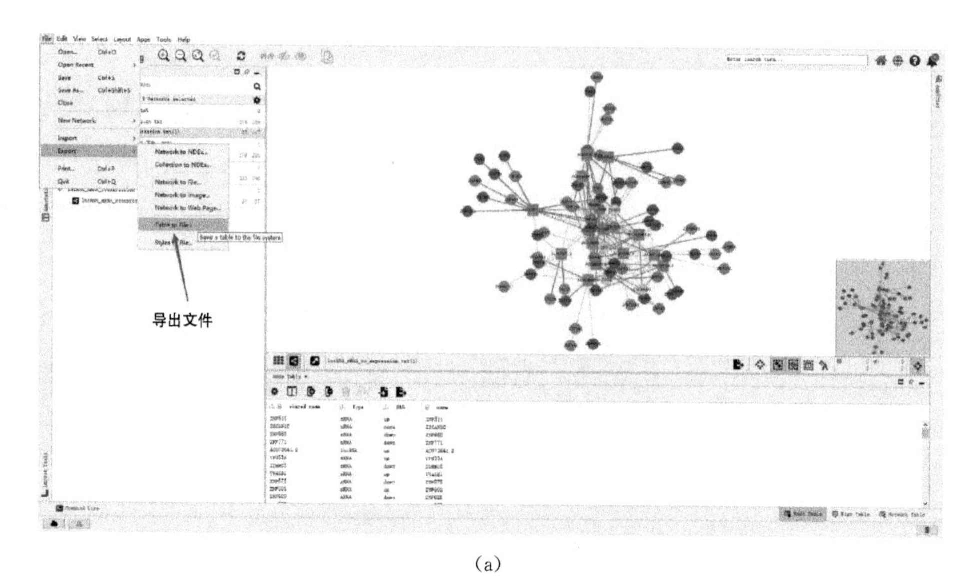

(a)

Export Table

Merged Network default edge

Merged Network default network

Merged Network default node

OK

Cancel

可以是网络、边或节点等多种形式

(b)

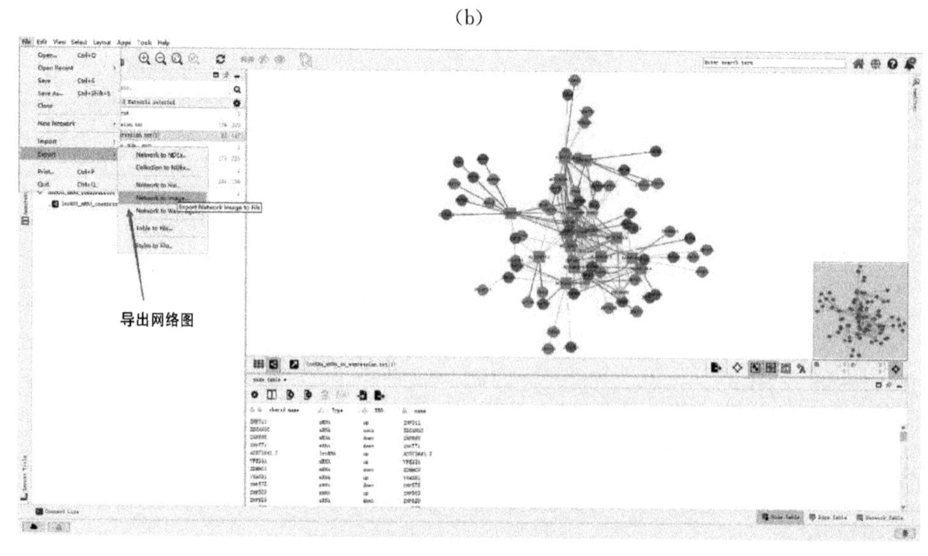

(c)

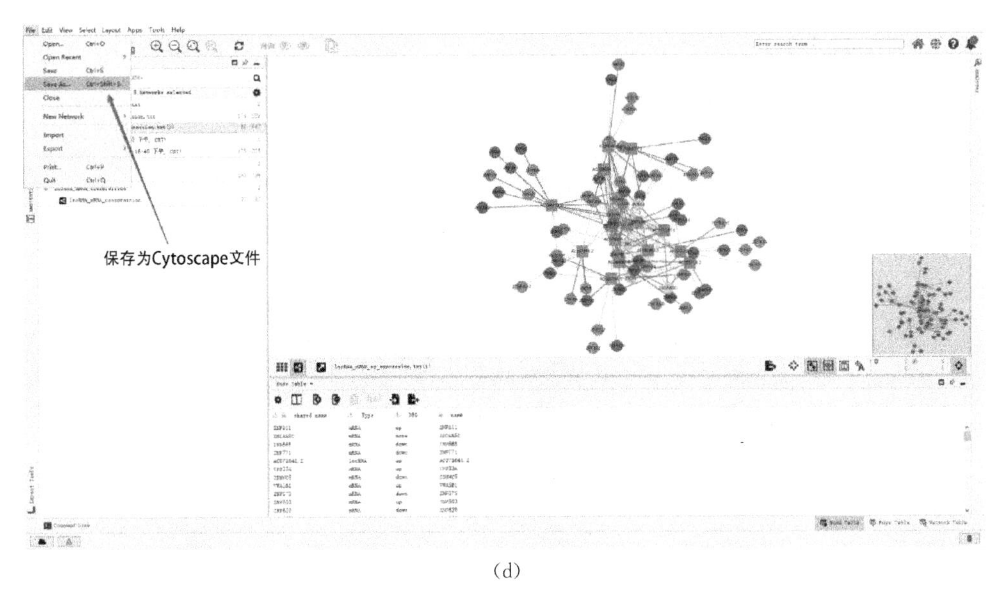

(d)

图 12-33　导出 Cytoscape 网络分析结果

参考文献

[1] Barabási A L, Oltvai Z N. Network biology: Understanding the cell's functional organization[J]. Nature Reviews Genetics, 2004, 5(2): 101-113.

[2] Milo R, Shen-Orr S, Itzkovitz S, et al. Network motifs: Simple building blocks of complex networks [J]. Science, 2002, 298(5594): 824-827.

[3] Saxton R A, Sabatini D M. mTOR signaling in growth, metabolism, and disease[J]. Cell, 2017, 168(6): 960-976.

[4] Shannon P, Markiel A, Ozier O, et al. Cytoscape: A software environment for integrated models of biomolecular interaction networks[J]. Genome Research, 2003, 13(11): 2498-2504.

[5] 林标扬.系统生物学[M].杭州：浙江大学出版社，2012.

[6] 李霞.生物信息学[M].北京：人民卫生出版社，2010.

（编者：明文龙、丁德武）